AF224876

# EXERCICES

SUR

# L'ARITHMÉTIQUE ÉLÉMENTAIRE

## THÉORIQUE ET PRATIQUE

### De G. M. F. B.

### TROISIÈME ÉDITION.

## SE TROUVE


**A VANNES**

Librairie de la Maison De Lamarzelle.

**A RENNES**

Chez MM. Hauvespre et Thébault, libr.

**A SAINT-BRIEUC**

Chez M. Huguet, libraire-relieur.

**A LORIENT**

Chez MM. Charles et Texier, libraires.

1866

Les Exemplaires exigés par la loi ont été déposés.
Tous ceux qui ne seraient pas revêtus de la signature
G. F. MORIN, F. B., seront reputés contrefaits.

## ERRATA.

| Page | Nᵒ | Ligne | Au lieu de | Lisez |
|---|---|---|---|---|
| 10 | 203 | 2 | CMI.V | CMLV. |
| 124 | 2519 | 3 | 35°8′17″ | 36°8′17″. |

# AVERTISSEMENT

Les Elèves ne doivent pas perdre de vue la signification de plusieurs Signes fréquemment employés dans l'Arithmétique et dans les autres parties des mathématiques, savoir :

$=$ (*égale*, ou *est égal à*), qui marque l'égalité de deux quantités ;
$+$ (*plus*), qui indique l'Addition......... $4 + 5 = 9$ ;
$-$ (*moins*),............. la Soustraction.... $9 - 5 = 4$ ;
$\times$ (*multiplié par*),...... la Multiplication... $4 \times 2 = 8$ ;
$\vdots$ (*divisé par*),.......... la Division........ $8 : 4 = 2$.

Les deux dernières opérations peuvent s'indiquer aussi d'une autre manière : la multiplication par *un point* [au lieu de $4 \times 2$, on peut écrire 4.2] ; et la Division par *un trait* placé entre le dividende et le diviseur [au lieu de $8 : 4$, on peut écrire $\frac{8}{4}$].

Les questions placées en tête de chaque série d'exercices, et qui sont relatives aux définitions, aux procédés, aux principes,.... pourront n'être pas données en devoirs, toutes les fois que le texte de l'Arithmétique y répond clairement et immédiatement ; elles n'en seront pas moins d'une grande utilité aux Maîtres et aux Elèves, : aux Maîtres, pour s'assurer que les Elèves possèdent bien les principes ; et aux Elèves pour se rendre compte à eux-mêmes de la leçon donnée à étudier. En général, l'élève qui sera capable de répondre sans hésiter, à toutes ces questions, pourra croire qu'il sait sa leçon suffisamment.

Il faut connaître un calcul, pour en bien faire l'application : voilà pourquoi, avant de passer aux Problèmes, nous avons proposé beaucoup de calculs à effectuer sur les nombres abstraits. C'est là que l'élève apprendra le mécanisme de l'Addition, de la Soustraction, de la Multiplication, de la Division,... en un mot, c'est là qu'il apprendra à *compter*, à *calculer* : les Problèmes qui suivent, lui feront faire l'application du calcul qu'il vient d'apprendre. Nos précédents Exercices (sur l'Arithmétique de M. QUERRET) contenaient déjà beaucoup de ces calculs sur les nombres abstraits ; quelques-uns de nos confrères trouvaient même qu'il y en avait un trop grand nombre ; d'autres, au contraire, n'en trouvaient pas assez. Pour satisfaire les uns et les autres, nous avons généralement augmenté le nombre de ces exercices : tous, nous le pensons, en trouveront un nombre suffisant ; et quant à ceux qui en voudraient un moindre nombre, ils pourront choisir. C'est bien ici, comme en beaucoup d'autres circonstances, que l'on peut dire : *Abondance ne nuit pas.*

Si nous avons terminé l'arithmétique par les Racines et le

Métrage, cela ne veut pas dire que ces matières exigent nécessairement la connaissance des règles de Trois, d'Intérêt,.... En effet, la multiplication suffit pour calculer la surface d'un parallélogramme quelconque ; la division suffit à peu près pour tout le reste. Rien n'empêche donc que, les Élèves ayant vu les quatre opérations fondamentales sur les nombres entiers et les nombres décimaux, on ne leur apprenne à calculer les surfaces, et les volumes des corps. C'est pour cela que nous disons comment on peut multiplier par $3\frac{1}{7}$, par $\frac{355}{113}$.

Pour ce qui regarde l'extraction de la Racine carrée et de la Racine cubique, on peut faire voir les leçons qui en traitent, dès que les Élèves connaissent les opérations sur les fractions, et leur réduction en décimales.

# EXERCICES

SUR

## L'ARITHMÉTIQUE ÉLÉMENTAIRE

THÉORIQUE ET PRATIQUE

DE G. M. F. B.

---

## CHAPITRE I. — NUMÉRATION. — OPÉRATIONS FONDAMENTALES SUR LES NOMBRES ENTIERS.

—

### LEÇON I. — Définitions préliminaires.

**1.** Qu'appelle-t-on *grandeur* ou *quantité?* — Citez six exemples de quantités.

**2.** La mémoire, l'intelligence,... sont-elles des quantités? — Pourquoi?

**3.** Combien y a-t-il de sortes de quantités, et quelles sont-elles? — Donner trois exemples de chacune/

**4.** Comment se fait-on une idée exacte des quantités?

**5.** Qu'est-ce que *mesurer* une quantité?

**6.** Comment s'appelle la quantité qui sert de terme de comparaison? — Qu'est-ce que l'*unité?*

*Dans les exemples suivants, dire quelle est l'unité, et pourquoi.*

**7.** Cet appartement a dix mètres de long.

**8.** Un jardin a soixante-huit ares de surface.

**9.** Le volume de ce corps est de trente centimètres cubes.

**10.** Un tonneau contient six cents litres.

**11.** Un tas de bois, contient vingt-cinq stères.

**12.** Une certaine pièce de monnaie pèse cinq grammes.

**13.** Mon habit me revient à quarante francs.

**14.** Nous travaillons douze heures par jour.

**15.** La plus grande latitude est de quatre-vingt-dix degrés.

**16.** Qu'est-ce que *le nombre?* — Combien y en a-t-il de sortes?

**17.** Qu'est-ce que le nombre *entier?* — le nombre *fractionnaire?* — le nombre *fraction?* — Citez trois exemples de chaque sorte de nombre?

**18.** Quand est-ce qu'un nombre quelconque est *concret?* — Quand est-il *abstrait?* — Donner trois exemples de l'un et de l'autre.

1

*Dans tous lés exemples suivants, dire quelle est l'unité, et pourquoi ; quel est le nombre et pourquoi ; s'il est entier, fractionnaire, ou fraction, et pourquoi ; s'il est concret, ou abstrait, et pourquoi.*

**19.** Un marchand a vendu vingt kilogrammes de sucre.

**20.** La surface de notre cour est de trente ares.

**21.** J'ai acheté une pièce d'étoffe contenant douze mètres et demi.

**22.** Il a brûlé un demi-stère de hêtre.

**23.** Vos vacances ont duré trente-cinq jours, et les nôtres trente.

**24.** Cinq et sept font douze.

**25.** Mon frère a dix ans, et moi quinze.

**26.** Huit mètres cubes d'engrais ont coûté seize francs.

**27.** Mon camarade a trouvé vingt-quatre pour résultat de son calcul ; moi, je n'ai trouvé que dix-huit et demi.

**28.** J'ai trois récréations par jour : la première dure une demi-heure, la seconde une heure, et la troisième un quart d'heure.

**29.** Qu'est-ce que *l'Arithmétique ?*

**30.** Qu'est-ce que *le Calcul arithmétique ?*

---

## Leçon II. — Numération des Nombres entiers.

**31.** Qu'est-ce que *la Numération ?* — Comment la divise-t-on ?

**32.** Qu'est-ce que la Numération *parlée ?* — Qu'est-ce que la Numération *écrite ?*

### Numération parlée.

**33.** Comment forme-t-on les nombres ?

**34.** Qu'appelle-t-on *unités du premier ordre ?*

**35.** Comment forme-t-on le nombre *dix ?* — Quel autre nom porte-t-il ?

**36.** Comment compte-t-on par dizaines ? — Quels noms particuliers portent les neuf premières dizaines ?

**37.** Combien y a-t-il de dizaines dans *trente ?* — dans *cinquante ?* — dans *vingt ?* — dans *quatre-vingts ?* —

**38.** Combien y a-t-il de dizaines dans *soixante-dix ?* — dans *quatre-vingt-dix ?* — dans *quarante ?* — dans *soixante ?* —

**39.** Jusqu'à quel nombre compte-t-on au moyen des dizaines et des unités ? — Comment forme-t-on les noms de ces nombres ? — Quelles sont les exceptions ?

**40.** Quels sont les nombres entiers compris entre vingt et trente ? — entre dix et vingt ? — entre trente et quarante ?

**41.** Quels sont tous les nombres entiers compris entre cinquante et soixante ? — entre quatre-vingts et quatre-vingt-dix ? — entre quarante et cinquante ?

**42.** Quels sont tous les nombres entiers compris entre soixante et soixante-dix ? — Entre soixante-dix et quatre-vingts ? — entre quatre-vingt-dix et quatre-vingt-dix-neuf.

**43.** Combien y a-t-il de dizaines et d'unités dans vingt-quatre ? — dans cinquante-deux ? — dans quinze ?

**44.** Combien y a-t-il de dizaines et d'unités dans soixante-huit ? — dans quarante-sept ? — dans soixante-quatorze ?

**45.** Combien y a-t-il de dizaines et d'unités dans quarante-neuf ? — dans quatre-vingt-cinq ? — dans quatre-vingt-douze ? — dans quatre-vingt-dix-huit ?

**46.** Quel nombre forme-t-on en ajoutant un à quatre-vingt-dix-neuf ? — Quelle est l'unité du troisième ordre ?

**47.** Comment compte-t-on par centaines ? — Comment forme-t-on les noms des nombres compris entre cent et deux cents ? — entre deux cents et trois cents ? — entre trois cents et quatre cents ? — etc., etc.

**48.** Combien y a-t-il de centaines, dizaines et unités dans cent vingt-trois ? — dans trois cent quarante-cinq ? — dans six cent onze ?

**49.** Combien de centaines, dizaines et unités dans quatre cent sept ? — dans huit cent soixante ? — dans neuf cent quatre-vingt-dix-neuf ?

**50.** Quel nombre forme-t-on en ajoutant un à neuf cent quatre-vingt-dix-neuf ? — Quelle est l'unité du quatrième ordre ?

**51.** Comment compte-t-on par mille ? — Comment forme-t-on les noms des nombres compris entre mille et deux mille ? — entre deux mille et trois mille ? — entre trois mille et quatre mille ? — etc., etc.

**52.** Jusqu'à quel nombre compte-t-on au moyen des mille et des unités ? — Quelle est l'unité du cinquième ordre ? — Quelle est celle du sixième ?

**53.** Qu'est-ce qu'un million ? — un billion ? — un milliard ? — un trillion ? — un quatrillion ?

**54.** Quelle est l'unité du septième ordre ? — Quelle est celle du huitième ordre ? — celle du neuvième ? — du dixième ? — du onzième ?

**55.** Quel est le double principe de la Numération parlée ?

**56.** Quelle est la première classe d'unités ? — Quelle est la seconde ? — la troisième ? — la quatrième ? — la cinquième ? — la sixième ? — la septième ? — la huitième ? — la neuvième ? — la dixième ?

**57.** Comment se décompose chaque classe d'unités ?

**58.** Quels ordres d'unités comprend la première classe ? — la troisième ? — la cinquième ?

**59.** Quels ordres d'unités comprend la deuxième classe ? — la quatrième ? — la sixième ?

**60.** Combien d'unités de chaque ordre dans quarante-deux mille huit cent soixante-sept ? — dans neuf millions soixante-six mille trente ?

**61.** Combien d'unités de chaque ordre dans cinq cent deux millions trois cent quatre-vingt-quatorze mille six cent seize ? — Combien dans soixante-douze trillions sept cent soixante-dix-huit millions trois cent dix mille cinq cent neuf ?

**62.** Qu'appelle-t-on *suite naturelle* des nombres ? — *terme* de la suite naturelle ? — *Quarante-cinq* est-il un terme de la suite naturelle ? — Pourquoi ?

63. Qu'appelle-t-on *nombres entiers consécutifs ?* — Exemples.

## Questions de Récapitulation sur la Numération parlée.

64. Nommer tous les nombres pairs (a) compris entre un et cent.

65. Nommer tous les nombres pairs, en descendant, depuis deux cents jusqu'à cent.

66. Nommer tous les nombres impairs (b) de un à cent.

67. Nommer tous les nombres impairs compris entre deux cents et cent cinquante (en descendant).

68. Compter de cinq en cinq, depuis cinq, jusqu'à cent cinquante.

69. Compter de cinq en cinq, de deux cents à cent.

70. Compter de trois en trois, de trois à soixante ; puis de cent cinquante à quatre-vingt-dix.

71. Compter de quatre en quatre, de quatre à cent; puis de deux cents à cent vingt.

72. Compter de dix en dix, de trente à cent soixante; puis de trois cent vingt à cent quatre-vingts.

73. Compter de vingt en vingt, de vingt à deux cents ; puis de quatre cents à deux cent quarante.

74. Compter de vingt-cinq en vingt-cinq, de vingt-cinq à trois cent cinquante ; puis de mille à six cent soixante-quinze.

75. Les nombres ont-ils une limite ? — Pourquoi ?

76. Nommer tous les ordres d'unités, jusqu'au quinzième inclusivement.

77. De quel ordre d'unités sont les dizaines de mille, les millions, les centaines de millions, les dizaines de trillions ?

78. Combien y a-t-il d'ordre d'unités dans chaque classe ?

79. Nommer toutes les classes ou unités ternaires, jusqu'à la dixième, inclusivement.

80. De quelle classe sont les quatrillions, les mille, les billions, les quintillions ?

81. Quel est le nom des unités de la troisième, de la sixième, de la première, de la septième classe ?

82. De quel ordre et de quelle classe sont les dizaines de millions, les centaines de billions, les centaines ?

83. Nommer les unités du premier ordre de la troisième classe ; du troisième ordre de la seconde classe ; du second ordre de la quatrième classe.

84. Quels sont les mots différents dont on a besoin pour compter de un à cent ? — de cent à mille ? — de mille à un trillion ?

85. Pourquoi n'a-t-on pas donné à chaque nombre un nom particulier indépendant de tout autre ?

---

(a) Un nombre *pair* ne contient aucune unité simple ; ou bien il en a deux, quatre, six, ou huit.

(b) Un nombre *impair* contient une, trois, cinq, sept, ou neuf unités simples.

**86.** Quel est l'ordre d'unités immédiatement supérieur aux dizaines de millions ? — aux centaines de mille ? — aux unités simples ?

**87.** Quel est l'ordre d'unités immédiatement inférieur aux mille ? — aux millions ? — aux centaines de billions ?

**88.** Entre quels ordres d'unités se trouvent placés les billions ? — les dizaines de millions ? — les centaines ? — les dizaines de mille ?

**89.** Quelle est la classe d'unités immédiatement supérieure aux billions ? — aux unités simples ? — aux trillions ?

**90.** Quelle est la classe d'unités immédiatement inférieure aux trillions ? — aux millions ? — aux quatrillions ?

**91.** J'ai un grand nombre de plumes à compter. Pour y parvenir, je les distribue par tas de dix, et il me reste *neuf* plumes ; de ces premiers tas, en les groupant dix par dix, j'en forme de nouveaux, et il m'en reste *trois* des premiers ; avec les nouveaux tas, groupés dix par dix, j'en forme d'autres, et il m'en reste *cinq* des seconds ; enfin, avec les troisièmes, je forme *huit* nouveaux tas de dix, et il en reste *sept* des troisièmes. Combien ai-je de plumes en tout ?

### Numération écrite.

**92.** Par quels caractères se représentent les nombres ? — Comment s'appellent-ils, d'un nom commun ?

**93.** Quel est le principe fondamental de la numération écrite ?

**94.** Quels nombres représentent les neuf premiers chiffres ?

**95.** Comment se nomme le dixième chiffre ? — Quelle est sa valeur ? — A quoi sert-il ?

**96.** Comment se représentent les dizaines ?

**97.** Écrire en chiffres les nombres trente, quatre-vingt-dix, vingt, cinquante, dix, soixante, quarante, quatre-vingts, soixante-dix.

**98.** Comment représenter les nombres de dix à quatre-vingt-dix-neuf.

*Écrire en chiffres les nombres des Exemples suivants.*

**99.** Dix-huit, douze, quinze, dix-neuf, treize, dix-sept, quatorze, seize.

**100.** Vingt-et-un, vingt-huit, vingt-six, vingt-deux, vingt-neuf, vingt-trois, vingt-sept, vingt-quatre, vingt-cinq.

**101.** Trente-cinq, trente-huit, trente et un, trente-neuf, trente-quatre, trente-deux, trente-sept, trente-trois, trente-six.

**102.** Quarante-deux, quarante-quatre, quarante-six, quarante-huit, quarante et un, quarante-trois, quarante-cinq, quarante-sept, quarante-neuf.

**103.** Cinquante-trois, cinquante et un, cinquante-neuf, cinquante-sept, cinquante-six, cinquante-huit, cinquante-deux, cinquante-quatre, cinquante-cinq.

**104.** Soixante-neuf, soixante-cinq, soixante-quatre, soixante-trois, soixante-sept, soixante et un, soixante-huit, soixante-deux, soixante-six.

**105.** Soixante-dix-huit, soixante-quatorze, soixante-dix-sept, soixante et onze, soixante-seize, soixante-treize, soixante-quinze, soixante-dix-neuf, soixante-douze.

**106.** Quatre-vingt-huit, quatre-vingt-cinq, quatre-vingt-deux, quatre-vingt-un, quatre-vingt-quatre, quatre-vingt-sept, quatre-vingt-neuf, quatre-vingt-six, quatre-vingt-trois, quatre-vingts.

**107.** Quatre-vingt-dix-sept, quatre-vingt-treize, quatre-vingt-onze, quatre-vingt-quinze, quatre-vingt-dix-neuf, quatre-vingt-douze, quatre-vingt-seize, quatre-vingt-quatorze, quatre-vingt-dix-huit.

**108.** Quatorze, vingt-cinq, trente et un, quarante-trois, cinquante-six, soixante-deux, soixante-dix-sept, quatre-vingt-neuf, quatre-vingt-dix-sept.

**109.** Cinquante-neuf, trente-six, soixante-seize, onze, quatre-vingt-seize, vingt-neuf, quarante-huit, soixante-cinq, quatre-vingt-quinze, dix-huit, quatre-vingt-dix-neuf, soixante.

**110.** Comment se représentent les centaines ?

**111.** Écrire les nombres cinq cents, neuf cents, cent, huit cents, quatre cents, sept cents, six cents, deux cents, trois cents.

**112.** Comment écrire un nombre de trois chiffres?

*Écrire en chiffres les nombres des Exemples suivants.*

**113.** Deux cent trente-quatre, quatre cent cinquante, neuf cent dix-sept, cent cinq, quatre cent soixante-dix-neuf.

**114.** Trois cent vingt, six cent trois, huit cent quatre-vingt-dix-sept, six cent soixante-dix-huit, neuf cent soixante-cinq.

**115.** Huit cent dix, quatre cent un, neuf cent quatre-vingt-dix-neuf, cent soixante-quinze, deux cent vingt-huit, cinq cent cinquante-cinq.

**116.** Cent vingt-cinq, deux cent trente-neuf, trois cent soixante-huit, quatre cent quatre-vingt-seize, cinq cent soixante-quinze, six cent soixante-six, sept cent trente-quatre, huit cent trente-trois, neuf cent un.

**117.** Deux cent trente-neuf, quatre cent vingt-neuf, cent vingt-huit, cinq cent trente-six, trois cent soixante-dix-neuf, huit cent soixante-dix-huit.

**118.** Comment se représentent les mille, depuis mille jusqu'à neuf cent quatre-vingt-dix-neuf mille? — Que place-t-on à la droite des mille?

**119.** Que met-on à la place des ordres qui manquent?

**120.** Où se placent les millions? — les billions? — les trillions? — les quatrillions?

*Écrire en chiffres les nombres des Exemples suivants.*

**121.** Deux mille trois cent quatre-vingt-sept... vingt-sept mille six cent cinquante-quatre... trois cent dix-huit mille cent dix-huit.

**122.** Quatre mille neuf unités... vingt-quatre mille trente-six unités... six cent dix-neuf mille huit cent cinquante unités.

**123.** Deux millions trois cent quarante et un mille neuf cent quatre-vingt-sept unités... quarante-cinq millions huit cent cinquante-huit mille six cent trente unités... cinq cent cinquante et un millions neuf cent soixante et onze mille sept cent soixante-huit unités.

**124.** Sept millions huit mille cent dix-neuf unités... dix-sept millions trente-six mille... huit cent trente-sept millions six mille huit unités... quatre cent vingt millions neuf mille.

**125.** En général, comment représenter par des chiffres un nombre énoncé en langage ordinaire ?

*Écrire en chiffres les nombres des Exemples suivants.*

**126.** Dix-neuf millions deux cent trente-sept mille huit cent cinquante-neuf unités... neuf cent sept millions cinquante-six unités... quatre millions cinq mille six unités.

**127.** Neuf millions cinq cent soixante-neuf mille francs... six millions trois cent sept mille quarante-neuf personnes... huit cent quatre-vingt-neuf millions quarante-trois mille dix-neuf lettres.

**128.** Cent neuf mille trente-cinq maisons... quatre billions trois cent treize millions cinq cent soixante-six mille neuf cent huit unités... deux millions trois mille huit unités.

**129.** Neuf quatrillions deux cent trente-neuf trillions deux cent cinquante-huit millions quarante-neuf mille trois unités... deux cent soixante-treize quintillions neuf cent dix-huit quatrillions deux billions dix-neuf mille huit unités.

**130.** Sept millions de francs... quarante-huit milliards de francs... un billion deux millions trois mille quatre unités... neuf billions huit mille trente-deux unités.

**131.** Expliquer comment un nombre entier, quelque grand qu'on le suppose, pourra se représenter au moyen des dix chiffres.

**132.** Comment énoncer un nombre qui n'a pas plus de trois chiffres ?

**133.** Énoncer 9... 1... 4... 5... 6... 7... 3... 8... 2.

**134.** Énoncer 40... 70... 10... 90... 20... 80... 30... 50... 60.

**135.** Énoncer 49... 84... 19... 68... 72... 29... 35... 97... 56... 86... 17... 87... 36... 91... 88... 41... 63... 92... 15... 53... 42.

**136.** Énoncer 927... 432... 517... 209... 800... 460... 620... 890... 795... 384... 417... 538... 77... 649... 742... 875... 911... 452... 504... 801... 111... 222... 555... 999.

**137.** Comment énoncer un nombre qui a plus de trois chiffres ?

**138.** Énoncer 12345... 234567... 345607... 4056070... 5600789002... 6780912... 7809147... 80090034... 912304567.

**139.** Énoncer 3000... 5009... 70034... 9004... 6279... 4807... 69000... 90000... 6100... 7290... 345067809.

**140.** Énoncer 20000... 27500... 90068... 45234... 920731... 40509... 290007... 238300... 7000000... 5600789.

**141.** Énoncer 614290... 480000... 9120078... 9000000... 5342493... 608715... 980619... 8170041... 6170508.

**142.** Énoncer 4846200... 2009208... 4800501... 1171130... 556600... 1200049... 2704090... 7693000... 20000000.

**143.** Énoncer 9004003... 17548693... 72006234... 3008026237... 6007039034... 234005607... 704000000.

**144.** Énoncer 123456789... 234567891... 345678912... 4152637809... 910080967466... 6002340093... 40368200053.

**145.** Énoncer 639720041... 93453123000... 480000073196... 49020601... 87320445566... 991880027... 56708901234560.

### Remarques sur la Numération.

**146.** Énoncer chiffre à chiffre les nombres 34567... 456789... 2349876... 307809... 12034058... 91468000... 35009765.

**147.** Énoncer chiffre à chiffre 821040... 9876543... 8913572460... 5566778899... 127000456... 34679812004.

**148.** Énoncer chiffre à chiffre 2340007391... 90348100000... 567839739653... 48500000007860000.

**149.** Écrire en chiffres les nombres suivants : quatre millions six centaines de mille deux dizaines de mille huit mille neuf centaines six dizaines cinq unités... huit centaines de billions deux billions trois centaines de millions sept dizaines de millions cinq centaines de mille sept mille huit unités... six trillions neuf billions deux dizaines de millions trois millions quatre centaines de mille six dizaines de mille sept mille neuf centaines.

**150.** Écrire en chiffres huit mille quatre centaines cinq unités... sept centaines de millions huit millions trois centaines de mille deux mille neuf centaines une dizaine... sept centaines de billions trois dizaines de mille cinq mille... deux dizaines de trillions six centaines de billions sept dizaines de millions huit mille deux dizaines trois unités.

**151.** Démontrer que 1230 peut s'énoncer : 123 *dizaines.*

**152.** Démontrer que 496700 peut s'énoncer 4967 *centaines.*

**153.** Démontrer que 780000 peut s'énoncer : 78 *diz. de mille.*

**154.** Énoncer en dizaines les nombres suivants : 4560... 234500... 28800... 92740... 37000... 28960... 728900... 257000...

**155.** Énoncer en dizaines et unités : 2347... 12345... 91870... 435700... 239771... 67221407... 9870065... 496347632.

**156.** Énoncer en centaines : 723400... 328000... 59200... 73450000... 229600... 5671000... 2870000... 5718900.

**157.** Énoncer en centaines et unités : 723421... 91239... 456270... 586209... 783229... 517800... 719235689234.

**158.** Énoncer en centaines, dizaines et unités : 1234567... 234567890... 4823... 50013... 778811222... 7819095067.

**159.** Énoncer 184237879 de quatre manières : 1º par classes ; 2º chiffre à chiffre ; 3º en centaines de millions, centaines de mille, centaines et unités; 4º en millions, dizaines de mille, dizaines et unités.

**160.** Énoncer 987654321987 de cinq manières : 1º par classes ;

2º chiffre à chiffre ; 3º en billions, dizaine de millions, centaines de mille et unités; 4º en centaines de billions, billions, dizaines de millions, millions, mille, centaines et unités ; 5º en dizaines de mille et unités.

**161.** Écrire en chiffres les nombres : neuf mille deux cent trente-sept dizaines... quatre cent quatre-vingt-neuf centaines... cinq cent onze mille... sept dizaines de millions, huit centaines de mille, six mille, sept cent douze unités.

**162.** Écrire sept billions, six dizaines de millions, huit millions, quatre cent trente-sept centaines, cinq unités... quarante-trois centaines de billions, six cent quatre centaines, sept unités... six cents quatrillions, neuf centaines de trillions, soixante centaines de millions, vingt-cinq dizaines de mille, six cent soixante-six unités.

**163.** Quand est-ce qu'un nombre entier est dix fois plus grand qu'un autre?

**164.** Comment rendre un nombre entier dix fois plus grand?

**165.** Démontrer que 240 est dix fois plus grand que 24.

**166.** Démontrer que 5760 est dix fois plus grand que 576.

**167.** Démontrer que 23450 est 10 fois plus grand que 2345.

**168.** Rendre 10 fois plus grands les nombres 72... 452... 3695... 7... 293... 6289... 86... 3340... 77223... 87400... 45112.

**169.** Quand est-ce qu'un nombre est 100 fois, 1000 fois. 10 000 fois... plus grand qu'un autre ?

**170.** Comment rendre un nombre entier 100 fois plus grand ? — Comment le rendre 1000 fois, 10 000 fois,... plus grand ?

**171.** Démontrer que 74200 est 100 fois plus grand que 742.

**172.** Démontrer que 34000 est 1000 fois plus grand que 34.

**173.** Démontrer que 270000 est 10 000 fois plus grand que 27.

**174.** Rendre 100 fois plus grands les nombres 123... 2345... 340... 45678... 3907... 7700... 66780... 19283... 80000.

**175.** Rendre 1000 fois plus grands les nombres 45... 694... 57910... 371... 94560... 31332... 99800... 5522001... 444.

**176.** Rendre 10 000 fois plus grands les nombres 678... 4321... 63124... 70430... 84... 129... 71345... 5632008.

**177.** Rendre 100 000 fois plus grands les nombres 73... 896... 30056... 4354600... 573... 4085... 66622000.

**178.** Rendre 1000 000 de fois plus grands les nombres 237... 49... 1292... 7648... 44403... 33300... 2221110495.

**179.** Quand est-ce qu'un nombre est 10 fois, 100 fois, 1000 fois,... plus petit qu'un autre?

**180.** Un nombre étant terminé par des zéros, comment le rendre 10 fois, 100 fois, 1000 fois... plus petit ?

**181.** Démontrer que 12 est 10 fois plus petit que 120.

**182.** Démontrer que 540 est 100 fois plus petit que 54000.

**183.** Démontrer que 632 est 1000 fois plus petit que 632000.

**184.** Rendre 10 fois plus petits les nombres 470... 6150... 99800... 12300... 75630... 1245000... 45090... 372007200.

**185.** Rendre 100 fois plus petits les nombres 4900... 50300... 900800... 432000... 5782000... 337700... 80090000.

**186.** Rendre 1000 fois plus petits les nombres 81000... 70300000... 105000... 390000... 797000... 999900000.

**187.** Rendre 10.000 fois plus petits les nombres 720000... 89300000... 229040000... 75302000000.

**188.** Quels sont les caractères que l'on appelle *chiffres significatifs ?* — Combien ont-ils de valeurs ?

**189.** Qu'appelle-t-on valeur *absolue*, — valeur *relative* d'un chiffre ?

**190.** Dans le nombre 23456789, quelle est la valeur absolue, quelle est la valeur relative du 8 ? — du 6 ? — du 4 ?

**191.** Dans le nombre 123908450372, quelle est la valeur absolue, quelle est la valeur relative du troisième chiffre, du cinquième, du septième, du neuvième, du douzième, à partir de la droite ?

**192.** Comment s'appelle notre Numération ? — Pourquoi ?

### Chiffres romains.

**193.** Les chiffres romains sont-ils en usage dans les calculs ?— A quoi servent-ils ?

**194.** Combien y a-t-il de chiffres romains, et quels sont-ils ?

**195.** Que vaut M ? — V ? — I ? — C ? — D ? — L ? — X ?

**196.** Sur quelles conventions repose l'écriture des nombres au moyen des chiffres romains ? — Expliquer ces conventions sur VI et IV.

**197.** Écrire en chiffres romains les nombres 3... 9... 8... 1... 5... 2... 4... 6... 7.

**198.** Écrire en chiffres romains 20... 40... 60... 80... 90... 70... 50... 30... 10.

**199.** Écrire en chiffres romains 17... 23... 49... 68... 91... 69... 35... 53... 74... 99... 87... 12... 26... 38... 47.

**200.** Écrire en chiffres romains 100... 124... 232... 333... 456... 783... 400... 579... 600... 799... 800... 900... 999.

**201.** Écrire en chiffres romains 1200... 1789... 1861... 1848... 1800... 1814... 1804... 1830... 1349... 1774... 1643... 1815...

**202.** Énoncer les nombres VIII... LXXXIX... XCIX... XLIX... XI... LXXXV... XXIX... LXXIV... XXXIII... LVII.

**203.** Énoncer les nombres DCXXVII... XXXIII... CCXXII... CMLV... CCXCIX... CCCLIV... DCCCLXXXVIII... CM.

**204.** Énoncer les nombres MDLV... MCCCXI... MDCXLIII... MDCCII... MDCCLXXXIX... MDCCCXX... MDCCCXXX... MDCCCLXI.

### Mesures françaises.

**205.** Nommer les mesures de longueurs. — Nommer celles des surfaces agraires, et celles des petites surfaces.

**206.** Nommer les mesures pour les bois. — Nommer celles des autres volumes.

**207.** Quelles sont les mesures de capacité ?

**208.** Nommer les mesures de poids.

**209.** Quelles sont les unités pour les monnaies ?

**210.** Quelles sont les unités pour le temps ?

**211.** De quels unités fait-on usage dans le cercle ?

**Exercices de Récapitulation sur la Numération écrite.**

**212.** Quel rang occupent les dizaines de mille, les millions, les centaines, les centaines de millions, en partant de la droite ?

**213.** De quel ordre est le chiffre qui occupe la troisième place, en partant de la droite ? — celui qui occupe la sixième place ? — la neuvième place ?

**214.** Pourquoi le nombre 700 représente-t-il *sept cents ?*

**215.** Pourquoi le nombre 9237 représente-t-il *neuf mille deux cent trente-sept ?*

**216.** Pourquoi a-t-on inventé des caractères particuliers pour représenter les nombres ?

**217.** Aurait-on pu représenter les nombres par plus ou moins de dix caractères ?

**218.** Quel rang occupe dans un nombre le chiffre des dizaines de millions ?

**219.** Un chiffre occupe dans un nombre le cinquième rang, en partant de la droite : quel ordre d'unités représente-t-il ?

**220.** Dans un certain nombre, le chiffre 3 représente les mille : quelles unités représentera-t-il, si l'on rend ce nombre mille fois plus grand ?

**221.** Le chiffre 7 occupe dans un nombre la quatrième place, à partir de la droite : que représentera-t-il, si on rend ce nombre 100 fois plus grand ?

**222.** Le chiffre 2 représente des dizaines de mille dans un certain nombre : que représentera-t-il, si l'on rend ce nombre 1000 fois plus petit ?

**223.** Combien de fois 9200 est-il plus grand que 92 ?

**224.** Combien de fois 569 est-il plus petit que 569000 ?

**225.** Que devient un nombre entier à la droite duquel on écrit quatre zéros ?

**226.** Que devient un nombre entier sur la droite duquel on supprime trois zéros ?

**227.** Combien de fois la même lettre peut-elle être employée de suite, dans un nombre écrit en chiffres romains ?

---

## Leçon III. — Addition des Nombres entiers.

**228.** Combien l'Arithmétique contient-elle d'opérations principales ? — quelles sont-elles ?

**229.** Qu'est-ce que l'Addition ? — Comment se nomme le résultat de cette opération ?

**230.** Comment indiquer l'Addition ?

**231.** Indiquer que l'on veut ajouter ensemble les nombres 1, 2, 3, 4, 5, 6, 7.

**232.** Indiquer l'addition des nombres 26, 35, 49.

**233.** Que signifie $32 + 8 + 49 + 52 + 123$ ?

**234.** Que signifie $7 + 53 + 879 + 9436 + 8$ ?

**235.** Comment indiquer que deux quantités sont égales?

**236.** Indiquer que 8 et 1 font 9.

**237.** Indiquer que la somme de 14 et 1 est 15.

**238.** Lire et interpréter l'expression $6 + 1 = 7$.

**239.** Lire et interpréter l'expression $123 + 1 = 124$.

**240.** Comment ajouter un nombre d'un seul chiffre à un autre nombre ? — Expliquer le procédé sur $9 + 5$. *Effectuer de cette manière les additions indiquées dans les Exemples suivants :*

**241.** $9 + 2 \ldots 9 + 4 \ldots 9 + 6 \ldots 9 + 8 \ldots 9 + 7 \ldots 9 + 3$.

**242.** $8 + 3 \ldots 8 + 5 \ldots 8 + 9 \ldots 8 + 2 \ldots 8 + 6 \ldots 8 + 8$.

**243.** $7 + 4 \ldots 7 + 8 \ldots 7 + 5 \ldots 7 + 9 \ldots 7 + 3 \ldots 7 + 6$.

**244.** $6 + 6 \ldots 6 + 3 \ldots 6 + 9 \ldots 6 + 4 \ldots 6 + 7 \ldots 6 + 5$.

**245.** $5 + 2 \ldots 5 + 6 \ldots 5 + 4 \ldots 5 + 8 \ldots 5 + 5 \ldots 5 + 9$.

**246.** Comment former la Table d'Addition ?

**247.** Construire une Table d'Addititon qui donne toutes les sommes depuis $1 + 1$ jusqu'à $20 + 20$.

**248.** Comment trouver, au moyen de la Table d'Addition, la somme de deux nombres d'un seul chiffre ?

*Effectuer au moyen de la Table les additions indiquées suivantes.*

**249.** $2 + 9 \ldots 3 + 7 \ldots 4 + 5 \ldots 5 + 7 \ldots 6 + 3 \ldots 7 + 9$.

**250.** $3 + 4 \ldots 9 + 7 \ldots 8 + 7 \ldots 4 + 8 \ldots 5 + 8 \ldots 8 + 7$.

**251.** $9 + 9 \ldots 8 + 8 \ldots 5 + 9 \ldots 6 + 8 \ldots 7 + 6 \ldots 3 + 9$.

**252.** $4 + 4 \ldots 3 + 3 \ldots 4 + 6 \ldots 5 + 6 \ldots 9 + 8 \ldots 7 + 5$.

**253.** $5 + 5 \ldots 2 + 2 \ldots 6 + 6 \ldots 7 + 7 \ldots 1 + 1 \ldots 9 + 7$.

**254.** Comment ajouter, au moyen de la Table d'Addition, un nombre d'un seul chiffre à un nombre qui en a plusieurs ?

*Effectuer de cette manière les additions indiquées suivantes.*

**255.** $12 + 7 \ldots 24 + 4 \ldots 32 + 6 \ldots 43 + 5 \ldots 58 + 4 \ldots 63 + 7$.

**256.** $72 + 5 \ldots 81 + 8 \ldots 84 + 8 \ldots 93 + 4 \ldots 94 + 5 \ldots 95 + 8$.

**257.** $123 + 6 \ldots 216 + 5 \ldots 340 + 9 \ldots 452 + 8 \ldots 566 + 8$.

**258.** $64 + 9 \ldots 507 + 4 \ldots 691 + 8 \ldots 2733 + 7 \ldots 3678 + 6$.

**259.** $95 + 5 \ldots 262 + 8 \ldots 729 + 9 \ldots 691 + 9 \ldots 1998 + 2$.

**260.** $834 + 3 \ldots 890 + 7 \ldots 947 + 7 \ldots 964 + 4 \ldots 993 + 7$.

**261.** $1234 + 5 \ldots 2345 + 7 \ldots 3456 + 8 \ldots 4567 + 9$.

**262.** $49 + 7 \ldots 624 + 8 \ldots 134 + 4 \ldots 4248 + 8$.

**263.** $28 + 9 \ldots 932 + 7 \ldots 3329 + 9 \ldots 5679 + 7$.

**264.** $6677 + 5 \ldots 7893 + 7 \ldots 8922 + 6 \ldots 9994 + 6$. *(a)*

**265.** En général, comment fait-on l'Addition des Nombres entiers ? — *Effectuer les additions indiquées suivantes :*

| | |
|---|---|
| **266.** $23 + 14$ | **273.** $138 + 621$ |
| **267.** $58 + 31$ | **274.** $42 + 30 + 16$ |
| **268.** $71 + 24$ | **275.** $121 + 32 + 435$ |
| **269.** $83 + 16$ | **276.** $714 + 42 + 125$ |
| **270.** $14 + 62$ | **277.** $6532 + 23456$ |
| **271.** $46 + 24$ | **278.** $49 + 124 + 3664$ |
| **272.** $97 + 45$ | **279.** $9400 + 713 + 55678$ |

*(a)* Avant de passer à l'Addition des nombres de plusieurs chiffres, il est très-utile d'exercer les élèves à faire *de mémoire* un très-grand nombre d'additions selon le modèle donné plus haut.

**280.** 459 + 873 + 684 + 987 + 926
**281.** 661 + 6238 + 3721 + 8234 + 1543
**282.** 6742 + 2155 + 9648 + 11222 + 33344
**283.** 2131 + 23451 + 72448 + 239704 + 390452
**284.** 12348 + 61530 + 73252 + 112233 + 996507
**285.** 78249 + 46985 + 97215 + 76284 + 12689240
**286.** 6234567 + 2438679 + 1282495 + 786271 + 781237
**287.** 28279 + 4569 + 1234 + 8791 + 4692 + 589 + 334455
**288.** 486284 + 56215 + 8493 + 712 + 84 + 9
**289.** 456879 + 59234 + 72128 + 7139 + 468 + 587
**290.** 9234568 + 7177238 + 897124 + 1268619 + 4455667
**291.** 6789123 + 45678912 + 80950045 + 872131429
**292.** 415678 + 2195684 + 97219685 + 8288691971
**293.** 87234 + 1236419 + 68519 + 489 + 6789 + 450678
**294.** 889628 + 71234 + 881679 + 7092345 + 9988776
**295.** 815284 + 172613 + 513334 + 68213 + 5628520
**296** 66268 + 486915 + 987 + 6879 + 1422 + 6976 + 98712 +
482667 + 676789 + 33449 + 9004162 + 72483
**297.** 88 + 483 + 5671 + 12345 + 234567 + 95460 + 8234 + 273405
+ 542123 + 89765 + 778899 + 3377 + 21232267
**298.** Écrire 4 fois 123456, et faire l'addition.
**299.** Écrire 5 fois 234567, et faire l'addition.
**300.** Écrire 6 fois 98765321, et faire l'addition.
**301.** Écrire 7 fois 430967, et faire l'addition.
**302.** Écrire 8 fois 24687531, et faire l'addition.
**303.** Écrire 9 fois 2123456, et faire l'addition.
**304.** Écrire 9 fois 78912345, et faire l'addition.
**305.** Écrire 10 fois 307920067, et faire l'addition.
**306.** Écrire 10 fois 325614893, et faire l'addition.
**307.** Ajouter 3 fois 4321 à 4 fois 5936.
**308.** Ajouter 5 fois 70812 à 6 fois 2345.
**309.** Combien font 2 fois 567, + 3 fois 657, + 4 fois 765 ?
**310.** Combien donnent 5 fois 22333, + 4 fois 345678, + 3 fois
789654 ?

**311.** Comment opérer pour trouver commodément la somme
d'une grande quantité de nombres?

*Effectuer les additions indiquées suivantes.*

**312.** 86219 + 689287 + 213829 + 486215 + 68279 + 89724 +
713948629 + 1879283 + 87619 + 3124 + 57528 + 12345 + 68234 +
4262145 + 527186 + 629241 + 28245000 + 23546 + 783123 + 77886655
+ 6730456 + 309045.

**313.** 61219 + 24187 + 6913 + 517248 + 12345617 + 486 + 97 +
2779 + 82991 + 685214 + 72115 + 80917 + 63447 + 61238 + 37664 +
682834 + 9127 + 68335 + 42495 + 999888 + 777666 + 5435435 +
6546546 + 8765876.

**314.** 713829 + 486128 + 61723 + 9488125 + 676291 + 568917 +
4837548 + 780629 + 72400 + 68000 + 5158 + 613228 + 712332 +
6283 + 4887734 + 9827 + 46283 + 312728 + 41625 + 78237 + 463128
+ 7891234 + 3070893 + 1234667.

### Preuve de l'Addition.

**315.** Qu'appelle-t-on *preuve* d'une opération arithmétique ?

**316.** Comment peut-on faire la preuve de l'Addition ? — Sur quoi est fondée cette manière de faire la preuve ?

*Effectuer, avec leurs preuves, les additions indiquées suivantes.*

**317.** 12345 + 6789 + 824 + 97 + 65234 + 9768
**318.** 87239 + 6971 + 9185 + 68258 + 97563 + 2865
**319.** 3127 + 876 + 48684 + 73279 + 654 + 4872
**320.** 8734268 + 123568 + 374629 + 879628 + 2437568
**321.** 468216 + 48654 + 2791 + 836 + 6815 + 92728 + 6112
**322.** 7132858 + 99327 + 6997 + 865 + 86275 + 4654327 + 482557
+ 98765 + 27698 + 2718 + 17628 + 421367.

### Usage de l'Addition. — Problèmes.

**323.** Quel est l'usage de l'Addition ? — Quand faut-il faire une Addition ?

**324.** Peut-on ajouter ensemble des nombres exprimant des unités de natures différentes ? — De quelle nature sont les unités de la somme ?

**325.** Qu'est-ce qu'un *Problème?* — Qu'est-ce que *résoudre* un Problème ?

*Résoudre les Problèmes suivants, et dire pourquoi il faut faire une Addition (a).*

**326.** Paul avait 10 francs dans sa bourse ; son père lui en donne 3 autres : combien a-t-il maintenant?

**327.** J'ai 20 francs dans une de mes poches, et 13 francs dans une autre : combien ai-je en tout ?

**328.** Pierre a 32 francs, et Paul 12 francs : s'ils mettaient le tout dans une seule bourse, combien contiendrait-elle ?

**329.** J'ai dépensé 15 centimes pour du pain, 10 centimes pour de la viande, et 5 centimes pour du cidre : combien ai-je dépensé en tout?

**330.** J'ai trois rangées de livres dans ma chambre : dans la première, il y en a 20 ; dans la seconde, il y en a 25, et dans la troisième 30 : combien ai-je de livres en tout ?

**331.** Un aubergiste a d'abord acheté 12 hectolitres de vin, puis 15 : combien, en tout, a-t-il acheté d'hectolitres ?

**332.** Un enfant avait 36 billes, et il en a gagné 24 : combien en a-t-il maintenant?

**333.** Dans une école, on compte 20 élèves dans la première classe, 30 dans la seconde, 40 dans la troisième, et 50 dans la quatrième : combien d'élèves dans ces quatre classes ?

**334.** « Dans ma classe, dit un élève, il y a 6 bancs. Nous som-

---

(a) Ces Problèmes, jusqu'au n° 360, ne donnent que des nombres très-simples : il sera avantageux aux élèves de les résoudre mentalement.

mes 7 sur chacun des deux premiers, 6 sur chacun des trois suivants, et 5 sur le dernier. » Combien d'élèves dans cette classe ?

**335.** Un objet me coûte 25 francs : combien dois-je le revendre pour gagner 7 francs?

**336.** En cédant pour 237 francs une certaine marchandise, j'ai perdu 32 francs : combien me coûtait-elle ?

**337.** Quel nombre de pommes contenait un papier, sachant qu'après en avoir vendu 40, et donné 10 à des enfants pauvres, il en reste encore 22 ?

**338.** Un joueur se retire avec 40 francs, après en avoir perdu 2 dans une première partie, et 3 dans une seconde : combien avait-il en commençant à jouer ?

**339.** Henri, Jules et François se partagent un certain nombre de pommes. Henri en prend 11, Jules 9, et François autant que les deux autres ensemble. Combien avaient-ils de pommes à se partager?

**340.** Un individu ayant acheté un petit objet pour 9 centimes, le revend en gagnant 5 centimes : combien le revend-il ?

**341.** Il y a sept ans, j'en avais 23 : quel est mon âge actuel?

**342.** Je pars de la maison à 7 heures du matin, je mets 3 heures pour me rendre à la ville, où je passe 5 heures à régler mes affaires, et j'emploie 4 heures pour m'en retourner. A quelle heure suis-je de retour chez moi?

**343.** Deux enfants, Louis et Auguste, jouent aux billes. Dans un premier coup, Louis en gagne 4, dans un second 6, et dans un troisième 8. Auguste en a gagné successivement 2, 3, et 9. Lequel des deux en a gagné le plus ?

**344.** Une montre indique 3 heures 20 minutes; mais elle retarde de 12 minutes : quelle heure est-il ?

**345.** Quelle est la profondeur d'un puits qui a 12 mètres d'eau, et 9 mètres de la surface de l'eau à la margelle?

**346.** Dans une maison, on dépense par jour 6 francs de pain, 5 francs de viande, 4 francs de vin et 2 francs de légumes : trouver la dépense journalière ?

**347.** Dans mon jardin, on compte 10 poiriers, 8 pommiers, 6 abricotiers, 4 pruniers et 5 pêchers : combien d'arbres fruitiers en tout ?

**348.** Dans une classe, il y a trois divisions. La première contient 12 élèves, la seconde 18, et la troisième 25 : combien d'élèves compte cette classe ?

**349.** Un particulier achète un paletot de 60 francs, un chapeau de 15 francs, et un pantalon de 45 francs : combien dépense-t-il ?

**350.** Un domestique paye pour le compte mensuel de son maître, 150 francs à l'épicier, 100 francs au boucher, et 60 francs au boulanger : combien a-t-il déboursé?

**351.** Un fermier a vendu à la foire : du froment pour 140 francs, de l'avoine pour 60 francs, une vache pour 130 francs, et un cheval pour 400 francs : quelle somme remporte-t-il ?

**352.** Un menuisier a fait un meuble dont le bois lui revient à 50 francs, et la ferrure à 20 francs : combien doit-il le vendre pour gagner 30 francs?

**353.** Un homme est né en 1812 : en quelle année aura-t-il 60 ans?

**354.** Il y a 15 ans de différence d'âge entre deux frères; le plus jeune a 12 ans : quel est l'âge de l'aîné?

**355.** Nous sommes maintenant en 1862 : dans quelle année serons-nous dans 18 ans?

**356.** Dans une famille où il y a quatre garçons, le plus jeune a 12 ans ; le second a 2 ans de plus ; le troisième a 1 an de plus que le second, et le quatrième 3 ans de plus que le troisième. Trouver l'âge de chacun des trois derniers, puis le total des quatre âges.

**357.** J'ai dépensé 70 francs, j'en ai prêté 35, et il m'en reste 25 : combien avais-je d'abord?

**358.** Louis XIV, roi de France, monta sur le trône en 1643, et mourut après 72 ans de règne : en quelle année est-il mort?

**359.** Un élève achète une grammaire 70 centimes, une géographie 75 centimes, une histoire de France 60 centimes, une histoire sainte 75 centimes, et une arithmétique 90 centimes : combien dépense-t-il?

**360.** Un propriétaire a quatre domestiques. Il donne à sa cuisinière 200 francs de gages ; à son valet de chambre, 300 francs; à son cocher 250 francs, et à son jardinier 400 francs. À combien montent les gages de ses domestiques?

**361.** Un particulier ayant bâti une maison, a payé 3257 fr. au maçon ; 2124 fr. au menuisier, 1217 fr. au serrurier, 428 fr. au peintre, 1239 fr. au plâtrier, et 824 fr. pour diverses dépenses : à combien lui revient sa maison?

**362.** Un élève en pension a dépensé pour ses menus plaisirs, 3 francs dans le mois d'Octobre, 5 francs dans le mois de Novembre, 7 francs dans le mois de Décembre, et ainsi de suite, en augmentant toujours de 2 francs, jusqu'au mois d'Août exclusivement. Combien a-t-il dépensé dans ses 10 mois de pension, pour ses menus plaisirs seulement?

**363.** On compte ordinairement 1656 ans de la Création au Déluge, et 2348 du Déluge à Jésus-Christ : combien y a-t-il d'années de la Création à Jésus-Christ, et combien jusqu'à nous, si nous sommes en 1862?

**364.** Un menuisier a blanchi 23 mètres carrés de planches le lundi, 28 le mardi, 30 le mercredi, 26 le jeudi, 31 le vendredi, et 32 le samedi : combien de mètres carrés a-t-il blanchis dans sa semaine?

**365.** Un fermier a 6 chevaux, 15 vaches, 5 chèvres, 35 moutons et 1 chien : combien a-t-il d'animaux?

**366.** Une ferme contient un jardin de 53 ares; deux prairies, qui ont l'une 123 ares, et l'autre 234 ; trois champs, le premier de 345 ares, le second de 422, et le troisième de 457 ares ; une châtaigneraie de 365 ares, et une chênaie de 419 ares : combien cette ferme contient-elle d'ares de terre en tout?

**367.** L'économe d'une grande maison achète 54 stères de chêne, 32 de châtaignier, 62 de hêtre et 45 de charme : à combien de stères monte sa provision de bois?

**368.** Un aubergiste a encavé quatre pièces de vin. La première est de 230 litres, la seconde de 245, la troisième de 264, et la quatrième de 224. Il en avait déjà 254 litres dans une pièce, et 78 dans une autre. Combien en a-t-il maintenant?

369. Un forgeron achète quatre barres de fer : la première pèse 4500 grammes, la seconde 3425, la troisième 2960, et la quatrième 3885 : combien a-t-il de fer en tout?

370. Un négociant achète huit pièces de drap. Les deux premières ont chacune 24 mètres, et reviennent à 484 fr. les deux; les trois suivantes ont 32 mètres chacune, et coûtent 545 fr. les trois; enfin les trois dernières ont en tout 59 mètres qui coûtent 673 fr. Combien a-t-il de mètres dans les huit pièces, et combien lui coûtent-elles?

371. Quelqu'un a prêté 4832 francs à un de ses amis; il lui avait déjà prêté 5297 francs, peu de temps auparavant, et une autre fois 2837 francs. Combien lui a-t-il prêté en tout?

372. Quatre négociants s'étant associés, ont fait un gain qu'ils ont partagé entre eux. Le premier a reçu 9124 francs, le second 12825, le troisième 6589, et le quatrième 18679. Trouver le gain total.

373. On me présente trois mémoires : celui de l'épicier montant à 182 francs, celui du marchand de vin à 124 francs, et celui du marchand de bois à 97 francs. Quelle somme me faut-il pour acquitter ces trois mémoires?

374. Les élèves d'un pensionnat sont répartis en cinq dortoirs : le premier en contient 42, le second 34, le troisième 28, le quatrième 21, et le cinquième 17. Trouver le nombre total des pensionnaires de cet établissement.

375. Ayant payé à une personne 3465 francs, je lui dois encore 1936 francs : combien lui devais-je?

376. Un particulier doit 24 francs à son chapelier, 70 francs à son tailleur, 35 francs à son cordonnier, 126 francs à son médecin, et 368 francs à son boulanger : quelle somme lui faut-il pour s'acquitter?

377. D'après le recensement de 1856, la population de Paris était de 1174346 habitants; celle de Lyon était de 292721 habitants; celle de Marseille de 233817, celle de Bordeaux de 149928, et celle de Nantes de 108530. Quelle était à cette époque la population totale des cinq premières villes de France?

378. Une propriété se compose d'une maison estimée 7970 francs, d'un terrain qui vaut 12300 francs, d'une ferme évaluée 32800 francs, et d'une vigne de la valeur de 8000 francs. Trouver la valeur de cette propriété.

379. Dans une année commune, Janvier a 31 jours, Février 28, Mars 31, Avril 30, Mai 31, Juin 30, Juillet 31, Août 31, Septembre 30, Octobre 31, Novembre 30, et Décembre 31. Combien y a-t-il de jours dans une année *commune?* — Combien dans une année *bissextile*, sachant que celle-ci ne diffère de l'année commune que par le mois de Février qui contient alors 29 jours?

380. Un père avait 27 ans à la naissance de son fils : quel sera l'âge du père, lorsque le fils aura 25 ans?

381. Saint Louis naquit en 1214, monta sur le trône à l'âge de

12 ans, et mourut après 44 ans de règne : en quelle année est-il mort ?

**382.** On avait en magasin 208 kilogrammes de sucre, valant 183 francs. On en achète 330 kilog. pour 279 francs, puis 452 kilog. pour 300 francs. Combien a-t-on de kilog. en tout ? — Quel en est la valeur ? — Combien doit-on les revendre pour gagner 234 francs sur le tout ?

**383.** Les gages d'un domestique sont de 120 francs la première année, et ils doivent être augmentés de 20 francs chaque année, si l'on est content de ses services. S'il remplit ses devoirs avec exactitude, quels seront ses gages la dixième année ? — Combien aura-t-il gagné en tout après dix ans de services ?

**384.** Deux ouvriers travaillent dans le même atelier, à 5 francs par jour. Le premier travaille tous les jours, excepté le Dimanche ; le second se repose aussi le Dimanche, et trouve bon de se divertir le lundi. Or, le premier, qui se trouve à l'atelier chaque lundi, gagne par cela seul 260 francs par an ; et le second, qui passe la journée en amusements, dépense en outre 6 francs, ce qui fait 312 francs par an. Trouver combien, à la fin de l'année, l'ouvrier laborieux a dans sa bourse de plus que le dissipateur. — Combien au bout de 10 ans ?

**385.** D'après l'ordonnance du 1er Février 1837, les forces navales de la France devaient être : 40 vaisseaux de premier, second, troisième et quatrième rang, portant ensemble 3950 canons ; 50 frégates de premier, second, troisième et quatrième rang, portant ensemble 2510 canons ; et 220 autres bâtiments, corvettes, bricks, canonnières, etc., portant ensemble environ 1950 canons. Quelles étaient, à cette époque, en bâtiments et en canons, les forces navales de la France ?

**386.** Douze colonnes sont réunies dans un même lieu. On veut les prendre une à une, et les transporter à leurs places respectives, sur une même ligne droite, à 25 mètres de distance l'une de l'autre. Quel chemin fera-t-on, aller et retour, si les colonnes sont actuellement réunies dans la ligne qu'elles doivent occuper, et à 100 mètres du lieu où doit être placée la plus voisine ?

**387.** Dans le premier siècle de l'ère chrétienne, 4 papes ont occupé la Chaire de saint Pierre ; il y en a eu 11 dans le second siècle, 15 dans le troisième, 11 dans le quatrième, 12 dans le cinquième, 13 dans le sixième, 20 dans le septième, 13 dans le huitième, 18 dans le neuvième, 28 dans le dixième, 19 dans le onzième, 16 dans le douzième, 17 dans le treizième, 10 dans le quatorzième, 13 dans le quinzième, 17 dans le seizième, 10 dans le dix-septième, 8 dans le dix-huitième et 5 dans le dix-neuvième, en y comprenant Notre-Saint Père le Pape PIE IX, actuellement régnant. Trouver combien il y a eu de Papes 1o dans les cinq premiers siècles ; 2o dans les cinq suivants ; 3o de l'an 1001 inclusivement à l'an 1501 exclusivement ; 4o de l'an 1500 exclusivement jusqu'à nos jours ; 5o Combien en tout ?

**388.** Le département du Morbihan se compose des arrondissements de Vannes, de Lorient, de Pontivy et de Ploërmel. Or, d'après le recensement de 1841, l'arrondissement de Vannes comptait 124451 habitants, celui de Lorient 138013, celui de Pontivy 99151, et celui de Ploërmel 86283. Trouver quelle était, en 1841, la population du département du Morbihan.

**389.** La Bretagne renferme cinq départements : l'Ille-et-Vilaine, la Loire-Inférieure, les Côtes-du-Nord, le Morbihan et le Finistère. Or, d'après le recensement de 1851, le premier de ces départements comptait 574618 habitants, le second 535664, le troisième 632613, le quatrième 478172, et le cinquième 617710. Quelle était, en 1851, la population de la Bretagne ?

**390.** On évalue la population de l'Europe à 250 000 000 d'habitants, celle de l'Asie à 400 000 000, celle de l'Afrique à 100 000 000, celle de l'Amérique à 60 000 000, et celle de l'Océanie à 20 000 000. Ces cinq parties composent la surface totale du globe : quelle est la population totale de la terre ?

**391.** Les cinq départements les moins peuplés, à proportion de leur étendue, sont (recensement de 1851) les Landes, la Lozère, la Corse, les Hautes-Alpes et les Basses-Alpes. Or, en 1851, les Landes contenaient 302196 habitants, la Lozère 144705, la Corse 236251, les Hautes-Alpes 132038, et les Basses Alpes 152070. Trouver quelle était, en 1851, la population de ces cinq départements.

**392.** Dans le cours de l'année 1844, il est entré dans le port de Dunkerque 1330 navires de commerce ; il en est entré 4862 dans celui du Hâvre, 4371 dans celui de Rouen, 1253 dans celui de Cherbourg, 1071 dans celui de Saint-Malo, 2224 dans celui de Brest, 1036 dans celui de Lorient, 6361 dans celui de Nantes, 2497 dans celui de La Rochelle, 1715 dans celui de Rochefort, 6758 dans celui de Bordeaux, 9179 dans celui de Marseille, et 1569 dans celui de Toulon. Combien, en 1844, est-il entré de navires dans ces treize ports ?

**393.** Charlemagne naquit en 740 ; il monta sur le trône à l'âge de 28 ans, fut couronné empereur d'Occident 32 ans après son avènement au trône, et mourut après 14 ans de règne comme Empereur. Trouver en quelle année il est monté sur le trône, — en quelle année il fut couronné empereur d'Occident, — en quelle année il mourut, — enfin, à quel âge il est mort.

**394.** Un individu naquit à St-Malo en 1780, et mourut à Ploërmel à l'âge de 80 ans. Trouver en quelle année il est mort.

**395.** Le cours de la Garonne et de la Gironde est de 750 kilomètres, celui de la Loire de 1040, celui de la Seine de 800, et celui du Rhône de 860. Trouver la longueur totale de ces quatre principaux fleuves de la France.

**396.** Odoacre, roi des Hérules, mit fin à l'empire d'Occident en l'année 476 ; Charlemagne fonda un second empire d'Occident 324 ans après la chute du premier. En quelle année commença ce second empire ?

**397.** En considérant Pharamond comme le premier roi de France, la première race, celle des Mérovingiens, a donné 22 rois à la France, et à duré 331 ans. La seconde race, celle des Carlovingiens, a donné 14 rois, et a duré 236 ans. La troisième race, celle des Capétiens, se divise en cinq branches : la première a donné 14 rois, et a duré 341 ans; la seconde, les Valois, a donné 7 rois, et a duré 170 ans; la troisième, les Valois-Orléans, n'a donné qu'un roi, qui a régné 17 ans; la quatrième, seconde des Valois, a donné 5 rois, qui ont régné 74 ans; enfin, la cinquième, les Bourbons, a donné 8 rois, et a régné 241 ans. Combien nos trois dynasties ont-elles donné de rois à la France, et pendant combien d'années ont-elles occupé le trône?

**398.** Une horloge sonne les heures seulement : combien sonne-t-elle de coups dans la journée (de 24 h)?

**399.** Une horloge sonne les heures et les demies, et répète les heures : combien sonne-t-elle de coups dans les 24 heures?

**400.** Une horloge sonne les heures et les répète; elle sonne aussi les quarts, en sonnant trois coups pour chacun : combien sonne-t-elle de coups dans 48 heures?

---

## Leçon IV. — Soustraction des Nombres entiers.

**401.** Qu'est-ce que la Soustraction? — Comment s'appelle le résultat de la Soustraction?

**402.** Comment indiquer la Soustraction? — Indiquer qu'on veut ôter 4 de 9.

**403.** Indiquer qu'on doit ôter : 5 de 8,... 6 de 11,... 7 de 16,... 9 de 15,... 8 de 19,... 7 de 13,... 10 de 18.

**404.** Que signifie 12—8?... 9—3?... 16—9?... 14—6?

**405.** Lire et interpréter 7—2... 8—6... 10—7... 25—8.

**406.** Qu'est-ce que soustraire 8 de 15?... 7 de 12... 9 de 16?

**407.** Qu'est-ce que soustraire 4 de 10?... 3 de 9?... 6 de 14?

**408.** La *Table d'Addition* peut-elle servir à la soustraction? — Dans quels cas? — Comment?

**409.** Comment, au moyen de la Table, soustraire 5 de 12?

**410.** Comment soustraire 8 de 14, au moyen de la Table?

**411.** Si l'on soustrait 7 de 13, quel est le reste? — Pourquoi?

**412.** Effectuer les soustractions indiquées suivantes, au moyen de la Table, ou autrement, et dire pourquoi le reste est tel ou tel nombre : 9—4... 10—2... 15—6... 17—9... 14—8... 13—7... 18—9... 11—7... 8—3... 16—7... 13—8.

**413.** Comment fait-on la Soustraction des Nombres entiers?

*Effectuer les soustractions indiquées suivantes.*

**414.** 97—24... 86—32... 48—23... 59—37... 68—25.

**415.** 69—51... 48—35... 53—28... 84—56... 71—48.

**416.** 926—123... 456—235... 842—649... 654—460.

**417.** 6847—838... 2445—896... 7694—1294... 6600—5607.

**418.** 9641—4827... 8459—95... 3905—2364... 6220—3240.

**419.** 23456—12349... 78615—4938... 70—44... 9990—4567.

**420.** 486912—72294... 9180024—780034... 91200—81219.

**421.** 234009—189262... 20000—12345... 804000—30056.

**422.** 9000000000—120345067... 984678000—463002497.

**423.** 123456789—23456987... 4500670089—1234005678.
**424.** 353549000—56756756... 7890000489—987654321.
**425.** 704560032—439697819... 370091204—56789447.
**426.** 4832681 + 613258 + 496240—4528993.
**427.** 135792468 + 7642100 + 76009475—201429668.
**428.** 619237 + 2819625 + 412439 + 5637—778975.

**429.** De combien de manières peut-on opérer, pour ôter d'un nombre donné la somme de plusieurs autres nombres ? — Quelles sont-elles ?

*Trouver de trois manières le résultat des soustractions indiquées suivantes.*

**430.** 486237—(948 + 73 + 4619 + 52351 + 123456).
**431.** 2134678—(98 + 444666 + 1297 + 8672 + 39629).
**432.** 48678129—(12345 + 78943 + 620017 + 9125486).
**433.** 71921912—(568 + 7329 + 447673 + 34567792).
**434.** 123456789—(1 + 12 + 123 + 1234 + 12345 + 123456 + 1234567 + 12345678 + 100987654 + 876543).

**435.** Comment faire la *Preuve* de la Soustraction ?
**436.** Ne peut-on pas faire la preuve de la Soustraction par une autre soustraction ? — Comment?

*Effectuer les soustractions indiquées suivantes, et en faire la preuve de deux manières.*

**437.** 619213—87337... 123456—98765... 912871—9617.
**438.** 4862591—3987363... 13579246800—5791324680.
**439.** 9124796—792877... 1734568—422507... 9290—6751.

### Usage de la Soustraction. — Problèmes.

**440.** Quand est-ce que la solution d'un problème exige une soustraction?

**441.** Les nombres sur lesquels on opère dans la Soustraction peuvent-ils représenter des unités de natures différentes ? — De quelle nature sont les unités du résultat?

*Résoudre les Problèmes dont les énoncés suivent, et dire pourquoi il faut faire une Soustraction* (a).

**442.** Un enfant avait une douzaine de pommes; il en a mangé 4 : combien lui en reste-t-il?
**443.** Si j'avais 10 ans de plus, j'aurais 24 ans : quel est mon âge?
**444.** Un enfant veut acheter pour 20 centimes de bonbons ; pour cela il donne une pièce de 50 centimes : combien doit-on lui rendre?
**445.** Il me manque 6 francs pour acquitter une dette de 50 francs : combien ai-je?
**446.** Il faudrait ajouter 12 ans à mon âge, pour avoir celui de

---

(a) Jusqu'au N° 468, les nombres sont assez simples pour que les Problèmes puissent être résolus *mentalement.*

ma sœur aînée : trouver mon âge, sachant que ma sœur aînée a 62 ans.

**447.** Deux enfants ont, l'un 18 oranges, l'autre 12 : combien faut-il que le premier en mange, pour n'en avoir plus qu'autant que le second ?

**448.** Je travaille 13 heures par jour : combien, sur les 24 heures me reste-t-il d'heures libres ?

**449.** Charles se couche à 9 heures du soir, et se lève à 6 heures du matin : combien d'heures est-il hors de son lit ?

**450.** Je veux acheter un objet valant 17 francs, et pour le payer, je n'ai qu'une pièce de 20 francs : combien me rendra-t-on ?

**451.** Un marchand gagne 9 francs sur un objet qu'il vend 48 francs : combien lui coûtait-il ?

**452.** Quelqu'un perd 10 francs sur des fournitures qui lui coûtaient 73 francs : combien les a-t-il revendues ?

**453.** Une tour a en tout 53 mètres de hauteur; or, la flèche a 16 mètres : combien y a-t-il du pied de la tour à la naissance de la flèche ?

**454.** A Rome et dans la banlieue, on compte 54 paroisses, dont 8 se trouvent situées *extra-muros* : combien y en a-t-il *intra-muros* ?

**455.** Un particulier, ayant 24 francs en poche, en donne 5 aux pauvres et en dépense 10 : combien lui en reste-t-il ?

**456.** Un militaire dit que, dans 7 ans, il aura 30 ans de service : combien y a-t-il d'années qu'il sert ?

**457.** Dans 50 ans d'ici, j'aurai 100 ans : quel est mon âge ?

**458.** Louis à 32 ans, et son père 60 : quel était l'âge du père à la naissance de son fils ?

**459.** Un enfant a 12 ans, et son père 40 : quel sera l'âge du fils, quand le père aura 50 ans ?

**460.** Combien faut-il ajouter à 25, pour trouver 40 ?

**461.** Combien faut-il ôter de 50, pour avoir 36 ?

**462.** Trouver deux nombres pairs dont la somme soit 40.

**463.** Trouver deux nombres impairs dont la différence soit 12.

**464.** Partager 50 en deux parties dont la plus petite soit 20.

**465.** Partager 60 en deux parties dont l'une soit 48.

**466.** Trois personnes ont ensemble 70 ans. La première a 20 ans, et la seconde 23 : quel est l'âge de la troisième ?

**467.** J'ai 40 francs : combien me manque-t-il pour acquitter une dette de 68 francs ?

**468.** Un flacon plein d'eau pèse 2750 grammes; vide, il ne pèse que 250 grammes : quel est le poids de l'eau qu'il contient ?

**469.** L'invention de l'imprimerie remonte à l'année 1446, et nous sommes en 1862 : combien d'années s'est-il écoulé depuis ce mémorable événement ?

**470.** Louis XIV est monté sur le trône en 1643, et il est mort en 1715 : combien d'années a-t-il régné ?

**471.** Charles va à l'école à 8 heures du matin, et en revient à 6 heures du soir : sachant que les leçons du matin durent 3 heures et celles du soir 4 heures, combien a-t-il d'heures de récréation, y compris le temps du dîner ?

**472.** Je devais 124 francs à ma blanchisseuse, et je ne puis lui donner que 87 francs : combien lui dois-je encore ?

**473.** Etienne n'a été présent que 45 minutes à une leçon qui dure une heure (c'est-à-dire 60 minutes) : de combien de minutes a-t-il été en retard ?

**474.** Le Souverain Pontife Pie IX, actuellement régnant (en 1862) est âgé de 70 ans, et il y en a 16 qu'il occupe la Chaire de saint Pierre : trouver 1° en quelle année il a été élu Pape; 2° en quelle année il est né.

**475.** La conquête d'Alger a été faite en 1830, et nous sommes en 1862 : combien y a-t-il d'années depuis cet événement ?

**476.** J'avais 428 francs ; j'en ai dépensé 123 et perdu 49 : combien ai-je maintenant ?

**477.** Il y avait 1234 arbres sur un terrain ; on en a abattu 236 : combien y en a-t-il encore ?

**478.** Un marchand avait 12672 hectolitres de vin : combien lui restera-t-il lorsqu'il en aura vendu 763 hectolitres ?

**479.** En commençant la partie, un joueur avait 4000 francs ; et en se retirant, il n'a plus que 3371 francs : combien a-t-il perdu ?

**480.** Je possède 10 000 francs. Si j'en dépense 4897, et que j'en donne 259, combien me restera-t-il ?

**481.** Avant une bataille une armée comptait 45 875 hommes. Le combat lui a tué 774 soldats, et 1236 autres ont été faits prisonniers. Combien compte-t-elle d'hommes maintenant ?

**482.** Un marchand devait livrer 3974 kilogrammes de fer. Il en a fourni d'une part 1220 kilog., d'une autre 1459 kilog., et d'une troisième 933 kil. : combien en doit-il encore de kilogrammes ?

**483.** Un livre doit contenir 584 pages : si l'on en a composé 327, combien en reste-t-il ?

**484.** Un insensé, nommé Erostrate, voulant faire parler de lui, mit le feu au temple de Diane, l'an 356 avant J.-C. : combien faut-il encore attendre d'années, à partir de 1862, pour qu'il y ait 2500 ans depuis cet événement ?

**485.** Un navire avait 8320 kilomètres à parcourir : combien lui en reste-t-il, s'il en a déjà fait 4677 ?

**486.** On achète une propriété composée de trois parties. On paye la première 12 000 francs, la seconde 15 000 francs, et la troisième 17 000 francs. Ayant fait quelques améliorations montant à 13 480 francs, on revend la propriété en deux lots, le premier 27 983 francs, et le second 35 331 francs. Trouver le bénéfice ou la perte.

**487.** On doit labourer, en quatre jours, un champ de 739 ares. Le premier jour, on en a labouré 109 ares, le second 134, le troisième 207 : combien en reste-t-il pour le quatrième ?

**488.** On achète un ballot pesant 374 kilog. : le poids de l'emballage est de 17 kilog. : combien a-t-on de marchandise ?

**489.** Quelqu'un sort avec une somme de 235 francs, pour faire des emplettes. Il paye à son boucher 27 francs, à son boulanger 59 francs, à son tailleur 43 francs, à son épicier 23 francs, et à son cordonnier 25 francs. S'il fait ensuite une aumône de 4 fr., combien aura-t-il en rentrant chez lui ?

490. Un marchand vend à la même personne pour 239 francs de toile, pour 333 francs de drap, pour 107 francs de laine, pour 446 francs de soieries, et pour 99 francs de mercerie. Il reçoit en payement un billet de 12 000 francs : combien doit-il rendre ?

491. La population totale de Paris et de Lyon s'élevait à 1 467 067 habitants, en 1856 : quelle était à cette époque la population de Paris, sachant que Lyon comptait alors 292 721 habitants ?

492. La ville de Constantinople fut prise par les Turcs, sous Mahomet II, en l'année 1453. Aujourd'hui, que nous sommes en 1862, on demande combien il y a d'années que ces barbares campent en Europe.

493. Le premier roi de Rome fut Romulus, qui fonda cette ville 753 ans avant J.-C. ; le septième et dernier roi de Rome fut Tarquin-le-Superbe, qui fut expulsé du trône 509 ans avant J.-C. Combien a duré la royauté à Rome ?

494. La République romaine a commencé l'an 509 avant J.-C., et a fini l'an 31 avant J.-C. Trouver la durée de la République romaine ?

495. Le premier empereur de Rome fut Auguste, qui commença à régner 31 ans avant J.-C. ; le dernier fut Romulus-Augustule, qui cessa de régner l'an 476 après J.-C. Combien d'années a duré l'empire ?

496. Henri de Bourbon, ou Henri IV, parvint au trône de France l'an 1589 ; Louis XIII y parvint en 1610, Louis XIV en 1643, Louis XV en 1715, et Louis XVI en 1774. Trouver la durée de chacun de ces cinq règnes et leur durée totale, sachant que Louis XVI mourut en 1793.

497. L'histoire de l'Ancien-Testament peut se diviser en six Epoques : la Création, le Déluge universel, la Vocation d'Abraham, la Sortie des Israélites de l'Egypte, la Construction du Temple de Salomon, et le Retour des Juifs à Jérusalem après la captivité de Babylone. Or, suivant une certaine chronologie, la première époque a commencé 4963 ans avant J.-C., la seconde 3308 ans, la troisième 2296, la quatrième 1645, la cinquième 992, et la sixième 516. Trouver la durée de chacune de ces époques.

498. La superficie du département des Côtes-du-Nord est de 688 644 hectares, celle du Finistère de 671 767 hectares, celle de l'Ille-et-Vilaine de 672 736, celle de la Loire-Inférieure de 687 442, et celle du Morbihan de 680 324. Trouver 1º la superficie de la Bretagne, qui se compose de ces cinq départements ; 2º combien chacun de ces départements a d'hectares de plus ou de moins que chacun des quatre autres.

499. Le département du Calvados contenait 491 210 habitants en 1851 ; celui de l'Eure en contenait à la même époque 415 777 ; celui de la Manche 600 882 ; celui de la Seine-Inférieure 762 039, et celui de l'Orne 439 884. Quelle était en 1851 la population de la Normandie qui se compose de ces cinq départements ? Et combien chacun de ces départements contenait-il d'habitants de plus ou de moins que chacun des quatre autres ?

**500.** La population de la France était de 30 451 187 habitants, en 1820 ; elle en comptait 32 560 934, en 1831 ; 33 540 910, en 1836 ; 34 230 178, en 1841 ; 35 401 761, en 1846, et 35 783 059, en 1851. Trouver de combien la population a augmenté de 1820 à 1831 ; de 1831 à 1836 ; de 1836 à 1841 ; de 1841 à 1846 ; de 1846 à 1851 ; enfin, de 1820 à 1851.

### Problèmes sur l'Addition et la Soustraction.

**501.** Combien faut-il ajouter à 1234, pour trouver 4000 ?

**502.** Combien faut-il ôter de 3456 pour trouver 2174 ?

**503.** De combien faut-il diminuer 10 000 pour trouver 4873 ?

**504.** De combien faut-il augmenter 735 pour trouver 979 ?

**505.** De quel nombre faut-il ôter 9902 pour trouver 12 000 ?

**506.** Si j'acquitte une dette de 1323 francs, il me restera 881 francs : combien ai-je ?

**507.** Pour solder un mémoire montant à 7550 fr., j'emprunte 5000 francs ; mais, la dette acquittée, il me restera 2914 francs : combien ai-je ?

**508.** J'ai dépensé 339 francs d'une part et 548 d'une autre ; j'ai donné 5 francs aux pauvres, et il me reste encore 621 francs : combien avais-je ?

**509.** Quatre individus se sont partagé une somme de 2000 francs. Le premier a eu 449 francs ; le second, 47 francs de plus que le premier ; le troisième, 56 francs de plus que le second ; le quatrième a pris le reste. Trouver la part de chacun des trois derniers.

**510.** Trois navires de guerre se sont partagé une prise. Le premier a eu 49 330 francs ; le second, 20 986 francs de plus que le premier, et le troisième, 17 439 fr. de moins que le second. Trouver la part du second, et celle du troisième, ainsi que la valeur de la prise.

**511.** Un instituteur a distribué 785 bons points entre plusieurs de ses élèves : combien en avait-il d'abord, sachant qu'il lui en reste encore 470 ?

**512.** Quel sera dans huit ans l'âge d'un enfant qui maintenant compte neuf ans de vie ?

**513.** J'ai dix-neuf ans de plus que mon frère, qui a 31 ans : quel est mon âge ?

**514.** Une maison coûte 17 000 francs ; on y a fait pour 3572 francs de réparations : combien faut-il la revendre pour gagner 2277 francs ?

**515.** Un jardin, ayant été amélioré moyennant une dépense de 731 francs, a été ensuite vendu 3525 francs, et de cette manière, on a perdu 376 francs : combien ce jardin avait-il coûté d'abord ?

**516.** Un homme est mort en 1861, à l'âge de 98 ans : en quelle année était-il né ?

**517.** J'avais hier 1227 francs, et aujourd'hui j'ai 1774 francs : de combien mon avoir a-t-il augmenté ?

1*

**518.** M'étant mis en route avec 478 francs, je trouve qu'au bout de 15 jours, je n'ai plus que 249 francs : combien ai-je déjà dépensé ?

**519.** Je possède 3400 francs. Mon frère Louis a 133 francs de plus que moi, et mon frère Alexandre 269 francs de plus que Louis. Trouver l'avoir de Louis et celui d'Alexandre ; trouver de plus combien nous avons à nous trois, en faisant bourse commune.

**520.** Une dame charitable partage sa fortune comme il suit : 12 417 francs à chacun de ses trois enfants, 1275 francs à l'hospice, 3476 francs pour aider à la construction d'une église, 2593 francs aux pauvres de la commune, et 2200 francs pour différentes autres bonnes œuvres. Quelle était la fortune de cette dame ?

**521.** Un propriétaire a dans son grenier 273 hectolitres de blé : combien en avait-il récolté, sachant qu'il en a déjà consommé 37 et vendu 179 ?

**522.** Un voyageur, ayant déjà dépensé 97 francs, traversa une forêt où des voleurs qui l'arrêtèrent, lui prirent 928 francs : il continua sa route, dépensa 217 francs dans le reste de son voyage, après quoi il n'eut plus que 52 francs. Trouver quelle somme il avait en partant.

**523.** Une armée qui comptait 47 824 hommes, reçut un renfort au moyen duquel elle s'éleva à 51 482 hommes : de combien d'hommes ce renfort était-il composé ?

**524.** Une armée a tiré 278 476 coups de fusil, et possède encore 45 682 cartouches : combien en avait-elle avant la bataille ?

**525.** En revendant un objet qui lui avait coûté 1723 francs, un marchand gagne 317 francs : combien l'a-t-il revendu ?

**526.** Un marchand revend, avec une perte de 74 francs, une pièce de drap qui lui coûtait 593 fr. : combien l'a-t-il revendue ?

**527.** Quelqu'un, se trouvant dans un cimetière, voit une tombe sur laquelle il lit cette épitaphe : *Ci-gît Jules Laffite, décédé en 1854, à l'âge de 79 ans...* Quelle opération doit-il faire pour trouver la date de la naissance du mort, et quel résultat obtiendra-t-il ?

**528.** Henri IV, premier roi de la branche des Bourbons, naquit en 1553, monta sur le trône en 1589, et mourut en 1610 : à quel âge parvint-il au trône ? — Combien d'années a-t-il régné ? — A quel âge est-il mort ?

**529.** On a trois sacs. Le premier contient 7882 francs, le second 5056 francs, et le troisième autant que le premier et le second réunis. Si les trois sont mis dans un même sac, combien celui-ci contiendra-t-il ?

**530.** Les terres labourables d'une métairie se composent de trois pièces contenant, la première 236 ares, la seconde 345 ares, et la troisième 456 ares. Si le fermier en met 567 ares en froment, 112 en seigle, 84 en orge, 79 en millet, 58 en maïs, et le reste en blé noir, combien fera-t-il d'ares de blé noir ?

Leçon V. — **Multiplication des Nombres entiers.**

531. Qu'est-ce que la *Multiplication ?* — Comment s'appelle le résultat de la Multiplication ?

532. Qu'est-ce que multiplier 3 par 2 ?... 5 par 4 ?... 7 par 8 ?... 12 par 9 ?... 123 par 10 ?... 2345 par 567 ?

533. Qu'est-ce que multiplier 6 par 6 ?... 7 par 12 ?... 825 par 999 ?... 369 par 1234 ?... 4456 par 10 000 ?

534. Comment indique-t-on la Multiplication ?

535. Indiquer de deux manières la multiplication de 5 par 4,... de 8 par 9,... de 6 par 7,... de 12 par 8.

536. Indiquer de deux manières qu'on veut multiplier 2 par 3 et le produit par 4. — Qu'on veut multiplier 5 par 6, le produit par 8, et le nouveau produit par 9.

537. Que signifie 9.8 ?... 7.6 ?... 4.6.7 ?

538. Lire et interpréter 24.12... 39.45.9.100.

539. Qu'appelle-t-on *facteurs* du produit ?

540. Quels sont les facteurs dans 2.3 ? — dans 3.4.5 ?

541. Quels sont les facteurs dans 24.5 ? — dans 123.45.6 ?

542. Quels sont les signes qu'on appelle *parenthèses*, *crochets*, *accolades ?* — A quoi servent-ils ?

543. Qu'appelle-t-on *parties*, ou *termes ?* — Donner trois exemples de quantités composées de plusieurs parties.

544. Quelle différence y a-t-il entre les *facteurs* et les *parties ?*

545. Combien y a-t-il de parties dans $5 + 7$ ? — dans $2 + 3 + 4$ ? — dans $5 + 7 - 9$ ? — dans $9 - 8 + 7 - 6$ ? — dans $20 - 12 - 3 - 2$ ?

546. Comment indiquer la Multiplication, lorsqu'un ou plusieurs facteurs se composent de plusieurs parties ?

547. Indiquer la multiplication de $5 + 6$ par 7 ;... de $8 - 2$ par 3 ;... de 9 par $8 - 5$ ;... de 236 par $8 + 4 - 5$.

548. Indiquer la multiplication de $2 + 3$ par $4 + 5$ ;... de $24 - 16$ par $7 + 8 - 3$ ; de $987 + 13 - 8$ par $100 + 20 - 40$.

549. Indiquer la multiplication de $(8 + 7).6$ par 5 ;... de $(9 + 5).4 + 3$ par 2 ;... de $(24.5 + 9).54 - 18$ par $5 + 7 - 4$.

550. Que signifie $(8 + 9).7$ ?... $(8 - 5).6$ ?... $4.(2 + 3 - 1)$ ?

551. Que signifie $(5 + 6).(4 + 3)$ ?... $(12 - 7).(8 + 9).(5 - 2)$ ?

552. Que signifie $[(24.8 + 9).60 + 45].60 + 29$ ?

553. Que signifie $[(20 + 8.5).10 - 4].(6 + 3).4 + 5$ ?

554. Que signifie $[(24.8 + 9).60 + 45].(60 + 29)$ ?

555. Que signifie $[(20 + 8.5).10 - 4].(6 + 3).(4 + 5)$ ?

556. Que signifie $\{[(365.3 + 25).24 + 15].60 + 52\}.60 + 49$ ?

557. Les deux expressions $(8 + 9).(5 - 2).3$, et $8 + 9.5 - 2.3$, sont-elles les mêmes ? — Quelle différence entre elles ?

558. Les deux expressions $[(5 + 8).3 + 4].6 + 2$, et $5 + 8.3 + 4.6 + 2$, sont-elles les mêmes ? — Que signifient-elles, l'une et l'autre ?

559. Comment indiquer la Multiplication, lorsque les facteurs sont égaux ? — Qu'appelle-t-on *exposant ?*

**560.** Indiquer abréviativement les produits : 2.2.2.2... 3.3...
4.4.4... 5.5.5.5... 12.12.12... 10.10.10.10.10.

**561.** Indiquer abréviativement les produits : 8.8... 9.9.9...
124.124.124... $(2+3) \cdot (2+3)$... $(24+16-8) \cdot (24+16-8)$.
$(24+16-8)$.

**562.** Que signifie $9^3$ ?.. $8^2$ ?.. $244^4$ ?.. $13^2$ ?.. $19^5$ ?.. $10^6$ ?

**563.** Que signifie $54^2$ ?.. $7^2$ ?.. $(2+3)^2$ ?.. $(20+15-7)^3$ ?

**564.** Que signifie $6^3$ ?.. $(7-4)^2$ ?.. $2^3 . 3^2 . 45^5$ ?.. $8^3 . 136^2$ ?

**565.** Quel est l'exposant dans $1324^4$ ? — dans $89^2$ ? — dans $96^6$ ?
— dans $(5+4)^3$ ? — dans $(12-8+3)^4$ ? — dans $(456+83-29)^5$ ?
Que marque l'exposant ?

**566.** Qu'appelle-t-on *puissance* d'un nombre ? — Donner un
exemple d'une puissance de 2, de 9, de 10, de 876.

**567.** Quelle puissance de 7 est 7.7 ? — Quelle puissance de 8
est 8.8.8 ? — Quelle puissance de 9 est $9^2$ ? — Quelle puissance
de 10 est $10^5$ ?

**568.** Enoncer de deux manières les expressions $4^6$... $5^2$... $7^3$...
$19^{10}$... $20^{12}$... $2^3 . 4^2 . 5$... $(2+5)^4$... $(8-3)^3 . (4-1)^2$ ?

**569.** De quelle importance est la *Table de Multiplication ?* —
A qui est-elle attribuée ? — Comment la forme-t-on ?

**570.** Former une Table de Multiplication qui donne les produits
deux à deux, de tous les nombres jusqu'à 20.20.

**571.** Comment trouver, au moyen de la Table de Multiplication,
le produit de deux nombres compris dans les limites de la Table ?

**572.** Effectuer au moyen de la Table : 5.3... 4.2... 6.4...
7.5... 8.4... 9.7... 7.8... 7.9... 8.8... 9.9... 6.6.

**573.** Comment multiplier un nombre de plusieurs chiffres par
un nombre d'un seul chiffre ? — Expliquer et démontrer le procédé sur 4628.7.

**574.** Expliquer et démontrer le même procédé sur 567.9.

**575.** Expliquer et démontrer encore le procédé sur 8754.6.

*Effectuer les multiplications indiquées suivantes.*

**576.** 123.2... 234.2... 345.2... 456.2... 567.2... 6789.2.
**577.** 98.2... 876.2... 765.2... 654.2... 543.2... 4321.2.
**578.** 1234.3... 345.3... 456.3... 567.3... 678.3... 789.3.
**579.** 987.3... 8765.3... 7654.3... 6543.3... 54 321.3.
**580.** 1234.4... 2345.4... 3456.4... 4567.4... 56 789.4.
**581.** 9876.4... 8765.4... 7654.4... 6543.4... 54 321.4.
**582.** 4123.5... 3379.5... 5793.5... 7931.5... 86 420.5.
**583.** 9753.5... 7531.5... 5312.5... 3124.5... 12 468.5.
**584.** 4507.6... 3692.6... 7952.6... 9876.6... 99 886.6.
**585.** 2486.6... 13 379.6... 97 531.6... 8462.6... 897 432.6.
**586.** 1234.7... 2345.7... 34 567.7... 4567.7... 56 789.7.
**587.** 3971.7... 93 571.7... 19 375.7... 2468.7... 689 345.7.
**588.** 9876.8... 7065.8... 6428.8... 9049.8... 73 674.7.
**589.** 8763.8... 75 345.8... 14 649.8... 50 467.8... 248 679.8.
**590.** 123 456.9... 34 567.9... 6789.9... 7766.9... 98 765.9.
**591.** 98 712.9... 8624.9... 12 360.9... 39 715.9... 48 639.9.
**592.** 1234.2.3... 234.4.5... 345.6.7... 456 789.8.9.
**593.** 457.2.3.4... 3097.3.4.5... 4753.4.5.6.7.8.9.

594. 35 709.2.3.4.5... 6804.4.5.6... 7863.6.7.8.9.
595. 98 076.9.8... 8254.7.6.5.4... 49 321.6.7.8.9.
596. 34 796.2.4.6.8... 33 445.1.3.5.7... 2357.7.8.9.
597. 9008.2.3.4... 7806.4.5.6... 73 045.6.7.8.9.
598. $2^{10}$... $3^9$... $4^5$... $5^4$... $6^3$... $7^4$... $8^2$... $9^3$.
599. $9^4$... $8^3$... $7^5$... $6^4$... $5^5$... $4^7$... $3^8$... $2^{12}$.
600. $7^3$... $4^4$... $6^2$... $5^3$... $8^4$... $9^4$... $3^6$... $2^8$.
601. Comment multiplier un nombre entier par l'unité suivie de zéros ? — Pourquoi?

*Effectuer les multiplications indiquées suivantes.*

602. 239.10... 452.100... 3450.1000... 5904.10 000.
603. 9231.100... 607.10... 43.10 000... 12 349.1000.
604. 4438.10 000... 596.100 000... 919.10 000 000.
605. 227.100... 776.10... 7.1000... 23.1 000 000.
606. Comment multiplier un nombre entier par un chiffre quelconque suivi de zéros? — Démontrer le procédé sur 1234.700.
607. Démontrer le même procédé sur 952.3000.
608. Démontrer encore le procédé sur 7234.50 000

*Effectuer les multiplications indiquées suivantes.*

609. 123.20... 7839.300... 61 972.4000... 57.50 000.
610. 71 234.400... 43.600... 534.7000... 4793.800.
611. 250.80... 424.900... 666.6000... 97.90 000.
612. 81.10.200.3000... 7930.4000.300.50.600.
613. Comment faire la Multiplication, lorsque le multiplicande et le multiplicateur ont plusieurs chiffres? — Démontrer le procédé sur 4326.2067.
614. Démontrer le même procédé sur 485.3698.
615. Démontrer encore le même procédé sur 304.6035.

*Effectuer les multiplications indiquées suivantes.*

616. 12.14... 24.28... 34.37... 58.19... 97.59.
617. 123.23... 234.45... 345.67... 456.89... 789.98.
618. 987.123... 8765.234... 7654.304... 65 432.4056.
619. 3204.2345... 6780.4905... 3329.5005... 79.678.
620. 79.429... 248.804... 7314.4070... 68 215.6317.
621. 9826.123... 46 215.2003... 90 840.7 004 503.
622. 12 345.6789... 23 456.7089... 3 456 789.90 800 206.
623. 980 123.7004... 850 367.29 005... 76 903.1 002 003.
624. 456.23.9... 6712.485.73... 974.853.216.
625. 7075.48... 5023.809.745... 7983.52.423.571.
626. $321^2$... $468^2$... $42^3$... $12^4$... $700^3$... $4000^5$.
627. $87.24^2$... $123^2.471$... $14^2.20^3$... $124^2.78\,900$.

*Effectuer les opérations indiquées suivantes.*

628. 3.4 + 5.6... 12.4 — 7.6... 20.8 + 15.4 — 9.8.
629. 14.9 + 6.2... 17.7 — $8^2$... $10^2$ + $9^2$ — 12.7 + $16.4^2$.
630. 2.5 + $7^2$... $(2+3)^3.4$... (9 — 4).6... $(2+4).(5+3)^2$.
631. (8 + 4).5 + 3... (10 + 4).9 — 6... (8 + 5 — 2).(4 + 5) — 20.
632. (8 + 4).(5 + 3)... (10+4).(9 — 6)... (8 + 5 — 2).(4 + 5).20.

**633.** 3.(4 + 5).6... [(9 + 5).4 + 3].2... [(24.5 + 9).8 — 100].3.
**634.** [(24.8 + 9).60 + 45].60 + 29... [(5 + 7).8 — 1656].4 + 1.
**635.** [(20 + 8.5).10 — 4].7... [(25 — 8.3).4 — 2].(6 + 7).(9 — 4).

**636.** {[(365.3 + 235).24 + 17].60 + 52 {.60 + 43.

**637.** {[100 + 34.(20 — 17).6 — 8.9 + 7.(5 + 7).3 — 19].5 — 2{.4 + 5.

**638.** Comment faire la Multiplication, lorsque les facteurs sont terminés par des zéros ? — Démontrer le procédé sur 7800.60.

**639.** Démontrer le même procédé sur 920.4600.

**640.** Démontrer encore le même procédé sur 12 000.780 000.

*Effectuer les multiplications indiquées suivantes:*

**641.** 59 870.90... 7 234 000.200... 615 000.17 000.
**642.** 48 600.792 000... 14 900.6400... 5340.72 000.
**643.** 3270.8900... 7304.39 800... 620.4500.678 000.
**644.** 66 700.330... 48 300$^2$... 54 700.480$^2$... 2500$^3$.
**645.** 140$^3$.57 002... 7890$^2$.360$^3$... 65 020.780 300$^2$.

**646.** Comment peut-on opérer lorsqu'un même nombre doit être multiplié séparément par beauconp d'autres nombres ?

*Effectuer de cette manière les multiplications indiquées suivantes*

**647.** 123.94... 123.583... 123.6125... 123.92 739... 123.456... 123.99... 123.6717... 123.7086... 123.47 945... 123.87 345.

**648.** 89 654.97... 89 654.248... 89 654.7843... 89 654.7654... 89 654.43 872... 89 654.12 345... 89 654.987... 89 654.95 432.

**649.** 745 309.419... 745 309.2356... 745 309.78 302... 745 309.1234... 745 309.3456... 745 309.56 789... 745 309.445 566.

**650.** Démontrer que 7.6 = 6.7, c'est-à-dire, que *Le produit de deux facteurs reste le même, dans quelque ordre qu'on les multiplie.*

**651.** Démontrer le même principe sur 7.8.
**652.** Démontrer encore le même principe sur 8.9.
**653.** Comment démontrerez-vous que 400.30 = 30.400 ?
**654.** Comment montrerez-vous que 1234.456 = 456.1234 ?
**655.** Comment peut-on faire la *preuve* de la Multiplication ?
**656.** Effectuer et vérifier les multiplications : 2845.234... 4638.4056... 5673.897... 9615.7234... 6 219 248.7829.
**657.** Effectuer et vérifier : 40 056.9045... 34 059.477 980.
**658.** Comment vérifier la Multiplication, si les facteurs contiennent les mêmes chiffres placés dans le même ordre ?
**659.** Vérifier de cette manière : 7359.7359... 1.234 567$^2$.
**660.** Vérifier ainsi : 567$^3$... 67 089$^2$... 45 003$^2$... 987.004$^2$.


### Résultat et Usages de la Multiplication.


**661.** De quelle nature sont les unités du produit ? — Comment cela ?
**662.** Quels sont les deux principaux usages de la Multiplication ?

**663.** Comment trouver la valeur totale de plusieurs unités de même valeur?

**664.** Comment convertir des unités supérieures en unités inférieures?

*Résoudre les Problèmes suivants, et dire pourquoi il faut faire une Multiplication* (a).

**665.** Quel est le prix de 9 mètres, à 12 francs le mètre?

**666.** Combien coûtent 24 barriques de cidre, à 20 francs la barrique?

**667.** J'ai acheté 12 crayons, à 5 centimes pièce : combien le tout?

**668.** Combien dois-je à mon boulanger pour 60 pains, à 2 fr.?

**669.** J'ai dans ma bourse 8 pièces de 20 francs, 4 de 10 francs et 8 de 5 francs : combien ai-je de francs?

**670.** Un piéton fait 25 kilomètres par jour : combien en fait-il en 20 jours?

**671.** Une horloge retarde de 5 minutes par jour : combien retarde-t-elle dans 12 jours?

**672.** Je gagne 120 fr. par mois : combien dans 11 mois?

**673.** Un franc, en argent, pèse 5 grammes : combien pèse la pièce de 5 francs?

**674.** Le son parcourt environ 340 mètres par seconde dans l'air : combien parcourt-il de mètres dans une minute? (La minute vaut 60 secondes).

**675.** Chez un homme en bonne santé, on compte environ 60 pulsations par minute : combien par heure? (L'heure vaut 60 minutes).

**676.** Le jour vaut 24 heures : combien vaut-il de minutes?

**677.** Combien une heure vaut-elle de secondes?

**678.** Je fais 6 kilomètres à l'heure : que ferai-je dans 5 heures?

**679.** Un train parcourt 50 kilom. à l'heure : quel chemin fait-il dans une journée de 24 heures?

**680.** J'avais dans ma bourse 12 pièces de 5 francs; et j'ai dépensé 20 francs : quel est mon reste?

**681.** Une grosse de crayons en contient 12 douzaines : combien de crayons en tout?

**682.** Une rame contient 20 mains, et la main 25 feuilles : combien de feuilles dans une rame de papier?

**683.** Alexandre a 500 mètres à parcourir pour venir à l'école : quel chemin parcourt-il chaque jour, pour aller à l'école, sachant qu'il s'en retourne matin et soir?

**684.** Un employé gagne 2 francs par jour, même les Dimanches et les fêtes : quel est son traitement annuel?

**685.** Un enfant a fréquenté l'école depuis l'âge de 6 ans jusqu'à l'âge de 12 ans (11 mois chaque année) : s'il paye 2 francs par mois, à combien montent ses années d'école?

**686.** Une roue fait 40 tours par minute : combien par heure?

---

(a) A résoudre *mentalement* jusqu'au N° 688.

**687.** J'ai donné 4 bons points à chacun de mes 24 élèves : combien en ai-je donné en tout ?

**688.** Un ouvrage contient 200 pages, et chaque page 40 lignes : combien contient-il de lignes ?

**689.** Mathusalem a vécu 969 ans : combien a-t-il vécu de jours ? (On suppose chaque année de 365 jours.)

**690.** Le produit des deux nombres 247 et 55 exprime quelle était, en 1851, la population de Vannes : Trouver combien on comptait, à Vannes, d'habitants en 1851.

**691.** Le produit des trois nombres 108, 125, 139, représente la population catholique des quinzes diocèses de l'Angleterre et de l'Ecosse : combien y a-t-il de catholiques en tout en Angleterre et en Ecosse ?

**692.** La population des Etats-Pontificaux est égale au produit du nombre 260 389 multiplié successivement par 2, 2, 3. Trouver cette poulation.

**693.** Quel est le nombre 456 fois plus grand que 3279 ?

**694.** Dans une pépinière, il y a 128 rangées de chacune 287 arbres : combien contient-elle d'arbres ?

**695.** Il meurt (environ) une personne par seconde : combien en meurt-il par minute ? — par heure ? — par jour ?

**696.** Si l'on ajoute ensemble 237 nombres égaux à 4658 : quelle somme trouvera-t-on ?

**697.** On achète 139 pièces de drap, à 425 francs la pièce : combien devra-t-on les revendre pour gagner 4837 francs sur le tout ?

**698.** Un ouvrage contient 516 pages ; chaque page est de 40 lignes, et la ligne de 48 lettres : combien contient-il de lettres ?

**699.** Un convoi de grande vitesse parcourt 60 kilomètres par heure : de combien sera-t-il en avant, après 8 heures de marche, sur un autre convoi parti 5 heures plus tard, et qui ne fait que 32 kilomètres par heure ?

**700.** Une feuille d'impression coûte 50 francs : combien coûtera un ouvrage contenant 15 feuilles ?

**701.** Il faut 59 grains pour faire un chapelet : combien de grains pour faire une grosse de chapelets ?

**702.** Le siége d'une ville a duré 180 jours, et chaque jour les assiégeants ont lancé 720 bombes : combien dans tout le siége ?

**703.** Un colonel a distribué 48 cartouches à chacun de ses soldats, composant trois bataillons de 580 hommes, chacun : combien de cartouches a-t-il distribuées ?

**704.** Une pièce d'artillerie a tiré 32 coups par heure : combien a-t-elle tiré de coups dans un jour (24ʰ) ?

**705.** Dans une classe de 19 élèves, le maître donne à chacun un pensum de 15 lignes : combien de lignes en tout ?

**706.** Un marchand, ayant acheté pour 750 francs un troupeau de 50 moutons, les revend en détail 18 francs chacun des 30 premiers, puis 19 fr. chacun des autres : combien gagne-t-il ?

**707.** Combien faut-il payer pour cinq douzaines de serviettes, à 2 francs la pièce ?

**708.** Pour un franc, on transporte 25 kilog. de marchandises : combien en transportera-t-on pour 10 francs ? — pour 100 fr. ?

**709.** Pour un franc, on a 5 mètres de corde : combien en aura-t-on de mètres pour 37 francs ?

**710.** On achète 317 arbres, à 12 francs les 60 premiers, à 9 fr. chacun des 120 suivants, à 7 francs chacun des autres : combien faut-il payer ?

**711.** Quelle somme faut-il par mois à un chef d'atelier pour payer 348 ouvriers qui gagnent par jour 3 francs chacun, l'un dans l'autre, si par mois il y a 26 jours de travail ?

**712.** A 3 francs le mètre de toile : combien 10 mètres ? — combien 100 mètres ? — combien 1000 mètres ?

**713.** Lorsque le kilogr. de cuivre vaut 4 francs, combien 100 kilog. ? — combien 1000 kilog. ? — combien 10 kilog. ?

**714.** On a partagé une certaine somme entre 100 individus. Les douze premiers ont eu chacun 25 francs ; les 30 suivants, chacun 23 francs ; 36 autres, chacun 20 francs ; chacun des derniers 17 fr. Trouver la somme partagée.

**715.** Quelqu'un achète 12 kilogrammes de marchandises, à 6 francs le kilogr. ; puis 19 kilogr. à 7 francs, puis 13 kilogr. à 9 francs, puis 23 kilog. à 10 francs. Il n'a pour payer que 3 pièces de 50 francs, 2 de 20 francs, et 3 de 5 francs : combien lui restera-t-il, ou combien aura-t-il à fournir en sus ?

**716.** Un économe sort avec 2500 francs, et achète 9 mètres de drap à 25 francs le mètre, 47 mètres de toile à 3 francs, 32 mètres de taffetas à 9 francs, quatre douzaines de paires de bas à 2 francs la paire, et cinq douzaines de chemises à 4 francs la pièce. Quelle somme remporte-t-il ?

**717.** Un marchand achète 53 barriques de vin à 137 francs la barrique, 234 hectolitres de vin à 93 francs l'hectolitre, puis 620 hectolitres de cidre à 9 francs l'hectolitre. Après avoir payé le tout, il lui reste 25 672 francs : combien avait-il auparavant ?

**718.** Quelqu'un, ayant acheté 57 stères de chêne à 12 francs le stère, 29 barriques de cidre à 17 francs la barrique, 12 hectolitres de vin à 82 francs l'hectolitre, et une pièce de toile de 123 mètres à 4 francs le mètre, il lui manque 823 francs pour solder le tout : combien a-t-il ?

**719.** Deux ouvriers travaillent dans le même atelier, à 6 francs par jour. Le premier travaille tous les jours, excepté le Dimanche ; le second ne travaille ni le Dimanche ni le lundi, et de plus dépense 5 francs ce dernier jour. Combien, à la fin de l'année, le premier a-t-il de plus que le second, sachant que l'année contient 52 semaines ?

**720.** Il s'est écoulé 32 secondes entre le moment où l'on a vu un éclair et celui où l'on a entendu le bruit du tonnerre. A quelle distance se trouvait-on alors du nuage électrique, sachant que le son parcourt 340 mètres par seconde, et que l'on peut regarder la transmission de la lumière comme instantanée ?

**721.** Dix-huit ouvriers ont fait un certain ouvrage en 17 jours, travaillant 11 heures par jour : combien aurait-il fallu d'ouvriers pour le faire en une seule heure ?

**722.** Si on double le multiplicande, sans changer le multiplicateur, que devient le produit ? — Vérifier sur 736.97 et 1472.97.

**723.** Si on triple le multiplicateur sans changer le multiplicande, que devient le produit ? — Vérifier sur 123.94 et 123.282.

**724.** Si on triple le multiplicande et qu'on double le multiplicateur, que devient le produit ? — Vérifier sur 47.36 et 141.72.

**725.** Que devient le produit, lorsque le multiplicateur seul est augmenté ou diminué d'une, de deux ou de trois unités ? — Vérifier en cherchant la différence des produits 123.99... 123.100... 123.101... 123.102.

**726.** Que devient un produit, lorsque le multiplicande seul est augmenté ou diminué d'une, de deux ou trois unités ? — Vérifier en calculant la différence des produits 620.123... 621.123... 622.123... 623.123.

**727.** Convertir 19 degrés en minutes (a).

**728.** Convertir 27 degrés en secondes ?

**729.** Combien y a-t-il de minutes dans $12^{\circ}19'$ ?

**730.** Combien y a-t-il de secondes dans $56^{\circ}18'27''$ ?

**731.** Combien faut-il de minutes pour faire $32^{\circ}45'$ ?

**732.** Combien faut-il de secondes pour faire $8^{\circ}29'57''$ ?

**733.** Convertir en minutes : $29^{\circ}$... $36^{\circ}$... $42^{\circ}29'$... $54^{\circ}39'$... $67^{\circ}40'$... $72^{\circ}5'$... $88^{\circ}59'$... $123^{\circ}37'$... $149^{\circ}59'$.

**734.** Convertir en secondes : $8^{\circ}$... $23^{\circ}$... $135^{\circ}45'$... $150^{\circ}22'$... $164^{\circ}28'40''$... $175^{\circ}2'3''$... $180^{\circ}$... $187^{\circ}44'55''$... $234^{\circ}52'59''$.

**735.** Dans tout triangle rectiligne, si le premier angle est de $55^{\circ}33'22''$, et le second de $61^{\circ}31'47''$, le troisième contient $62^{\circ}54'51''$ : combien y a-t-il de secondes dans la somme des trois angles d'un triangle rectiligne ?

**736.** Convertir 17 jours en heures (b).

**737.** Convertir 28 jours en minutes.

**738.** Exprimer 14 jours en secondes.

**739.** Exprimer 18 jours 14 heures en heures.

**740.** Combien y a-t-il de minutes dans $9^{j}7^{h}48^{m}$ ?

**741.** Combien y a-t-il de secondes dans $19^{j}12^{h}32^{m}53^{s}$ ?

**742.** Convertir en heures : $7^{j}$... $15^{j}$... $30^{j}14^{h}$... $85^{j}17^{h}$.

**743.** Exprimer en minutes : $48^{j}$... $51^{j}13^{h}$... $68^{j}23^{h}43^{m}$... $74^{j}20^{h}53^{m}$... $89^{j}7^{h}8^{m}$... $123^{j}12^{h}9^{m}$... $178^{j}5^{h}3^{m}$... $1^{j}2^{h}3^{m}$.

**744.** Exprimer en secondes : $57^{j}$... $66^{j}18^{h}$... $71^{j}9^{h}12^{m}$... $43^{j}8^{h}9^{m}7^{s}$... $9^{j}10^{h}11^{m}12^{s}$... $34^{j}12^{h}5^{m}50^{s}$... $234^{j}22^{h}46^{m}57^{s}$.

**745.** Combien une année commune (365 jours) vaut-elle d'heures ? — de minutes ? — de secondes ?

**746.** Combien une année bissextile (366 jours) vaut-elle d'heures ? — de minutes ? — de secondes ?

**747.** Combien un mois de 30 jours vaut-il d'heures ? — de minutes ? — de secondes ? — Combien le mois de 31 jours ?

**748.** On sait que la semaine est de 7 jours : combien vaut-elle d'heures ? — de minutes ? — de secondes ?

---

(a) Le degré vaut 60 minutes, et la minute 60 secondes.

(b) Le jour vaut 24 heures, l'heure 60 minutes, la minute 60 secondes.

749. Le jour sidéral vaut 23$^h$56$^m$4$^s$ de temps moyen : combien vaut-il de secondes en tout ?

750. L'année anomalistique est de 365$^j$6$^h$13$^m$51$^s$ : combien vaut-elle de secondes ?

751. L'année sidérale est de 365$^j$6$^h$9$^m$11$^s$ : combien vaut-elle de secondes ?

752. L'année tropique est de 365$^j$5$^h$48$^m$50$^s$ : combien vaut-elle de secondes ?

753. La durée de la lunaison est de 29$^j$12$^h$44$^m$3$^s$ : combien vaut-elle de secondes ?

754. L'angle droit a pour mesure 90 degrés : combien vaut-il de minutes ? — de secondes ?

755. La circonférence contient 360 degrés : combien vaut-elle de minutes ? — de secondes ?

756. J'ai 30 ans : combien ai-je vécu de jours, en supposant que ces 30 années contiennent 7 bissextiles ?

757. Un individu, né le 25 mars 1760, à 8 heures du matin, est mort le 25 mars 1860, à 8 heures du matin : sachant que de 1760 à 1860, il y a eu 24 bissextiles, trouver combien il a vécu de jours, d'heures, de minutes, de secondes.

758. Un père de famille gagne 6 francs par jour, la mère 3 fr., et chacun des trois enfants 2 francs. Quelle sera l'économie à la fin de l'année, s'il n'y a que 300 jours de travail, et que cette famille dépense pour sa nourriture, son logement et son entretien la somme de 3687 francs ?

### Addition, Soustraction, Multiplication.

759. Une personne qui a 2645 fr. de revenu, y ajoute chaque année 345 francs : quel sera son revenu au bout de 4 ans ?

760. J'ai quatre métairies. La première me rapporte annuellement 620 francs, la seconde 736, la troisième 874, et la quatrième 920. Quel est mon revenu ?

761. Une personne qui a 2866 francs de revenu, économise chaque année 993 francs : trouver sa dépense annuelle.

762. Quelqu'un qui a un revenu de 3350 francs, dépense 8 francs par jour, l'un dans l'autre, trouver combien il économise annuellement.

763. Un particulier dépense 12 fr. par jour, l'un dans l'autre, et il économise 3981 francs par an : trouver son revenu.

764. Trouver le revenu d'un prodigue qui, dépensant 1354 fr. par mois, s'endette annuellement de 3344 francs.

765. Un marchand épicier, ayant 263 kilog. de sucre, en achète 167 kilogr. d'une part, 220 d'une autre, et 365 d'une troisième : combien en a-t-il maintenant ?

766. Un fermier a récolté 237 hectol. de froment, 97 de seigle, 79 d'orge, 123 de blé noir, 43 de maïs, et 157 de pommes de terre. Si le froment vaut 23 francs l'hectolitre, le seigle 15 francs, l'orge 12 francs, le blé noir 11 francs, le maïs 13 francs, et les pommes de terre 9 francs, combien lui restera-t-il, après avoir

payé sa ferme qui est de 2500 francs, sachant que les frais de culture et de récolte s'élèvent à 3132 francs, et qu'il dépense annuellement 4215 francs pour l'entretien de sa maison?

**767.** Trouver un nombre qui contienne 865 fois 4567.

**768.** Quel est le nombre qui contient 2500 fois 48?

**769.** Quel est le nombre dont la 125$^{me}$ partie est 56?

**770.** On a partagé une certaine somme entre 1234 individus, et chacun d'eux a reçu 478 francs : trouver la somme partagée.

**771.** Combien coûteront cinq pièces de vin, la première de 152 francs, la seconde de 184 francs, la troisième de 200 francs, la quatrième de 219 francs, et la cinquième de 249 francs?

**772.** La façade principale d'un hôtel contient 144 croisées de chacune 8 carreaux : si chaque carreau revient à un franc, combien doit-on au vitrier?

**773.** Je dois 4963 francs : si je donne 3877 francs, combien devrai-je encore?

**774.** Louis, Joseph et Paul doivent se partager une somme de 3528 francs. Si Louis prend 1234 francs, et Joseph 79 francs de moins, quelle sera la part de Paul?

**775.** Un boulanger ayant acheté pour 677 francs de farine, en a fait du pain dont il a retiré 964 francs. Si la main-d'œuvre lui a coûté 82 francs, quel est son bénéfice?

**776.** J'ai donné un billet de 2000 francs à un marchand à qui je ne devais que 1773 francs : combien doit-il me rendre?

**777.** Un marchand, ayant déjà en magasin 2236 kilog. de marchandises, en reçoit aujourd'hui quatre caisses, la première pesant 336 kilog., la seconde 279, la troisième 428, et la quatrième 449. Combien a-t-il maintenant de kilogrammes de marchandises en magasin?

**778.** Les élèves d'un pensionnat sont divisés en six classes. La première contient 25 élèves, la seconde 32, la troisième 38, la quatrième 44, la cinquième 50, et la sixième 57. On veut donner une poire à chaque élève, et 25 aux maîtres : combien faudra-t-il de poires?

**779.** Dans un magasin, il a été vendu le lundi 32 mètres de drap pour 320 francs; le mardi, 24$^m$ de toile, pour 65$^f$, et 17$^m$ de drap, pour 207$^f$; le mercredi, 23$^m$ de mousseline, pour 75 fr.; le jeudi, 31$^m$ de calicot, pour 109$^f$, et 27$^m$ de toile, pour 80$^f$; le vendredi, 30$^m$ de drap, pour 420$^f$, et 9$^m$ de taffetas, pour 59$^f$; enfin, le samedi 12$^m$ de drap, pour 240$^f$, et 40$^m$ de toile, pour 112$^f$. Combien, dans la semaine, a-t-on vendu de mètres de marchandises et pour quelle somme?

**780.** De quatre nombres, le premier surpasse le second de 23; le second surpasse le troisième de 32; le troisième surpasse le quatrième de 37. Trouver chacun de ces nombres et leur somme, sachant que le quatrième est 224.

**781.** De quatre nombres, le premier est 2345; l'excédant du premier sur le second est 29; l'excédant du second sur le troisième est 34, et l'excédant du troisième sur le quatrième est 43. Trouver chacun de ces nombres et leur somme.

**782.** La Bretagne fut définitivement réunie à la France l'an

1532 : combien (en 1862) s'est-il écoulé d'années depuis cet événement ?

**783.** Supposé qu'un individu puisse compter 200 francs par minute, quelle somme pourra-t-il compter dans un an, en travaillant douze heures par jour, si dans l'année il y a seulement 305 jours de travail ?

---

## Leçon VI. — Division des Nombres entiers.

**784.** Qu'est-ce que *la Division ?* — Comment s'appelle le produit donné ? — le facteur connu ? — le facteur demandé ? — Qu'est-ce donc que le quotient ?

**785.** Comment s'indique la Division ? — Indiquer de deux manières la division de 12 par 4, de 360 par 15.

**786.** Indiquer de deux manières la division de 20 par 5, de 30 par 6, de 123 par 35, de 32 451 par 873.

**787.** Indiquer de deux manières la division de $8^2$ par $2^3$, de $4 + 5$ par 3, de 27 par $3 + 6$, de $100 - 8$ par $24 - 1$.

**788.** Que signifie $\dfrac{28}{4}$ ?... $18 : 6$ ?... $\dfrac{36}{9}$ ?... $\dfrac{1280}{7}$ ?

**789.** Que signifie $124 : 9$ ?... $\dfrac{12 + 8}{4}$ ?... $(40 - 8) : (6 - 2)$ ?

**790.** Que signifie $100 : (60 - 40)$ ?... $\dfrac{36 . 5 - 9}{2 + 3}$ ?... $\dfrac{12^2 - 9^2}{12 - 9}$ ?

**791.** Qu'est-ce que diviser 35 par 5 ? — Quel est le quotient de cette division, et pourquoi ?

**792.** Qu'est-ce que diviser 56 par 8 ?... 48 par 6 ? — Dire quel est le quotient de chaque division, et pourquoi.

**793.** Qu'est-ce que diviser 72 par 9 ?... 64 par 8 ? — Donner le quotient de chaque division, et dire pourquoi.

**794.** Montrer, au moyen des trois divisions $\dfrac{56}{8}$, $\dfrac{48}{6}$, $\dfrac{35}{7}$, que *le quotient indique* COMBIEN DE FOIS *le diviseur est contenu dans le dividende.*

**795.** Montrer le même principe dans $\dfrac{20}{5}$, $\dfrac{30}{6}$, $\dfrac{36}{9}$, $\dfrac{72}{8}$.

**796.** La Table de Multiplication peut-elle servir à la Division ? — Dans quels cas ?

**797.** Comment trouver le quotient de deux nombres au moyen de la Table de Multiplication ?

**798.** Le quotient de deux nombres entiers est-il toujours un nombre entier ?

*Au moyen de la Table de Multiplication, ou autrement, effectuer les divisions indiquées suivantes.*

**799.**   $\dfrac{12}{2}$,   $\dfrac{18}{2}$,   $\dfrac{16}{2}$,   $\dfrac{15}{2}$,   $\dfrac{21}{3}$,   $\dfrac{27}{3}$,   $\dfrac{24}{3}$,   $\dfrac{20}{3}$.

**800.**   $\dfrac{36}{4}$,   $\dfrac{20}{4}$,   $\dfrac{32}{4}$,   $\dfrac{26}{4}$,   $\dfrac{45}{5}$,   $\dfrac{30}{5}$,   $\dfrac{42}{5}$,   $\dfrac{38}{5}$.

**801.**   $\dfrac{48}{6}$,   $\dfrac{18}{6}$,   $\dfrac{36}{6}$,   $\dfrac{43}{6}$,   $\dfrac{35}{7}$,   $\dfrac{49}{7}$,   $\dfrac{56}{7}$,   $\dfrac{68}{7}$.

**802.**   $\dfrac{40}{8}$,   $\dfrac{32}{8}$,   $\dfrac{64}{8}$,   $\dfrac{44}{8}$,   $\dfrac{45}{9}$,   $\dfrac{56}{9}$,   $\dfrac{63}{9}$,   $\dfrac{70}{9}$.

**803.**   $\dfrac{50}{10}$,   $\dfrac{64}{10}$,   $\dfrac{88}{11}$,   $\dfrac{49}{11}$,   $\dfrac{36}{12}$,   $\dfrac{100}{12}$,   $\dfrac{96}{12}$,   $\dfrac{108}{12}$.

**804.** En général, comment faire la Division, lorsque le diviseur n'ayant qu'un chiffre, le dividende en a une quantité quelconque ?

**805.** Qu'appelle-t-on dividende *principal ?* — dividende *partiel ?*

**806.** De quoi se compose le premier dividende partiel ? — le second ? — le troisième ? — le quatrième ?

**807.** Que faire si un dividende partiel est moindre que le diviseur ?

**808.** Qu'observez-vous sur chaque reste ? — Quel est le plus grand reste qu'on puisse trouver ?

**809.** Pourriez-vous nous dire, d'une manière générale, combien le quotient contient de chiffres ?

**810.** Expliquer et démontrer le procédé de la Division sur $\dfrac{1236}{4}$.

**811.** Expliquer et démontrer le même procédé sur $\dfrac{9865}{5}$.

**812.** Expliquer encore et démontrer le procédé sur $\dfrac{123456}{9}$.

*Effectuer les divisions indiquées suivantes.*

**813.**   $\dfrac{38}{2}$,   $\dfrac{45}{3}$,   $\dfrac{84}{4}$,   $\dfrac{60}{5}$,   $\dfrac{90}{6}$,   $\dfrac{98}{7}$,   $\dfrac{96}{8}$,   $\dfrac{99}{9}$.

**814.**   $\dfrac{48}{2}$,   $\dfrac{59}{3}$,   $\dfrac{97}{4}$,   $\dfrac{68}{5}$,   $\dfrac{94}{6}$,   $\dfrac{87}{7}$,   $\dfrac{92}{8}$,   $\dfrac{95}{9}$.

**815.**   $\dfrac{114}{2}$,   $\dfrac{985}{2}$,   $\dfrac{141}{3}$,   $\dfrac{589}{3}$,   $\dfrac{208}{4}$,   $\dfrac{897}{4}$,   $\dfrac{695}{5}$,   $\dfrac{783}{5}$.

**816.**   $\dfrac{864}{6}$,   $\dfrac{937}{6}$,   $\dfrac{868}{7}$,   $\dfrac{943}{7}$,   $\dfrac{984}{8}$,   $\dfrac{297}{8}$,   $\dfrac{873}{9}$,   $\dfrac{461}{9}$.

**817.** $\dfrac{1974}{2}$, $\dfrac{4853}{2}$, $\dfrac{6939}{3}$, $\dfrac{7129}{3}$, $\dfrac{7136}{4}$, $\dfrac{9427}{4}$, $\dfrac{7125}{5}$, $\dfrac{9827}{5}$.

**818.** $\dfrac{8628}{6}$, $\dfrac{9437}{6}$, $\dfrac{8638}{7}$, $\dfrac{9529}{7}$, $\dfrac{9984}{8}$, $\dfrac{7569}{8}$, $\dfrac{1233}{9}$, $\dfrac{8768}{9}$.

**819.** $\dfrac{123456}{2}$, $\dfrac{780090}{2}$, $\dfrac{987065}{3}$, $\dfrac{65004}{3}$, $\dfrac{876012}{4}$, $\dfrac{5800123}{4}$.

**820.** $\dfrac{1234567}{5}$, $\dfrac{4235198}{5}$, $\dfrac{44556677}{6}$, $\dfrac{98765432}{6}$, $\dfrac{7890012345}{7}$.

**821.** $\dfrac{19845679}{7}$, $\dfrac{87264519}{8}$, $\dfrac{48001023}{8}$, $\dfrac{437656192}{9}$, $\dfrac{7788999000}{9}$.

**822.** $\dfrac{459876532}{2}$, $\dfrac{567045063}{9}$, $\dfrac{99887765}{3}$, $\dfrac{12468394500000}{8}$.

**823.** $\dfrac{89895656}{9}$, $\dfrac{642642642}{7}$, $\dfrac{987987987}{6}$, $\dfrac{4567456745678}{9}$.

**824.** Qu'appelle-t-on *moitié* d'un nombre ? — Quelle est la moitié de 12 ? — de 20 ? — de 18 ? — de 14 ? — de 24 ? — Pourquoi ?

**825.** Qu'est-ce que *le tiers* d'un nombre ? — Quel est le tiers de 18 ? — de 24 ? — de 12 ? — de 15 ? — de 9 ? — Pourquoi ?

**826.** Qu'est ce que *le quart* d'un nombre ? — Quel est le quart de 20 ? — de 28 ? — de 12 ? — de 36 ? — de 16 ? — Pourquoi ?

**827.** Qu'est-ce que *le cinquième* d'un nombre ? — Quel est le cinquième de 30 ? — de 20 ? — de 10 ? — de 35 ? — Pourquoi ?

**828.** Qu'est-ce que *le sixième* d'un nombre ? — Quel est le sixième de 48 ? — de 24 ? — de 54 ? — de 42 ? — Pourquoi ?

**829.** Qu'est-ce que *le septième* d'un nombre ? — Quel est le septième de 42 ? — de 63 ? — de 49 ? — de 14 ? — Pourquoi ?

**830.** Qu'est-ce que *le huitième* d'un nombre ? — Quel est le huitième de 32 ? — de 48 ? — de 24 ? — de 72 ? — Pourquoi ?

**831.** Qu'est-ce que *le neuvième* d'un nombre ? — Quel est le neuvième de 36 ? — de 63 ? — de 81 ? — de 72 ? — Pourquoi ?

**832.** Dire ce qu'est le nombre 9 à l'égard de 18,... 8 à l'égard de 24,... 7 à l'égard de 28,... 6 à l'égard de 30. — Pourquoi ?

**833.** Dire ce qu'est 5 à l'égard de 15,... 4 à l'égard de 16,... 3 à l'égard de 12,... 2 à l'égard de 14,... 10 à l'égard de 50. — Pourquoi ?

**834.** Dire ce qu'est 2 par rapport à 12,... 3 par rapport à 9,... 4 par rapport à 20,... 5 par rapport à 45,... 6 par rapport à 24,... 7 par rapport à 14,... 8 par rapport à 56,... 9 par rapport à 72. — Pourquoi ?

**835.** Prendre la moitié et le tiers de chacun des nombres : 468... 56 789 000... 1 234 567 890... 9 876 543 210... 192 837 465... 918 273 645.

**836.** Prendre le tiers et le quart de chacun des nombres : 13579... 246800... 487654321... 4586817... 98482100... 123987456439

**837.** Prendre le quart et le cinquième de chacun des nombres :
1 468 920... 43 456 784... 5 617 849... 562 890 124... 149 560 876 677.

**838.** Prendre le cinquième et le sixième de chacun des nombres :
954 320... 819 220 565... 784 919... 712 413 743... 65 491 848 400.

**839.** Prendre le sixième et le septième de chacun des nombres :
123 456... 984 654 328... 2 435 267... 964 902... 86 401 234 508.

**840.** Prendre le septième et le huitième de chacun des nombres :
2 863 427... 48 412 875... 914 454 328... 12 632 496... 91 821 962 456.

**841.** Prendre le huitième et le neuvième de chacun des nombres :
972 458... 10 765 432... 486 219 124... 1 248 672 891... 1 567 289 140.

**842.** Prendre le neuvième et la moitié de chacun des nombres :
8 641 234... 487 654 320... 1 284 156 594... 90 870 654... 707 088 554.

**843.** Quel est le *premier Procédé* pour faire la Division, lorsque le diviseur a plusieurs chiffres ?

**844.** Quel avantage présente ce procédé, dans tous les cas ? — Dans quel cas serait-il préférable ?

*Effectuer ainsi les divisions indiquées suivantes.*

**845.**    $\dfrac{930360}{24}$,   $\dfrac{321731916}{348}$,   $\dfrac{350507145}{2485}$,   $\dfrac{1234567890}{34567}$.

**846.**    $\dfrac{987654321}{728}$,   $\dfrac{456712817}{7812}$,   $\dfrac{41781528}{2374}$,   $\dfrac{81541728412}{37896}$.

**847.**    $\dfrac{148049341}{2659}$,   $\dfrac{437991000}{4507}$,   $\dfrac{19283746}{6774}$,   $\dfrac{6655443322}{59875}$.

**848.**    $\dfrac{1234567}{7892}$,   $\dfrac{23423423}{7892}$,   $\dfrac{354354354}{7892}$,   $\dfrac{472472472472}{7892}$.

**849.**    $\dfrac{67896789}{75694}$,   $\dfrac{475247520}{75694}$,   $\dfrac{304930490}{75694}$,   $\dfrac{6539565395}{75694}$.

**850.** Quel est le *second Procédé* pour la Division, lorsque le diviseur a plusieurs chiffres ?

**851.** Rappelez-nous ce qu'on appelle dividende *principal*, dividende *partiel* ; puis dites quelle est, dans chaque dividende partiel, la partie correspondante au premier chiffre à gauche du diviseur.

**852.** Comment, dans ce second procédé, ôte-t-on du dividende partiel le produit du diviseur par le chiffre écrit au quotient ?

*Effectuer par le second procédé, les divisions indiquées suivantes.*

**853.**    $\dfrac{2160}{41}$,   $\dfrac{3456}{52}$,   $\dfrac{45678}{61}$,   $\dfrac{56789}{72}$,   $\dfrac{67890}{81}$.

**854.**    $\dfrac{7890}{21}$,   $\dfrac{89000}{32}$,   $\dfrac{900000}{93}$,   $\dfrac{62480}{53}$,   $\dfrac{9753100}{82}$.

**855.**    $\dfrac{12345}{204}$,   $\dfrac{234567}{208}$,   $\dfrac{345678}{312}$,   $\dfrac{456789}{421}$,   $\dfrac{5678900}{523}$.

**856.** $\dfrac{67890}{617}, \quad \dfrac{789000}{736}, \quad \dfrac{890000}{845}, \quad \dfrac{832560}{954}, \quad \dfrac{9000000}{9621}.$

**857.** $\dfrac{987654}{1004}, \quad \dfrac{876543}{2124}, \quad \dfrac{6654321}{3245}, \quad \dfrac{6543210}{41{,}9}, \quad \dfrac{543210000}{5324}.$

**858.** $\dfrac{432100}{452}, \quad \dfrac{3210000}{354}, \quad \dfrac{2100000}{234}, \quad \dfrac{100000000}{1234}, \quad \dfrac{67676767}{2575}.$

**859.** $\dfrac{1357924}{567}, \quad \dfrac{3579246}{678}, \quad \dfrac{5792468}{789}, \quad \dfrac{7924680}{896}, \quad \dfrac{9246800}{987}.$

**860.** $\dfrac{246800}{245}, \quad \dfrac{468000}{365}, \quad \dfrac{680000}{472}, \quad \dfrac{80000000}{586}, \quad \dfrac{363636}{367}.$

**861.** $\dfrac{519249}{2371}, \quad \dfrac{123456789}{9875}, \quad \dfrac{987654321}{5789}, \quad \dfrac{190720444777}{9536}.$

**862.** $\dfrac{41921582}{4192}, \quad \dfrac{123987654}{12399}, \quad \dfrac{567567567}{5668}, \quad \dfrac{364364364}{1862}.$

**863.** $\dfrac{29972997}{2988}, \quad \dfrac{987987987}{19386}, \quad \dfrac{356356356}{18643}, \quad \dfrac{78178178100}{92146}.$

**864.** $\dfrac{99669966}{8304}, \quad \dfrac{135135135}{2909}, \quad \dfrac{475475475}{38483}, \quad \dfrac{468000000}{468}.$

**865.** $\dfrac{54325432}{8229}, \quad \dfrac{43214321}{433}, \quad \dfrac{32103210}{1605}, \quad \dfrac{579346987404}{57934}.$

*Effectuer les divisions indiquées suivantes.*

**866.** $\dfrac{3.4+5.6}{2}, \quad \dfrac{12.4-7.6}{3}, \quad \dfrac{20.8+15.4-9.8}{4}.$

**867.** $\dfrac{124.9.6}{12}, \quad \dfrac{1000+80.3-9.10}{24}, \quad \dfrac{10^2+8^2+6^3-5^3}{25}.$

**868.** $\dfrac{35.25-20^2}{52}, \quad \dfrac{(2+3).12^2}{9}, \quad \dfrac{(5+6)^2.3.4.8^2}{2+3+4}.$

**869.** $\dfrac{(5+7).(8-3)}{2.3-4}, \quad \dfrac{(124-9.8)^2}{(3+5)^2}, \quad \dfrac{(12+5).(12-5)}{4.(19-12)}.$

**870.** $\dfrac{123.(456-97.4)}{92.4-46.7}, \quad \dfrac{1234567}{123^2-122^2}, \quad \dfrac{456^2+567^2-104}{567^2-456^2+104}.$

**871.** $\dfrac{[(8+4).5+7].6}{2+3.4-5.2}, \quad \dfrac{[(24.7+13).60+42].60+25}{1249}.$

**872.** $\dfrac{1234567}{8720^2-8700^2}, \quad \dfrac{3467^2-3460^2}{3467-3460}, \quad \dfrac{20^3-3.20^2.19+20.3.19^2}{20^2-2.20}.$

# EXERCICES

**873.** $\dfrac{12^2+2.12.8+8^2}{7.8-9.5}$, $\dfrac{30^4-4.30^3.29+6.30^2.29^2-4.30.29^3+29^4}{30^2-2.30.29+29^2}$

**874.** $\dfrac{\{[(365.6+124).24+7].60+29\}.60+49}{98765}$.

**875.** $\dfrac{10^5+5.10^4.2+10.10^3.2^2+10.10^2.2^3+5.10.2^4+2^5}{10^3+3.10^2.2+3.10.2^2+2^3}$.

**876.** Comment faire la division, lorsque le dividende et le diviseur sont terminés par des zéros ?

**877.** Démontrer que le quotient est le même en divisant 9480 par 3, qu'en divisant 948 000 par 300.

**878.** Démontrer que le quotient est le même, soit qu'on divise 23 499 par 240, soit qu'on divise 2 349 900 par 24 000.

*Effectuer les divisions indiquées suivantes.*

**879.** $\dfrac{1234000}{2400}$, $\dfrac{234000}{670}$, $\dfrac{3456000}{34000}$, $\dfrac{456789000}{320000}$.

**880.** $\dfrac{10807200}{4560}$, $\dfrac{61167200000}{487000}$, $\dfrac{123987000000}{250000}$.

**881.** $\dfrac{7840000}{4590}$, $\dfrac{559843000}{830000}$, $\dfrac{516900}{200}$, $\dfrac{9719000000}{82000}$.

**882.** Comment faire *la preuve* de la Division ?

*Faire,* avec leurs preuves, *les divisions indiquées suivantes.*

**883.** $\dfrac{123239}{65}$, $\dfrac{9824000}{409}$, $\dfrac{5678341}{2954}$, $\dfrac{49692000}{8270}$.

**884.** $\dfrac{4139287}{923}$, $\dfrac{6192859}{1812}$, $\dfrac{4876534}{9871}$, $\dfrac{987600000}{56000}$.

## Résultat et Usages de la Division.

**885.** Dans quel cas les unités du quotient sont-elles de même nature que celles du dividende ? — Pourquoi ?

**886.** Dans quel cas les unités du quotient ne sont-elles pas de même nature que celles du dividende ? — De quelle nature sont alors les unités du dividende et celles du diviseur ? — Pourquoi ?

**887.** En général, quand est-ce que la résolution d'un problème exige une division ?

**888.** Quels sont les trois principaux usages de la Division ?

**889.** Que faire pour *trouver combien de fois un nombre en contient un autre :* par exemple, *combien de fois 288 contient-il 24 ?* — Montrer que la résolution de ce problème exige la Division.

**890.** Que faire pour *partager un nombre en parties égales ?* — Justifier ce second usage de la Division en partageant également une somme de 12 342 francs entre six individus.

**891.** Comment convertir des unités inférieures en unités supérieures ?

*Résoudre les Problèmes suivants* (a), *et dire pourquoi il faut faire une Division.*

892. Quatre enfants ont 36 oranges à se partager également : quelle sera la part de chacun?

893. J'ai eu 5 plumes pour 10 centimes : à combien me revient la plume ?

894. Je veux distribuer 40 centimes entre 8 pauvres : combien donnerai-je à chacun?

895. J'ai acheté huit barriques de cidre pour 160 francs : à combien me revient la barrique ?

896. Quatre douzaines d'œufs m'ont coûté 4 francs : à combien me revient la douzaine?

897. J'ai dépensé 200 francs dans quatre mois : combien ai-je dépensé par mois?

898. Un employé gagne 2400 francs par an (ou 12 mois) : combien gagne-t-il par mois?

899. Un capitaine distribue une gratification de 100 francs à ses quatre meilleurs soldats : quelle est la part de chacun?

900. Un ouvrier gagne 28 francs par semaine : combien a-t-il à dépenser par jour?

901. J'avais 35 francs dans ma bourse ; j'en ai dépensé la septième partie : combien me reste-t-il ?

902. Un élève a reçu un pensum de 300 lignes, pour négligence dans ses devoirs. Ayant ensuite mieux travaillé, son maître lui a remis le quart de sa pénitence : combien lui reste-t-il encore de lignes à faire ?

903. Quelle est la moitié, le tiers, le quart, le cinquième, le sixième, le septième, le huitième, le neuvième de 2520 ?

904. Un homme, en mourant, laisse une somme de 1200 fr. à partager entre les 10 habitants les plus pauvres de sa commune : quelle sera la part de chacun ?

905. J'ai fait une route de 440 kilomètres en huit jours : combien de kilomètres ai-je faits par jour?

906. Un architecte a construit un édifice, qui a coûté 300000 francs ; ses honoraires sont le vingtième de cette somme : combien reçoit-il?

907. J'ai acheté une propriété pour une somme de 40 000 fr., payable par portions égales d'année en année, pendant cinq ans : combien devrai-je débourser annuellement?

908. Je veux acquitter une dette de 600 000 francs, en payant 30 000 francs à la fin de chaque année : combien de payements aurai-je à faire?

909. Quatre pauvres se partagent également 80 francs : quelle sera la part de chacun, et quel nom porte cette part ?

910. Combien de fois 8 est-il contenu dans 72 ?

911. Mon fils a eu 5 billes d'agate pour 75 centimes : quel est le prix de chaque bille?

912. Si j'écris une page en 10 minutes, combien par heure ?

---

(a) A résoudre *mentalement*, jusqu'au N° 925.

**913.** Cinq enfants ont mis en commun les billes qu'ils ont gagnées au jeu, et se les partagent ensuite : quelle sera la part de chacun, si le gain total est de 40 billes?

**914.** Une lampe consume pour 80 centimes d'huile en quatre heures : pour combien par heure?

**915.** Si je fais 300 lignes dans une demi-heure (en 30 minutes), combien en fais-je par minute?

**916.** Une grosse de porte-plumes me coûte 3 francs 60 centimes, ou 360 centimes : combien me coûte la douzaine? (Une grosse contient 12 douzaines).

**917.** L'année contient 365 jours, et la semaine 7 : combien y a-t-il de semaines dans une année?

**918.** Je distribue également 24 bons points entre 6 élèves : quelle est la part de chacun?

**919.** En multipliant un certain nombre par 4, j'obtiens 60 : quel est ce nombre?

**920.** En triplant un certain nombre, et ajoutant 5 au triple, j'obtiens 44 : quel est ce nombre?

**921.** Un enfant ayant un franc (100 centimes), le distribue à un certain nombre de pauvres, en donnant 20 centimes à chacun : combien de pauvres a-t-il secourus?

**922.** Je veux payer 800 francs en pièces de 5 francs : combien dois-je en donner?

**923.** La pièce de 5 francs, en argent, pèse 25 grammes : combien en faut-il pour peser un kilogramme (c'est-à-dire 1000 grammes)?

**924.** Charles, Alphonse, Henri et Louis cueillent ensemble des noisettes et conviennent de les mettre en commun, pour les partager ensuite également entre eux. Quelle sera la part de chacun, et combien chacun aura-t-il gagné ou perdu à cet arrangement, sachant que Charles en a cueilli 120, Alphonse 80, Henri 60, et Louis 180?

**925.** A la fin de la semaine, un entrepreneur paye ses 38 ouvriers, et, pour cela, débourse 684 francs. Trouver le gain de chacun par semaine, et par jour, si tous ont travaillé au même prix chacun des six jours.

**926.** Un père laisse en mourant un héritage de 350592 francs, à partager entre ses huit enfants : quelle est la part de chacun?

**927.** Deux cent trente-neuf propriétaires payent un impôt total de 98468 francs : trouver l'impôt de chacun, s'ils sont également imposés.

**928.** Un rentier vient d'acheter 628 actions dans une Compagnie de chemin de fer, pour la somme de 198100 francs : quel est le prix de l'action?

**929.** Un bateau, faisant le passage d'une rivière, transporta un jour 544 personnes : combien dut-il faire de voyages, sachant qu'il transportait 32 personnes à chaque tour?

**930.** La distance de deux points, l'un à Villejuif, l'autre à Montlhéry, est de 18612 mètres. Or, en 1822, on a fait l'expérience qu'un coup de canon tiré à l'un de ces points n'a été entendu à l'autre, qu'environ 55 secondes après. Quelle distance, d'après cela, le son parcourt-il par seconde?

**931.** Si deux imprimeurs tirent par jour 2600 feuilles de 24 pages chacune, combien faudrait-il d'écrivains pour en faire autant que ces deux imprimeurs, s'ils en copiaient chacun dix pages par jour?

**932.** En 1700, la population de la France était de 19 669 300; en 1861, elle était d'environ 37 365 200. Si elle s'est augmentée chaque année d'un même nombre d'individus, quelle a été l'augmentation annuelle?

**933.** On a payé 504 francs pour l'impression d'un ouvrage contenant 12 feuilles : à combien revient la feuille?

**934.** Je veux payer une somme de 23456 francs, en donnant le plus possible de pièces de 20 francs, puis le plus possible de pièces de 5 francs, puis de pièces de 2 francs et d'un franc : combien donnerai-je de pièces de chaque valeur?

**935.** Le produit de deux nombres est 290928, et l'un d'eux 4372 : quel est l'autre nombre?

**936.** Combien de fois pourrait-on ôter 628 de 356076?

**937.** Quel est le nombre 324 fois plus petit que 18468?

**938.** Quel est le nombre qui, divisant 540200, donne 4391 pour quotient, et 107 pour reste?

**939.** Par combien faut-il multiplier 59, pour augmenter ce nombre de 354?

**940.** Combien faut-il ôter de 597000, pour rendre ce nombre 1000 fois plus petit?

**941.** Par quel nombre faut-il diviser 67149, pour trouver un quotient égal au dividende diminué de 66320?

**942.** Quarante-trois mètres de drap ont coûté 903 francs : quel est le prix du mètre?

**943.** Combien aura-t-on de stères de chêne pour 767 francs, à 13 francs le stère?

**944.** Il faut 2006 ouvriers pour faire 12345 mètres d'ouvrage en un jour : combien en faudrait-il pour faire le même ouvrage en 34 jours?

**945.** On a distribué 5535 francs à un certain nombre de pauvres, en donnant 45 francs à chacun : combien étaient-ils de pauvres?

**946.** On veut partager 12888 francs entre quatre personnes, de manière que la première en ait la moitié, la seconde le tiers du reste, la troisième le quart du nouveau reste, et la quatrième le troisième reste : quelle sera la part de chaque personne?

**947.** Une voiture a parcouru une distance de 16435 mètres, dans laquelle les roues ont fait chacune 3287 tours : quelle est la longueur de la circonférence de la roue?

**948.** Quel est le prix d'une brebis, lorsqu'on en a 12 pour 216 francs?

**949.** Quel chemin fait par heure un courrier qui parcourt 322 kilomètres en 23 heures?

**950.** On a payé 576 francs pour 32 stères de bois; on voudrait gagner 64 francs sur le tout : combien faut-il revendre le stère?

**951.** Un maquignon a 24 chevaux qui lui ont coûté 9000 francs, et dont l'entretien lui a occasionné une dépense de 696 francs : s'ils sont tous de même valeur, et qu'il veuille gagner 468 francs sur le tout, combien doit-il revendre chaque cheval?

**952.** Un marchand, ayant acheté une coupe de bois pour 3460 francs, en a retiré 326 poutres, plus une certaine quantité de menu bois, qu'il a revendu 579 francs. Si les frais d'exploitation montent à 347 francs, combien doit-il vendre chaque poutre pour que son bénéfice net s'élève à 684 francs ?

**953.** Une pièce de drap contenant 48 mètres a coûté 672 francs : quel est le prix du mètre ?

**954.** Un marchand a vendu 936 francs une pièce de drap contenant 39 mètres ; son voisin en a vendu une autre de 47 mètres pour 1316 francs. Le drap étant de même qualité et de même largeur, on demande lequel des deux marchands vend le plus cher, et de combien par mètre.

**955.** Un serrurier met en œuvre 25 kilogrammes de fer, qui lui coûtent 9 francs. Il dépense 8 francs de charbon, 5 francs d'outils, et les 25 kilog. se réduisent à 21. Combien doit il revendre le kilog. pour que son bénéfice net soit de 4 francs par jour, sachant qu'il a employé 5 jours à faire cet ouvrage ?

**956.** Combien aurai-je de mètres de drap pour 484 francs, à 22 francs le mètre ?

**957.** Combien faut-il de vaisseaux pour transporter une armée de 31 500 hommes, si chaque vaisseau en porte 1260 ?

**958.** Sur les chemins de fer, les voitures de troisième classe contiennent 40 places, et celle de seconde 10 places : combien en faudra-t-il pour transporter un détachement de 1210 hommes, sachant que les soldats occuperont des places de troisième classe, et que les officiers, au nombre de 50, auront des places de seconde classe ?

**959.** Combien faut-il de barriques de 250 litres, pour recevoir 3750 litres de vin ?

**960.** Un bataillon a consommé 17950 kilogrammes de pain dans un certain nombre de jours : combien contient-il d'hommes, sachant que chaque individu en a consommé 25 kilogrammes ?

**961.** Combien y a-t-il de bottes de foin de 45 hectogrammes chacune dans une charretée pesant 36 630 hectogrammes ?

**962.** Combien faut-il de pièces de drap de 35 mètres pour habiller une armée de 42 000 hommes, s'il en faut 5 mètres pour chaque soldat ?

**963.** Le tabac coûte maintenant dix francs le kilogramme : quelle quantité m'en donnera-t-on pour 370 francs ? — Trouver aussi la quantité de tabac consommée et la dépense faite annuellement par une société de 900 membres, dont un tiers prise, si chaque priseur en absorbe pour 24 francs par an.

**964.** Quelqu'un fait 9 mètres d'ouvrage par jour : combien sera-t-il de jours, pour en faire 2934 ?

**965.** Une somme de 1960 francs a été partagée entre un certain nombre de personnes, de manière que les 25 premières ont eu chacune 32 francs, et les autres chacune 29 : combien y avait-il de personnes en tout ?

**966.** Quelqu'un échange une pièce de drap de 42 mètres à 18 francs, contre une pièce de velours valant 14 francs le mètre ; quelle doit être la longueur de la pièce de velours ?

**967.** Quelqu'un a 216 mètres d'ouvrage à faire dans 15 jours. Voyant qu'il ne peut faire l'ouvrage pour l'époque fixée, car il ne peut faire plus de 7 mètres par jour, il s'adjoint deux compagnons qui font, le premier 6 mètres par jour, et le second 5. En combien de jours, travaillant de concert, et de toutes leurs forces, pourront-ils terminer les 216 mètres ?

**968.** Deux ouvriers ont, l'un 120 mètres, l'autre 144 mètres à faire, et ils doivent livrer leur ouvrage le même jour. Lequel des deux doit commencer avant l'autre, et de combien de jours, afin de terminer ensemble, sachant que le premier fait 6 mètres par jour, et le second 8 ?

**969.** Trois militaires ont 1260 kilomètres à faire pour rejoindre leur corps. Le premier fera par jour 36 kilomètres, le second 35, et le troisième 30 ; mais ils veulent arriver le même jour : combien de jours le second et le premier peuvent-ils rester au pays de plus que le troisième ?

**970.** Dans un petit collége, si l'on ajoutait 9 élèves à la classe de seconde, 10 à celle de troisième, 4 à celle de quatrième, et 5 à celle de cinquième, ces quatre classes contiendraient le même nombre d'élèves, et leur nombre total serait 80 : combien y a-t-il d'élèves dans chacune de ces classes ?

**971.** Combien faut-il vendre de mètres de velours à 15 francs le mètre, pour recevoir la même somme qu'en vendant 45 mètres de drap à 29 francs le mètre ?

**972.** Une pièce d'étoffe de 57 mètres, qui coûtait 1149 francs, a été revendue 1320 francs : combien a-t-on gagné par mètre ?

**973.** Une marchandise qui coûtait 2340 francs, a été revendue 3165 francs, et de cette manière on a gagné 5 francs par kilogramme : quel était le poids de cette marchandise ?

**974.** Une prairie, dont chaque hectare produit 120 bottes de foin, suffit à la nourriture de dix chevaux, pendant 84 jours, en donnant par jour une botte à chaque cheval : combien cette prairie contient-elle d'hectares ?

**975.** Un ouvrage revient à 12669 francs. Or, on y a employé 24 ouvriers, dont 12 à 5 francs par jour, 7 à 4 francs, et les autres à 3 francs : en combien de jours l'ouvrage a-t-il été terminé ?

**976.** Un marchand ayant acheté 32 kilog. à 8 francs le kilog., 123 kilog. à 9 francs, 193 kilog. à 7 francs, et 207 kilog. à 10 francs, a ensuite revendu le tout avec un gain de 766 francs : combien a-t-il revendu le kilogramme ?

**977.** Un chef d'atelier a payé 2580 francs pour 15 journées de travail, à 4 francs par jour : combien y avait-il d'ouvriers ?

**978.** Convertir en minutes : 540 secondes,... 12360$^s$... 4560$^s$... 304140$^s$... 78900$^s$... 6780$^s$... 963900$^s$... 1920$^s$.

**979.** Convertir en heures : 4500 minutes,... 360$^m$... 78420$^m$.

**980.** Exprimer en heures, minutes, secondes : 12345$^s$... 23456$^s$... 34567$^s$... 45678$^s$... 56789$^s$... 67890$^s$... 78900$^s$.

**981.** Exprimer en jours, heures, minutes, secondes : 123456$^s$... 234567$^s$... 345678$^s$... 456789$^s$... 567890$^s$... 678900$^s$.

**982.** Exprimer en semaines, jours, heures,... : 9876$^h$... 98765$^m$... 987654$^s$... 897654$^s$... 876954$^s$... 7689$^m$... 698$^h$... 365$^j$.

**983.** Exprimer en mois de 30 jours, jours, heures,... : 9753$^h$...
75310$^m$... 5319724$^s$... 3109757$^s$... 758$^j$... 17313$^h$... 1294998$^m$.

**984.** Exprimer en années de 365 jours, mois de 30 jours, jours,
heures... : 1234$^j$... 72354$^h$... 2468000$^m$... 396124578$^s$.

**985.** Exprimer en degrés : 3600 minutes,... 5670'... 97320'...
712500'... 14520'... 2460'... 4680'... 68040'... 9540'.

**986.** Exprimer en degrés et minutes : 6395 minutes... 37110'...
50400 secondes... 67500''... 19320''... 780360''... 1298100''.

**987.** Exprimer en degrés, minutes, secondes : 3600 secondes...
7245''... 9214''... 54000''... 6400'... 7832'... 89127''...125677''.

**988.** Combien y a-t-il de siècles, années, jours, heures, minutes
et secondes dans 189345600000 secondes, sachant que le siècle
est une période de 100 ans, et en supposant que chaque siècle
contienne 25 bissextiles, c'est-à-dire 25 années de 366 jours ?

**989.** Un propriétaire a 525600 francs de rente : combien, en
supposant l'année de 365 jours, a-t-il à dépenser par jour, par
heure, par minute ?

**990.** Le quart du méridien terrestre, qui contient 90 degrés, a
une longueur de 10000000 de mètres : trouver en mètres la longueur
d'un degré, d'une minute, d'une seconde du méridien terrestre.

**991.** Le Soleil paraît décrire la circonférence, c'est-à-dire
360 degrés en 24 heures. Trouver 1° combien il parcourt de
degrés par heure, de minutes de degré dans une minute de temps,
de secondes de degré dans une seconde de temps ; 2° combien il
met de minutes de temps à parcourir un degré, de secondes de
temps à parcourir une minute de degré, de tierces de temps à
parcourir une seconde de degré.

**992.** La circonférence de la Terre est de 40000 kilomètres :
combien un train, qui ferait 32 kilomètres à l'heure, serait-il de
jours et heures à parcourir cette distance ?

**993.** En admettant que la distance du Soleil à la Terre soit de
153500000 kilomètres, quelle est la vitesse de la lumière par
seconde, sachant qu'elle nous arrive du Soleil en 8$^m$13$^s$ ?

**994.** Combien une locomotive, qui parcourrait 75 kilomètres à
l'heure, serait-elle d'années, jours et heures, pour se rendre de
la Terre au Soleil (153500000 kilomètres), en supposant que chaque
quatrième année soit bissextile ?

**995.** Un professeur de l'université de Berlin a calculé que la
population de l'Europe devait être d'environ 272000000 d'habitants ; celle de l'Asie, de 720000000 ; celle de l'Amérique, de
200000000 ; celle de l'Afrique, de 89000000 ; et celle de l'Océanie,
de 20000000 ; de plus, il admet qu'il meurt par an un individu
sur 40. Quelle serait, d'après ce professeur, la population totale
du Globe ? — Trouver en outre combien il meurt d'individus par
an (de 365 jours), par jour, par heure, par minute, par seconde.

**996.** Un individu fait 7200 pas par heure : combien en fait-il
par minute ? — par seconde ?

**997.** Une roue fait 86400 tours dans un jour : combien en fait-
elle par heure ? — par minute ? — par seconde ?

**998.** En admettant que la distance de la Lune à la Terre soit de
382000000 de mètres, combien faut-il de jours, heures, minutes,

et secondes au son pour parcourir cette distance ? (Le son parcourt 340 mètres par seconde).

999. Le demi-diamètre apparent moyen de la Lune est d'environ 933 secondes, et celui du Soleil de 962 : combien chacun de ces demi-diamètres contient-il de minutes et secondes ?

1000. L'obliquité de l'Ecliptique sur l'Equateur est d'environ 84450 secondes. Exprimer cette obliquité en degrés, minutes, secondes.

1001. Le mouvement diurne moyen du Soleil en ascension droite est d'environ 236 secondes : l'exprimer en minutes et secondes.

1002. L'année tropique est d'environ 31 556 930 secondes ; l'année sidérale, de 31 558 151 secondes, et l'année anomalistique, de 31 558 431 secondes. Exprimer en jours, heures, minutes et secondes la durée de chacune de ces années.

1003. L'inclinaison de l'orbite de la Lune sur l'écliptique est actuellement d'environ 309 minutes : combien cette inclinaison contient-elle de degrés et minutes ?

1004. Dans une circonférence quelconque, l'arc dont la longueur serait égale à celle du rayon contiendrait 206265 secondes, environ : combien cet arc contient-il de degrés, minutes, secondes ?

1005. Si l'on admet que la distance du Soleil à la Terre est de 153 500 000 kilomètres, combien de temps faut-il (en minutes et secondes) à la lumière du Soleil pour arriver jusqu'à nous, sachant qu'elle parcourt par seconde environ 311 360 kilomètres ?

1006. En admettant que la distance du Soleil à la Terre soit de 153 500 000 kilomètres; que les étoiles les plus rapprochées de la Terre en soient au moins 200 000 fois plus éloignées que le Soleil, et que la lumière franchisse 311360 kilomètres par seconde, combien faut-il de temps à la lumière pour nous venir de l'étoile la plus voisine ? — Exprimer, s'il y a lieu, ce temps en années de 365 jours, et le reste en jours et heures, sans tenir compte du surplus.

1007. En admettant que l'orbite de la Terre ait une longueur de 965 000 000 de kilomètres, et que cette distance soit parcourue par la terre en 365j6h9m11s, combien le globe terrestre parcourt-il de kilomètres par seconde ?

1008. La circonférence de l'équateur terrestre est d'environ 40 085 kilomètres. Sachant que la Terre fait un tour sur elle-même en 24 heures, trouver la distance parcourue par chaque point de l'équateur en une heure, en une minute, en une seconde.

1009. Du 21 au 22 juin (en 1858), le jour vrai contient 86413 secondes de temps moyen ; et du 21 au 22 décembre, il en contient 86 430. Trouver en heures, minutes, secondes, la durée de ces deux jours vrais, et leur différence.

1010. La planète Jupiter a quatre satellites. Le premier accomplit sa révolution et sa rotation en 152853 secondes, le second en 306 822s, le troisième en 618153s, le quatrième en 1441 910s. Trouver en combien de jours, heures, minutes et secondes chacun des satellites de Jupiter accomplit sa révolution.

## Addition, Soustraction, Multiplication, Division.

**1011.** La veste de mon frère revient à 15 francs ; la mienne coûte 4 francs de moins : quel est le prix de ma veste ?

**1012.** Le chapeau de Jules coûte 3 francs de plus que les souliers d'Emile, lesquels coûtent 6 francs : quel est le prix du chapeau de Jules ?

**1013.** Ma maison coûte 8 fois plus que mon jardin, qui me revient à 1450 francs : trouver le prix de ma maison.

**1014.** Quel est le prix de mon cheval, qui coûte 142 francs de moins que ma voiture estimée 548 francs ?

**1015.** La somme que je possède, contient neuf fois celle de mon frère, qui a 412 francs : combien ai-je ?

**1016.** Un individu, pas trop occupé, se couche à 9 heures du soir, et se lève à 6 heures du matin : combien d'heures passe-t-il au lit chaque jour ?

**1017.** Quel est le poids de 45 caisses, si chacune pèse 67 kilog.?

**1018.** Un père et son fils ont ensemble 119 ans ; le père a 72 ans : quel est l'âge du fils ?

**1019.** Un berger, interrogé combien il a de brebis, répond : « J'en aurais 237, si j'en avais 48 de plus : » combien en a-t-il ?

**1020.** Une horloge avance de 3 minutes par jour sur une autre : de combien aura-t-elle avancé au bout de 15 jours, et quelle heure donnera-t-elle alors, si la seconde indique 6 heures ?

**1021.** Deux horloges ayant été mises ensemble le 2 janvier, on a trouvé que, le 13, au moment où l'une donnait 9 heures, l'autre indiquait $9^h22^m$ : de combien celle-ci a-t-elle avancé par jour sur la première ?

**1022.** Mon père naquit en 1776, et il est mort en 1859 : combien d'années a-t-il vécu ?

**1023.** Mon frère qui possède 34872 francs, est quatre fois plus riche que moi : combien ai-je ?

**1024.** On veut partager 9425 francs entre 145 hommes, et donner la même somme à chacun : combien ?

**1025.** Un domestique gagne 348 francs par an : combien gagne-t-il dans cinq ans ?

**1026.** Un père de famille dépense chaque jour 13 francs pour l'entretien de sa maison : combien dépense-t-il en un an ?

**1027.** Une corde a 43 mètres de long, et on veut qu'elle en ait 65 : combien de mètres faut-il y ajouter ?

**1028.** J'avais 19 ans à la naissance de mon frère : quel est son âge maintenant que j'ai 50 ans ?

**1029.** Un propriétaire dépense chaque année 5840 francs, et fait une économie de 3482 francs. Trouver 1° quel est son revenu annuel, 2° combien il dépense par jour, 3° combien il aura économisé après 12 ans.

**1030.** Chaque année, un fonctionnaire public économise 195 francs, et dépense 1255 francs : quels sont ses appointements ?

**1031.** Combien faut-il de pièces de 20 francs pour acquitter une dette de 8600 francs ?

**1032.** Quelle somme me faut-il pour acheter 45 mètres de drap, à 12 francs le mètre ?

**1033.** Combien me donnera-t-on de kilogrammes d'une marchandise qui coûte 15 francs le kilogr., pour trois sacs contenant, le premier 600 pièces de 50 francs, le second 520 pièces de 20 francs, et le troisième 1000 pièces de 10 francs ?

**1034.** Un marchand de vin qui en avait déjà 123 hectolitres en magasin, en a d'abord acheté 47 hectolitres, puis 53 hectolitres, et d'une troisième fois 69 hectolitres, après quoi il en a revendu 136 hectolitres : combien en a-t-il maintenant ?

**1035.** Un marchand de bois, qui en avait d'une part 49 stères, d'une autre 51 stères, et d'une troisième 64, en achète de quatre particuliers : du premier 47 stères, du second 62, du troisième 24, et du quatrième 72 : combien en a-t-il maintenant ?

**1036.** En 1840, une personne avait 25 ans : en quelle année aura-t-elle 72 ans ?

**1037.** Dans une église, on a fait quatre quêtes pour une bonne œuvre. La première a produit 148 francs, la seconde 28 francs de plus que la première, la troisième 17 francs de plus que la seconde, et la quatrième 13 francs de plus que la troisième. Combien a-t-on recueilli en tout ?

**1038.** Emile, Jules et Louis ont perdu 123 francs. Emile a perdu 45 francs, et Jules 8 francs de moins qu'Emile : trouver la perte de Jules et celle de Louis.

**1039.** Combien faut-il payer pour 22 hectolitres de froment à 19 francs, et 35 hectolitres d'avoine à 9 francs l'hectolitre ?

**1040.** J'ai acheté 45 hectolitres de froment pour 800 francs, et 36 hectolitres d'avoine pour 250 francs. Après avoir nettoyé le tout, je ne trouve plus que 43 hect. de froment et 35 d'avoine. En revendant alors le froment 23 francs l'hectolitre, et l'avoine 11 francs, quel sera mon bénéfice ?

**1041.** Un marchand a 250 hectolitres de blé qui lui coûtent 4000 francs. S'il le nettoie, moyennant une dépense de 32 francs, et une diminution de 5 hectolitres, combien devra-t-il revendre l'hectolitre pour faire une bénéfice net de 868 francs ?

**1042.** Combien coûteront en tout 35 porcs à 45 fr., et 32 brebis à 19 francs la pièce ?

**1043.** Un aubergiste vient de recevoir 37 hectolitres de vin pour 962 francs. Il demande 1° combien lui coûte l'hectolitre ; 2° combien il doit revendre l'hectolitre, pour que son gain total monte à 148 francs.

**1044.** Un aubergiste a retiré 2382 francs de 34 hectolitres de vin qu'il avait achetés à raison de 67 francs l'hectolitre : combien a-t-il gagné ou perdu sur le tout ?

**1045.** En revendant 23 francs l'hectolitre d'une certaine quantité de froment qui lui coûtait 2451 francs, un marchand a réalisé un bénéfice de 516 francs. Combien a-t-il vendu d'hectolitres de froment ?

**1046.** J'ai perdu 569 francs, en donnant pour 3461 francs une petite propriété que j'avais achetée l'an dernier : combien me coûtait cette propriété ?

**1047.** Quatre joueurs ayant fait bourse commune, le premier a perdu 45 francs, le second a gagné 34 francs, le troisième a gagné 41 francs, et le quatrième a perdu 53 francs : combien, en définitive, nos joueurs ont-ils ajouté ou retranché à leur avoir, et combien ont-ils maintenant, si d'abord ils avaient 400 francs ?

**1048.** Avant un combat, un bataillon comptait 890 hommes; mais, dans l'action, 38 ont péri, 83 autres ont été blessés et sont à l'hôpital, 17 ont été faits prisonniers, et 8 ont déserté : combien y a-t-il actuellement d'hommes dans ce bataillon?

**1049.** Un négociant a donné pour 274 502 francs une certaine quantité de sucre qui lui coûtait 254 216 francs : combien y avait-il de quintaux, sachant que le bénéfice a été de 7 fr. par quintal?

**1050.** Si pour un habit il faut 3 mètres de drap, combien en fera-t-on avec une pièce de 123 mètres?

**1051.** Combien pourra-t-on habiller d'hommes avec treize pièces contenant, les 4 premières chacune 68 mètres, 3 autres 75 mètres chacune, et les 6 dernières chacune 78 mètres, si pour un homme il faut 5 mètres?

**1052.** Suivant une certaine chronologie, le temple de Salomon fut achevé 1005 ans avant Jésus-Christ : combien, en 1862, y a-t-il d'années depuis cette construction?

**1053.** En 1845, il y avait 353 ans que l'Amérique était découverte : en quelle année a eu lieu cette découverte, et combien y a-t-il d'années en 1862?

**1054.** Avec 124 francs, je puis avoir 49 kilogrammes d'une certaine marchandise : combien en aurais-je de kilogrammes pour une somme quinze fois plus forte?

**1055.** Un commissaire de police reçoit 1460 francs d'appointements : combien peut-il dépenser par jour, s'il veut économiser 365 francs par an?

**1056.** Un marchand qui a payé 3420 francs pour 196 hectolitres de blé, demande combien il doit revendre l'hectolitre pour gagner 696 francs sur le tout. Que faut-il lui répondre?

**1057.** Un commerçant ayant acheté 342 mètres de drap pour 9918 francs, les a ensuite revendus à 32 francs le mètre : combien a-t-il gagné ou perdu sur le tout, et combien par mètre?

**1058.** Douze hommes ont fait un certain ouvrage en 17 jours : en combien de jours un seul homme ferait-il le même ouvrage?

**1059.** Dix-neuf ouvriers ont creusé un canal de 230 mètres de long, 4 mètres de large et 2 de profondeur, et pour cela ils y ont travaillé pendant 60 jours : combien faudrait-il d'ouvriers pour creuser un autre canal en tout égal au premier, si le nouvel ouvrage devait se terminer en douze fois moins de jours?

**1060.** On a payé à un certain nombre d'ouvriers 2760 francs pour 24 jours de travail : chaque ouvrier gagnant 5 fr. par jour, l'un dans l'autre, trouver le nombre d'ouvriers?

**1061.** Quelqu'un a un volume de 588 pages à copier; il commence le 10 janvier : quel jour finira-t-il, s'il en copie régulièrement 12 pages par jour?

**1062.** Un commis, ayant commencé un registre le 8 mars, ne l'a terminé que le 6 avril, en écrivant chaque jour 7 pages, l'un dans l'autre : combien ce registre contient-il de pages?

**1063.** Dans une année entière, l'équipage d'un vaisseau a consommé 7 029 900 décagrammes de pain. Sachant que la ration journalière était de 60 décagrammes, trouver de combien d'hommes se composait l'équipage.

**1064.** Un voyageur a 497 kilomètres à parcourir : à quelle distance, après 17 jours de marche, sera-t-il du terme de son voyage, s'il fait chaque jour seulement 21 kilomètres?

**1065.** Une personne a 3 400 francs de rente; elle donne annuellement 254 francs aux pauvres, elle paye 329 francs de contributions, et 262 francs de loyer : combien peut-elle dépenser par jour?

**1066.** Une caisse de thé pesant 30 kilogrammes a coûté 600 fr ; la caisse vide pèse 5 kilog. : à combien revient le kilog. de thé?

**1067.** Combien aura-t-on de kilogr. de thé, à 18 francs et à 20 francs le kilog., pour une somme de 722 francs, si l'on prend autant de thé de la seconde qualité que de la première?

**1068.** Combien faut-il payer pour trois pièces d'étoffe contenant, la première 19 mètres à 20 francs le mètre, la seconde 21 mètres à 24 francs, et la troisième 23 mètres à 27 francs?

**1069.** On a payé 3 055 francs pour trois pièces de drap. Le mètre de la première pièce coûte 17 francs, et celui de la seconde 19 francs : trouver le prix du mètre de la troisième, sachant que la première pièce à 50 mètres de long, la seconde 44, et la troisième 62.

**1070.** Un négociant reçoit trois pièces de drap de qualités différentes. La première coûte 15 francs le mètre, la seconde 18 fr., et la troisième 21 francs La première a 31 mètres de long, et la seconde 29 : trouver la longueur de la troisième, sachant que les trois ensemble reviennent à 1554 francs.

**1071.** Un dissipateur, qui a hérité de 60 000 francs, dépense chaque année ses revenus, et 3000 francs de plus : après combien d'années n'aura-t-il plus que 15 000 francs?

**1072.** Deux courriers vont à la rencontre l'un de l'autre, en faisant par heure, le premier 9 kilomètres, et le second 11 : à quelles distances des points de départ aura lieu la rencontre, et après combien de temps, s'ils sont partis au même instant de points distants de 540 kilomètres l'un de l'autre?

**1073.** Deux courriers vont dans le même sens, et sont partis du même point. Le premier est parti à midi, et fait 9 kilomètres par heure; le second n'est parti qu'à trois heures, mais il fait 12 kilomètres à l'heure. Après combien d'heures, et à quelle distance du point de départ le premier courrier sera-t-il atteint par le second?

**1074.** Le produit de deux nombres est 28 251 ; il devient 27 090, lorsque le multiplicateur est diminué de 9 : quels sont ces deux nombres?

**1075.** Le produit de deux nombres est 39 483 ; et si l'on augmente le multiplicande de 8, le produit devient 42 051 : quels sont ces deux nombres?

**1076.** En 1862, Marseille comptait 2462 ans d'existence : quelle est l'année de la fondation de cette ville ?

**1077.** La Bretagne fut définitivement réunie à la France en 1532 : combien, à partir de 1862, faut-il attendre d'années pour qu'il y ait 500 ans depuis cet événement ?

**1078.** Le Canada appartint à la France depuis l'an 1534, époque de sa découverte par Jacques Cartier, jusqu'à l'année 1763, où il fut cédé aux Anglais. Pendant combien d'années le Canada a-t-il été sous la domination française ?

**1079.** En 1862, il y a 416 ans que l'imprimerie est connue : en quelle année a-t-elle été découverte ?

**1080.** La première Croisade eut lieu sous Philippe I, roi de France, l'an 1099 ; la seconde, sous Louis-le-Jeune, en 1146 ; la troisième, sous Philippe-Auguste, en 1189 ; la quatrième, aussi sous Philippe-Auguste, en 1203 ; la cinquième, sous saint Louis, en 1248 ; la sixième sous le même saint Louis, en 1270. Trouver l'intervalle de chacune de ces expéditions à la suivante, et le nombre d'années de la première à la sixième.

**1081.** L'Académie française fut instituée par le Cardinal de Richelieu en l'année 1634 : combien (en 1862) y a-t-il d'années depuis cette institution ?

**1082.** On compte en Europe environ 277 000 000 d'habitants, sur lesquels il y a 129 000 000 d'individus hétérodoxes (hérétiques), schismatiques, juifs, mahométans, païens) : quelle est la population catholique de l'Europe ?

**1083.** Clovis I, roi des Francs, reçut le baptême des mains de saint Rémi, évêque de Rheims, l'an 496 : depuis combien d'années (en 1862) la France est-elle la nation très-chrétienne ?

**1084.** L'illustre Pie IX est né à Sinigaglia le 13 mai 1792 ; il a été promu au cardinalat par Grégoire XVI, le 23 décembre 1839 ; il a été élu pape le 6 juin 1846. — A quel âge a-t-il été fait cardinal ? — Combien d'années s'est-il écoulé depuis sa promotion au cardinalat jusqu'à son élection comme successeur de Saint Pierre ? — Combien (en 1862) y a-t-il d'années qu'il gouverne comme chef de l'Église ?

**1085.** Monseigneur de la Motte de Broons et de Vauvert naquit 1782 ; il fut nommé à l'évêché de Vannes en 1827 ; il est mort en 1860. A quel âge fut-il nommé évêque ? — Combien d'années a-t-il occupé le siége de Vannes ? — A quel âge est il mort ?

**1086** Un institut fut fondé en 1816 : combien (en 1862) compte-t-il d'années d'existence ?

**1087.** Pie IX, à lui seul, a créé 12 diocèses en Angleterre, 5 en Hollande, un en Asie, un en Afrique, et 22 en Amérique, et de plus 11 vicariats apostoliques en Asie, 3 en Amérique, et une préfecture pour le Nord de l'Europe. Trouver le nombre total (en 1862) des circonscriptions ecclésiastiques de la création de l'illustre Pontife régnant.

**1088.** Quel est le quatrième jour de la semaine ?

**1089.** Quel est le neuvième mois de l'année ?

**1090.** Quel rang occupe le *jeudi* parmi les jours de la semaine ?

**1091.** Quel rang occupe le mois de *juin* parmi les mois de l'année ?

**1092.** Combien de jours sont compris entre le Lundi et le Samedi ?

**1093.** Quel est le 40e jour de l'année ?

**1094.** Quel rang occupe le 7 Mars parmi les jours de l'année ?

**1095.** Un homme charitable a distribué 10 fr. entre 12 pauvres ; si les parts ont été égales, chaque pauvre a-t-il eu plus, ou a-t-il eu moins d'un franc ? — Combien aurait-il dû distribuer pour donner un franc à chacun ?

**1096.** J'ai acheté 9 stères de chêne pour 74 francs : le stère me coûte-t-il plus, ou me coûte-t-il moins de 8 francs ?

**1097.** Un père a distribué également 20 oranges entre ses cinq enfants : chaque part a-t-elle été plus grande, ou a-t-elle été plus petite que quatre oranges ?

**1098.** J'avais 10 francs en me mettant au jeu, et maintenant j'en ai 8 : ai-je perdu ? — Ai-je gagné ? — Combien ?

**1099.** Louis se couche à 9 heures du soir et se lève à 5ʰ du matin : combien d'heures passe-t-il au lit ?

**1100.** Un particulier avait 20 francs dans sa bourse. Or, il en a donné 5 aux pauvres, et dépensé 7 : combien a-t-il maintenant ?

**1101.** Un enfant a 10 francs dans sa bourse : si chaque semaine il ajoute 2 francs à son avoir, combien aura-t-il au bout de sept semaines ?

**1102.** Une paysanne portant trois douzaines d'œufs au marché, en casse 5, en donne trois à un pauvre qu'elle rencontre, et en vend une demi-douzaine en chemin : combien en vend-elle au marché ?

**1103.** Un Maître distribuant des récompenses aux élèves de la première division, donne 4 bons points au premier, 3 au second, et 2 à chacun des autres. Or, il a distribué en tout 33 bons points : de combien d'élèves se compose sa première division ?

**1104.** Un robinet fournit 5 litres d'eau par minute, et un autre 9. Ayant été ouverts l'un et l'autre pendant un certain temps, ils ont rempli un vase contenant 224 litres. Trouver 1º combien de temps ils ont mis à remplir ce vase, et 2º combien chaque robinet a donné de litres ?

**1105.** Quel âge avait, il y a 15 ans, Notre Saint-Père le Pape, qui aura 80 ans dans 10 ans d'ici ? (Nous sommes en 1862).

**1106.** Depuis le 1ᵉʳ Janvier 1862, les lettres ne sont plus soumises à la surtaxe que passé 10 grammes. De combien de manières peut-on obtenir ce poids ou moyen des pièces de 2 francs, d'un franc et de 20 centimes, dont les poids respectifs sont 10 grammes, 5 grammes, et un gramme.

**1107.** Un particulier ayant une pièce de 50 francs, achète une boîte de mathématiques et une planchette, et on lui rend 32 francs. Trouver le prix de la planchette, sachant que la boîte lui coûte 12 francs.

**1108.** Je pense un nombre ; j'en prends le tiers, et du résultat ôtant 5, j'obtiens 7 : trouver le nombre pensé.

**1109.** J'ai 42 francs dans ma poche et mon frère 74 : combien doit-il me donner pour que nous ayons autant l'un que l'autre ?

**1110.** Un enfant avait 5 ans lorsqu'on le mit à l'école, qu'il ne quitta qu'à 13 ans. En supposant que la rétribution mensuelle fût de 3 francs, et que les fournitures classiques montassent à 2 fr., combien a coûté l'éducation de cet enfant, l'année scolaire n'étant que de 11 mois ?

**1111.** Un marchand a vendu 17 barriques de cidre et 28 barriques de vin pour 4888 francs ; dans une autre occasion il a vendu la même quantité de cidre, et 42 barriques de vin pour 7128 francs : trouver le prix de la barrique de cidre, et celui de la barrique de vin.

**1112.** Un omnibus fait deux tours à l'heure, depuis 8 heures du matin jusqu'à 9 heures du soir, transportant chaque fois 12 individus : combien transporte-t-il d'individus dans sa journée ?

**1113.** Partager 12 345 francs entre deux individus, de façon que le second ait 135 francs de plus que le premier.

**1114.** Le budget de la Marine pour 1861 donne les chiffres suivants : 2 amiraux, à 30 000 fr. ; 23 vice-amiraux, à 15 000 fr. ; 39 contre-amiraux, à 10 000 francs ; 60 capitaines de vaisseau de première classe, à 5000 fr. ; 60 capitaines de vaisseau de seconde classe, à 4500 francs ; 247 capitaines de frégate, à 3500 francs ; 368 lieutenants de vaisseau de première classe, à 2500 francs ; 405 lieutenants de vaisseau de seconde classe, à 2000 fr. ; 469 enseignes de vaisseau, à 1500 fr. ; 43 aspirants de première classe, à 1000 francs ; et 159 aspirants de seconde classe, à 600 francs. Trouver, d'après cela, combien on compte d'officiers de marine de tout grade en activité, et à combien monte le total de leurs traitements.

**1115.** Si pour 1 000 000 de francs, on entretient en France 1000 hommes armés, quelle est la dépense annuelle pour entretenir une armée de 600 000 hommes ?

**1116.** La partie entière du quotient de 301 989 par 213, augmentée du reste de la division, donne l'année de la naissance de Richelieu ; et la somme des deux nombres 437 et 384, multipliée par 2, donne celle de sa mort. Trouver l'année de la naissance et de la mort de Richelieu, ainsi que la durée de sa vie.

**1117.** La tour de Strasbourg a 142 mètres ou 14 200 centimètres de haut, et sa construction remonte à l'année 1310. Trouver 1° combien en 1862 elle compte d'années d'existence ; 2° combien l'escalier a de marches, si chacune est haute de 20 centimètres.

**1118.** Le pic le plus élevé de l'Himalaya a 8588 mètres de hauteur : trouver ce qu'est cette hauteur par rapport au rayon de la terre, duquel la longueur moyenne est d'environ 6 366 700 mètres.

**1119.** Le Morbihan, en 1856, comptait 473 932 habitants. Or, en 1858, le nombre des naissances y a été de 13 533, et celui des décès de 11 479 : de combien la population de ce département s'est-elle accrue dans l'année 1858 ? — Et, si elle augmente chaque année du même nombre d'individus, trouver 1° quelle sera cette population l'an 1900 ; 2° combien il faut attendre d'années, à partir de 1856, pour qu'elle atteigne le chiffre de 600 000 ; 3° en quelle année elle sera doublée.

**1120.** Le département de la Seine renferme 1 727 419 habitants répartis sur une surface de 475 kilomètres carrés ; celui des Basses-Alpes en contient 149 670 sur une surface de 6954 kilomètres carrés ; et la France entière, non compris les trois nouveaux départements (les Alpes-Maritimes, la Savoie, et la Haute-Savoie), contient une population de 36 039 364 habitants sur une surface de 530 279 kilomètres carrés. Trouver 1º la population de la Seine par kilomètre carré ; 2º celles des Basses-Alpes par kilomètre carré ; 3º quelle serait la population de la France, si nos 86 départements renfermaient par kilomètre carré la même population que dans la Seine, 4º quelle serait cette population, si chaque département ne renfermait par kilomètre carré qu'autant d'habitants qu'il y en a dans un kilomètre carré des Basses-Alpes ; et 5º la population de la France par kilomètre carré, en supposant que chaque kilomètre carré contienne le même nombre d'habitants.

**1121.** La Bretagne forme cinq départements : l'Ille-et-Vilaine, la Loire-Inférieure, le Morbihan, le Finistère et les Côtes-du-Nord. Or, en 1856, l'Ille-et-Vilaine renfermait 580898 habitants; la Loire-Inférieure en avait 555 996 ; le Morbihan , 473 932 ; le Finistère, 606 552 ; et les Côtes-du-Nord , 621 573. On sait d'ailleurs que la surface du premier de ces départements est de 6726 kilomètres carrés ; celle du second est de 6875 kilom. carrés ; celle du troisième, de 6798 ; celle du quatrième, de 6721 ; et celle du cinquième, de 6886. D'après ces données, trouver 1º la surface totale de la Bretagne ; 2º sa population totale en 1856 ; 3º la population de la Bretagne par kilomètre carré; 4º la population de chacun de ces départements par kilomètre carré ; 5º le moins peuplé des cinq, en raison de son étendue, puis sa différence de population , par kilomètre carré, avec chacun des quatre autres.

**1122.** Le recensement de 1861 , en ce qui concerne la ville et la commune de Nantes, a fourni les résultats suivants : 6500 maisons d'habitation, 28468 ménages domiciliés; 55390 individus du sexe masculin, 58 235 du sexe féminin ; — 113 000 habitants nés dans la Loire-Inférieure , ou originaires des départements français; 26 naturalisés français, 82 Anglais, 44 Américains , 109 Allemands, 49 Belges, 8 Hollandais, 70 Italiens, 59 Suisses, 95 Espagnols, 80 Polonais, 2 Suédois et 1 Russe; — 111275 Catholiques, 312 Protestants, 133 Juifs, et 1905 individus dont on n'a pu constater le culte.— Trouver 1º la population de la ville et de la commune de Nantes de trois manières différentes, par le sexe, par la nationalité, par la religion ; 2º le nombre d'habitants de chaque maison, si chacune en contient le même nombre ; 3º le nombre de personnes de chaque ménage , si tous les ménages comptent le même nombre d'individus.

**1123.** On se fait communément des grands nombres une idée tout à fait fausse. Pour s'en faire une idée plus juste, il suffit de *calculer combien il faut d'années de 365 jours, pour compter jusqu'à 1000 milliards, à un individu qui compterait 5 par seconde, et qui consacrerait par jour 12 heures à cette besogne,* et l'on demeurera étonné du résultat.

# CHAPITRE II. — Opérations fondamentales sur les Nombres décimaux.

## Leçon I. — Numération des Nombres décimaux.

**1124.** Comment mesurer une quantité moindre que l'unité ? — Quelle division de l'unité est la plus usitée ? — Pourquoi ?

**1125.** Qu'appelle-t-on *décimales?*

**1126.** Comment a-t-on formé les décimales ?

**1127.** Nommer les unités décimales du premier ordre ; — Nommer celles du second ordre, du troisième, du quatrième, du cinquième, du sixième, du septième, du huitième, du neuvième.

**1128.** Que suit-il de la formation des décimales ?

**1129.** Combien l'unité vaut-elle de dixièmes ? — Pourquoi ?

**1130.** Combien l'unité vaut-elle de centièmes?—Comment cela?

**1131.** Combien l'unité vaut-elle de millièmes?—Comment cela?

**1132.** Combien l'unité vaut-elle de dix-millièmes?—Comm. cela?

**1133.** Combien l'unité vaut-elle de cent-milliém.?—Comm. cela?

**1134.** Combien un dixième vaut-il de centièmes? — Pourquoi?

**1135.** Comb. un dixième vaut-il de millièmes? —Comm. cela?

**1136.** Comb. un dixième vaut-il de dix-mill.? — Comm. cela?

**1137.** Combien un centième vaut-il de millièmes? — de dix-millièmes? — de millionièmes? — Comment cela?

**1138.** Combien un millième vaut-il de cent-millièmes? — de millionièmes? — de cent-millionièmes? — Comment cela?

**1139.** Combien faut-il de cent-millièmes pour faire une unité? — pour faire un dixième? — pour faire un millième? — Comment cela?

**1140.** Combien faut-il de dix-millièmes pour faire un centième? — de millièmes pour faire un dixième? — de millionièmes pour faire un millième? — Comment cela?

**1141.** Où écrit-on les dixièmes? — les centièmes? — les millièmes? — les dix-millièmes? — les cent-millièmes?—Pourquoi?

**1142.** Quel signe désigne le chiffre des unités?

*Enoncer chiffre à chiffre les nombres des Exemples suivants.*

**1143.** 4,5... 5,67... 6,789... 0,23... 0,0987... 8,92034.

**1144.** 43,21... 0,5403... 0,01234... 234.609... 7,7832.

**1145.** 0,357... 1,2345... 2356,7... 0,08095... 0,1234567.

**1146.** 0,0405... 0,0050607... 9,000456... 7,800496005.

**1147.** 2,359... 8,67092... 0,987654321... 4,362407486.

**1148.** Ecrire en chiffres : neuf unités, cinq dixièmes, six centièmes, sept millièmes ;... quarante-neuf unités, un dixième, quatre centièmes, six millièmes, trois dix-millièmes;... neuf centièmes, huit dix-millièmes, cinq cent-millièmes, sept millionièmes.

**1149.** Ecrire en chiffres : huit dixièmes, neuf centièmes, sept dix-millièmes ;... trois unités, deux centièmes, un millième, six cent-millièmes ;... douze unités, sept dixièmes, huit millièmes, neuf millionièmes ;... deux centièmes, sept millièmes, cinq dix-millièmes, un cent-millième.

**1150.** Écrire en chiffres : sept centièmes, huit dix-millièmes ;... neuf dixièmes, deux millièmes, trois cent-millièmes ;... sept unités, six dixièmes, cinq centièmes, quatre dix-millièmes ;... quatre centièmes, neuf dix-millièmes, un millionième, six dix-millionièmes, sept billionièmes.

**1151.** Qu'appelle-t-on *chiffres décimaux* d'un nombre ? — Dire combien chacun des nombres suivants contient de décimales : 123,49... 8924,7... 4,12304... 0,457... 9,87065... 0,005678... 908.4021... 67,54321... 7,423776... 3,45697890245.

**1152.** Qu'appelle-t-on *nombre décimal?* — Parmi les nombres suivants, distinguer ceux qui sont décimaux : 97... 7,24... 0,123... 2345... 0,8... 9... 12356,7... 7,65432... 4,56... 456... 13,579... 13579.

**1153.** Comment *lire* un nombre décimal?

**1154.** Démontrer que 23,45 peut s'énoncer : 23 *unités* 45 *centièmes*.

**1155.** Démontrer que 4,567 peut s'énoncer : 4 *unités* 567 *millièmes*.

**1156.** Démontrer que 0,6789 peut s'énoncer : 6789 *dix-millièmes*.

**1157.** Démontrer que 3,07043 = 3 *unités* 7043 *cent-millièmes*.

**1158.** Démontrer que 0,290567 = 290 567 *millionièmes*.

*Lire les nombres des Exemples suivants en énonçant d'abord la partie entière, puis la partie décimale,* selon la Règle, Arith. Nº **93.**

**1159.** 8,24... 92,193... 129,7... 4,5634... 3,00734.

**1160.** 72,87... 78,27... 8,093... 2,90879... 0,1234567.

**1161.** 0,9... 0,987... 0,8791... 673,29337... 26,98076543.

**1162.** 7,356... 67,3... 4,5709... 0,9012... 7,102034567.

**1163.** 1247,3045... 0,209... 7,0084... 0,05047... 0,607402.

**1164.** 0,19... 4,3... 54,854... 0,18624... 7,3450793267.

**1165.** 365,24222... 1,7691... 3,5512... 7,1546... 16,6888.

**1166.** 6,049... 9,623... 15,35... 26,996... 0,000017.

**1167.** 7,44... 4,144... 107,694... 0,0997... 32.803456.

**1168.** 45,6708... 1,20345... 3,852764... 49.0456782013.

**1169.** Comment peut-on encore lire un nombre décimal?

**1170.** Démontrer que 3,45 peut s'énoncer : 345 *centièmes*.

**1171.** Démontrer que 8,976 peut s'énoncer : 8976 *millièmes*.

**1172.** Démontrer que 37,0457 peut s'énoncer : 370 457 *dix-mill.*

**1173.** Démontrer que 4,27754 = 427 754 *cent-millièmes*.

**1174.** Démontrer que 19,708345 = 19 708 345 *millionièmes*.

*Énoncer tout d'une fois chacun des nombres des Exemples suivants.*

**1175.** 9,8... 4,77... 3,043... 7,1236... 8,4964... 1,23456.

**1176.** 45,74... 3,556... 129,374... 492,89... 5,8903... 4956,3.

**1177.** 2,309... 78,4056... 8,70444... 783,07042... 12,345608.

**1178.** Démontrer que 237,84289 peut s'énoncer : 23 *dizaines* 78 *dixièmes* 42 *millièmes* 89 *cent-millièmes*.

**1179.** Démontrer que 29,780191 peut s'énoncer : 2978 *centièmes* 191 *millionièmes*.

**1180.** Démontrer que 6,7890 123 peut s'énoncer : 67 *dixièmes* 890 *dix-millièmes* 123 *dix-millionièmes*.

**1181.** Énoncer 421,987 en dizaines, dixièmes, millièmes.

**1182.** Énoncer 7,8534 en dixièmes, millièmes, dix-millièmes.

**1183.** Énoncer 0,708 457 en centièmes, dix-millièmes, millionièmes.

**1184.** Énoncer 953,45 879 en unités, millièmes, cent-millièmes.

**1185.** Énoncer 72,909 478 en centièmes, et millionièmes.

**1186.** Énoncer 3,456 789 412 en millièmes, millionièmes, billionièmes.

**1187.** Énoncer 3967,00 496 en centaines, centièmes, cent-mill.

**1188.** Énoncer 23 456,789 708 d'abord, chiffre à chiffre ; 2º en mille, dizaines, dixièmes, millièmes, millionièmes ; 3º en centaines, centièmes, millionièmes ; 4º en dizaines, dix-millièmes, millionièmes ; 5º en unités et millionièmes ; 6º en millionièmes.

**1189.** Comment *écrire* un nombre décimal ? — Que faire, quand la partie entière est nulle ? — Que faire, quand il manque un ou plusieurs ordres d'unités décimales ?

**1190.** Combien faut-il de chiffres, à partir de la virgule, pour représenter des centièmes ? — des dix-millièmes ? — des dixièmes ? — des cent-millièmes ? — des millièmes ? — des millionièmes ?

**1191.** Combien faut-il de décimales pour représenter des dix-millionièmes ? — des billionièmes ? — des cent-millionièmes ?

*Écrire en chiffres les nombres des Exemples suivants.*

**1192.** Huit unités 25 centièmes ;... 49 unités 52 millièmes ;... 5 unités 8 dixièmes 7 millièmes ;... 57 unités 23 dix-millièmes.

**1193.** Trois unités 2 centièmes ;... 123 unités 456 dix-millièmes ;... 70 unités 42 centièmes 63 cent-millièmes.

**1194.** Sept cents unités 800 millièmes 43 millionièmes ;... 724 cent-millièmes ;... 32 millièmes ;... 126 dixièmes 7 millièmes.

**1195.** Trente-trois centièmes ;... 52 unités 8041 dix-millièmes ;... 17 centièmes 18 cent-millièmes ;... 456 centièmes 7 dix-millièmes.

**1196.** Vingt-huit unités 624 dix-millièmes ;... 47 dixièmes ;... 5827 centièmes ;... 6873 millièmes ;... 6 unités 8 centièmes.

**1197.** Quarante-sept unités 59 centièmes ;... 93 unités 26 millièmes ;... 5 unités 109 millionièmes ;... 1234 567 millionièmes.

**1198.** Deux cents dixièmes 29 millièmes ;... 9 unités 234 millièmes ;... 437 unités 374 cent-millièmes ;... 2 unités 7 millièmes.

**1199.** Huit dixièmes 7 millièmes ;... 60 unités 50 centièmes 7 dix-millièmes ;... 7029 dix-millièmes ;... 3493 millièmes ;... 987 dixièmes.

**1200.** Six unités 3 centièmes ;... 7 unités 202 millièmes ;... 257 centièmes 5 millièmes ;... 333 millièmes 25 millionièmes ;... 78 003 millièmes.

**1201.** Trois mille deux cent cinq unités 4 centièmes ;... 68 centièmes 37 millionièmes ;... 77 unités 887 cent-millièmes ;... 92 093 dix-millièmes.

**1202.** Dix-sept unités 818 cent-millièmes ;... 73 unités 571 millionièmes ;... 775 unités 43 millièmes ;... 513 074 millionièmes.

**1203.** Quarante-cinq unités 6789 dix-millionièmes ;... 7329 millièmes 39 millionièmes ;... 43 millièmes 59 millionièmes 7 billionièmes.

1204. Démontrer qu'on ne change point la valeur d'une quantité décimale en ajoutant ou en supprimant des zéros à sa droite.

1205. Démontrer que 8,25 = 8,250 ; — que 5,67 = 5,6700.

1206. Démontrer que 0,4 = 0,4000 ; — que 9,5 = 9,500.

1207. Démontrer que 3,450 = 3,45 ; — que 0,1200 = 0,12.

1208. Démontrer que 0,987 000 = 0,987 ; — que 5,7200 = 5,72.

1209. Réduire en millièmes : 0,87... 3,4... 24,6... 0,47... 4,1.

1210. Réduire en dix-millièmes : 7,2... 8,09... 7,334... 0,8124.

1211. Réduire en cent-millièmes : 1,327... 2,46... 3,806... 4,7935.

1212. Exprimer en cent-millièmes : 69,47... 3,459... 0,9074... 0,24... 7,05... 8,9543... 8,01376... 0,4504... 0,903.

1213. Exprimer en millionièmes : 0,8792... 621,5... 37,23... 0,097... 6,7891... 23,25 696... 0,123 456 .. 6,8924.

*Donner la plus simple expression décimale des nombres des Exemples suivants.*

1214. 8,390... 7,200... 0,040... 0,59 000... 23,700.

1215. 0,1700... 92,79 000... 99,800... 4,56 780 000.

1216. 3,210... 1,2300... 0,3 405 000... 0,090... 1,500.

1217. 8,0700... 7,329... 4,59 000... 8,345... 74,4030.

1218. Comment rendre un nombre décimal 10 fois plus grand ? — Démontrer que 87,65 est 10 fois plus grand que 8,765.

1219. Comment rendre un nombre décimal 100 fois plus grand ? — Démontrer que 456,7 est 100 fois plus grand que 4,567.

1220. Comment rendre un nombre décimal 1000 fois plus grand ? — Démontrer que 567,8 est 1000 fois plus grand que 0,5678.

1221. Comment rendre un nombre décimal 10000 fois plus grand ? — Démontrer que 678,9 est 10 000 fois plus grand que 0,06 789.

1222. Comment rendre un nombre décimal 100 000 fois plus grand ? — Comment le rendre 1000 000 de fois plus grand ?

1223. Rendre 10 fois plus grand chacun des nombres : 42,17... 2,541... 0,237... 0,004... 0,0052... 99,8... 12,782... 807,4.

1224. Rendre 100 fois plus grand chacun des nombres : 5,123... 3,0594... 7,615... 0,4943... 0,005... 3,21... 9,780... 39,7931.

1225. Rendre 1000 fois plus grand chacun des nombres : 0,1234... 6,043... 36,450... 0,27... 0,007... 0,08... 3,76 532... 0,0498.

1226. Rendre 10 000 fois plus grand chacun des nombres : 1,29837... 0,0437... 76,34... 3,5000... 2,9712... 0,047152... 237,676.

1227. Rendre 100 000 fois plus grand chacun des nombres : 7,124689... 0,1923... 75,432167... 7,93100... 0,09... 0,5... 0,25... 0,003.

1228 Rendre 1000000 de fois plus grand chacun des nombres : 3,4567... 0,006789... 12,47... 0,0075... 5,417... 0,00924... 9,98.

1229. Comment rendre un nombre décimal 10 fois plus petit ? — Comment le rendre 100 fois plus petit ? — Démontrer que 9,123 est 10 fois plus petit que 91,23 ; et que 23,456 est 100 fois plus petit que 2345,6.

1230. Comment rendre un nombre décimal 1000 fois plus petit ? — Comment le rendre 10 000 fois plus petit ? — Démontrer que 0,45 607 est 1000 fois plus petit que 456,07 ; et 10 000 fois plus petit que 4560,7.

2*

**1231.** Rendre 10 fois plus petit chacun des nombres : 123,4...
43,2... 6,9... 896,7... 80,4... 781,23... 5,309... 27,8... 808,45.

**1232.** Rendre 100 fois plus petit chacun des nombres : 123,4...
6724.23... 8,12... 7,35... 0,26... 0,703... 193,4... 2356,8.

**1233.** Rendre 1000 fois plus petit chacun des nombres : 7814,5...
92,5... 3,77... 0,25... 0,0794... 9,8... 786,49... 8578,43.

**1234.** Rendre 10 000 fois plus petit chacun des nombres :
12 345,6... 3796,7... 876,3... 66 778,89... 24,68... 5,04... 0,236.

**1235.** Rendre 100 000 fois plus petit chacun des nombres :
987 654,3... 34,5... 634,21... 12,436... 7,4... 0,237... 0,007... 0,25.

**Récapitulation de la Numération des Nombres décimaux.**

**1236.** Quel rang occupe dans un nombre décimal le chiffre des
*millièmes ?* — celui des *cent-millièmes ?* — celui des *dix-millionièmes ?*

**1237.** Quelles unités décimales représente le chiffre 3, selon
qu'il est placé au 4e rang, ou au 6e, ou au 8e, à droite de la
virgule ?

**1238.** Les plus petites unités décimales d'un nombre occupent
le 5e rang à droite de la virgule : quelles sont-elles ?

**1239.** Rendre le nombre 9,43 mille fois plus grand.

**1240.** Rendre le nombre 7,23 cent fois plus petit.

**1241** De combien de rangs, et dans quel sens, faut-il déplacer
la virgule, pour rendre le nombre 91,2349 mille fois plus grand ?

**1242.** Si, dans le nombre 3,1234, on supprime la virgule, que
devient-il ?

**1243.** Quelles unités représentera le chiffre 3 dans 2,435, si
l'on rend ce nombre mille fois plus grand ?

**1244.** Si le nombre 2,458 est rendu 100 fois plus grand, quelles
unités représentera le chiffre 4 ?

**1245.** Combien de fois 123,456 est-il plus grand que 12,3456 ?

**1246.** Combien de fois 0,0409 est-il plus petit que 4,09 ?

**1247.** Combien de fois plus grand doit être 36,4579, pour que
le chiffre 5 représente des dizaines ?

**1248.** Combien de fois plus petit doit être 572,89, pour que le
chiffre 8 représente des millièmes ?

**1249.** Que deviendra le nombre 6,1245, si l'on avance la
virgule de trois rangs vers la gauche, et quelles unités représentera le chiffre 4 ?

**1250.** Dans un certain nombre, le chiffre 9 représente des millièmes ; que représentera-t-il, si l'on rend ce nombre 100 fois
plus petit ?

**1251.** Dans un certain nombre, le chiffre 3 occupe le 4e rang,
en allant de droite à gauche, à partir de la virgule : quelles unités
représentera-t-il, si on rend le nombre 1000 fois plus petit ?

**1252.** Le chiffre 7 occupe le 3e rang à gauche de la virgule :
quelles unités représentera-t-il, si on rend le nombre 100 fois
plus grand ?

**1253.** Dans un nombre, le chiffre 5 représente des mille : que
représentera-t-il, si ce nombre est rendu 1000 fois plus petit ?

**1254.** Combien une centaine vaut-elle de dixièmes ?—Combien une dizaine vaut-elle de millièmes ? — Comb. un dixième vaut-il de cent-millièmes ?—Comb. un millième vaut-il de millionièmes ?

**1255.** Quelle est l'unité 100 fois plus grande que le millionième ? — 1000 fois plus petite que la dizaine ? — 10 000 fois plus grande que le billionième ?

---

Leçon II. — **Addition et Soustraction des Nombres décimaux.**

**1256.** Comment fait-on l'*addition* des nombres décimaux ? — Pourquoi ?

**1257.** Comment fait-on la Preuve de l'addition des nombres décimaux ?

*Effectuer les additions indiquées suivantes.*

**1258.** $13,42 + 219,824 + 92,9 + 987,6534 + 0,12356.$

**1259.** $91,024 + 613,52 + 48,29 + 0,6734 + 8,5678 + 544.$

**1260.** $919,408 + 29,56 + 0,6091 + 512,009 + 7,64 + 0,97.$

**1261.** $413,002 + 629,509 + 48,123 + 0,91 + 251 + 8,7246.$

**1262.** $720,123 + 43,737 + 7,29 + 612,128 + 995 + 4,5678.$

**1263.** $0,429 + 0,008 + 0,59 + 47,9 + 673 + 123,6239.$

**1264.** $0,1234 + 0,9413 + 7,805 + 0,93 + 531 + 32,13 579.$

**1265.** $912,02 + 12 345,9 + 9615,004 + 43,57 + 1,291.$

**1266.** $4,17 + 8,13 + 63,12 + 48,61 + 217,59 + 819.9.$

**1267.** $0,7 + 0,4 + 3,5 + 2,07 + 0.69 + 2,091 + 0,987 + 9,004 + 13,04 + 0,083 + 11,48 + 19,02 + 3,073 + 1926 + 13,2813.$

**1268.** $1,90059 + 0,08704 + 0,071428 + 0,12345 + 4,838 + 51,9876 + 283,62 + 78,123 + 963 + 51,06 + 99,887 + 2374 + 23,576.$

**1269.** Ecrire deux fois 2,3457 et faire l'addition.

**1270.** Ecrire trois fois 24,234 et faire l'addition.

**1271.** Ecrire quatre fois 631,7 et faire l'addition.

**1272.** Ecrire cinq fois 9,1947 et faire l'addition.

**1273.** Ecrire six fois 27,8324 et faire l'addition.

**1274.** Ecrire sept fois 283,71 et faire l'addition.

**1275.** Ecrire huit fois 0,2891 et faire l'addition.

**1276.** Ecrire neuf fois 0,091 827 et faire l'addition.

**1277.** Ecrire dix fois 48,567 et faire l'addition.

**1278.** Ajouter ensemble 3 fois 56,424 et 4 fois 9.5375.

**1279.** Combien font 5 fois 0,12 345 et 6 fois 1,3579 ?

**1280.** Si l'on ajoute ensemble 2 fois $235,97 + 3$ fois $72,127 + 4$ fois $98,76 + 5$ fois 7,8904, combien obtiendra-t-on ?

**1281.** Un ménage a dépensé un jour pour 2 francs 40 centièmes de pain, pour 3f,50 de viande, pour 0f,35 de lait, pour 0f,85 de légumes, pour 1f,25 de boisson ; il a payé en outre 1f,10 pour diverses commissions. Trouver quelle a été ce jour-là sa dépense totale.

**1282.** J'ai acheté trois pièces de drap. La première contient 48 mètres 75 centièmes, et coûte 651 francs 30 centièmes ; la seconde contient 59m,25 et coûte 1128f,50 ; la troisième contient

72ᵐ,85 et coûte 861ᶠ,35. Combien ai-je en tout de mètres de drap,
et pour quelle somme ?

**1283.** De Paris à Orléans, par le chemin de fer, il y a 121 kilomètres ; d'Orléans à Tours, il y a 113 kilomètres , et de Tours à
Nantes , 193. Or, le prix des places de deuxième classe est de
10ᶠ,15 pour la première distance ; il est de 9ᶠ,50 pour la seconde,
et de 16ᶠ,20 pour la troisième. Trouver à combien s'élèvent les
frais de voyage de Paris à Nantes, pour quelqu'un qui prend une
place de seconde classe , s'il emploie 3ᶠ,75 en d'autres menues
dépenses — Trouver aussi la distance qu'il parcourt.

**1284.** Comment fait-on la *soustraction* des nombres décimaux ?
Pourquoi ?

**1285.** Comment se fait la Preuve de la soustraction des
nombres décimaux ?

*Effectuer les soustractions indiquées suivantes.*

**1286.** 9438,7 — 6193,5... 643,4 — 189... 5,348 — 2,13.
**1287.** 12 345,67 — 9815,64... 97,23 — 8,133... 254 — 123,45.
**1288.** 7827,59 — 6149,6... 4139,71 — 1954... 61 213 — 4679,28.
**1289.** 3139,2 — 897,34... 48124,248 — 12345,615... 9 — 6,7891.
**1290.** 56 287,279 — 12 487,95... 1234 567,890 — 98 765,613.
**1291.** 46 237,619 — 27 634... 68 384,26 — 34 515,619.
**1292.** 27 215,7 — 12 628,485... 41 837 — 19 827,412 345.
**1293.** 1128,4567 — 987,6214... 64 239,1249 — 8179,243.
**1294.** 234,567 — 123,45 — 12,345 — 1,2345 — 0,123 456.
**1295.** 18 — 11,56 437 — 2,4 + 9,037 — 4,567 — 2,0456 + 9,52.
**1296.** 129 — 97,875 — 19,5 + 34 — 18,6954 + 27,33 — 24,997.
**1297.** 487,5 — (83.35 + 124,257 — 79,248 — 50,4956).
**1298.** 17,4 + 29,227 — (8,5589 + 17,134 — 15.374 — 0,98 732).
**1299.** 1896,56 — 224,837 + 72,2763 — (337,2934 + 91,606).
**1300.** De 3963,97 ôtez trois fois 1247,893.
**1301.** De trois fois 457, ôter cinq fois 63,2732.
**1302.** De six fois 6633,99 + sept fois 55,473 , ôter cinq fois
3031.90 + sept fois 46,1234 + deux fois 125,784.
**1303.** Une marchandise qui coûtait 1234ᶠ,56 , a été revendue
1352ᶠ,50 : combien a-t-on gagné ?
**1304.** Un commerçant gagne annuellement 12317ᶠ,50, et dépense
9873ᶠ,60 : combien économise-t-il chaque année ?
**1305.** Dans une réunion où se trouvaient des hommes , des
femmes et des enfants , il a été dépensé 148ᶠ,35. Sachant que les
femmes ont dépensé 43ᶠ,50, et les enfants 31ᶠ,75, trouver la
dépense des hommes.
**1306.** Dans un champ qui contenait 123 ares 50 centièmes , on
a bâti une maison qui occupe 4ᵃ,30 ; puis on a pris 7ᵃ,60 pour
une cour ; le reste du champ sera converti en jardin. Trouver la
contenance du jardin.

---

## Leçon III. — Multiplication des Nombres décimaux.

**1307.** Comment fait-on la multiplication des nombres décimaux ?

**1308.** Démontrer que multiplier 3,47 par 28, revient à multiplier 347 par 28, et à séparer *deux* décimales sur la droite du produit.

**1309.** Démontrer que multiplier 9,452 par 2,8, revient à multiplier 9452 par 28, et à séparer *quatre* décimales sur la droite du produit.

**1310.** Quel est le produit de 62,3 par 9 ? — Pourquoi ?

**1311.** Quel est le produit de 53,24 par 6,7 ? — Pourquoi ?

**1312.** Quel est le produit de 123,456 par 0 0004 ? — Pourquoi ?

**1313.** Comment faire la preuve de la multiplication des nombres décimaux ?

*Effectuer les multiplications indiquées suivantes.*

**1314.** $28,7 \times 5$... $19,27 \times 18$... $419,2 \times 85,8$... $5,6 \times 29,73$.

**1315.** $624,25 \times 248$... $94 \times 3,7$... $1924 \times 0,58$... $0,49 \times 8,17$.

**1316.** $0,287 \times 14$... $86 \times 0,073$... $0,87 \times 6,37$... $9,27 \times 0,43$.

**1317.** $0,0628 \times 5287$... $928 \times 14,7$... $619,425 \times 123,87$.

**1318.** $837 \times 0,009$... $9215 \times 0,317$... $93,624 \times 12,517$.

**1319.** $6238,03 \times 9,8075$... $6784,258 \times 34,7$... $12,49 \times 0,453$.

**1320.** $57,24 \times 0,0073$... $51,028 \times 9,3024$... $0,98 \times 0,76 \times 102$.

**1321.** $0,0918 \times 0,0052$... $9,24 \times 0,09237$... $8,4512 \times 100\ 000$.

**1322.** $4,671 \times 52,74 \times 63,92$... $4,73^3$... $1,05^2 \times 895,30$.

**1323. 1324.**    $1,04^5 \times 2345,67$      $1,045^3 \times 678,20$.

**1325. 1326.**    $1,03^6 \times 12\ 000$      $1,035^4 \times 128\ 000$.

**1327.** Un ouvrier gagne 2f,50 par jour : combien gagne-t-il par semaine ? (En bon chrétien, il ne travaille pas le Dimanche.)

**1328.** Combien coûte une douzaine de boîtes de plumes métalliques, à 0f,75 la boîte ?

**1329.** Quelle est la valeur d'une pièce de vin de 230 litres, à 0f,58 le litre ?

**1330.** Un petit terrain contenant 336 mètres carrés est acheté à 2f,34 le mètre carré : combien faut-il payer ?

**1331.** J'ai acheté 12 mètres de drap, à 13f,40 le mètre ; 23 mèt. de toile, à 2f,35, et 18 mètres de coton, à 1f,43 : combien dois-je revendre le tout, pour gagner 41f,20 ?

---

### Leçon IV. — Division des Nombres décimaux.

**1332.** Que devient le quotient, lorsqu'on multiplie le dividende par un nombre entier, sans changer le diviseur ? — Démontrer le principe, lorsqu'on multiplie le dividende par 4 ; puis vérifier, en effectuant les deux divisions $\dfrac{5913}{219}$, et $\dfrac{5913.4}{219}$.

**1333.** Que devient le quotient, lorsqu'on divise le dividende par un nombre entier, sans changer le diviseur ? — Démontrer, lorsqu'on divise le dividende par 5 ; puis vérifier, en effectuant les deux divisions $\dfrac{5250}{42}$, et $\dfrac{5250:5}{42}$.

**1334.** Que devient le quotient, lorsqu'on multiplie le diviseur par un nombre entier, sans changer le dividende ? — Démontrer, lorsqu'on multiplie le diviseur par 3 ; puis vérifier, en effectuant les divisions $\dfrac{17\,496}{648}$, et $\dfrac{17\,496}{648\cdot3}$.

**1335.** Que devient le quotient, lorsqu'on divise le diviseur par un nombre entier, sans changer le dividende ? — Démontrer, lorsqu'on divise le diviseur par 2 ; puis vérifier, en effectuant les divisions $\dfrac{29\,184}{64}$, et $\dfrac{29\,184}{64:2}$.

**1336.** Que devient le quotient, lorsqu'on multiplie le dividende et le diviseur par le même nombre ? — Démontrer, lorsqu'on multiplie le dividende et le diviseur par 8 ; puis vérifier, en effectuant les divisions $\dfrac{2921}{23}$, et $\dfrac{2921\cdot8}{23\cdot8}$.

**1337.** Que devient le quotient, lorsqu'on divise le dividende et le diviseur par un même nombre entier ? — Démontrer, lorsqu'on divise le dividende et le diviseur par 9 ; puis vérifier, en effectuant les divisions $\dfrac{532980}{423}$, et $\dfrac{532980:9}{423:9}$.

**1338.** Comment diviser un nombre entier par 10 ? — par 100 ? — par 1000 ? — par 10 000 ? — par 100 000 ?

**1339.** Démontrer que $\dfrac{123}{10} = 12{,}3$ ; — que $\dfrac{872}{100} = 8{,}72$.

**1340.** Démontrer que $\dfrac{8047}{1000} = 8{,}047$ ; — que $\dfrac{1234}{100000} = 0{,}01234$.

*Trouver, sans calcul, les quotients des divisions indiquées suivantes.*

**1341.** $\dfrac{234}{10}$, $\dfrac{68\,791}{100}$, $\dfrac{4567}{1000}$, $\dfrac{5698}{10\,000}$, $\dfrac{6913}{100\,000}$.

**1342.** $\dfrac{78}{10}$, $\dfrac{987}{1000}$, $\dfrac{3698}{100}$, $\dfrac{7788}{1000}$, $\dfrac{232\,526}{1\,000\,000}$.

**1343.** $\dfrac{12\,345}{100}$, $\dfrac{5643}{1000}$, $\dfrac{33\,445}{10\,000}$, $\dfrac{25}{1000}$, $\dfrac{56\,319}{1000}$.

**1344.** Combien peut-on distinguer de cas dans la division des nombres décimaux ? — Quels sont-ils ?

**1345.** Comment faire la division, si le quotient ne doit contenir aucune décimale ? — Pourquoi ?

**1346.** Comment diviser 12 345,67 par 89,1234, si l'on ne veut aucune décimale au quotient ? — Pourquoi ?

**1347.** Comment diviser 2345,789 par 4,32, si l'on ne veut aucune décimale au quotient ? — Pourquoi ?

**1348.** Comment diviser 34 567 189 par 578 123, si l'on ne veut aucune décimale au quotient ? — Pourquoi ?

*Calculer, sans aucune décimale, les quotients indiqués suivants.*

**1349.** $\dfrac{4235,5}{98,5}$, $\dfrac{26226,18}{971,34}$, $\dfrac{79447,555}{128,345}$, $\dfrac{937,5621}{8,79}$.

**1350.** $\dfrac{263,84}{27,2}$, $\dfrac{1505,871}{61,97}$, $\dfrac{9717,39}{84}$, $\dfrac{612719}{48,453}$, $\dfrac{12345}{2,345}$.

**1351.** $\dfrac{4,623}{0,17}$, $\dfrac{0,4917}{0,0082}$, $\dfrac{9,12658}{6,059}$, $\dfrac{40987}{29,3}$, $\dfrac{7893,57}{35}$.

**1352.** $\dfrac{4,058}{0,71}$, $\dfrac{490}{7,81}$, $\dfrac{6668,35}{12,345}$, $\dfrac{778,97}{2,39}$, $\dfrac{99999,73}{125}$.

**1353.** $\dfrac{8004,27}{63,19}$, $\dfrac{7676,83}{12,435}$, $\dfrac{654654}{223,91}$, $\dfrac{789789,33}{5432}$, $\dfrac{0,98765}{0,01234}$.

**1354.** Comment calculer au quotient un certain nombre de décimales?

**1355.** Trouver, avec *deux* décimales, le quotient de 352,22 par 7.2, et démontrer l'exactitude du procédé.

**1356.** Trouver, avec *quatre* décimales, le quotient de 68 425,5 par 7500, et démontrer l'exactitude du procédé.

**1357.** Trouver, avec *trois* décimales, le quotient de 632,129 775 par 97,8, et démontrer l'exactitude du procédé.

**1358.** Trouver, avec *cinq* décimales, le quotient de 456 par 789, et démontrer l'exactitude du procédé.

*Calculer les quotients indiqués suivants.*

**1359.** Avec *deux* décimales : $\dfrac{4927,5}{9,8}$, $\dfrac{450}{7,23}$, $\dfrac{374,93}{234}$, $\dfrac{497}{121}$.

**1360.** Avec *une* décimale : $\dfrac{8423,4}{92,5}$, $\dfrac{8913}{42}$, $\dfrac{56,789}{8}$, $\dfrac{1496,37}{2,345}$.

**1361.** Avec *trois* décimales : $\dfrac{78,921}{42,17}$, $\dfrac{0,873}{1,045}$, $\dfrac{3,6789}{64}$, $\dfrac{752}{98,14}$.

**1362.** Avec *quatre* décimales : $\dfrac{486}{684}$, $\dfrac{90,572}{134,9}$, $\dfrac{7932,56782145}{5678,23}$.

**1363.** Avec *cinq* décimales : $\dfrac{67,345}{236,8}$, $\dfrac{337,93}{6527}$, $\dfrac{1797}{32}$, $\dfrac{7}{6,789}$.

**1364.** Avec *six* décimales : $\dfrac{12345}{54321}$, $\dfrac{49,873}{593,8}$, $\dfrac{0,4598}{0,0763}$, $\dfrac{569,65432}{387,6357}$.

**1365.** Avec *cinq* décim. : $\dfrac{1000}{309}$, $\dfrac{1,246894}{24}$, $\dfrac{36,524}{9,23}$, $\dfrac{0,459321}{0,1296}$.

**1366.** Avec *quatre* décim. : $\dfrac{83,45}{252,1}$, $\dfrac{372,145}{909}$, $\dfrac{2,753456}{8,7}$, $\dfrac{80}{27}$.

**1367.** Avec *trois* décimales : $\dfrac{9817}{634,27}$, $\dfrac{5047,26}{7733}$, $\dfrac{44,33}{1,98765}$, $\dfrac{101}{1,04}$.

**1368.** Avec *deux* décim. : $\dfrac{1000}{8,73}$, $\dfrac{1456,78}{1,45678}$, $\dfrac{3,0456}{304,56}$, $\dfrac{7788}{1297}$.

**1369.** Combien aura-t-on de douzaines d'œufs pour 9f,75, à 0f,75 la douzaine ?

**1370.** Combien aura-t-on de mètres d'étoffe pour 123f,40, à 6f,17 le mètre ?

**1371.** On a fait faire 51 mètres d'ouvrage pour 345f,24 : trouver, à moins d'un centième de franc, à combien revient le mètre ?

**1372.** Quatre ouvriers, en 3 jours, ont gagné 18 fr. : trouver, en francs et centièmes, le prix de la journée.

**1373.** J'ai acheté 875 litres de vin pour 462 francs : combien, en francs et centièmes, dois-je revendre le litre en détail, pour gagner 115 fr. 50 ?

**1374.** Quel est en francs et centièmes, le prix du kilogramme de beurre, lorsque 12 kilogrammes valent 30 francs ?

**1375.** A 18 fr. 50 le mètre de drap, combien en aura-t-on de mètres pour 728 francs ?

**1376.** Douze héritiers ont à se partager une terre contenant 17 hectares 60 centièmes : quelle sera la part de chacun, à moins d'un 10 000e d'hectare ?

---

## Leçon V. — Opérations abrégées.

**1377.** Quand est-ce qu'un résultat quelconque est dit à moins d'une unité près ? — d'un dixième près ? — d'un centième près ?

**1378.** Soit le nombre 264,75357 : quelle est sa valeur, en plus et en moins, à moins d'une unité près ? — d'un dixième ? — d'un centième ? — d'un millième ? — d'un dix-millième ?

**1379.** Dire la valeur, en plus et en moins, du nombre 5671,0475, à moins d'une centaine près, — d'une dizaine, — d'une unité, — d'un dixième, — d'un centième, — d'un millième.

**1380** Quand est-ce que la valeur est dite à moins d'une *demi*-unité ? — d'un *demi*-dixième ? — d'un *demi*-centième ?...

**1381.** Soit le nombre 5,612547 : quelle est sa valeur à moins d'une demi-unité ? — d'un demi-dixième ? — d'un demi-centième ? — d'un demi-millième ? — d'un demi-dix-millième ? — d'un demi-cent-millième ?

**1382.** Donner la valeur de 24680,1357, à moins d'un demi-mille, — d'une demi-centaine, — d'une demi-dizaine, — d'une demi-unité, — d'un demi-dixième, — d'un demi-centième, — d'un demi-millième.

**1383.** Quand est-ce que l'on peut abréger les opérations ?

**1384.** Comment faire l'ADDITION ABRÉGÉE ?

*Calculer les sommes indiquées suivantes.*

**1385.** A moins d'une unité près : 123,9 + 48,97 + 5,761 + 9872 + 97,5 + 9129,568 + 73,48 + 919,25 + 12,3456 + 7,02135.

**1386.** A moins d'un dixième près : 918,29 + 45,672 + 9,7 + 1234,519 + 0,717 + 6,4972 + 80,6971 + 0,0091 + 22,445567.

**1387.** A moins d'un centième près : 436,2 + 91,71 + 619,615 + 4.9127 + 7,3438 + 91,6234 + 48,7279 + 0,37734 + 2.68045.

**1388.** A moins d'un millième près : 0,438 + 9,1 + 42,8736 + 0,071295 + 6,06182 + 48,71295 + 444,248 + 6.78904 + 1,29387.

**1389.** A moins d'un dix-millième : 1,234 + 2,0345 + 0,04598 + 0,0098 765 + 3,7900 456 + 0,0 721277 + 24,390 + 8,52 727 272 + 0.006 667.

**1390.** A moins d'un centième : 5,7924 + 0,06782 + 6,721 + 4,3279 + 75,2976 + 9,9087 + 0,334455 + 0,99112 + 27,714345 + 8,706512.

**1391.** A moins d'une centaine : 423 + 6295 + 54,35 + 8509 + 293,75 + 78,7 + 5,998 + 152,24 + 9800 + 5703 + 496,25 + 774,953.

**1392.** A moins d'une dizaine : 123,45 + 234,5 + 34,567 + 4,576 + 0.934 + 712,40 + 5230 + 326,7 + 7,623 + 4,69 + 7534,89.

**1393.** Comment faire la SOUSTRACTION ABRÉGÉE?

*Calculer les restes indiqués suivants.*

**1394.** A moins d'une unité : 438 — 19,791... 129,63 — 64,396.

**1395.** A moins d'un dixième : 912,7 — 53,453... 73,43 — 54,781.

**1396.** A moins d'un centième : 61,7486 — 9,124... 4,123 — 2,5767.

**1397.** A moins d'un millième : 4,15486 — 0,6963... 8,4 — 6,34503.

**1398.** A moins d'un dix-millième : 12,34 — 8,567891... 8,763452 — 5,437... 1,94 — 1,237957... 87,46732 — 75,7677785.

**1399.** A moins d'une unité : 630 — 443,79... 5697,294 — 98,124.

**1400.** A moins d'une dizaine : 673 — 532,50... 8873,4 — 7129.

**1401.** A moins d'une centaine : 12345 — 4321... 6000 — 4523,593.

**1402.** Comment faire la MULTIPLICATION ABRÉGÉE?

**1403.** Quel facteur doit-on prendre pour multiplicande? — Quelle observation faut-il faire à ce sujet? — Comment faire la preuve de la multiplication abrégée?

**1404.** *Trouver,* par la multiplication abrégée, *le produit de* 137,58716 *par* 72,123257, *à moins d'*UN CENTIÈME *près*; et démontrer ensuite qu'*en suivant la Règle,* 1° chaque produit partiel donne des unités de même ordre; 2° que l'erreur totale produite par la suppression de plusieurs chiffres dans les facteurs, est moindre qu'un *centième.*

**1405.** *Trouver, à moins d'*UNE UNITÉ *près, le produit de* 453,04579 *par* 12,4578; puis démontrer 1° que le premier chiffre de chaque produit exprime des unités de même ordre; 2° que l'erreur totale qui résulte de la suppression de plusieurs chiffres, est moindre qu'une *unité.*

*Calculer les produits indiqués suivants.*

**1406.** A moins d'une unité près    4837,6741 × 217,56789.

**1407.** A moins d'un dixième    69,282495 × 7,18456.

**1408.** A moins d'un centième    871,438765 × 4,12876.

**1409.** A moins d'un millième    987,62452 × 0,0128415.

**1410.** A moins d'un dix-millième    23,456789 × 1,9327504.

**1411.** A moins d'un cent-millième    4,565678 × 3,9629627.

**1412.** A moins d'un millionième    $7,6335224 \times 0,05798219$.
**1413.** A moins d'une dizaine    $337,89733 \times 123,672045$.
**1414.** A moins d'une centaine    $4385,712456 \times 48,7127$.
**1415.** A moins d'un mille    $9872,37564 \times 3432,6734$.
**1416.** A moins d'une unité    $7788,33 \times 52,755443$.
**1417.** A moins d'un dixième    $893,56012 \times 67,1248$.
**1418.** A moins d'un centième    $705,8093 \times 2,670034$.
**1419.** A moins d'une unité $14,0879 \times 19,60732 \times 2641,9278$ (a).
**1420.** A moins d'un centième $49,27824 \times 237,0775 \times 0,007582$.
**1421.** A moins d'une dizaine $6687,39 \times 932,7096 \times 2,704593$.
**1422.** A moins d'un dix-millième près    $1,05^6$ (b).
**1423.** A moins d'un millionième près    $1,045^{10}$ (c).

**1424.** Comment faire la DIVISION ABRÉGÉE, lorsqu'on veut le quotient de deux nombres entiers, à moins d'une unité près ?

**1425.** Comment doit-on considérer la partie barrée au diviseur, et comment doit-on la traiter ?

**1426.** Comment faire si le reste de la division par le diviseur proposé est plus petit que n'est le diviseur après qu'on a barré son premier chiffre ?

**1427.** Comment faire, si, au commencement de l'opération, après la suppression des chiffres dans le dividende, il arrive que la partie restante ne contienne pas le diviseur ?

**1428.** Calculer, par la division abrégée, et à moins d'une unité, le quotient de 624 737 879 par 58 296, et prouver que le résultat obtenu n'est pas fautif d'une unité ?

**1429.** Calculer de même le quotient de 432 100 967 par 63 498, puis démontrer l'exactitude du résultat ?

*Calculer, par la* DIVISION ABRÉGÉE, *et à moins d*'UNE UNITÉ *près, les quotients indiqués suivants.*

**1430.** $\dfrac{123456789}{98765}$,   $\dfrac{987654321}{12345}$,   $\dfrac{1928367452}{48765}$,   $\dfrac{637159832}{517600}$

**1431.** $\dfrac{278123619}{278123}$,   $\dfrac{416721836}{47124}$,   $\dfrac{271829451}{36238}$,   $\dfrac{6151841572}{6789234}$

**1432.** $\dfrac{486715123}{172437}$,   $\dfrac{27161254}{43651}$,   $\dfrac{4564560000}{246874}$,   $\dfrac{12312312345}{496000}$

---

(a) A cause du troisième facteur 2641,9278, il faudra prendre dans le multiplicande 5 décimales de plus que n'en prescrit la Règle, savoir : 2, pour la seconde multiplication, et 3 pour les 5 chiffres qui, dans le troisième facteur, sont *à gauche* du chiffre des unités. Il faudra donc prendre en tout $2 + 5$, ou 7 décimales, c'est-à-dire qu'il faudra écrire le chiffre des unités du premier multiplicateur sous la 7e décimale du multiplicande......

(b) Former la 3e puissance, sans abréviation, et la multiplier par elle-même, en abrégeant.

(c) Former la 3e puissance sans abréviation ; la multiplier par la 2e, en abrégeant, et posant le chiffre des unités du multiplicateur sous la 10e décimale du multiplicande, ce qui donne la 5e puissance, avec 8 décimales ; enfin, multiplier la 5e puissance par elle-même, en abrégeant.

**1433.** $\dfrac{527527527}{7256}$, $\dfrac{6969694440}{334455}$, $\dfrac{9998887776}{543543}$, $\dfrac{2223334445}{762700}$.

**1434.** $\dfrac{30467247}{12345}$, $\dfrac{66655533247}{249532}$, $\dfrac{6934693469}{994456}$, $\dfrac{3571234469}{2345670}$.

**1435.** $\dfrac{9000000000}{246956}$, $\dfrac{897000000}{1004567}$, $\dfrac{746746746}{324000}$, $\dfrac{528528528}{470000}$.

**1436.** La division abrégée peut-elle s'appliquer à la division des nombres décimaux ? — Comment ?

*Calculer, par la* DIVISION ABRÉGÉE, *les quotients indiqués suivants.*

**1437.** A m. d'un 1000e : $\dfrac{438672}{879}$, $\dfrac{234,567}{8,5632}$, $\dfrac{123456,789}{5678,23}$.

**1438.** A m. d'un 100e : $\dfrac{619,27}{2,43}$, $\dfrac{6,40375}{0,9874}$, $\dfrac{987,65432167}{54,3216}$.

**1439.** A m. d'une unité : $\dfrac{619,23}{4,87653}$, $\dfrac{3,1415926}{0,002347}$, $\dfrac{378476,259}{4509}$.

**1440.** A m. d'un 10e : $\dfrac{4382,7}{23,87}$, $\dfrac{777,83}{6,797}$, $\dfrac{45639200}{8793,47}$.

**1441.** A m. d'un 10 000e : $\dfrac{785,482}{96,7512}$, $\dfrac{453}{2,356}$, $\dfrac{9258,37}{828,215}$.

**1442.** A m. d'un 1000e : $\dfrac{2148,61323}{974,81}$, $\dfrac{223,45456789}{9,0541}$.

**1443.** A moins d'une unité : $\dfrac{98,2345}{0,07658}$, $\dfrac{60000}{3,1415926}$.

**1444.** A moins d'un centième : $\dfrac{6272,49 \times 343,5427}{2523,877}$ $(a)$.

**1445.** A m. d'un 1000e : $\dfrac{7809 \times 54,32}{61,45}$, $\dfrac{98,732 \times 6,185}{7,30456}$.

**1446.** A m. d'un 10e : $\dfrac{2359,25 \times 47,924}{72,5296}$, $\dfrac{83004 \times 749,38}{79032,874}$.

**1447.** A m. d'une unité : $\dfrac{34568 \times 34008}{67983,12345}$, $\dfrac{9378,6 \times 6,8739}{33,44556}$.

---

$(a)$ Le diviseur a 3 décimales, et le quotient devant en avoir 2, il faut que le dividende en ait 3 + 2, ou 5 ; mais, comme on divisera par 2523877, nombre de 7 chiffres, on pourra en supprimer 6 sur la droite du dividende. On supprimera donc d'abord les 5 décimales, et ensuite le chiffre des unités : ainsi, il suffit de trouver le produit de 6272,49 par 343,5427, à moins d'*une dizaine*.

**1448.** Quand est-ce que l'on peut faire usage de la division abrégée ?

**1449.** Comment faire la preuve de la division abrégée ?

**1450.** Faire, avec leurs preuves, les deux divisions indiquées suivantes : $\dfrac{47123,481}{517,28}$, à moins d'un 100e ; et $\dfrac{619237,1234}{9,87345}$, à moins d'une unité.

# CHAPITRE III. — Système métrique. — Applications.

## Leçon I. — Préliminaires.

**1451.** Qu'est-ce que mesurer une quantité ?

**1452.** Toute quantité se compare-t-elle immédiatement à son unité de mesure ? — Comment s'obtient le nombre d'unités contenues dans les quantités de cette espèce ? — Citer des exemples de quantités qui se trouvent dans ce cas.

**1453.** Avec quelle quantité se mesure une quantité ? — Avec quoi se mesure une longueur ? — une surface ? — un volume ? — une capacité ? — le poids d'un objet ? — le prix d'une chose ? — le temps écoulé entre un instant donné et un autre ?

**1454.** Une seule unité suffirait-elle pour mesurer toutes les quantités ? — Qu'est-ce qu'un *système métrique* ?

**1455.** Combien notre système métrique a-t-il d'unités principales, et quelles sont-elles ?

**1456.** Les unités principales suffisent-elles pour mesurer *commodément* toutes les quantités ? — Pourquoi ?

**1457.** Qu'appelle-t-on, en général, *multiple* et *sous-multiple* d'une unité quelconque ? — Quels autres noms portent les multiples et les sous-multiples ?

**1458.** Quelle multiplication, quelle division a-t-on adoptée ? — Pourquoi ? — Comment a-t-on formé les noms des multiples ? — Comment, ceux des sous-multiples ?

**1459.** Qu'est-ce qu'un myriamètre ? — un hectogramme ? — un kilolitre ? — un décastère ? — Comment le savez-vous ?

**1460.** Qu'est-ce qu'un décalitre ? — un hectomètre ? — un kilogramme ? — un myriagramme ? — Comment cela ?

**1461.** Qu'est-ce qu'un kilomètre ? — un hectolitre ? — un décagramme ? — un décistère ? — Comment le savez-vous ?

**1462.** Qu'est-ce qu'un décamètre ? — un centimètre ? — un milligramme ? — un centilitre ? — Comment le savez-vous ?

**1463.** Qu'est-ce qu'un décilitre ? — un centistère ? — un millimètre ? — un centigramme ? — Comment le savez-vous ?

**1464.** Énoncer 183 259,417 en myria, kilo, hecto, déca, unités, déci, centi, milli ; 2° en hecto, déca, centi, milli ; 3° en myria, hecto, unités, déci, milli ; 4° en kilo, unités, milli ; 5° en milli.

**1465.** Énoncer 64 321,758 en kilo, unités, milli ; 2° en myria, hecto, déci, milli ; 3° en hecto, unités, milli ; 4° en milli.

**1466.** Énoncer 9876,543 en kilo, déca, déci, milli ; 2° en hecto, unités, milli ; 3° en déca, déci, milli ; 4° en milli.

**1467.** Énoncer 123 456,789 en kilo, unités, milli ; 2° en myria, hecto, milli ; 3° en kilo, déca, déci, milli ; 4° en unités et milli.

**1468.** Énoncer 91827,364 en unités et milli ; 2° en kilo, déca, centi, milli ; 3° en myria, kilo, unités, milli ; 4° en déca et milli.

**1469.** Écrire en un seul nombre 68 kilo, 37 déca, 8 unités.

**1470.** Écrire de même 49 hecto, 7 unités, 47 milli.

**1471.** Écrire 31 myria, 8 hecto, 6 déci, 9 centi, 3 milli.

**1472.** Écrire 630 kilo, 83 déca, 29 déci, 5 centi, 6 milli.

**1473.** Écrire 24 myria, 32 hecto, 45 déci, 7 milli, en prenant pour unité 1° le kilo ; 2° le déca ; 3° le centi ; 4° le milli.

**1474.** Écrire 123 kilo, 45 déci, 3 milli, en prenant pour unité 1° le myria ; 2° l'hecto ; 3° le déca ; 4° le centi.

**1475.** Écrire 829 000 déca + 239 hecto, 15 unités + 912 myria, 9608 unités, 36 milli + 418 kilo, 923 déci, 19 milli, et faire l'addition.

**1476.** Écrire 29927 déca, 1137 milli + 15 myria, 42 hecto, 28035 milli + 4006009 centi + 9 kilo, 34 déca, 8 déci, 23 milli, + 530 hecto, 2 unités, 8 centi, et, ayant fait l'addition, énoncer le résultat 1° en unités et milli ; 2° en kilo, déca, déci et milli ; 3° en milli.

**1477.** Combien y a-t-il d'unités et milli dans 32 hecto, 7 unités, 47 milli + 19 kilo, 7 hecto, 85 déci, 17 milli + 9 myria, 3 kilo, 2 déca, 9 unités, 93 milli + 8 hecto, 9 déci, 7 centi + 12 myria, 34 déca, 56 centi, 6 milli ?

**1478.** Combien faut-il de kilo, unités et milli, pour faire 23 myria, 45 déca, 67 déci, 8 milli + 987 hecto, 24 unités, 65 milli + 876 kilo, 49 unités, 54 milli + 3475 déca, 6789 milli ?

**1479.** Si de 72 kilo, 33 unités, 28 centi, on ôte 6 myria, 77 hecto, 123 déci, 7 milli, quel reste obtiendra-t-on ?

**1480.** Exprimer en unités et milli la différence entre 3 myria, 14 déca, 49 milli, et 43 kilo, 57 déca, 809 centi.

**1481.** Combien faut-il ajouter d'unités et milli à 54 hecto, 28 déci, 17 milli, pour trouver 6 kilo, 13 déca, 9 déci ?

**1482.** Quelqu'un, ayant écrit 29 myria, 5 hecto, 70 unités, 48 centi + 17 kilo, 4 déca, 537 milli + 5 myria, 32 unités + 40 kilo, 2 centi, et ayant fait l'addition, a trouvé pour somme 405 *kilo*, 54 *déca*, 937 *milli* : dire, en unités et milli, de combien son résultat est trop faible, ou trop fort.

**1483.** Combien un myria vaut-il de kilo ? — d'hecto ? — de déca ? — de déci ? — de centi ? — de milli ?

**1484.** Combien un kilo vaut-il d'hecto ? — de déca ? — de centi ?

**1485.** Combien un hecto vaut-il de déca ? — de déci ? — de milli ?

**1486.** Comb. un déca contient-il de déci ? — de centi ? — de milli ?

**1487.** Comb. l'unité vaut-elle de déci ? — de centi ? — de milli ?

**1488.** Combien le déci vaut-il de centi ? — Combien de milli ?

**1489.** Combien faut-il de milli pour faire un déci ? — pour faire un déca ? — pour faire un hecto ? — pour faire un myria ?

3

**1490.** Combien faut-il de centi pour faire un déca ? — pour faire un kilo ? — pour faire un myria ?

**1491.** Combien faut-il de déci pour faire un déca? — pour faire un hecto? — pour faire un kilo? — pour faire un myria?

**1492.** Combien faut-il de déca pour faire un kilo? — pour faire un hecto? — pour faire un myria?

**1493.** Combien faut-il d'hecto pour faire un myria? — pour faire un kilo? — pour faire 123 myria?

**1494.** Combien 47 kilo valent-ils de déca? — de déci? — Combien faut-il de centi, combien de milli, pour faire 97 hecto?

---

## Leçon II. — Mesures de Longueurs.

**1495.** Qu'est-ce qu'une *longueur,* et quel autre nom lui donne-t-on? — Quel est le nom commun des mesures de longueurs?

**1496.** Quelle est l'unité principale de longueur? — Qu'est-ce que *le mètre?* — Qu'est-ce que le méridien terrestre?

**1497.** Quels sont les multiples du mètre? — les sous-multiples?

**1498.** Qu'est-ce qu'*un myriamètre?* — Combien vaut-il de kilomètres? — d'hectomètres? — de décamètres? — de décimètres? — de centimètres? — de millimètres?

**1499** Qu'est-ce qu'*un kilomètre?* — Combien vaut-il d'hectom.? — de décam.? — de décim.? — de centim.? — de millim.?

**1500.** Qu'est-ce qu'*un hectomètre?* — Combien vaut-il de décamètres? — de décim.? — de centim.? — de millimètres?

**1501.** Qu'est-ce qu'*un décamètre?* — Combien vaut-il de décimètres? — de centimètres? — de millimètres?

**1502.** Combien le mètre vaut-il de décimètres? — de centim.? — de millimètres?

**1503.** Qu'est-ce qu'*un décimètre?* — Combien vaut-il de centimètres? — de millimètres?

**1504.** Qu'est-ce qu'*un centimètre?* — Comb. vaut-il de millim.?

**1505.** Qu'est-ce qu'*un millimètre?* — Combien en faut-il pour faire un centimètre? — pour faire un décimètre? — pour faire un mètre? — pour faire un décam.? — pour faire un hectom.? — pour faire un kilom.? — pour faire un myriam.? — Quelle partie le millimètre est il donc du myriam.? — du kilom.? — de l'hectomètre? — du décam.? — du mètre? — du décim.? — du centim.?

**1506.** Combien faut-il de centimètres pour faire un mètre? — pour faire un hectom.? — pour faire un myriam.? — Dire quelle partie le centimètre est du décimètre, — du mètre, — du décam., — du kilomètre.

**1507.** Combien faut-il de décimètres pour faire un mètre? — pour faire un décam.? — pour faire un kilom.? — Dire ce qu'est un décimètre à l'égard du mètre, — de l'hectomètre, — du myriamètre.

**1508.** Qu'est-ce qu'un mètre à l'égard d'un décamètre? — d'un hectom.? — d'un kilom.? — d'un myriamètre?

**1509.** Combien faut-il de décamètres pour faire un kilomètre ? — un hectóm. ? — un myriam. ? — Dire ce qu'est un décamètre à l'égard du myriamètre, — de l'hectom., — du kilomètre.

**1510.** Combien faut-il d'hectomètres pour faire un myriamètre ? — un kilom. ? — Dire ce qu'est un hectom. à l'égard d'un myriamètre, — d'un kilomètre.

**1511.** Combien faut-il de kilomètres pour faire un myriamètre ? — pour faire 134 myriam. ? — Dire ce qu'est un kilomètre à l'égard du myriam., — à l'égard de 27 myriamètres.

**1512.** Énoncer 831293 mètres 187 millièmes en myriamètres, hectom., mètres, décim., millimètres ; 2° en kilom., décam., décimètres, et millimètres ; 3° en hectom., mètres et millimètres ; 4° en mètres et millimètres.

**1513.** Écrire 49 myriam., 9 hectom., 32 mètres + 345 kilom. 67 décam. 89 décim. + 704 hectom. 19 mètres 75 millimètres + 73 kilom. 4 hectom. 8 décim. 97 millim., et, ayant fait l'addition, énoncer le résultat en kilomètres, mètres et millimètres.

**1514.** Combien y a-t-il de mètres et millimètres dans 123 hect. 83 mètres 59 centièmes + 7 kilom. 8 décam. 9 décimèt. 75 millimètres + 6 myriam. 345 mètres 678 millièmes + 145 décam. 32 centimètres ?

**1515.** Combien faut-il de kilomètres, hectom., mètres et millimètres pour faire 308 décam. 63 décim. 71 millim. + 2 myriam. 3 kilom. 85 mètres 68 centim. + 123 456 millim. + 53 hectomèt. 972 centim. + 9876543 millièmes de mètre ?

**1516.** De combien de mètres et millimètres 42 hectom. 64 mèt. 39 millièmes surpassent-ils 3 kilom. 7 hectom. 8 décam. 96 décimètres 58 millièmes ?

**1517.** Combien faut-il ajouter à 57 hectom. 75 mètres 424 millimètres, pour avoir un myriam. 2 hectom. 3 millimètres ?

**1518.** De combien de mètres et millimètres faut-il diminuer 4 kilom. pour qu'il n'y ait plus que 27 hectom. 333 millimètres ?

**1519.** Combien de mètres et millimètres y a-t-il dans trois fois 5 hectom. 23 mètres 44 centièmes + quatre fois 25 décamètres 56 centim. + cinq fois 2 kilom. 93 mètres 77 millièmes ?

**1520.** Combien y a-t-il de mètres et millimètres dans la 7ᵉ partie de 73 hectomètres 83 mètres 51 millièmes ? — dans la 25ᵉ partie de 6 kilom. 29 décam. 43 décim. ? — dans la 259ᵉ partie de 8 myriam. 23 hectom. 6 mètres ?

**1521.** Un homme a marché pendant une semaine (non compris le Dimanche), faisant chaque jour 4 kilomètres de plus que le jour précédent. Sachant que le lundi il a fait 2 myriamètres, on demande quelle route il a faite le mardi, le mercredi, le jeudi, le vendredi, le samedi, et dans toute la semaine.

**1522.** Une portion d'un chemin de fer doit avoir 23 kilom. 256 mètres de long ; elle n'a encore que 186 hectom. 75 mètres 50 centièmes : dire en kilom., mètres et centimètres, la longueur de la partie non terminée.

**1523.** Si le mètre de toile vaut 3ᶠ,70, quelle est la valeur du décimètre ? — du centimètre ? — du décamètre ?

**1524.** Le kilomètre d'une certaine ligne d'un chemin de fer revient à 400 000 francs : quel est le prix de l'hectomètre ? — du myriam. ? — du décam. ? — du mètre ? — du décimètre ?

---

## Leçon III. — Mesures de Surfaces.

**1525.** Qu'est-ce qu'une *Surface*, et quel autre nom lui donne-t-on ? — Combien la surface a-t-elle de dimensions, et quelles sont-elles ? — Donner trois exemples de surfaces.

**1526.** Comment mesure-t-on les surfaces ? — Qu'est-ce qu'un *carré* ? — Tracer un carré.

**1527.** Qu'est-ce qu'un mètre carré ? — un décimètre carré ? — un centimètre carré ? — un millimètre carré ?

**1528.** Qu'est-ce qu'un décamètre carré ? — un hectom. carré ? — un kilom. carré ? — un myriam. carré ?

**1529.** Tracer sur le papier un décimètre carré, — un centimètre carré, — un millimètre carré.

**1530.** Comment calcule-t-on la surface d'un carré ? — Démontrer que, le côté étant de 10 mètres, la surface du carré est 10.10, ou 100 mètres carrés.

**1531.** Trouver la surface d'un carré dont le côté est de 2 mèt., — de 3ᵐ, — de 4ᵐ, — de 5ᵐ, — de 6ᵐ, — de 7ᵐ, — puis démontrer que le carré dont le côté est de 8ᵐ, a pour surface 8.8, ou 64 mètres carrés.

**1532.** Trouver la surface du carré dont le côté est de 9 mètres, — de 12ᵐ, — de 13ᵐ, — de 16ᵐ, — de 20ᵐ, — puis démontrer que le carré dont le côté est de 10 décimètres, a pour surface 10.10, ou 100 décimètres carrés.

**1533.** Trouver la surface du carré dont le côté est de 24 mèt., — de 25 décimètres, — de 30 centimètres, — de 35 millimètres, — puis démontrer que le carré dont le côté est de 100 centim., a pour surface 100.100, ou 10000 centimètres carrés.

**1534.** Trouver la surface du carré dont le côté est de 40 mèt., — de 48 décimètres, — de 50 centimètres, — de 63 millimètres, — puis démontrer que le carré dont le côté est de 1000 millim., a pour surface 1000.1000, ou 1 000 000 de millimètres carrés.

**1535.** Quelle est l'unité principale des surfaces ? — Qu'est-ce que l'*Are* ? — Quels sont ses multiples ? — ses sous-multiples ?

**1536.** Qu'est-ce que l'hectare ? — le centiare ? — Qu'appelle-t-on *mesures agraires* ?

**1537.** Combien l'hectare contient-il de centiares ? — Combien faut-il de centiares pour faire un are ? — pour faire un hectare ?

**1538.** Dire combien chacune des mesures l'hectare, l'are, le centiare, contient de mètres carrés, et en déduire ce qu'il faut faire pour convertir des mètres carrés en hectares, ares, centiares.

*Convertir en hectares, ares, centiares.*

**1539.** 435 670 mèt. car... 1203 467ᵐᵐ... 896ᵐᵐ... 78 345ᵐᵐ.
**1540.** 9876ᵐᵐ... 87654ᵐᵐ... 765 432ᵐᵐ... 654 321ᵐᵐ.

**1541.** 34mm... 345mm... 3456mm... 34567mm... 456789mm.

**1542.** Qu'appelle-t-on *mesures topographiques ?* — Quelles sont-elles? — Combien le kilom. carré contient-il d'ares? — d'hectares? — Combien le myriamètre carré contient-il de kilom. carrés? — d'hectares? — d'ares?

*Exprimer en myriam. carrés, kilom. carrés, hectares, ares, centiares.*

**1543.** 12456 hectares; 9873 kil. car.; 78405 ares; 123456789mm.

**1544.** 980 kil. car.; 33445 hectares; 567567mm; 83283257 ares.

**1545.** 246813579mm; 4974971 ares; 83993 hectares; 7780 kil. c.

**1546.** Quelle est l'unité pour les petites surfaces? — Quels sont les sous multiples du mètre carré?

**1547.** Combien le mètre carré contient-il de décimèt. carrés? — de centim. carrés? — de millim. carrés; — Comment le sait-on?

**1548.** Que sont les décimètres carrés, les centimètres carrés, les millimètres carrés, par rapport au mètre carré? — Par suite, combien de décimales faut-il pour les représenter?

**1549.** Combien le décimètre carré vaut-il de centimèt. carrés? — de millimètres carrés? — Combien le centimètre carré vaut-il de millimètres carrés? — Qu'est-ce que le centimètre carré à l'égard du décimètre carré? — Qu'est-ce que le millimètre carré à l'égard du centimètre carré? — du décimètre carré?

**1550.** Lequel est le plus grand, du décimètre carré ou du dixième de mètre carré? — du centimètre carré, ou du centième de mètre carré? — du millimètre carré, ou du millième de mètre carré? — Dire, dans chaque cas, combien le plus grand contient de fois le plus petit.

**1551.** Combien y a-t-il de mètre carrés et millimètres carrés dans 8 mètres carrés 9 décim. car. 10 cent. car. 27 mill. carrés + 496 décim. car. 327 mill. car. + 12349 cent. car. 7 mill. car. + 29 mèt. car. 47 cent. car. 56 mill. carrés?

**1552.** Combien faut-il de mètres carrés, décim. car., cent. car. et millim. carrés pour faire 365 décim. car. 536 millim. carrés + 5 mèt. car. 190 cent. car. + 7 décamèt. car. 793 décimèt. carrés 833 mill. car. + 3 ares 25 mèt. car. 59 cent. car. + 9438 décim. carrés 592 millim. carrés?

**1553.** Combien aura t-on de décimèt. carrés et millim. carrés en ajoutant ensemble 45 mèt. car. 678 cent. car. + 3 décamèt. carrés 5 mèt. car. 6 décim. car. 7 cent. car. 8 millim. carrés + 223 mèt. car. 397 mill. car. + 15 ares 32 centiares 29 décim. car. 873 millim. car. + 789456 cent. car. 43 millim. car. + 3 hectares 8 ares 9 centiares 998 centimèt. carrés?

**1554.** Combien faut-il ajouter à 123 mèt. car. 395 centim. car. 19 mill. car. + 41 ares 95 centiares 75 décim. car., pour trouver un hectare moins 3542 mèt. car. 123 centim. car. 32 mill. carrés?

**1555.** Si l'on ajoute ensemble huit fois 59 ares 42 centiares + douze fois 523 mèt. car. 24 centim. car. 35 millim. car., combien manquera-t-il à la somme, pour qu'elle soit bien juste de huit hectares?

**1556.** En donnant à l'hectare une valeur moyenne de 1200 fr., quelle serait la valeur totale du territoire de la France dont la surface est de 530278 kilom. car. 91 hectom. carrés?

**1557.** A 1f.25 le mètre carré, combien l'are ? — l'hectare ?

**1558.** L'hectare d'un terrain bordant un chemin de fer a été vendu 50 000 francs : trouver le prix de l'are, — du centiare, — du mètre carré, — du décimètre carré.

---

## Leçon IV. — Mesures de Volumes.

**1559.** Qu'est-ce que *le volume* d'un corps? — Combien un corps a-t-il de dimensions, et quelles sont-elles?

**560.** Comment mesure-t-on les volumes des corps? — Qu'est-ce qu'un *cube* ? — Donner un exemple d'un cube.

**1561.** Qu'appelle-t-on mètre cube? — décimètre cube ? — centimètre cube ? — millimètre cube?

**1562.** Comment calculer le volume d'un cube? — Construire un cube en perspective, et démontrer que le volume d'un cube de 10 mètres de côté est égal à 10.10.10, ou 1000 mètres cubes.

**1563.** Calculer le volume d'un cube dont le côté est de 2 mèt., — de 3m, — de 4m, — de 5m, — de 6m, — de 7m, — puis démontrer que le cube dont le côté est de 8m, a pour mesure 8.8.8, ou 512 mètres cubes.

**1564.** Calculer le volume d'un cube dont le côté est de 9 mèt., — de 12m, — de 20 décimètres, — de 30 centimètres, — puis démontrer que le cube dont le côté est de 10 décimètres, a pour mesure 10.10.10, ou 1000 décimètres cubes.

**1565.** Calculer le volume d'un cube dont le côté est de 5 mèt., — de 50 décimètres, — de 500 centimètres, — de 5000 millim., — puis démontrer que le cube dont le côté est de 100 centimètres, a pour mesure 100.100.100, ou 1000000 du centimètres cubes.

**1566.** Calculer le volume d'un cube dont le côté est de 2 mèt., — de 20 décimètres, — de 200 centimètres, — de 2000 millimèt., — puis démontrer que le cube dont le côté est de 1000 millim., a pour mesure 1000.1000.1000, ou 1 000 000 000 de millim. cubes.

**1567.** Quelle est l'unité principale des volumes? — Combien le mètre cube vaut-il de décimètres cubes? — de centimètres cubes? — de millimètres cubes? — Comment le sait-on?

**1568.** Que sont, à l'égard du mètre cube, les décim. cubes? — les centim. cubes? — les millim. cubes? — Par suite, combien faut il de décimales pour les représenter ?

**1569.** Combien le décimètre cube vaut-il de centim. cubes? — de millim. cubes? — Combien le centim. cube vaut-il de millim. cubes? — Qu'est-ce que le centim. cube à l'égard du décim. cube? — Qu'est-ce que le millim. cube à l'égard du centim. cube? — du décimètre cube ?

**1570.** Lequel est le plus grand, du décim. cube, ou du dixième de mètre cube? — du centim. cube, ou du centième de mètre cube? — du millim. cube, ou du millième de mètre cube? —

Dire, dans chaque cas, combien le plus grand contient de fois le plus petit.

**1571.** Combien y a-t-il de mètres cubes et millimètres cubes dans 12 mèt. cubes 24 décim. cubes 48 cent. cubes 96 mill. cubes + 54321 décim. cubes 45332 mill. cubes + 1234567 cent. cubes 789 mill. cubes + 32509 décim. cubes 48 centim. cubes + 6 mèt. cubes 7243 centim. cubes 75 millim. cubes ?

**1572.** Ayant ajouté ensemble 31 mètres cubes 62 décim. cubes 93 mill. cubes + 8765 décim. cubes 923 centim. cubes + 98765 centim. cubes 445 mill. cubes + 9 mètres cubes 97 décim. cubes 1862 mill. cubes, énoncer la somme 1° en mèt. cubes, décimèt. cubes, centim. cubes et mill. cubes ; 2° en mètres cubes et mill. cubes ; 3° en décim. cubes et mill. cubes ; 4° en millim. cubes.

**1573.** Combien y a-t-il de décim. cubes et millim. cubes dans 4567 décim. cubes 24 cent. cubes + 2 mèt. cubes 765 cent. cubes 23 mill. cubes + 3 mèt. cubes 42 décim. 59 cent. cubes 125 mill. cubes, *de plus ou de moins* que dans 1234 cent. cubes 374 mill. cubes + 7340 décim. cubes 8951 mill. cubes + 123456789 mill. cubes + 1 mèt. cube 12 décim. cubes 123 cent. cubes 456 mill. cubes ?

**1574.** Si l'on ajoute ensemble 3 mètres cubes 4 décim. cubes 5 cent. cubes 6 mill. cubes + 2 mètres cubes 945 décim. cubes 4579 mill. cubes + 6940 décim. cubes 49 cent. cubes 973 millim. cubes + 667788 cent. cub. 335 mill. cub., combien manquera-t-il à la somme pour qu'elle contienne précisément 15 mèt. cubes?

**1575.** Si d'un cube ayant 32 décimètres de côté, on ôte une partie contenant 9 mètres cubes 129 décim. cubes 75 cent. cubes 239 mill. cubes, puis une autre partie contenant 12 mètres cubes 3322 cent. cubes, et enfin, une troisième ayant pour mesure 5608 décim. cubes 93651 mill. cubes, combien le reste du cube contiendra-t-il de mètres cubes et mill. cubes?

**1576.** On a trois cubes dont les côtés ont respectivement 6 décimètres, 50 centimètres, et 402 millimètres : combien y a-t-il de décim. cubes et millim. cubes dans le premier de plus que dans la somme des deux derniers?

**1577.** Le centimètre cube de plomb pèse 11 grammes 3523 dix-millièmes, d'après Brisson : quel est le poids du décimètre cube de plomb ? — Quel est celui du mètre cube ? — Quel est celui du millim. cube, à moins d'un demi-millième de gramme ?

**1578.** Le centimètre cube de mercure pèse 13 grammes 568 millièmes : trouver le poids de 2 mètres cubes 97 décimèt. cubes de mercure.

**1579.** Lorsque 4 mèt. cubes 225 décim. cubes d'une certaine substance coûtent 7329 francs, quel est le prix du décim. cube, à moins d'un centième de franc ?

**1580.** Quelle est l'unité employée pour le bois de chauffage ? — Qu'est-ce que *le stère*? — Quels sont ses multiples ? — ses sous-multiples?

**1581.** Qu'est-ce que le décastère? — le décistère? — Combien le décastère contient-il de décistères? — Combien faut-il de décistères pour faire un stère? — pour faire un décastère?

**1582.** Sous quelle forme le stère est-il employé? — Dessiner un stère?

**1583.** Étant donnée la longueur des bûches, comment calculer la hauteur du stère?

*Calculer en mètres et centimètres les hauteurs du stère correspondantes aux longueurs de bûches données dans les exemples suivants:*

**1584.**    $0^m,80$... $0^m,75$... $1^m,20$... $1^m,08$... $1^m,10$.

**1585.**    $1^m,05$... $1^m,00$... $0^m,90$... $0^m,85$... $0^m,72$.

**1586.**    $0^m,50$... $0^m,60$... $0^m,70$... $0^m,95$... $1^m,44$.

**1587.** Mais si la hauteur du stère était donnée, la distance des deux montants étant toujours d'un mètre, comment calculerait-on la longueur des bûches?

**1588.** Calculer les différentes longueurs de bûches correspondantes aux hauteurs : $1^m,20$... $1^m,30$... $1^m,40$... $1^m,33$... $0^m,88$... $1^m,50$... $2^m$... $1^m$.... — Trouver chaque longueur en mètres et centimètres.

**1589.** Combien y a-t-il de stères et décistères dans 907 stères 8 décistères + 89 décastères 62 décistères + 71 stères + 6928 décistères + 34 décastères?

**1590.** Combien y a-t-il de stères et décistères dans 25 mètres cubes 800 décim. cubes + 23400 décim. cubes + 8 décastères 9 décistères + 3257 décistères?

**1591.** Combien un tas de bois formant un cube de 36 décimètres de côté, contient-il de décastères, stères et décistères?

**1592.** Un marchand de bois en a reçu 28 stères le lundi, 425 décistères le mardi, et 67 décastères le mercredi ; il en a vendu 231 décistères le jeudi, 41 stères le vendredi, et 19 décastères le samedi : combien lui en reste-t-il?

**1593.** A $8^f,20$ le stère : combien le décastère? — le décistère?

**1594.** Combien coûteront 48 décastères 5 stères, à 8 fr. le stère?

**1595.** Trois charretées de bois contenant la première 6 stères, la seconde 5 stères 5 décistères, et la troisième 43 décistères, ont été payées $129^f,56$ : à combien revient le stère? — le décastère? — le décistère?

---

## LEÇON V. — Mesures de Capacités.

**1596.** Qu'appelle-t-on *Capacité?*

**1597.** Quelle est l'unité principale des capacités? — Qu'est-ce que *le litre?* — Quels sont ses multiples? — ses sous-multiples?

**1598.** Combien l'hectolitre vaut-il de décalitres? — de litres? — de décilitres? — de centilitres?

**1599.** Combien un décalitre vaut-il de litres? — de décilitres? — de centilitres?

**1600.** Combien le litre vaut-il de décilitres? — de centilitres?

**1601.** Combien le décilitre vaut-il de centilitres? — Combien faut-il de centilitres pour faire un décalitre?

**1602.** Combien faut-il de décilitres pour faire un litre? — un décalitre? — un hectolitre?

**1603.** Qu'est-ce que le centilitre par rapport au décilitre? — au litre? — au décalitre? — à l'hectolitre?

**1604.** Qu'est-ce que le décilitre par rapport au litre? — au décalitre? — à l'hectolitre?

**1605.** Qu'est-ce que le litre par rapport au décalitre? — à l'hectolitre?

**1606.** A quoi servent le litre, ses multiples et ses sous-multiples? — Quelle est dans le commerce la forme de ces mesures?

**1607.** Pourquoi une différence de dimensions entre les mesures servant aux matières sèches, et celles des liquides?

**1608.** Donner les dimensions des mesures de capacité pour les matières sèches, — pour les liquides.

**1609.** Combien l'hectolitre contient-il de décimètres cubes? — Combien en contient le décalitre? — Combien le décilitre, le centilitre contiennent-ils de centim. cubes? — Comment cela?

**1610.** Combien y a-t-il de décimètres cubes et centimèt. cubes dans 53 litres 75 centilitres?

**1611.** Quel est le volume intérieur d'un tonneau de 29 hectol. 42 litres?

**1612.** Ajouter ensemble 23 hectol. 9 lit. 40 centil. + 7 hectol. 3 décal. 37 centil. + 123 décal. 45 décil. + 75 hect. 37 lit. 46 cent. + 431 lit. 4 décil., puis énoncer la somme 1° en hectol., litres et centil.; 2° en litres et centil.; 3° en centilitres. — Dire ensuite combien la capacité totale fait de mètres cubes, décim. cubes et centimètres cubes.

**1613.** Combien faut-il de litres et centilitres pour faire 8 hect. 24 décil. + 72 décal. 39 centil. + 564 lit. 95 centil. + 1234 décil. 7 centil, + 29 360 centil.?

**1614.** La capacité d'un vase est de 8 hectol. 7 décal. 6 litres. Quand on y aura versé 37 décal. 25 centil. d'eau + 209 litres 7 décil. + 12309 centil., combien manquera-t-il encore de litres et centilitres pour que le vase soit plein?

**1615.** A 0f,80 le litre : combien l'hectol.? — le décilitre?

**1616.** Combien coûteront 6 hectol. 7 décal., à 0f,70 le litre?

**1617.** J'ai acheté 454 hectol. de vin, pour 21 837 fr. : combien dois-je revendre le litre en détail pour gagner 2000 francs? — Trouver le prix à moins d'un centième de franc.

**1618.** Combien faut-il de bouteilles de 75 centilit. de capacité, pour contenir une barrique de 230 litres?

---

## Leçon VI. — Mesures de Poids.

**1619.** Quelle est l'unité principale des poids? — Qu'est-ce que *le gramme?* — Rappelez-nous ce que c'est qu'*un centimètre cube.*

**1620.** Qu'est-ce que de *l'eau distillée?* — Comment distille-t-on l'eau ? — Pourquoi a-t-on pris de l'eau distillée, plutôt que de l'eau commune ?

**1621.** Qu'est-ce que *le vide ?* — Pourquoi a-t-on pesé l'eau dans le vide plutôt que dans l'air ? — Est-ce un centimètre cube d'eau que l'on a pesé, pour avoir le poids du gramme ?

**1622.** Quand est-ce que l'eau est à son *maximum de densité ?* — Que marque alors le thermomètre centigrade ? — Pourquoi a-t-on pris l'eau à son maximum de densité, plutôt qu'à une température quelconque ?

**1623.** Qu'est-ce qu'*un thermomètre ?* — Qu'est-ce que le thermomètre *centigrade ?*

**1624.** Quels sont les multiples du gramme ? — ses sous-multiples ? — Quels autres multiples emploie-t-on pour les fortes pesées ?

**1625.** Combien *un millier* vaut-il de quintaux ? — de myriag. ? — de kilog. ? — d'hectog. ? — de décag. ? — de grammes ?

**1626.** Combien *un quintal* vaut-il de myriag. ? — de kilog. ? — d'hectog. ? — de décag. ? — de grammes ?

**1627.** Combien un myriagramme vaut-il de kilog. ? — d'hectog.? — de décag.? — de grammes ? — de décig.? — de centig. ?

**1628.** Combien un kilogramme vaut-il d'hectog. ? — de décag.? — de grammes? — de décig. ? — de centig. ? — de milligr.?

**1629.** Combien un hectogramme vaut-il de décagram. ? — de grammes ? — de décig. ? — de centig. ? — de milligrammes ?

**1630.** Combien un décagramme vaut-il de grammes ? — de décig. ? — de centig. ? — de milligrammes ?

**1631.** Combien le gramme vaut-il de décig. ? — de centig. ? — de millig. ? — Combien le décig. vaut-il de centig. ? — de millig.? — Combien le centig. vaut-il de milligrammes ?

**1632.** Dire ce qu'est un milligramme à l'égard du centig., — du décig , — du gramme, — du décag., — de l'hectog., — du kilog.

**1633.** Trouver ce qu'est le centig. à l'égard du décig., — du gramme, — du décag., — de l'hectog., — du kilog., — du myriag.

**1634.** Quelle partie le décig. est-il du gramme? — du décag.? — de l'hectog. ? — du kilog. ? — du myriagramme ?

**1635.** Dire quelle partie le gramme est du décag. ? — de l'hectogram., — du kilog., — du myriag., — du quintal, — du millier.

**1636.** Trouver quelle partie le décag. est de l'hectog., — du kilog., — du myriag., — du quintal, — du millier.

**1637.** Dire quelle partie l'hectog. est du kilog., — du myriag.

**1638.** Dire quelle partie le kilog. est du myriag., — du quintal.

**1639.** Dire quelle partie le myriag. est du quintal, — du millier.

**1640.** Que pèse le centimètre cube d'eau distillée ? — le décim. cube ? — le mètre cube ? — le millimètre cube ?

**1641.** Que pèse le litre d'eau distillée ? — le décalitre ? — l'hectolitre ? — le décilitre ? — le centilitre ?

*Dire le poids des quantités suivantes d'eau distillée.*

**1642.** 4lit,36... 83lit,75... 9h49lit,23... 12 décal. 8 lit. 5 centilit.

**1643.** 6 hectol. 7 décal. 8 décil... 4768 lit... 648 décil... 99 cent.

**1644.** 789$^{\text{lit}}$,12... 890 décim. cub... 3 mèt. cub. 7361 cent. cub.

**1645.** Ajouter ensemble 8 hectog. 39 gram. 60 centig. + 72 kilogram. 52 décag. 43 millig. + 17 myriag. 71 gram. 19 centig. + 42 kilog. 2 hectog. 7412 millig. + 334 hectog. 72 décig. 36 millig., puis énoncer la somme 1° en kilog., grammes et millig.; 2° en myriag., hectog., décig. et millig.; 3° en grammes et millig.

**1646.** Écrire 58 myriag. 87 hectog. 36 gram. 44 centig. + 3707 kilog. 540 gr. 66 millig. + 87 quintaux 29 kilog. 51 gr. 313 millig. + 567 myriag. 444 décag. 555 centig. + 73245 décag. 973 millig., et, ayant fait l'addition, énoncer la somme 1° en tonneaux, kilog., grammes et millig.; 2° en myriag., décag. et milligram.; 3° en milligrammes.

**1647.** Si l'on ajoute ensemble 29 myriag. 253 gram. 66 millig. + 2 quintaux 17 hectog. 45 gr. 32 centig. + 274 kilog. 69 décag. 85 décig. 37 millig. + 41 myriag. 71 hectog. 54 décig. 23 millig. + 268 hectog. 9 gr. 8 centig., combien manquera-t-il à la somme pour qu'elle contienne précisément une tonne et demie ?

**1648.** Convertir 63 kilog. en décag.; — 97 kilogr. 4 décagr. en grammes ; — 2 tonnes 8 myriag. en hectog.; — 3 kilog. 45 décig. en milligrammes.

**1649.** Le gramme d'or à 0,900 vaut 3$^{\text{f}}$,10 : dire la valeur du décig., — du décag., — du kilog., — de l'hectogramme.

**1650.** Le kilog. de beurre coûte 1$^{\text{f}}$,65 : combien le quintal ?

**1651.** Lorsque 18 kilog. de beurre coûtent 27 francs, trouver, à moins d'un centième de franc, le prix de l'hectog.

**1652.** Un navire doit prendre une charge de 750 tonneaux de sucre : on en a déjà porté à bord 248953 kilog. : combien en doit-il recevoir encore pour compléter sa charge ?

---

## Leçon VII. — **Unités monétaires.**

**1653.** Qu'appelle-t-on *monnaies ?*

**1654.** Quelle est l'unité principale des monnaies ? — Qu'est-ce que *le franc ?* — Combien le franc contient-il de grammes et centigrammes d'argent pur ? — Que contient-il de cuivre ? — Pourquoi du cuivre dans nos pièces d'or et d'argent ?

**1655.** Quels sont les multiples décimaux du franc ? — Quels sont ses sous-multiples ?

**1656.** Combien un franc vaut-il de décimes ? — de centimes ? — de millimes ?

**1657.** Combien un décime vaut-il de centimes? — de millimes ? — Combien un centime vaut-il de millimes ?

**1658.** Dire quelle partie du franc est le décime, — le centime, — le millime, — quelle partie du décime est le centime, — le millime.

**1659.** Dire quelle partie le millime est du centime. — Le millime existe-t-il en espèces réelles ? — Qu'est-ce qu'une *monnaie de compte ?*

**1660.** Combien notre système monétaire contient-il de sortes de pièces ? — Quels rapports la loi a-t-elle établis entre les valeurs de nos monnaies d'or, d'argent et de bronze, à poids égal ? — De quoi se compose le bronze de nos monnaies ?

**1661.** Combien un kilog. d'or vaut-il de kilog. d'argent ? — Combien le kilog. d'or monnayé vaut-il de kilog. de bronze ?

**1662.** Combien un kilog. d'argent monnayé vaut-il de kilog. de bronze ? — Combien 520 kilogr. de monnaie de bronze valent-ils de kilog. d'argent monnayé ? — Combien valent-ils de kilog. et grammes d'or monnayé ?

**1663.** Trouver la valeur en francs et centimes d'un gramme, — d'un hectog., — d'un kilog., — d'un décag. d'argent monnayé ?

**1664.** Trouver en francs et centimes la valeur d'un gramme, — d'un décag., — d'un hectog., — d'un kilog., — d'un décig., — d'un centigramme d'or monnayé.

**1665.** Trouver en francs et centimes la valeur d'un gramme, — d'un décag., — d'un hectog., — d'un kilog. de monnaie de bronze.

**1666.** Comment calculer le poids de nos pièces d'argent ? — Trouver le poids de la pièce de 5$^f$, — de 2$^f$, — de 0$^f$,50, — de 0$^f$,20.

**1667.** Comment calculer le poids de nos pièces d'or ? — Trouver le poids de la pièce d'or de 100$^f$, — de 50$^f$, — de 20$^f$, — de 10$^f$, — de 5$^f$. — N'y a-t-il pas une autre pièce d'or ? — En dire la valeur et en calculer le poids.

**1668.** Comment calculer le poids de nos pièces de bronze ? — Trouver le poids de la pièce de 10 centimes, — de 5$^c$, — de 2$^c$, — de 1$^c$.

**1669.** Quels sont les diamètres des pièces d'or ? — Ceux des pièces d'argent ? — Ceux des pièces de bronze ?

**1670.** Qu'est-ce que *le titre* d'une masse quelconque de métal ? — Quel est le titre de toutes nos pièces d'or et d'argent ?

**1671.** Connaissant le poids d'un lingot, et la quantité de métal pur qu'il contient, comment en calculer le titre ?

**1672.** Un lingot d'or pèse : 400$^{gr}$... 300$^{gr}$... 100$^{gr}$... 800$^{gr}$; il contient en or pur....... 368 ... 252 ... 75 ... 695 :

Trouver le titre dans les quatre cas.

**1673.** Un lingot d'argent pèse : 500$^{gr}$... 80$^{gr}$... 60$^{gr}$... 900$^{gr}$; il contient en argent pur........ 450 ... 76 ... 48 ... 765 :

Trouver, dans chaque cas, le titre du lingot.

**1674.** Connaissant le poids d'un lingot, et son titre, comment calculer le poids du métal fin qu'il renferme ?

**1675.** Un lingot d'or pèse : 200$^{gr}$... 350$^{gr}$... 820$^{gr}$... 900$^{gr}$; il est au titre de........... 0,900... 0,800... 0,840... 0,920 :

Combien, dans chaque cas, contient-il d'or pur ?

**1676.** Un lingot d'argent pèse : 120$^{gr}$... 800$^{gr}$... 1268$^{gr}$; il est au titre de................ 0,950... 0,800... 0,900 :

Combien, dans chaque cas, contient-il d'argent pur ?

**1677.** Connaissant le titre d'un lingot, et le poids du métal fin qu'il renferme, comment en calculer le poids total ?

**1678.** Titre du lingot : 0,920... 0,840... 0,750... 0,950... 0,800; poids du métal fin..... 460$^{gr}$... 540$^{gr}$... 250$^{gr}$... 380$^{gr}$... 588$^{gr}$:

Trouver, dans les cinq cas, le poids total du lingot.

**1679.** Si l'on ajoute ensemble 9 francs 7 décimes $+$ 45 francs 8 cent. $+$ 200 fr. 56 cent. $+$ 17 fr. 4 décimes 5 cent. $+$ 623 cent. 4 millimes $+$ 344 décimes 83 millimes, dire combien on aura de francs, centimes et millimes.

**1680.** Trouver, à moins d'un demi-centime, ce qu'il faut ajouter à 6 francs 3 décimes 4 centim. 5 millimes $+$ 9 fr. 8 cent. $+$ 7 fr. 49 cent. $+$ 8 fr. 24 cent. 5 mill. $+$ 5 fr. 6 décim. 9 mill. $+$ 3 fr. 75 mill. $+$ 25 décim. 6 cent. $+$ 931 cent. 3 mill. $+$ 4132 millim. pour trouver une somme égale à 59 francs 68 centimes.

**1681.** Si l'on plaçait à la suite les unes des autres, et sur une même ligne droite, 18 pièces de 100 francs, et 10 pièces d'argent de 5 francs, quelle longueur obtiendrait-on ?

**1682.** On a placé, sur une même droite, et à la suite les unes des autres, 27 pièces de 50 francs, et 37 de 2 francs : quelle longueur donnent-elles ?

**1683.** Combien faudrait-il de pièces de 5 francs, en argent, pour entourer le globe terrestre (40 000 000 de mètres), et quelle somme ce nombre de pièces représenterait-il ?

**1684.** Des pièces de 2 francs et d'un franc, en nombre égal, sont placées bord à bord sur une longueur de 3 kilom. 7 hectom. 9 décamèt. 8 mètres 25 centimètres : trouver combien il y a de pièces de chaque valeur, et leur valeur totale.

**1685.** Combien faut-il de pièces d'argent de 5 francs, pour peser un hectog.? — un kilog.? — un myriag.? — Combien en faut-il de 2 francs, — d'un franc, — de 50 centimes, — de 20 centimes, pour obtenir les mêmes poids ?

**1686.** Combien faut-il de pièces de 10 centimes, — de 5c, — de 2c, — d'un centime, pour peser un décag.? — un hectog.? — un kilog.? — un myriagramme ?

**1687.** Combien pèsent 383 695 francs en or? — 24 689 francs en argent? — 3767 francs 40 en monnaie de bronze ?

**1688.** Trouver la valeur, en francs et centimes, de 2 kilog. 23 décag. 19 décig. d'or monnayé ; — puis celle de 39 kilogram. 129 grammes d'argent également monnayé ; — et enfin, celle de 123 kilogrammes 456 grammes de monnaie de bronze.

**1689.** Trouver le poids d'un objet qui fait équilibre à 6 pièces de 5f (argent) $+$ 10 pièces de 2f $+$ 16 d'un franc $+$ 30 de 50 centimes $+$ 12 de 20 centimes.

**1690.** Je reçois une certaine quantité de quinquina, qu'on me vend 2f,15 le décagram. A défaut de poids pour peser, j'emploie des pièces d'argent, et j'établis l'équilibre au moyen d'une pièce de 5f, quatre de 2f, deux d'un franc, trois de 50 centimes, et une de 20 centimes. Combien dois-je payer ?

**1691.** Quelle quantité d'eau distillée pèse autant que 6200 fr. en or? — que 1592f,50 en argent? — que 125f,32 en bronze ?

**1692** Combien y a t-il d'argent pur, et combien de cuivre dans une somme de 8765f,50 ?

**1693.** Combien y a-t-il d'or pur, et combien de cuivre dans une somme de 100 000 fr.? — dans une somme de 9145 fr. ?

**1694.** Combien y a-t-il de cuivre, combien d'étain, combien de zinc, dans 12 345f,67 de monnaie de bronze ?

**1695.** Combien faut-il allier de cuivre à 6 kilog. 50 décag. 7 grammes d'argent, — combien à 23 hectog. 4 gram. 63 centig. d'or, pour en faire de la monnaie française, et pour quelles sommes en aura-t-on?

**1696.** On veut acquitter une dette de 6375 francs, au moyen de pièces de 100 francs : combien faut-il en donner, et quel est le nombre de pièces de 5 fr., qu'il y faut joindre pour compléter le payement?

---

## LEÇON VIII. — Mesures pour le Temps & le Cercle.

**1697.** Les mesures du temps et du cercle sont-elles fondées sur le mètre ? — Sont-elles assujetties à la loi décimale ? — Faire voir la liaison des autres mesures avec le mètre ?

**1698.** Sur quoi se déterminent les mesures de durée ? — Qu'est-ce que le *jour*, et comment se divise-t-il ?

**1699.** Qu'est-ce qu'une *année astronomique* ? — Quelle est celle dont la durée est de $365^j 5^h 48^m 50^s$, et combien vaut-elle de secondes?

**1700.** Que prend-on pour l'année *civile* ? — Toutes les années civiles sont-elles égales, et d'où vient une différence entre elles?

**1701.** Qu'appelle-t-on années *communes*, et années *bissextiles* ? — A quoi reconnaît-on qu'une année est bissextile ? — Qu'est-ce qu'*un siècle*? — La dernière année de chaque siècle est-elle commune, ou si elle est bissextile ? — Comment appelle-t-on cet arrangement, et d'où lui vient son nom ?

**1702.** Parmi les années suivantes, distinguer celles qui ont été ou qui seront bissextiles : 1788, 1690, 1596, 1600, 1801, 1618, 1730, 1652, 1756, 1820, 1800, 1810, 1855, 1840, 1900, 1886.

**1703.** Parmi les années suivantes, distinguer celles qui ont été ou qui seront communes : 1804, 1790, 1524, 1587, 1819, 1723, 1846, 1868, 1875, 1898, 1906, 1924, 1968, 1996, 2000.

**1704.** Comment se divise l'année ? — A quel mois s'ajoute le jour que l'année bissextile contient de plus que l'année commune?

**1705.** Tous les mois de l'année sont-ils égaux ? — Quelle est la durée de chacun ? — Donnez-nous un procédé mnémonique pour reconnaître les mois de 31 jours.

**1706.** Combien, en 1862, y a-t-il eu de jours du premier Janvier au premier Avril ?

**1707.** Combien, en 1864, y aura-t-il de jours du 1er Février au 1er Août?

**1708.** Combien, dans une année quelconque, y a-t-il de jours du 12 Avril au 25 Septembre ?

**1709.** Combien y a-t-il de jours du 6 Mars 1862 au 27 Octobre 1863 ?

**1710.** Combien y a-t-il de jours du 16 Avril 1863 au 9 Novembre 1864 ?

**1711.** Un individu est né le 7 Août 1831 : combien avait-il vécu de jours le 8 Février 1862 ?

**1712.** Qu'est-ce qu'une *semaine?* — Quels sont les jours de la semaine? — Quelle est l'origine de la semaine?

**1713.** Combien l'année commune contient-elle de semaines? — Combien l'année bissextile?

**1714.** Comment se divise la circonférence? — Combien vaut-elle de minutes? — de secondes? — Pourriez-vous nous dire ce que c'est qu'une circonférence?

**1715.** A quoi servent les degrés, minutes, secondes?

---

Leçon IX. — **Remarques sur le Système métrique. — Problèmes.**

**1716.** Outre nos mesures décimales, leurs multiples et leurs sous-multiples décimaux, dites-nous quels autres multiples et sous-multiples sont en usage. — Qu'est-ce que l'on emploie pour les longueurs? — pour les bois? — pour les capacités? — pour les poids?

**1717.** Qu'est-ce que le demi-mètre? — le double-décimètre?

**1718.** Qu'est-ce que le demi-décastère? — le double-stère?

**1719.** Qu'est-ce que le demi-hectolitre? — le double-décalitre? — le demi-décalitre? — le double-litre? — le demi-litre? — le double décilitre? — le demi décilitre? — le double-centilitre?

**1720.** Qu'est-ce que le double-myriagram.? — le demi-myriag.? — le double-kilog.? — le demi-kilog.? — le double-hectog.? — le demi-hectog.? — le double-décag.? — le demi-décag.? — le double-gramme? — le demi-gramme? — le double-décig.? — le demi-décig.? — le double-centig.? — le demi-centig.? — le double-millig.?

**1721.** Combien le demi-mètre vaut-il de centimètres? — de millimètres? — Combien en vaut le double-décimètre?

**1722.** Combien le demi-décastère vaut-il de décistères? — Combien faut-il de décistères pour faire un double-stère?

**1723.** Combien le demi-hectolit. vaut-il de demi-décal.? — de doubles-litres? — de demi-litres? — de doubles-décilitres?

**1724.** Combien faut-il de centilitres pour faire le demi-décil.? — le demi-litre? — le double-décal.? — le demi-hectolitre?

**1725.** Combien le double-kilog. vaut-il de décag.? — de doubles-grammes? — de grammes? — de demi-gram.? — de décig.? — de doubles-centig? — de milligrammes?

**1726.** Combien faut-il de doubles-centig. pour faire un gramme? — de demi-décig. pour faire un double-décag.? — de doubles-grammes pour faire un kilog.? — de demi-hectog. pour faire un myriagramme?

**1727.** Que doit-on prendre pour unité dans la résolution des Problèmes? — Par exemple, si l'on demande *combien coûteront 3 kilogr. 28 décag. 5 grammes d'une marchandise qui vaut* 7$^f$,40 *l'hectogramme*, que doit-on prendre pour unité?

**1728.** Quel calcul faut-il connaître, pour résoudre les Problèmes sur les six premières unités de notre système métrique? — Pourquoi?

**1729.** A 3f,40 le mètre : combien le décamètre ? — l'hectomèt.? — le décimètre ? — Combien 234 mètres ?

**1730.** Lorsque le mètre carré coûte 2f,50 , trouver le prix de l'are, — de l'hectare, — du décimètre carré, — de 43mm,68.

**1731.** Lorsque l'heciare vaut 2500 fr., quelle est la valeur de l'are ? — du mètre carré ? — de 3h,24ares,72 ?

**1732.** Trouver le prix de l'hectare, — du centiare , — de 1234mm,64, lorsque l'are revient à 45 francs.

**1733.** Comment faut-il énoncer 37mm,892? — Enoncer 9mm,7 en mètres carrés et décimètres carrés.

**1734.** A 13f,50 le mètre de drap : combien en aura-t-on de mètres et centimètres pour une somme de 800 fr. ?

**1735.** Lorsque l'are revient à 17f,85, quelle est en hectares, ares et centiares la surface d'un champ qui coûte 7890 fr.?

**1736.** Combien coûte le mètre cube, — le décimètre cube, lorsque 24 mètres cubes 50 décimèt. cubes sont payés 2896f,20 ?

**1737.** Combien coûteront 454 décimètres cubes 340 centimètres cubes, à 5000 francs le mètre cube ?

**1738** Combien faut-il payer trois charretées de bois, contenant la première 2 stères 8 décistères, la seconde 3 stères 5 décistères, et la troisième 32 décistères, à 8f,20 le stère ?

**1739** Une coupe de bois contenant 253 doubles-stères, plus 27 stères, a coûté 3000 fr. d'achat, et 489f,50 d'exploitation : à combien revient le stère ?

**1740.** Lorsque les bûches ont 84 centimètres de longueur, quelle doit être la hauteur du stère ?

**1741.** Si l'on veut que le stère ait 1m,40 de hauteur, quelle doit être la longueur des bûches ?

**1742.** Lorsque le litre de vin vaut 65 centimes, quel est le prix du décalitre ? — de l'hectolitre ? -- du double-décilitre ? — du demi-décalitre ? — du double-litre ? — du demi-hectolitre ?

**1743.** Le demi-hectolitre de blé étant à 17f,80, combien coûteront 8 hectolitres 25 litres ? — Combien 13 doubles-décalitres ?

**1744.** Combien aura-t-on d'hectolitres et litres de cidre , pour 49f.75, à 2f,40 le double-décalitre ?

**1745.** Une certaine quantité de charbon a coûté 234f,60, à 4f,32 l'hectolitre : combien a-t-on d'hectolitres de charbon ?

**1746.** Un marchand ayant acheté une certaine quantité de blé pour 2337f,50 , l'a revendu en détail à 15f,40 le demi-hectolitre, et de cette manière il a fait un gain total de 271f,15 : combien avait-il acheté d'hectolitres de blé ?

**1747.** Si l'on ajoute ensemble 7 myriagram. 3 doubles-kilog. 5 demi-hectog. 65 grammes + un demi-myriag. 4 kilog. 4 doubles-décag. + 50 demi-kilog. 33 décag. 8 grammes, combien aura-t-on de grammes ?

**1748.** A 0f,62 le kilog. de fer : combien le myriag.? — le quintal? — la tonne? — le double-myriag.? — le demi-kilog.?

**1749.** Le demi kilog. d'une marchandise valant 5f.67, trouver le prix de 12 kilogrammes 35 décag. + 29 hectog. 37 grammes + 2 myriag. 8 hectog. 43 grammes de la même marchandise.

**1750.** Le centimètre cube de platine pèse 21 gram. 80 centig. :

quel est le poids du décimètre cube ? — du mètre cube ? — du millimètre cube ?

1751. Quel est en centim. cubes et mill. cubes le volume d'un vase de platine pesant 15 hectog. 23 grammes 20 centig. ?

1752. Le centimètre cube d'or pur pèse 19 grammes 257 milligrammes : trouver le poids de 2 décimèt. cubes 75 centim. cubes 480 millimètres cubes d'or pur.

1753. Un lingot d'or pur pèse 12 hectog. 34 gram. 72 centig. : trouver son volume, à moins d'un millimètre cube.

1754. Le litre de mercure pèse 13 kilog. 568 gramm. : trouver le poids du demi-litre, — du décilitre, — du centilitre, — du centimèt. cube, — du millimèt. cube, — du décimèt. cube.

1755. Un petit vase plein de mercure pèse 3 kilog. 78 gramm. 40 centig. ; vide, il pèse seulement 25 décag. 54 décig. : trouver en centim. cubes, à moins d'un 100e, la capacité de ce vase.

1756. Le décimètre cube de plomb pèse 11 kilogr. 352 gram. : trouver le poids du mètre cube de plomb, — celui du centimètre cube, — puis celui d'une masse de plomb dont le volume est de 2356 centimètres cubes 25 centièmes.

1757. Une feuille de plomb pèse 24 kilogr. 80 gram. : trouver son volume en centimètres cubes, à moins d'un 100e.

1758. Combien faudrait-il d'individus pour porter un cube de plomb ayant 1m,25 de côté, si chacun n'en peut porter que 50 kilogrammes ?

1759. Le centimèt. cube d'argent pèse 10 gramm. 474 millig. : combien, à moins d'un 100e, faut-il de centimèt. cubes d'argent pour peser un kilog.? — pour peser 72 hectog. 57 grammes ?

1760. Le centimètre cube de cuivre jaune pèse 8396 millig., et celui de cuivre rouge 7788 : trouver le poids d'un morceau de cuivre jaune dont le volume est celui d'un cube de 24 centimèt. de côté, puis le volume, en centimètres cubes à moins d'un 100e, d'une pièce de cuivre rouge pesant 33 hectog. 54 grammes.

1761. Le décimètre cube d'acier pèse 7833 grammes : quel est le poids de 24 barres d'acier contenant les 7 premières 600 centimètres cubes chacune, et les autres chacune 770 centim.? — Et combien coûtent-elles, à 3f,20 le kilog.?

1762. Quelle est la valeur, quel est le volume d'une barre d'acier pesant 3 kilog. 350 grammes, à 4f,50 le kilog.?

1763. Le décimètre cube de fer forgé pèse 7788 grammes : quel est le poids d'une barre de fer dont le volume est de 11250 centim. cubes ? — Combien coûte-t-elle, à 64 centimes le kilog.?

1764. Un essieu de fer, vendu à 90 centimes le kilog., a été payé 225 francs : combien pèse-t-il ? — et quel en est le volume, à moins d'un centimètre cube ?

1765. Le centimètre cube de fer fondu pèse 72 décigrammes : trouver le poids et la valeur d'une roue de fer fondu dont le volume est de 24 décimètres cubes, et qui est vendu à 53 centimes le kilogramme.

1766. Le litre d'eau de mer pèse un kilog. 26 grammes : quel est le poids de 2 hectol. 34 lit. 5 décilitres d'eau de mer ?

**1767.** Combien faut-il d'hectol., litres et centilit. d'eau distillée pour faire équilibre à 52 décalit. 7 litres 6 décilit. d'eau de mer?

**1768.** Le litre du vin de Bourgogne pèse 991 grammes, et celui du vin de Bordeaux 994 : combien pèse la barrique de l'un et de l'autre (230 litres), si le poids du fût est 27 kilog. 500 grammes?

**1769.** Combien faut-il d'hectolit. et litres de vin de Bourgogne pour faire équilibre à 298 décalitres de vin de Bordeaux?

**1770.** Combien faut il de litres de vin de Bordeaux pour peser autant que 39 hectol. 64 litres de vin de Bourgogne?

**1771.** Une pièce de vin de Bordeaux pèse 335 kilog., y compris le poids du fût qui est de 28 kilog. 50 décag. : trouver la contenance de cette pièce.

**1772.** Trouver la contenance totale d'une pièce à moitié pleine de vin de Bourgogne, laquelle pèse 200 kilog., si le fût pèse seul 30 kilogrammes.

**1773.** La plus haute montagne (connue) du globe est le Kunchinginga, dans la chaîne de l'Himalaya (Thibet) : elle a 8588 mètres de hauteur. Combien faudrait-il mettre de pièces de 5 fr. (argent) les unes sur les autres pour avoir une hauteur égale à celle de cette montagne, en admettant que la pièce de 5 francs ait une épaisseur de 2 millimèt. 54 centièmes. — Il suffit de calculer le nombre demandé à *un mille* près.

**1774.** Si le budget de la France s'élève à deux milliards, et qu'on l'exprime en pièces de 20f, quelle hauteur obtiendrait-on en plaçant toutes ces pièces les unes sur les autres, en une seule colonne, si l'épaisseur d'une pièce de 20 francs est de 1 millimèt. 25 centièmes.

**1775.** Quelle est la somme en or dont le poids est celui d'un litre d'eau distillée?

**1776.** Un particulier a un revenu de 100 000 francs. S'il en exprime le premier quart en pièces de 100f, le second en pièces de 50f, le troisième en pièces de 20f, et le quatrième en pièces de 10f, et qu'il mette ensuite toutes ces pièces bord à bord sur une même ligne droite, quelle longueur obtiendra-t-il?

**1777.** Les voitures des chemins de fer font ordinairement 40 kilomètres à l'heure. Combien un homme qui voyagerait avec cette vitesse, serait-il de temps pour faire le tour de la Terre, et quel jour et à quelle heure rentrerait-il chez lui, s'il commençait son voyage le premier jour de Janvier, à 4 heures du matin, et qu'il se reposât 8 heures par jour, outre le Dimanche?

**1778.** Combien, avec un lingot d'argent pur pesant 4 kilogram. 50 décag., fait-on de pièces de 5 fr., et pour quelle valeur?

**1779.** En faisant un kilomètre dans 12 minutes 50 centièmes, combien serait-on d'heures et minutes pour franchir une distance de 12 lieues? (La lieue est de 4 kilomètres.)

**1780.** Combien y a-t-il d'argent pur dans une somme de 9428f?

**1781.** Quelle quantité de cuivre y a-t-il dans 2347f,50 en argent? — dans 776 655 francs en or?

**1782.** Pour mesurer la vitesse du mouvement en mer, on compte par *nœuds*. Sachant que le nœud est la 120e partie d'un mille, que le mille est le tiers d'une lieue marine, et que celle-ci est le 20ᵉ d'un degré du méridien terrestre, trouver en mètres et millimètres la longueur du nœud. — Trouver aussi, en mètres et centimètres, la longueur de la lieue marine et celle du mille. (Il faut remarquer que le quart du méridien terrestre, qui contient 90 degrés, a une longueur de 10 000 000 de mètres).

1783. Combien un navire, qui filerait constamment 12 nœuds en 30 secondes, mettrait-il de jours, heures et minutes, pour parcourir une distance égale à 20 degrés du méridien terrestre ?

1784. Si un homme, en se promenant, fait 1ᵐ,33 par seconde, quelle longueur parcourt-il dans une heure et demie de promenade?

1785. Le centimètre cube d'huile d'olive pèse 915 milligram. : combien doit-on payer pour 20 décalitres 5 litres de cette huile, à 3 francs le kilogramme?

1786. Combien coûterait une barrique d'huile d'olive, à 2ᶠ,50 le kilog.? — La barrique contient 230 litres.

1787. Pour trouver le volume d'une certaine masse de platine pesant un quintal, on l'a plongée dans l'eau : calculer en litres et centilitres, la quantité d'eau déplacée, sachant que le centimètre cube de ce platine pèse 21 grammes 53 centigrammes.

1788. Un capitaine, surpris par une violente tempête, se trouve forcé de jeter à la mer 2317 myriag de sa cargaison ; l'eau qui pénétrait dans le navire, en gâta 7 milliers 670 kilog.; arrivé à sa destination, il en vendit 98 tonneaux ; et le reste, qui était de 123 400 kilog., fut mis en magasin : quelle était d'abord la charge du navire ?

1789. Un marchand de fer en a acheté 25 myriag. pour 95 fr. : s'il le revend à 0ᶠ,45 le kilog., combien gagnera-t-il?

1790. Combien aurai-je de kilog. et grammes de tabac pour 135ᶠ,84, à 5 francs le demi-kilogramme?

1791. Combien me donnera-t-on de grammes et centigrammes de quinquina pour 43ᶠ,68, à 19ᶠ,80 l'hectogramme?

1792. A un franc les 5ᵍʳ,252 de quinquina, combien le kilog.?

1793. Pour 270ᶠ j'ai reçu 150 kilog. de beurre : combien m'en a-t-on donné de grammes et centig. pour un franc?

1794. Le tabac coûtant 10 francs le kilog., combien m'en doit-on donner de grammes pour 5 centimes ? — pour 10 centimes ? — pour 25 centimes ?

1795. Combien y a-t-il d'argent pur, combien de cuivre dans 12 pièces d'un franc ? — dans 17 pièces de 2ᶠ ? — dans 23 pièces de 5 fr. ? — dans 45 pièces de 50 centimes ?

1796. Un sac vide pèse 245 décigrammes : combien pèsera-t-il, quand on y aura mis 8 pièces de 100ᶠ, vingt de 50ᶠ, quarante de 20ᶠ, trente de 10ᶠ, et 63 de 5 francs (en or), et de plus, combien vaudra-t-il ?

1797. Quelle longueur aura-t-on, en plaçant à la suite les uns des autres, sur une même droite et côté à côté, tous les décimètres carrés que contient le mètre carré ? — Quelle longueur obtiendra-t-on, en plaçant de la même manière les centimètres carrés, — les millimètres carrés que contient le mètre carré ?

1798. Si on place les uns sur les autres, dans une même colonne, tous les décimètres cubes que contient le mètre cube, quelle hauteur obtiendra-t-on? — Quelle sera la hauteur que l'on aura, en plaçant de la même manière, tous les centimètres cubes, — tous les millimètres cubes que contient le mètre cube?

1799. Combien y a-t-il de pièces de 50 centimes dans une somme d'argent pesant 475 grammes ? — dans une autre pesant 89 décag.? — dans une troisième pesant 145 hectog.?

1800. Trouver la valeur de 25 hectog. 36 grammes de monnaie d'or, — de 24 kilog. 59 grammes 50 cen ig. de monnaie d'argent, — de 8 myriag. 60 hectog. 80 gram. de monnaie de bronze?

1801. Combien pèsent 52 875ᶠ en or? — 7839ᶠ,40 en argent? — 12 345ᶠ.67 en bronze?

1802. Combien aura-t-on de kilog., grammes et milligr. d'or à 0,900, pour 38 450 francs ? — Combien pour 57 kilog. 25 décag. 6 grammes d'argent monnayé?

1803. Une table est couverte de pièces de 5 francs rangées en lignes droites : il y en a 41 sur la longueur et 39 sur la largeur. Trouver 1° la longueur et la largeur de cette table, selon que les pièces sont en or, ou qu'elles sont en argent; 2° le nombre de pièces qui la couvrent ; 3° la valeur de cette table ainsi couverte, sachant que, toute nue, elle vaut 170 francs.

1804. Combien y a-t-il d'hectolitres dans une petite pièce d'eau dont le volume est de 2954 mètres cubes, supposé qu'elle soit parfaitement pleine?

1805. Le volume intérieur d'une cuve est de 4 mètres cubes 456 décimèt. cubes : combien contient-elle de barriques et litres? (La barrique est de 230 litres).

1806. Une cuve contient 123 hectolitres 50 litres : combien, pour la remplir entièrement, faudra-t-il y verser de seaux d'eau, si chacun contient 18 décimètres cubes 450 centimèt. cubes?

1807. Trouver le montant de la facture suivante : 3 pièces de drap noir de 88ᵐ,85 chacune, à 7ᶠ,50 le mètre ; 8 pièces de drap bleu de 70 mètres chacune, à 8ᶠ le mètre; 5 pièces de drap noir de 65ᵐ,40 chacune, à 10ᶠ,25 le mètre ; 4 pièces de satin en soie noire, de 30 mètres chacune, à 11ᶠ,45 le mètre ; 70 mètres de velours, à 2ᶠ,45 le mètre ; 30ᵐ,75 de camelot, à 1ᶠ,25 le mètre ; 6 douzaines de foulards, à 2ᶠ,95 la pièce, et deux douzaines et demie de châles mérinos, à 66 francs la douzaine ?

1808. Combien donnera-t-on d'hectolitres de blé pour 882 kilog. de sucre et 174 kilog. d'huile, si l'hectolit. de blé vaut 23ᶠ,25, le kilog. de sucre 1ᶠ,80, et le kilog. d'huile 3 francs ?

1809. Une route de grande communication doit traverser trois pièces de terre appartenant au même propriétaire. Elle prend 27 décamètres carrés 40 mètres carrés dans la première pièce ; 18 ares 47 centiares dans la seconde ; et 2475 centiares dans la troisième. Or, l'hectare de la première pièce est estimé 2645 fr., celui de la seconde 1200 francs, et celui de la troisième 1804 fr. Trouver quelle indemnité recevra le propriétaire.

# CHAPITRE IV. — Propriétés des Nombres entiers.

### Leçon I. — Définitions préliminaires. — Caractères de Divisibilité.

**1810.** Qu'appelle-t-on *multiple* d'un nombre ? — Exemple d'un multiple de 2, — de 3, — de 5, — de 7, — de 9.

**1811.** Dire quels sont, entre 1 et 50, les nombres qui sont multiples de 2, — de 3, — de 4, — de 5, — de 6, — de 7.

**1812.** Dire ce qu'on appelle *double*, *triple*, *quadruple*, *quintuple*, *sextuple*,... *décuple*,... *centuple*, d'un nombre.

**1813.** Quel est le double de 9876 ? — le triple de 487 ?

**1814.** Quel est le triple de 20 ans ? — le quadruple de 6f,50 ?

**1815.** Quel est le quadruple de 4,75 ? — le quintuple de 43m ?

**1816.** Quel est le quintuple de 12kg,64 ? — le sextuple de 9 ?

**1817.** Quel est le décuple de 5f,60 ? — le centuple de 7m,43 ?

**1818.** Un père dit à son fils : « Mon âge est le quadruple du » tien. » Si le fils a 12 ans, quel est l'âge du père ?

**1819.** L'Arche de Noé avait 30 coudées de hauteur (environ 16m,60) ; sa longueur était le sextuple de sa largeur et le décuple de sa hauteur : trouver la longueur et la largeur de l'arche.

**1820.** La ville de Mâcon, chef-lieu du département de Saône-et-Loire, est située à une hauteur de 184m,50 au-dessus du niveau de la mer ; le Cantal (en France), a une hauteur décuple, et 12m de plus : quelle est la hauteur de cette montagne ?

**1821.** De quel nombre 12 est-il un multiple ?

**1822.** Qu'appelle-t-on *diviseur* d'un nombre entier ? — Quels autres noms donne-t-on au diviseur d'un nombre entier ?

**1823.** Quels sont tous les diviseurs de 12 ? — de 40 ?

**1824.** Trouver tous les nombres par lesquels 48 est divisible.

**1825.** Décomposer 30 en trois facteurs ; — 100 en quatre facteurs.

**1826.** Décomposer chacun des nombres 5, 7, 9, 17, 21, en parties aliquotes de 24.

**1827.** Qu'appelle-t-on *caractères de divisibilité* d'un nombre ?— Qu'appelle-t-on, en particulier, caractères de divisibilité par 2, 3, 4,... ?

**1828.** Sur combien de principes repose la divisibilité des nombres, et quels sont-ils ?

**1829.** Démontrer sur 21 et 35, que la somme de plusieurs multiples de 7, est un multiple de 7.

**1830.** Démontrer que 27, 45, 81, étant des multiples de 9, la somme 27 + 45 + 81, est un multiple de 9.

**1831.** Les nombres 35 et 15 étant des multiples de 5, démontrer que leur différence 35 — 15 est un multiple de 5.

**1832.** Démontrer que 40 et 64 étant des multiples de 8, la différence 64 — 40 est un multiple de 8.

**1833.** Démontrer que, 22 étant un multiple de 11, le produit 22.5 est aussi un multiple de 11.

**1834.** Comment multiplier par un nombre entier une quantité composée de plusieurs parties ?

**1835.** Démontrer que $(5 + 6 + 7).4 = 5.4 + 6.4 + 7.4$, et que $(7 - 3).5 = 7.5 - 3.5$.

**1836.** Que donne $(4 + 5 + 12).3$ ?... $(6 - 2 + 5).4$ ?... $(10 - 7).5$ ? — Effectuer ces produits de deux manières, pour vérifier.

**1837.** Le nombre 21 est divisible par 7, et 46 ne l'est pas : démontrer que la somme 21 + 46 n'est pas divisible par 7, et de plus qu'on aura le même reste en divisant par 7, soit le nombre 46, soit la somme 21 + 46.

**1838.** Quand est-ce qu'un nombre est divisible par 2 ? — quelle est la terminaison d'un nombre divisible par 2 ?

**1839.** Démontrer que 134 est divisible par 2, et que 235 ne l'est pas.

**1840.** Qu'appelle-t-on nombre *pair* ? — nombre *impair* ?

**1841.** Parmi les nombres 44, 654, 5842, 437, 6125, 3740, 4839, 406, 825, 1238, dire ceux qui sont pairs et en prendre la moitié.

**1842.** Quand est-ce qu'un nombre est divisible par 3 ? — Démont er cette propriété sur 9876.

**1843.** Parmi les nombres 7284, 393272, 863571, 9492, 7493, 823, 6438, reconnaître ceux qui sont divisibles par 3, et en prendre le tiers.

**1844.** Parmi les nombres 18, 210, 45, 13, 141, 8265, 360, 512, 3752, reconnaître ceux qui sont divisibles par 2, et en prendre la moitié; puis ceux qui sont divisibles par 3, et en prendre le tiers.

**1845.** Quand est-ce qu'un nombre est divisible par 4 ? — Démontrer que 2300 et 2352 sont divisibles par 4, et que 2382 ne l'est pas.

**1846.** Parmi les nombres 684, 728, 57224, 190, 222, 512, 435978, reconnaître ceux qui sont divisibles par 4, et en prendre le quart; trouver le reste de la division des autres par 4.

**1847.** Parmi les nombres 24, 42, 84, 126, 732, 399, 2067, 6365, reconnaître ceux qui sont divisibles par 2,... par 3,... par 4 et en prendre la moitié,... le tiers,... le quart.

**1848.** Quand est-ce qu'un nombre est divisible par 5 ? — Démontrer que 480 et 485 sont divisibles par 5; et que 481, 482, 483, 484, ne le sont pas.

**1849.** Parmi les nombres 625, 7300, 6512, 734, 6322, 6390, reconnaître ceux qui sont divisibles par 5, et en prendre le cinquième; trouver le reste de la division des autres par 5.

**1850.** Parmi les nombres 864, 609, 120, 4942, 3940, 67, 398, reconnaître ceux qui sont divisibles par 2,... par 3,... par 4,... par 5, et en prendre la moitié,... le tiers,... le quart, ... le cinquième.

**1851.** Quand est-ce qu'un nombre est divisible par 6 ? — Par exemple, à quoi reconnaît-on que 876 est ou n'est pas divisible par 6 ?

**1852.** Parmi les nombres 864, 72, 756, 1296, 256, 1000, reconnaître ceux qui sont divisibles par 6, et en prendre le sixième.

**1853.** Parmi les nombres 456, 789, 1234, 2345, 6789, 9872, 4615, 7214, 9315, reconnaître ceux qui sont divisibles par 2,... par 3,... par 4,... par 5,... par 6, et en prendre la moitié,... le tiers,... le quart,... le cinquième,... le sixième.

**1854.** Quand est-ce qu'un nombre est divisible par 8 ? — Démontrer que 23456 est divisible par 8, et que 34567 ne l'est pas.

**1855.** Parmi les nombres 7832, 69120, 37000, 486124, 612819, 123458, reconnaître ceux qui sont divisibles par 8, et en prendre le huitième; trouver le reste de la division des autres par 8.

**1856.** Parmi les nombres 30, 48, 310, 630, 324, 7540, 1280, 6400, reconnaître ceux qui sont divisibles par 3,... par 6,... par 8. et en prendre le tiers,... le sixième,... le huitième.

**1857.** Quand est-ce qu'un nombre est divisible par 9 ? — Démontrer cette propriété sur 687654.

**1858.** Comment trouver commodément *le reste* de la division par 9 ?

**1859.** Parmi les nombres 891, 7623, 9873, 123453, 986123, 48712, 2045, reconnaître ceux qui sont divisibles par 9, et en prendre le neuvième; trouver le reste de la division des autres par 9.

**1860.** Parmi les nombres 320, 640, 2601, 4320, 18000, 129600, reconnaître ceux qui sont divisibles par 4,... par 8,... par 9, et en prendre le quart,... le huitième,... le neuvième.

**1861.** Quand est-ce qu'un nombre est divisible par 10 ?—Pourquoi?

**1862.** Quand est-ce qu'un nombre est divisible par 11 ? — Démontrer cette propriété sur 123453.

**1863.** Parmi les nombres 23432, 1234321, 406186, 678905, reconnaître ceux qui sont divisibles par 11, et en prendre le onzième ; pour les autres, trouver le reste de la division par 11.

**1864.** Parmi les nombres 5676, 83127, 36918, 904167, 987651, reconnaître ceux qui sont divisibles par 6,... par 9,... par 11, et en prendre le sixième,... le neuvième,... le onzième.

**1865.** Quand est-ce qu'un nombre est divisible par 12 ? — Par exemple, à quoi reconnaît-on que 3540 est ou n'est pas divisible par 12 ?

**1866.** Parmi les nombres 444, 588, 36876, 1107, 20259, 2189, 6336, reconnaître ceux qui sont divisibles par 12,... par 11,... par 9, et en prendre le douzième,... le onzième,... le neuvième.

**1867.** Tout nombre entier n'a-t-il pas ses caractères propres de divisibilité?—Y a-t-il toujours avantage à recourir à ces caractères?

**1868.** Parmi les nombres 58, 174, 888, 962, 2103, 2492, 6566, 7772, 30281, 45563, 34, 64, 127, 445, 3348, 17963, 62350, 548963, 639683, 73698451, 129549, 383647, 718, 600, 330, 190, 2615, 8460, 417461, 12345674, reconnaître ceux qui sont divisibles par 2,... par 3,... par 4,... par 5,... par 6,... par 8,... par 9,... par 10,... par 11,... par 12, et les diviser par leurs diviseurs respectifs.

## Leçon II. — Nombres premiers.

**1869.** Qu'est-ce qu'un nombre *premier* ? — Qu'est-ce qu'un nombre *composé* ? — Donner deux exemples de chaque sorte de ces nombres.

**1870.** Parmi les nombres 9, 13, 15, 18, 31, dire ceux qui sont premiers, ceux qui sont composés, et pourquoi.

**1871.** Parmi quels nombres se trouvent les nombres premiers ? — Pourquoi ?

**1872.** Comment former une table des nombres premiers, par exemple, de 1 à 100 ?

**1873.** Trouver les nombres premiers compris entre 500 et 600.

**1874.** Trouver les nombres premiers compris entre 600 et 700.

**1875.** Trouver les nombres premiers compris entre 700 et 800.

**1876.** Quels nombres premiers sont entre 800 et 900 ?

**187'.** Calculer les nombres premiers entre 900 et 1000 ?

**1878.** Un nombre entier quelconque étant donné, comment reconnaître s'il est premier ?

**1879.** Reconnaître si les nombres 1147 et 3169 sont premiers ou non. — S'ils ne le sont pas, dire par quels nombres premiers ils sont divisibles ; et s'ils sont premiers, trouver jusqu'où il faut pousser l'essai pour s'en assurer.

*Répondre aux mêmes questions pour les* quatre *exemples suivants.*

| | | |
|---|---|---|
| **1880. 1881.** | 4209 et 3373. | 1189 et 5197. |
| **1882. 1883.** | 5297 et 4407. | 9293 et 12121. |

## Leçon III. — Trouver tous les facteurs premiers d'un nombre.

**1884.** Qu'appelle-t-on *facteurs premiers* d'un nombre ? — Quel autre nom donne-t-on à ces facteurs ?

**1885.** Quels sont les diviseurs premiers de 120 ? — Quels sont les diviseurs composés du même nombre ?

**1886.** Comment trouver tous les facteurs premiers d'un nombre ? — Qu'appelle-t-on *facteurs simples* d'un nombre ?

**1887.** Trouver tous les facteurs premiers, puis les facteurs simples de 75 600, et démontrer le procédé sur cet exemple.

*Décomposer en leurs facteurs premiers, puis en leurs facteurs simples, chacun des nombres des exemples suivants.*

| | | |
|---|---|---|
| **1888. 1889.** | 210 et 132. | 520 et 240. |
| **1890. 1891.** | 64 et 864. | 1024 et 3824. |
| **1892. 1893.** | 4896 et 30030. | 403200 et 62760. |
| **1894. 1895.** | 365211 et 153216. | 870087764750. |

## Leçon IV. — Trouver le plus petit Multiple de plusieurs nombres.

**1896.** Qu'est-ce que *le plus petit multiple* de plusieurs nombres ?

**1897.** Comment trouver le plus petit multiple de plusieurs nombres entiers ? — Qu'y a-t-il à remarquer dans le cas où l'un des nombres proposés est exactement contenu dans quelqu'un des autres ?

*Trouver le plus petit multiple des nombres donnés suivants.*

| | | | |
|---|---|---|---|
| **1898.** | **1899.** | 6, 4, 10. | 2, 3, 4, 6, 8, 16. |
| **1900.** | **1901.** | 2, 3, 4, 5, 8, 9. | 8, 12, 18, 30, 36. |
| **1902.** | **1903.** | 21, 49, 63, 98. | 9, 24, 36, 48, 60. |
| **1904.** | **1905.** | 8, 12, 27, 24. | 72, 40, 32, 28, 120. |
| **1906.** | **1907.** | 7, 8, 9, 49, 64. | 240, 72, 18, 8, 6. |
| **1908.** | **1909.** | 48, 12, 24, 96. | 27, 36, 240, 360, 432. |
| **1910.** | **1911.** | 480, 512, 81, 48. | 12, 19, 18, 25, 27. |
| **1912.** | **1913.** | 12, 20, 36, 48, 60. | 96, 128, 240, 360, 520. |
| **1914.** | | 360, 240, 120, 60, 180, 640, 720, 864. | |
| **1915.** | | 2, 3, 4, 5, 6, 7, 8, 9, 10, 11, 12, 16, 20, 30, 40. | |
| **1916.** | | 13, 51, 91, 455, 520, 360, 432, 663, 850, 1000. | |
| **1917.** | | 1296, 864, 144, 1800, 360, 108, 972, 6804, 2268. | |

## Leçon V. — Calcul du plus grand commun Diviseur.

**1918.** Qu'appelle-t-on *diviseur commun* de plusieurs nombres entiers ? — Quels sont les diviseurs communs à 36 et à 54 ?

**1919.** Quels sont les diviseurs communs à 40, 60, 96 ?

**1920.** Qu'est-ce que *le plus grand commun diviseur* de plusieurs nombres ? — Quel est le PGCD de 36 et de 54 ?

**1921.** Quel est le PGCD des nombres 40, 60, 96 ?

**1922.** Sur quels principes repose la recherche du PGCD ?

**1923.** En divisant 468 par 60, on a pour quotient 7, et pour reste 48 : démontrer 1° que tout diviseur commun (3, par exemple) des nombres 468 et 60, est diviseur de 48 ; et 2° que tout nombre (12, par exemple) qui divise 60 et 48, divise 468.

**1924.** En divisant 800 par 240, on trouve 3 pour quotient, et 80 pour reste : démontrer 1° que tout nombre (8, par exemple) qui divise 800 et 240, divise 80 ; et 2° que tout nombre (20, par exemple) qui divise 240 et 80, divise 800.

**1925.** En divisant 432 par 112, on trouve 3 pour quotient, et 96 pour reste : démontrer que, le PGCD entre 432 et 112 étant 16, le PGCD entre 112 et 96 est aussi 16.

**1926.** En divisant 792 par 120, on trouve 6 pour quotient, et 72 pour reste. Or, 24 est le PGCD entre 792 et 120 : démontrer que le PGCD entre 120 et 72 est aussi 24.

3*

**1927.** Trouver le procédé à suivre pour calculer le PGCD de
deux nombres, en opérant sur 384 et 336.

**1928.** En cherchant le PGCD entre 1624 et 315, trouver la marche
à suivre pour calculer le PGCD de deux nombres.

**1929.** Comment calculer le PGCD de deux nombres ?

*Calculer le PGCD des nombres donnés suivants.*

| | | | |
|---|---|---|---|
| **1930.** | **1931.** | 513 et 297. | 954 et 738. |
| **1932.** | **1933.** | 9933 et 13629. | 4532 et 5786. |
| **1934.** | **1935.** | 4608 et 2592. | 5045 et 9370. |
| **1936.** | **1937.** | 3760 et 9024. | 49248 et 93480. |
| **1938.** | **1939.** | 22512 et 25460. | 30281 et 45563. |
| **1940.** | **1941.** | 58320 et 186624. | 879417 et 1639407. |
| **1942.** | **1943.** | 4880 et 7896. | 27720 et 11482. |

**1944.** Qu'appelle-t-on nombres *premiers entre eux ?* — Deux
nombres premiers entre eux sont-ils toujours premiers ? — Deux
nombres premiers sont-ils toujours premiers entre eux ? — Un
nombre premier quelconque est-il premier avec tout autre nombre ?

**1945.** Comment trouver le PGCD de plus de deux nombres ?

*Trouver le PGCD des nombres donnés suivants.*

| | | | |
|---|---|---|---|
| **1946.** | **1947.** | 432, 360, 540. | 387, 516, 9847. |
| **1948.** | **1949.** | 452, 578, 876. | 828, 918, 2214, 3870. |
| **1950.** | **1951.** | 320, 840, 720. | 12, 186, 1236, 153, 1879. |
| **1952.** | **1953.** | 288, 624, 6000, 102384. | 146, 219, 292, 365. |
| **1954.** | | 405, 540, 6885, 55530, 18540, 9250, 87960. | |

---

# CHAPITRE V. — Opérations sur les Fractions, et sur les Nombres fractionnaires.

—

### Leçon I. — Origine des Fractions. — Définitions, Notations.

**1955.** Comment mesurer une quantité moindre que l'unité ?

**1956.** Comment mesurer une longueur moindre que le
mètre ? — une surface moindre que le mètre carré ? — un corps
moindre que le mètre cube ?

**1957.** Quelle espèce de nombre trouve-t-on, lorsqu'on mesure
une quantité moindre que l'unité ? — Qu'est-ce qu'*une Fraction ?*

**1958.** Si l'on partage une orange en 8 parties égales, et qu'on
prenne une, 2, 3, 4, 5, 6, ou 7 de ces parties, qu'obtiendra-t-on ?

**1959.** Si l'on partage un mètre en dix parties égales, et qu'on
prenne une, 2, 3, 4, 5, 6, 7, 8, ou 9 de ces parties, qu'obtiendra-t-on ?

**1960.** Si l'on partage un jour en 24 parties égales, quelle quantité aura-t-on en prenant une, 2, 3, 4, 5,... ou 23 de ces parties ?

**1961.** Combien de nombres sont nécessaires pour représenter une fraction ? — Pourquoi ? — Comment les nomme-t-on, et que marquent-ils ? — Quel nom commun leur donne-t-on ?

**1962.** Si l'on partage une pomme en quatre parties égales et que l'on prenne trois de ces parties, quel est le numérateur, quel est le dénominateur, quels sont les termes de la fraction ?

**1963.** Une succession est également partagée entre sept héritiers : si quatre d'entre eux réunissent leurs parts, quels sont le numérateur, le dénominateur, les termes de la fraction qui en résulte ?

**1964.** Suivant qu'on divise l'unité en 2, 3, 4, 5, 10, 16, 25, 30, 40, 100, 1000 parties égales, comment s'appellent les parties ?

**1965.** Qu'entend-on par septième, huitième, douzième, quinzième, vingt-cinquième, cinquantième, centième, millième d'unité ?

**1966.** Combien faut-il de huitièmes, de neuvièmes, de treizièmes, de dix-septièmes, de trentièmes, de centièmes, pour faire une unité ?

**1967.** Comment *écrire* une fraction ?

**1968.** L'unité ayant été divisée en deux parties égales, représenter la quantité qui contiendrait une de ces parties ?

**1969.** L'unité ayant été divisée en trois parties égales, représenter la quantité qui contiendrait deux de ces parties.

**1970.** Le kilogramme ayant été divisé en quatre parties égales, représenter la quantité qui contiendrait une, deux, ou trois de ces parties.

**1971.** L'heure ayant été partagée en 60 parties égales, représenter une durée qui contiendrait une, cinq, sept, onze, dix-neuf, trente, quarante-cinq, cinquante-neuf de ces parties.

**1972.** Ecrire cinq sixièmes, trois huitièmes, treize trente-sixièmes, vingt-trois soixantièmes, trente-sept centièmes.

**1973.** Comment *lire* une fraction ?

*Lire les fractions données ci-dessous, et dire ce qu'elles représentent.*

**1974. 1975.** $\dfrac{1}{2}, \dfrac{2}{3}, \dfrac{3}{4}, \dfrac{2}{5} \qquad \dfrac{5}{8}, \dfrac{11}{17}, \dfrac{9}{10}, \dfrac{39}{100}$

**1976. 1977.** $\dfrac{2}{7}, \dfrac{4}{9}, \dfrac{8}{11}, \dfrac{7}{12} \qquad \dfrac{6}{11}, \dfrac{7}{16}, \dfrac{12}{19}, \dfrac{49}{1000}$

**1978.** Que représente encore une fraction ? — Le démontrer sur $\frac{4}{5}$, en considérant la division sous son double aspect.

**1979.** Que représentent les fractions $\dfrac{5}{9}, \dfrac{3}{10}, \dfrac{4}{7}, \dfrac{8}{15}, \dfrac{11}{20}$ ?

**1980.** Si on divise les nombres 1, 2, 3, 4, 5, 6, 7, 8, 9, 10, respectivement par 11, 12, 13, 14, 15, 16, 17, 18, 19, 20, quels quotients obtiendra-t-on ?

**1981.** On n'a que deux oranges à partager entre trois enfants : quelle sera la part de chacun ?

**1982.** J'ai 7 décimes en poche, et je rencontre 7 mendiants. Au moment où je me dispose à leur faire à chacun l'aumône d'un décime, il en survient trois autres. Comment faire, pour les as-

sister tous également, sachant que je n'ai pas d'autre monnaie,
et que les sept premiers peuvent me rendre chacun un, deux,
trois, quatre ou cinq centimes ?

**1983.** Je veux acheter du drap pour 11 francs, à 15 francs le
mètre : quel fraction de mètre me donnera t-on ?

**1984.** Un terrain est à vendre à 3000 fr. l'hectare : quelle fraction d'hectare aura-t-on pour 2000 francs ?

**1985.** Qu'est-ce que $\frac{5}{8}$ de pomme, par rapport à une pomme ?
— par rapport à 5 pommes ? — Comment cela ?

**1986** Qu'est-ce que $\frac{3}{4}$ de stère, par rapport à un stère ? — par
rapport à trois stères ? — Comment cela ?

**1987.** Dire comb. 1 est de fois pl. grand que $\frac{1}{2}, \frac{1}{3}, \frac{1}{4}, \frac{1}{5}$.

**1988.** Dire comb. 2 contient de fois $\frac{2}{3}, \frac{2}{5}, \frac{2}{7}, \frac{2}{9}, \frac{2}{15}, \frac{2}{100}$.

**1989.** Comb. de fois 3 contient-il $\frac{3}{4}, \frac{3}{5}, \frac{3}{7}, \frac{3}{10}, \frac{3}{20}, \frac{3}{30}, \frac{3}{1000}$ ?

**1990.** Comb. 4 est-il de fois pl. grand que $\frac{4}{7}, \frac{4}{9}, \frac{4}{17}, \frac{4}{31}, \frac{4}{100}$ ?

**1991.** Comment trouver le quotient complet d'une division ? —
L'expliquer sur la division de 29 par 8.

*Trouver le quotient complet des divisions indiquées suivantes :*

**1992. 1993.** $\frac{427}{2}, \frac{3647}{3}, \frac{8543}{4}$.    $\frac{123}{5}, \frac{2345}{6}, \frac{3456}{7}$.

**1994. 1995.** $\frac{1234}{9}, \frac{2345}{12}, \frac{34567}{234}$.    $\frac{34567}{925}, \frac{67891234}{7659}$.

**1996.** Combien aura-t-on de mètres et fraction de mètre, pour
2849 francs, à 16 francs le mètre ?

**1997.** Partager également entre 13 personnes une pièce de terre
contenant 987 ares. — (Chaque part, en ares et fraction à deux
termes).

**1998.** Quand est-ce qu'en mesurant une quantité, on obtient
un nombre fractionnaire ? — Rappelez-vous ce qu'on appelle
*nombre fractionnaire*, et nous en donnez trois exemples.

**1999.** Dire de quelle espèce (entier, fractionnaire, fraction) est
chacun des nombres : 487,23... 6129... $28\frac{2}{5}$... 0,827... $\frac{4}{9}$... 335.

---

## Leçon II. — Opérations préliminaires sur les Fractions.

**2000.** Qu'est-ce qu'une fraction *proprement dite ?* — A quelles
autres quantités donne-t-on aussi le nom de fraction ?

**2001.** Quand est-ce qu'une fraction est moindre que l'unité ?
— Pourquoi ? — Donner quatre exemples.

**2002.** Quand est-ce qu'une fraction est égale à l'unité ?—Pourquoi ? — En donner cinq exemples.

**2003.** Quand est-ce qu'une fraction est plus grande que l'unité ? — Pourquoi ? — En donner trois exemples.

**2004.** Parmi les fractions suivantes, distinguer celles qui sont moindres que l'unité, celles qui lui sont égales, et celles qui sont plus grandes : $\frac{4}{9}$, $\frac{9}{9}$, $\frac{3}{7}$, $\frac{12}{8}$, $\frac{13}{20}$, $\frac{6}{6}$, $\frac{15}{11}$, $\frac{21}{16}$, $\frac{20}{20}$, $\frac{100}{100}$, $\frac{17}{39}$, $\frac{48}{9}$, $\frac{12}{19}$.

**2005.** Trouver la différence entre l'unité et chacune des fractions $\frac{1}{2}$, $\frac{1}{3}$, $\frac{3}{4}$, $\frac{8}{5}$, $\frac{5}{7}$, $\frac{12}{3}$, $\frac{25}{4}$, $\frac{12}{12}$, $\frac{5}{16}$, $\frac{29}{10}$, $\frac{22}{22}$, $\frac{30}{100}$, $\frac{1234}{1000}$.

**2006.** Lorsqu'une fraction renferme des entiers, comment les extraire ? — Démontrer le procédé sur $\frac{53}{8}$.

*Extraire les entiers renfermés dans les fractions suivantes.*

**2007.** $\quad \frac{12}{2} \quad \frac{13}{3} \quad \frac{27}{4} \quad \frac{238}{5} \quad \frac{59}{6} \quad \frac{239}{7} \quad \frac{1024}{8} \quad \frac{619}{9} \quad \frac{1287}{7}$

**2008.** $\quad \frac{6193}{11} \quad \frac{45}{12} \quad \frac{713}{13} \quad \frac{19}{14} \quad \frac{28}{15} \quad \frac{287}{16} \quad \frac{412}{17} \quad \frac{581}{18} \quad \frac{60}{19}$

**2009.** $\quad \frac{620}{20} \quad \frac{4837}{51} \quad \frac{6192}{123} \quad \frac{486214}{987} \quad \frac{123456}{2345} \quad \frac{61731}{584} \quad \frac{287125}{6183}$

**2010.** Combien y a-t-il de mètres dans $\frac{41}{3}$ de mètre ? — Combien d'heures dans $\frac{617}{8}$ d'heure ? — de degrés dans $\frac{1234}{17}$ de degré ?

**2011.** Combien y a-t-il de kilog. dans $\frac{483}{9}$ de kilog. ? — de litres dans $\frac{54}{4}$ de litre ? — de stères dans $\frac{540}{8}$ de stère ?

**2012.** Comment réduire un nombre entier en fraction ? — Le démontrer sur 12 unités à convertir en quarts.

**2013.** Convertir 2 unités en demies, en tiers, en quarts, en cinquièmes, en septièmes, en neuvièmes, en douzièmes.

**2014.** Exprimer 3 unités en demies, en quarts, en sixièmes, en huitièmes, en dixièmes, en vingt-cinquièmes.

**2015.** Exprimer chacun des nombres 4, 5, 6, 7, 8, 9, 10, en demies, tiers, quarts, cinquièmes, sixièmes, septièmes, huitièmes.

**2016.** Une roue fait un tour tous les quarts d'heure : combien fera-t-elle de tours dans un jour ? — dans une année ?

**2017.** Comment réduire un nombre fractionnaire en une seule fraction ? — Le démontrer sur $6\frac{2}{7}$.

*Convertir en une seule fraction chacun des nombres fractionnaires suivants.*

**2018.** $\quad 1\frac{1}{2}$, $2\frac{1}{3}$, $3\frac{1}{4}$, $4\frac{2}{5}$, $5\frac{5}{6}$, $6\frac{3}{7}$, $7\frac{5}{8}$, $8\frac{4}{9}$.

**2019.** $\quad 9\frac{3}{4}$, $10\frac{3}{5}$, $12\frac{4}{7}$, $13\frac{5}{12}$, $14\frac{3}{7}$, $15\frac{1}{3}$, $17\frac{5}{7}$.

**2020.** $\quad 24\frac{1}{2}$, $35\frac{1}{4}$, $41\frac{3}{5}$, $54\frac{6}{13}$, $67\frac{3}{10}$, $78\frac{7}{12}$, $83\frac{5}{6}$.

**2021.** $\quad 8\frac{2}{9}$, $29\frac{4}{11}$, $123\frac{1}{12}$, $234\frac{1}{2}$, $345\frac{2}{3}$, $44\frac{4}{13}$, $456\frac{2}{7}$.

**2022.** $7\frac{4}{5}$, $13\frac{2}{3}$, $19\frac{7}{8}$, $234\frac{11}{12}$, $756\frac{8}{9}$, $129\frac{4}{5}$, $784\frac{15}{17}$.

**2023.** Combien y a-t-il de quarts d'heure dans 17 heures $\frac{3}{4}$ ? — de tiers de jour dans 5 jours $\frac{1}{3}$ ? — de sixièmes de minute dans $32^m \frac{5}{6}$ ?

**2024.** Combien y a-t-il de vingtièmes de degré dans 15 degrés $\frac{9}{20}$ ? — de douzièmes de seconde dans 53 secondes $\frac{7}{12}$ ?

---

### Leçon III. — Quelques Propriétés des Fractions.

**2025.** Démontrer 1° qu'en augmentant le numérateur d'une fraction, sans changer le dénominateur, on augmente cette fraction ; 2° qu'en diminuant le numérateur, sans changer le dénominateur, on diminue la fraction.

**2026.** Lorsque plusieurs fractions ont le même dénominateur, laquelle est la plus grande ? — laquelle est la plus petite ?

**2027.** Ranger par ordre de grandeur, en commençant par la plus petite, les fractions $\dfrac{5}{17}$, $\dfrac{15}{17}$, $\dfrac{1}{17}$, $\dfrac{8}{17}$, $\dfrac{16}{17}$, $\dfrac{10}{17}$, $\dfrac{4}{17}$, .... $\dfrac{3}{20}$, $\dfrac{7}{20}$, $\dfrac{1}{20}$, $\dfrac{19}{20}$, $\dfrac{13}{20}$, $\dfrac{9}{20}$, $\dfrac{11}{20}$.

**2028.** Ranger par ordre de grandeur, en commençant par la plus grande, les fractions $\dfrac{9}{11}$, $\dfrac{3}{11}$, $\dfrac{10}{11}$, $\dfrac{1}{11}$, $\dfrac{7}{11}$, $\dfrac{5}{11}$, $\dfrac{6}{11}$, $\dfrac{8}{11}$, .... $\dfrac{5}{13}$, $\dfrac{12}{13}$, $\dfrac{11}{13}$, $\dfrac{1}{13}$, $\dfrac{7}{13}$, $\dfrac{9}{13}$, $\dfrac{10}{13}$, $\dfrac{8}{13}$, $\dfrac{6}{13}$, $\dfrac{4}{13}$, $\dfrac{2}{13}$, $\dfrac{3}{13}$.

**2029.** Démontrer 1° qu'en augmentant le dénominateur, sans changer le numérateur, on diminue la fraction ; 2° qu'en diminuant le dénominateur, sans changer le numérateur, on augmente la fraction.

**2030.** Lorsque plusieurs fractions ont le même numérateur, laquelle est la plus grande ? — laquelle est la plus petite ?

**2031.** Ranger par ordre de grandeur, en commençant par la plus petite, les fractions $\dfrac{2}{11}$, $\dfrac{2}{9}$, $\dfrac{2}{3}$, $\dfrac{2}{5}$, $\dfrac{2}{19}$, $\dfrac{2}{7}$, $\dfrac{2}{15}$, $\dfrac{2}{13}$, .... $\dfrac{3}{7}$, $\dfrac{3}{10}$, $\dfrac{3}{4}$, $\dfrac{3}{8}$, $\dfrac{3}{20}$, $\dfrac{3}{17}$, $\dfrac{3}{5}$, $\dfrac{3}{9}$.

**2032.** Ranger par ordre de grandeur, en commençant par la plus grande, les fractions $\dfrac{4}{9}$, $\dfrac{4}{17}$, $\dfrac{4}{13}$, $\dfrac{4}{5}$, $\dfrac{4}{11}$, $\dfrac{4}{7}$, $\dfrac{4}{2}$, $\dfrac{4}{15}$, .... $\dfrac{5}{9}$, $\dfrac{5}{12}$, $\dfrac{5}{6}$, $\dfrac{5}{8}$, $\dfrac{5}{21}$, $\dfrac{5}{7}$, $\dfrac{5}{11}$, $\dfrac{5}{13}$.

**2033.** Démontrer qu'en augmentant également les deux termes d'une fraction, on l'augmente, si elle est moindre que l'unité, et qu'on la diminue, si elle est plus grande. — Démontrer, par exemple, que $\frac{9}{11}$ est plus grand que $\frac{5}{7}$, et que $\frac{11}{9}$ est plus petit que $\frac{7}{5}$.

**2034.** Démontrer qu'en diminuant également les deux termes d'une fraction, on la diminue, si elle est moindre que l'unité, et qu'on l'augmente, si elle est plus grande. — Démontrer, par exemple, que $\frac{4}{9}$ est plus petit que $\frac{7}{12}$, et que $\frac{9}{4}$ est plus grand que $\frac{12}{7}$.

**2035.** Lorsque plusieurs fractions moindres que l'unité, ont même différence entre leurs termes, laquelle est la plus grande ? — laquelle est la plus petite ?

**2036.** Ranger par ordre de grandeur, en commençant par la plus petite, les fractions $\frac{5}{7}$, $\frac{9}{11}$, $\frac{4}{6}$, $\frac{8}{10}$, $\frac{3}{5}$, $\frac{11}{13}$, .... $\frac{5}{9}$, $\frac{6}{10}$, $\frac{2}{6}$, $\frac{1}{5}$, $\frac{14}{18}$, $\frac{3}{7}$, $\frac{96}{100}$.

**2037.** Lorsque plusieurs fractions plus grandes que l'unité ont même différence entre leurs termes, laquelle est la plus grande ? — laquelle est la plus petite ?

**2038.** Ranger par ordre de grandeur, en commençant par la plus grande, les fractions $\frac{13}{9}$, $\frac{15}{11}$, $\frac{16}{12}$, $\frac{12}{8}$, $\frac{11}{7}$, $\frac{14}{10}$, .... $\frac{17}{12}$, $\frac{19}{14}$, $\frac{16}{11}$, $\frac{18}{13}$, $\frac{15}{10}$, $\frac{20}{15}$.

**2039.** Démontrer qu'en multipliant le numérateur par un nombre entier, sans changer le dénominateur, on multiplie la fraction par ce nombre entier. — Démontrer, en multipliant le numérateur par 3.

**2040.** Que donnent $\frac{1}{2} \times 3$... $\frac{2}{3} \times 4$... $\frac{3}{5} \times 10$... $\frac{8}{13} \times 20$.

**2041.** Démontrer qu'en divisant le numérateur par un nombre entier (5, par exemple), sans changer le dénominateur, on divise la fraction par ce nombre entier.

**2042.** Que donnent $\frac{2}{3} : 2$... $\frac{3}{5} : 3$... $\frac{8}{9} : 4$... $\frac{15}{19} : 5$... $\frac{24}{100} : 6$.

**2043.** Que devient une fraction dont on multiplie le dénominateur par un nombre entier (7, par exemple), sans changer le numérateur ? — Comment cela ?

**2044.** Quels sont les fractions $\frac{3}{14}$, $\frac{2}{15}$, $\frac{3}{20}$, $\frac{5}{24}$, $\frac{1}{16}$, $\frac{8}{45}$, respectivement à l'égard de $\frac{3}{7}$, $\frac{2}{5}$, $\frac{3}{4}$, $\frac{5}{8}$, $\frac{1}{2}$, $\frac{8}{9}$ ?

**2045.** Que devient une fraction dont on divise le dénominateur par un nombre entier (6, par exemple), sans changer le numérateur ? — Comment cela ?

**2046.** Que sont les fractions $\frac{3}{4}$, $\frac{2}{5}$, $\frac{5}{6}$, $\frac{4}{7}$, $\frac{6}{11}$, $\frac{7}{8}$, $\frac{5}{9}$, respectivement à l'égard de $\frac{3}{8}$, $\frac{2}{15}$, $\frac{5}{24}$, $\frac{4}{21}$, $\frac{6}{55}$, $\frac{7}{56}$, $\frac{5}{72}$ ?

**2047.** Que devient une fraction dont on multiplie les deux termes par un même nombre entier (8, par exemple) ? — Comment cela ? — Convertir la fraction $\frac{1}{2}$ en quarts, en sixièmes, en huitièmes.

**2048.** Convertir $\frac{2}{3}$ en sixièmes, en neuvièmes, en quinzièmes.

**2049.** Convertir $\frac{3}{4}$ en huitièmes, en douzièmes, en vingtièmes.

**2050.** Convertir $\frac{2}{5}$ en dixièmes, en vingtièmes, en centièmes.

**2051.** Exprimer $\frac{3}{7}$ en 21es, en 35es, en 49es, en 70es, en 98es.

**2052.** Que devient une fraction dont on divise les deux termes par un même nombre (7, par exemple) ? — Comment cela ?

**2053.** Exprimer le plus simplement possible la fraction $\frac{144}{180}$.

---

LEÇON IV. — **Réduction des Fractions à leur plus simple expression.**

**2054.** Quand est-ce qu'une fraction est à sa plus simple expression ? — Comment la nomme-t-on alors ? — Qu'est ce qu'une fraction *irréductible* ? — Donner trois exemples de fractions irréductibles.

**2055.** Les fractions $\frac{18}{24}$, $\frac{36}{84}$, $\frac{60}{96}$, sont-elles irréductibles ? — Pourquoi ? — Pourquoi réduit-on les fractions à leur plus simple expression ?

**2056.** Combien y a-t-il de moyens pour réduire une fraction à sa plus simple expression, et quels sont-ils ? — Quel est l'avantage du second sur le premier ? — En quel cas surtout le troisième est-il préférable aux deux autres ?

*Réduire à leur plus simple expression les fractions données suivantes, en employant de préférence le troisième moyen, lorsque les termes sont des nombres considérables.*

**2057.** $\dfrac{12}{30}$, $\dfrac{8}{40}$, $\dfrac{2}{4}$, $\dfrac{7}{14}$, $\dfrac{56}{84}$, $\dfrac{60}{72}$, $\dfrac{40}{128}$, $\dfrac{72}{264}$, $\dfrac{1008}{1080}$.

**2058.** $\dfrac{60}{90}$, $\dfrac{84}{180}$, $\dfrac{450}{750}$, $\dfrac{576}{640}$, $\dfrac{456}{513}$, $\dfrac{7668}{9372}$, $\dfrac{800}{2000}$.

**2059.** $\dfrac{4896}{6732}$, $\dfrac{571}{891}$, $\dfrac{611}{725}$, $\dfrac{11}{37}$, $\dfrac{86163}{114884}$, $\dfrac{228462}{799617}$, $\dfrac{25}{100}$.

**2060.** $\dfrac{4896}{5508}$, $\dfrac{24604}{30755}$, $\dfrac{37349}{48841}$, $\dfrac{14460}{578400}$, $\dfrac{34567}{172835}$, $\dfrac{4567}{114175}$.

**2061.** $\dfrac{128}{256}$, $\dfrac{351}{468}$, $\dfrac{48}{72}$, $\dfrac{2140}{3424}$, $\dfrac{18}{36}$, $\dfrac{125}{1000}$, $\dfrac{3600}{5400}$, $\dfrac{74088}{98784}$.

**2062.** $\dfrac{9360}{12480}$, $\dfrac{78492}{104656}$, $\dfrac{5132}{13080}$, $\dfrac{3213}{4131}$, $\dfrac{284}{628}$, $\dfrac{11304}{15072}$, $\dfrac{619}{2183}$.

**2063.** $\dfrac{38493}{48863}$, $\dfrac{8722}{9198}$, $\dfrac{360}{1072}$, $\dfrac{483}{517}$, $\dfrac{416}{832}$, $\dfrac{624}{4220}$, $\dfrac{72000}{216000}$.

LEÇON V. — **Réduction des Fractions au même Dénominateur.**

**2064.** Donnez-nous un moyen général pour réduire les fractions au même dénominateur, 1° lorsqu'il n'y en a que deux ; 2° lorsqu'il y en a un plus grand nombre ?

**2065.** En réduisant des fractions au même dénominateur, en change-t-on la valeur ? — Pourquoi ? — A quoi bon cette réduction ?

*Réduire au même dénominateur les fractions données suivantes.*

**2066. 2067.**    $\dfrac{1}{2}, \dfrac{2}{3}.$       $\dfrac{2}{3}, \dfrac{3}{4}.$

**2068. 2069.**    $\dfrac{3}{4}, \dfrac{2}{5}.$       $\dfrac{5}{6}, \dfrac{3}{7}.$

**2070. 2071.**    $\dfrac{1}{2}, \dfrac{4}{5}.$       $\dfrac{3}{4}, \dfrac{5}{9}, \dfrac{3}{5}.$

**2072. 2073.**    $\dfrac{3}{5}, \dfrac{1}{3}, \dfrac{1}{2}.$       $\dfrac{2}{9}, \dfrac{3}{8}, \dfrac{1}{4}.$

**2074. 2075.**    $\dfrac{12}{13}, \dfrac{6}{7}.$       $\dfrac{1}{2}, \dfrac{2}{3}, \dfrac{3}{4}, \dfrac{2}{5}.$

**2076. 2077.**    $\dfrac{123}{437}, \dfrac{3}{7}.$       $\dfrac{25}{31}, \dfrac{8}{9}, \dfrac{3}{8}, \dfrac{2}{3}.$

**2078. 2079.**    $\dfrac{2}{9}, \dfrac{10}{11}, \dfrac{5}{13}.$       $\dfrac{5}{8}, \dfrac{1}{3}, \dfrac{2}{7}, \dfrac{4}{5}, \dfrac{9}{14}.$

**2080. 2081.**    $\dfrac{11}{15}, \dfrac{13}{23}, \dfrac{12}{41}.$       $\dfrac{4}{5}, \dfrac{5}{6}, \dfrac{8}{11}, \dfrac{1}{2}, \dfrac{2}{23}.$

**2082. 2083.**    $\dfrac{1}{2}, \dfrac{2}{3}, \dfrac{1}{5}, \dfrac{3}{7}, \dfrac{4}{11}.$       $\dfrac{3}{4}, \dfrac{2}{5}, \dfrac{6}{7}, \dfrac{8}{9}, \dfrac{5}{13}, \dfrac{9}{17}.$

**2084. 2085.**    $\dfrac{2}{5}, \dfrac{4}{9}, \dfrac{10}{11}, \dfrac{9}{13}, \dfrac{4}{17}.$       $\dfrac{6}{7}, \dfrac{4}{5}, \dfrac{1}{2}, \dfrac{2}{3}, \dfrac{9}{11}, \dfrac{7}{10}.$

**2086.** Quel dénominateur commun est préférable à tout autre ? — Comment alors calculer les numérateurs correspondants ?

**2087.** Pourriez-vous nous dire ce qu'indique le quotient qu'on trouve en divisant le dénominateur commun par chaque dénominateur particulier ?

*Réduire au même dénominateur le plus simple possible les fractions données dans les exemples suivants.*

**2088. 2089.**    $\dfrac{1}{2}, \dfrac{3}{4}.$       $\dfrac{2}{3}, \dfrac{5}{6}, \dfrac{4}{9}.$

2090. 2091. $\dfrac{5}{6}, \dfrac{1}{8}, \dfrac{11}{12}.$ $\qquad \dfrac{1}{4}, \dfrac{5}{6}, \dfrac{3}{8}, \dfrac{7}{9}.$

2092. 2093. $\dfrac{1}{6}, \dfrac{2}{9}, \dfrac{7}{12}.$ $\qquad \dfrac{5}{8}, \dfrac{1}{2}, \dfrac{3}{4}, \dfrac{1}{6}, \dfrac{5}{12}.$

2094. 2095. $\dfrac{2}{5}, \dfrac{1}{2}, \dfrac{7}{10}, \dfrac{17}{24}.$ $\qquad \dfrac{3}{5}, \dfrac{9}{15}, \dfrac{13}{20}, \dfrac{9}{10}, \dfrac{31}{40}.$

2096. 2097. $\dfrac{1}{2}, \dfrac{2}{3}, \dfrac{3}{4}, \dfrac{2}{5}, \dfrac{5}{6}.$ $\qquad \dfrac{2}{7}, \dfrac{5}{8}, \dfrac{4}{9}, \dfrac{5}{12}, \dfrac{7}{15}.$

2098. 2099. $\dfrac{11}{18}, \dfrac{7}{16}, \dfrac{5}{72}, \dfrac{5}{6}, \dfrac{8}{15}.$ $\qquad \dfrac{4}{27}, \dfrac{7}{18}, \dfrac{2}{13}, \dfrac{5}{6}, \dfrac{3}{4}.$

2100. 2101. $\dfrac{13}{18}, \dfrac{19}{120}, \dfrac{11}{20}, \dfrac{23}{64}, \dfrac{37}{80}.$ $\qquad \dfrac{2}{3}, \dfrac{5}{8}, \dfrac{5}{6}, \dfrac{3}{4}, \dfrac{5}{12}, \dfrac{7}{15}.$

2102. 2103. $\dfrac{1}{2}, \dfrac{3}{4}, \dfrac{5}{6}, \dfrac{7}{8}, \dfrac{11}{12}, \dfrac{8}{15}, \dfrac{9}{16}.$ $\qquad \dfrac{5}{12}, \dfrac{17}{18}, \dfrac{11}{32}, \dfrac{23}{48}, \dfrac{17}{60}.$

2104. 2105. $\dfrac{17}{24}, \dfrac{19}{36}, \dfrac{25}{28}, \dfrac{9}{20}, \dfrac{31}{96}.$ $\qquad \dfrac{13}{36}, \dfrac{7}{24}, \dfrac{15}{32}, \dfrac{11}{12}, \dfrac{53}{60}.$

2106. 2107. $\dfrac{61}{120}, \dfrac{173}{288}, \dfrac{217}{360}, \dfrac{143}{150}.$ $\qquad \dfrac{23}{160}, \dfrac{59}{150}, \dfrac{19}{25}, \dfrac{13}{40}, \dfrac{47}{60}.$

2108. $\dfrac{1}{6}, \dfrac{3}{5}, \dfrac{5}{12}, \dfrac{3}{4}, \dfrac{1}{2}, \dfrac{2}{3}, \dfrac{7}{8}, \dfrac{4}{9}, \dfrac{15}{16}, \dfrac{17}{20}, \dfrac{33}{40}, \dfrac{29}{50}.$

2109. $\dfrac{3}{8}, \dfrac{13}{24}, \dfrac{27}{40}, \dfrac{43}{160}, \dfrac{53}{96}, \dfrac{31}{36}, \dfrac{59}{72}, \dfrac{125}{288}, \dfrac{365}{864}, \dfrac{779}{4320}.$

---

## Leçon VI. — Addition des Fractions.

2110. Comment faire l'addition des fractions ? — Pourquoi ? *Effectuer les additions indiquées suivantes.*

2111. 2112. $\dfrac{1}{3} + \dfrac{2}{3}.$ $\qquad \dfrac{1}{4} + \dfrac{3}{4}.$

2113. 2114. $\dfrac{1}{5} + \dfrac{2}{5} + \dfrac{3}{5} + \dfrac{4}{5}.$ $\qquad \dfrac{1}{7} + \dfrac{3}{7} + \dfrac{5}{7} + \dfrac{6}{7} + \dfrac{4}{7}.$

2115. 2116. 2117. $\dfrac{1}{2} + \dfrac{1}{3}.$ $\qquad \dfrac{2}{3} + \dfrac{1}{4}.$ $\qquad \dfrac{3}{4} + \dfrac{1}{3} + \dfrac{1}{2}.$

2118. 2119. $\dfrac{2}{3} + \dfrac{3}{4} + \dfrac{2}{5} + \dfrac{1}{6}.$ $\qquad \dfrac{3}{5} + \dfrac{1}{2} + \dfrac{1}{4} + \dfrac{1}{3} + \dfrac{5}{6}.$

2120. 2121. $\dfrac{5}{9}+\dfrac{2}{3}+\dfrac{11}{12}+\dfrac{17}{20}.\qquad \dfrac{5}{18}+\dfrac{13}{24}+\dfrac{17}{36}+\dfrac{23}{48}+\dfrac{25}{32}.$

2122. 2123. $\dfrac{3}{4}+\dfrac{5}{8}+\dfrac{7}{12}+\dfrac{5}{16}.\qquad \dfrac{19}{27}+\dfrac{31}{36}+\dfrac{61}{72}+\dfrac{47}{48}+\dfrac{5}{6}.$

2124. 2125. $\dfrac{31}{72}+\dfrac{1}{2}+\dfrac{5}{18}+\dfrac{13}{16}.\qquad \dfrac{3}{4}+\dfrac{7}{9}+\dfrac{11}{15}+\dfrac{21}{32}+\dfrac{7}{12}.$

2126. 2127. $\dfrac{1}{2}+\dfrac{7}{8}+\dfrac{5}{12}+\dfrac{3}{5}.\qquad \dfrac{7}{18}+\dfrac{3}{20}+\dfrac{7}{12}+\dfrac{8}{15}+\dfrac{17}{30}.$

2128. $\dfrac{1}{2}+\dfrac{1}{3}+\dfrac{1}{4}+\dfrac{1}{5}+\dfrac{1}{6}+\dfrac{1}{7}+\dfrac{1}{8}+\dfrac{1}{12}+\dfrac{1}{16}+\dfrac{1}{20}.$

2129. $\dfrac{2}{3}+\dfrac{3}{4}+\dfrac{5}{6}+\dfrac{7}{9}+\dfrac{11}{12}+\dfrac{15}{16}+\dfrac{17}{24}+\dfrac{29}{36}+\dfrac{47}{48}+\dfrac{61}{72}.$

2130. Comment faire l'addition des nombres fractionnaires?

*Effectuer les additions indiquées suivantes.*

2131. 2132. $3\tfrac{1}{2}+2\tfrac{1}{3}+3\tfrac{1}{4}+4\tfrac{1}{5}.\qquad 5\tfrac{1}{6}+7\tfrac{2}{7}+9\tfrac{3}{8}+11\tfrac{1}{4}.$

2133. 2134. $13\tfrac{1}{2}+9\tfrac{1}{4}+264\tfrac{5}{8}.\qquad 24\tfrac{2}{3}+17\tfrac{5}{6}+43\tfrac{2}{9}+71\tfrac{5}{12}.$

2135. 2136. $483\tfrac{2}{3}+519\tfrac{5}{7}+28\tfrac{1}{2}.\qquad 7\tfrac{3}{4}+13\tfrac{5}{6}+26\tfrac{3}{8}+29\tfrac{7}{12}.$

2137. 2138. $48\tfrac{2}{3}+57\tfrac{1}{2}+9\tfrac{3}{4}+8\tfrac{1}{5}.\qquad 12\tfrac{5}{6}+9\tfrac{2}{7}+131\tfrac{5}{8}+93\tfrac{2}{9}.$

2139. 2140. $43\tfrac{1}{12}+9\tfrac{5}{6}+24+37\tfrac{3}{4}.\qquad 56\tfrac{2}{3}+8\tfrac{4}{5}+83+4\tfrac{5}{9}+7\tfrac{1}{6}.$

2141. 2142. $18\tfrac{1}{6}+17\tfrac{3}{4}+29\tfrac{5}{8}+\tfrac{1}{2}.\qquad 19\tfrac{6}{7}+7\tfrac{3}{4}+281\tfrac{1}{2}+59\tfrac{3}{8}.$

2143. $619\tfrac{5}{7}+26\tfrac{1}{4}+128\tfrac{2}{5}+49\tfrac{1}{2}+612\tfrac{1}{6}+514\tfrac{2}{3}+824\tfrac{2}{5}.$

2144. $19\tfrac{1}{4}+28\tfrac{2}{5}+9\tfrac{1}{3}+8\tfrac{1}{2}+47\tfrac{1}{6}+72\tfrac{7}{5}+133\tfrac{4}{5}+\tfrac{7}{12}.$

2145. $9\tfrac{2}{3}+11\tfrac{3}{4}+2\tfrac{1}{2}+18\tfrac{1}{3}+134\tfrac{2}{5}+917\tfrac{5}{12}+12\tfrac{1}{6}+48\tfrac{1}{3}.$

2146. $58\tfrac{11}{18}+13\tfrac{5}{12}+47\tfrac{7}{8}+12\tfrac{3}{4}+23\tfrac{1}{2}+64\tfrac{2}{3}+78\tfrac{31}{36}+\tfrac{53}{72}.$

2147. Un ouvrier ayant fait le Lundi, a travaillé le mardi $\tfrac{1}{5}$ de la journée, le mercredi $\tfrac{1}{3}$, le jeudi $\tfrac{1}{2}$, le vendredi $\tfrac{3}{4}$, et le samedi $\tfrac{4}{5}$. Dire combien il a travaillé de temps dans la semaine.

2148. Quel est le nombre qui, diminué de $\tfrac{4}{5}$, donne $\tfrac{3}{4}$?

2149. On demande à quelqu'un quelle heure il est : *Il y a*, répond-il, *2 heures $\tfrac{1}{4}$ qu'il était 7ʰ $\tfrac{1}{2}$* : trouver l'heure.

2150. Un particulier met une demi-heure à s'habiller et à se déshabiller : il consacre 2ʰ $\tfrac{1}{4}$ à divers exercices de piété ; il passe 1ʰ $\tfrac{1}{4}$ à table, prend 1ʰ $\tfrac{1}{4}$ de récréation, et travaille pendant 12ʰ $\tfrac{3}{4}$ : s'il dort le reste du jour, combien de temps est-il éveillé ?

2151. Deux individus ont l'un $\tfrac{1}{7}$, l'autre $\tfrac{1}{5}$ d'un héritage : quelle portion de l'héritage ont-ils à eux deux ?

2152 Un ouvrier paresseux n'a travaillé que 15 jours $\tfrac{3}{4}$ dans le mois de Janvier, 12ʲ $\tfrac{1}{3}$ dans le mois de Février, et 17 $\tfrac{1}{2}$ dans le mois de Mars. Combien de temps a-t-il travaillé dans ce premier trimestre ?

2153. Un père de famille donne à l'aîné de ses enfants le quart de son bien ; il donne au second le cinquième, au troisième le sixième, et au quatrième le septième : le reste est pour les pauvres. Trouver quelle portion de son bien ce père laisse à ses enfants.

**2154.** Trois ouvriers travaillent ensemble au même ouvrage. Le premier le ferait seul en 8 heures, le second en 12, et le troisième en 20. Quelle portion de l'ouvrage font-ils par heure ?

**2155.** Dans un jour, un ouvrier a fait $\frac{1}{5}$ d'un ouvrage; le jour suivant, il en a fait $\frac{1}{8}$, et le troisième jour $\frac{1}{10}$ : quelle portion de l'ouvrage a-t-il fait dans ces trois jours ?

**2156.** Un meunier a trois paires de meules dans son moulin. La première lui donne 3 hectol. de farine en 2 heures; la seconde lui en donne 4 hectol. en 3 heures, et la troisième 5 hectol. en 4 heures. Combien chacune lui donne-t-elle d'hectolitres par heure, et combien les trois ensemble ?

**2157.** Deux ouvriers font l'un 17 mètres en 5 heures, l'autre 20 mètres en 7 heures : combien ensemble font-ils de mètres par heure ?

**2158.** L'eau d'un bassin est fournie par trois tuyaux. Le premier le remplit seul en 3 heures, le second en 4, et le troisième en 5. Quelle portion du bassin remplissent-ils en coulant ensemble pendant une heure ?

**2159.** Un homme charitable distribuant une partie de sa fortune entre trois familles indigentes, en donne une même somme à chaque individu. La première famille se compose de 4 personnes, la seconde de 5, et la troisième de 6. Quelle portion du bien partagé auront ensemble la première et la troisième famille?

**2160.** Deux trains partent en même temps, l'un de Paris pour Nantes, l'autre de Nantes pour Paris. Le premier parcourt la route en 8 heures, et le second en 11. Trouver de quelle portion de la route ils se rapprochent l'un de l'autre en une heure.

**2161.** La population de la Loire-Inférieure, ainsi que celle d'Ille-et-Vilaine, est environ $\frac{1}{64}$ de la population totale de la France; celle du Morbihan en est $\frac{1}{79}$, celle des Côtes-du-Nord $\frac{1}{59}$, et celle du Finistère $\frac{1}{60}$. On demande ce qu'est la population totale de la Bretagne à l'égard de la population totale de la France.

---

### Leçon VII. — Soustraction des Fractions.

**2162.** Comment fait-on la soustraction des fractions ? — Pourquoi ?

*Effectuer les soustractions indiquées suivantes.*

**2163.**    $\dfrac{5}{7} - \dfrac{2}{7}$.    $\dfrac{11}{13} - \dfrac{5}{13}$.    $\dfrac{11}{12} - \dfrac{5}{12}$.    $\dfrac{13}{15} - \dfrac{4}{15}$.

**2164. 2165. 2166.**    $\dfrac{1}{2} - \dfrac{1}{3}$.    $\dfrac{2}{3} - \dfrac{1}{2}$.    $\dfrac{3}{4} - \dfrac{2}{3}$.

**2167. 2168. 2169.**    $\dfrac{3}{5} - \dfrac{2}{7}$.    $\dfrac{5}{8} - \dfrac{7}{12}$.    $\dfrac{8}{9} - \dfrac{9}{16}$.

2170. 2171. 2172.   $\dfrac{6}{7} - \dfrac{9}{28}$.   $\dfrac{3}{4} - \dfrac{13}{24}$.   $\dfrac{17}{18} - \dfrac{31}{48}$.

2173. 2174. 2175.   $\dfrac{8}{9} - \dfrac{3}{4}$.   $\dfrac{11}{12} - \dfrac{5}{7}$.   $\dfrac{25}{39} - \dfrac{1}{2}$.

2176. 2177. 2178.   $\dfrac{11}{17} - \dfrac{4}{13}$.   $\dfrac{17}{21} - \dfrac{4}{7}$.   $\dfrac{21}{23} - \dfrac{4}{9}$.

2179. 2180. 2181.   $\dfrac{11}{12} - \dfrac{7}{8}$.   $\dfrac{23}{24} - \dfrac{17}{18}$.   $\dfrac{13}{15} - \dfrac{7}{20}$.

2182. Comment fait-on la soustraction des nombres fractionnaires ?

2183. Comment opérer si la fraction du plus grand nombre est moindre que l'autre fraction ? — Si le plus grand nombre est entier ? — Si le plus petit nombre est entier ?

*Effectuer les soustractions indiquées suivantes.*

2184. 2185.   $613 \frac{8}{9} - 256 \frac{3}{4}$.   $789 \frac{5}{7} - 684 \frac{3}{7}$.
2186. 2187.   $829 \frac{5}{6} - 72 \frac{1}{6}$.   $417 \frac{2}{7} - 324 \frac{4}{7}$.
2188. 2189.   $781 \frac{3}{5} - 512 \frac{1}{2}$.   $478 \frac{3}{8} - 325 \frac{5}{6}$.
2190. 2191.   $1234 - 708 \frac{1}{3}$.   $91 \frac{5}{12} - 18 \frac{7}{9}$.
2192. 2193.   $488 - 212 \frac{5}{7}$.   $616 \frac{4}{5} - 339$.
2194. 2195.   $1359 \frac{1}{2} - 876$.   $936 \frac{11}{12} - 775 \frac{5}{9}$.
2196. 2197.   $927 \frac{7}{15} - 132 \frac{11}{15}$.   $984 - 453 \frac{2}{11}$.
2198. 2199.   $2345 \frac{4}{9} - 543$.   $3456 \frac{2}{3} - 623 \frac{5}{9}$.
2200. 2201.   $1000 - 456 \frac{13}{24}$.   $189 \frac{3}{4} - 124 \frac{8}{9}$.
2202. 2203.   $483 \frac{5}{6} - 97 \frac{35}{52}$.   $5692 \frac{1}{5} - 5000$.
2204. 2205.   $703 \frac{1}{3} - 568 \frac{1}{4}$.   $9993 \frac{2}{5} - 8876 \frac{4}{7}$.
2206. 2207.   $9876 - 3475 \frac{11}{20}$.   $12359 \frac{17}{24} - 5669$.

2208. Trouver la différence entre $7 \frac{2}{3}$ et $19 \frac{4}{5}$.

2209. Quelle fraction faut-il ajouter à $\frac{1}{3}$, pour trouver $\frac{8}{9}$ ?

2210. De combien faut-il diminuer $31 \frac{1}{2}$, pour avoir $17 \frac{2}{5}$ ?

2211. La somme de deux nombres est $780 \frac{1}{5}$ ; le plus petit est $219 \frac{3}{4}$ : quel est le plus grand ?

2212. Quelle est la quantité qui, ajoutée à $\frac{3}{4}$, donne $\frac{8}{9}$ ?

2213. Si on remplace $\frac{30}{24}$ par $\frac{30}{40}$, quelle erreur commet-on ?

2214. Un jour, j'ai fait les $\frac{3}{8}$ d'un ouvrage, et le lendemain les $\frac{5}{12}$ : quelle portion de l'ouvrage m'est-il resté pour le troisième jour ?

2215. Un navire fait 19 lieues en 6 heures, et un autre 14 lieues en 5 heures : combien le premier fait-il par heure de plus que le second ?

2216. Un bassin, qui est rempli en 4 heures par une fontaine, a un tuyau d'écoulement qui le vide en 6 heures. Si la fontaine et le tuyau sont ouverts à la fois, quelle portion du bassin sera remplie en une heure ?

2217. Un ouvrier a fait d'une part le quart de son ouvrage, et d'une autre part les $\frac{7}{12}$ : quelle portion a-t-il encore à faire ?

**2218.** Un dissipateur a perdu les $\frac{4}{9}$ de sa fortune : que lui en reste-t-il ?

**2219.** Que reste-t-il d'une pièce de drap, dont on a vendu successivement le quart, le cinquième et le sixième ?

**2220.** Trois négociants s'étant associés, ont fait un fonds dont le premier a fourni le quart, et le second le tiers : trouver ce qu'a mis le troisième.

**2221.** Dans une compagnie composée d'hommes, de femmes et d'enfants, les hommes forment les $\frac{2}{5}$, et les femmes les $\frac{4}{9}$ du nombre d'individus : quelle portion de la compagnie forment les enfants ?

**2222.** Je dois livrer 17 stères de bois, dans quatre jours. Le premier jour, j'en ai livré 5 stères, le second 6 st. $\frac{1}{2}$, et le troisième 4 $\frac{2}{3}$ : combien dois-je en livrer le quatrième jour ?

**2223.** On a fait un jour le tiers d'un ouvrage ; le second jour, on en a fait les $\frac{2}{7}$, et le troisième on l'a terminé : trouver ce qui a été fait le troisième jour.

**2224.** Un voyageur fait $\frac{1}{4}$ de lieue en 10 minutes ; un autre n'en fait qu'un cinquième dans le même temps : de combien la vitesse du premier surpasse-t-elle celle du second ?

**2225.** Un ouvrier a fait d'une part le cinquième de son ouvrage, et d'une autre les $\frac{7}{12}$ : quelle portion a-t-il encore à faire ?

**2226.** Un navire fait 27 litres d'eau en 4 minutes, et la pompe en retire 37 litres en 5 minutes. On demande si la pompe peut empêcher la quantité d'eau d'augmenter dans le navire.

**2227.** Deux ouvriers travaillant ensemble, font un ouvrage en 4 heures ; seul, le premier le ferait en 6 heures. Trouver quelle portion de l'ouvrage le second ouvrier fait par heure.

**2228.** Un ouvrier a travaillé 17 jours $\frac{3}{4}$ dans un atelier ; on lui paye 7 jours et demi : combien lui doit-on encore ?

**2229.** Un particulier est sorti à 6$^h$ $\frac{3}{4}$ du matin ; à midi, il y avait une heure et demie qu'il était rentré : combien a-t-il été absent ?

**2230.** Un pot de beurre pèse brut 10 kilog. $\frac{3}{4}$ ; vide, il pèse 1 kilog. $\frac{8}{9}$ quel est le poids net ?

**2231.** Deux fontaines, coulant ensemble, remplissent un bassin en 20 heures ; or, la première, seule, le remplit en 30 heures : quelle portion du bassin la seconde donne-t-elle par heure ?

**2232.** Deux voyageurs partent ensemble du même lieu, et vont dans le même sens, le premier faisant 80 kilom. en 9 heures, et le second 72 kilomèt. en 10 heures : lequel des deux devance l'autre, et de combien par heure ?

**2233.** Trois fontaines versent leurs eaux dans le même bassin : Coulant seule, la première le remplit en 2 heures, la seconde en 3 heures et la troisième en 4 heures. Ce bassin a trois robinets qui le vident le premier en 5 heures, le second en 6, et le troisième en 7. Si on fait couler à la fois les trois fontaines, et qu'on ouvre en même temps les trois robinets, quelle portion du bassin sera remplie en une heure ?

**Leçon VIII.** — **Multiplication des Fractions.** — **Fractions de Fractions.**

**2234.** Combien y a-t-il de cas principaux dans la multiplication des fractions, et quels sont-ils ?

**2235.** Comment multiplier une fraction par un nombre entier ? — Justifier cette règle ?

*Effectuer les multiplications indiquées suivantes.*

**2236.** $\frac{1}{2} \times 2,\ \frac{1}{2} \times 3,\ \frac{1}{2} \times 4,\ \frac{1}{2} \times 5,\ \frac{1}{2} \times 6.$

**2237.** $\frac{1}{2} \times 7,\ \frac{1}{3} \times 8,\ \frac{2}{3} \times 9,\ \frac{1}{4} \times 10\ \frac{3}{4} \times 11.$

**2238.** $\frac{2}{5} \times 12,\ \frac{3}{5} \times 13,\ \frac{4}{5} \times 14,\ \frac{1}{6} \times 15,\ \frac{5}{6} \times 16.$

**2239.** $\frac{2}{7} \times 17,\ \frac{3}{7} \times 18,\ \frac{4}{7} \times 19,\ \frac{3}{8} \times 20,\ \frac{5}{8} \times 21.$

**2240.** $\frac{1}{9} \times 22,\ \frac{2}{9} \times 23,\ \frac{4}{9} \times 24,\ \frac{5}{9} \times 25,\ \frac{7}{9} \times 26.$

**2241.** $\frac{3}{10} \times 27,\ \frac{7}{11} \times 28,\ \frac{11}{12} \times 108,\ \frac{8}{13} \times 2354.$

**2242.** $\frac{7}{16} \times 4864,\ \frac{18}{19} \times 399,\ \frac{123}{250} \times 80000.$

**2243.** Comment peut-on multiplier une fraction par un nombre entier qui divise exactement le dénominateur ? — Démontrer.

*Effectuer ainsi les multiplications indiquées suivantes.*

**2244.** $\frac{1}{2} \times 2,\ \frac{3}{4} \times 2,\ \frac{5}{6} \times 2,\ \frac{7}{8} \times 2,\ \frac{7}{10} \times 2.$

**2245.** $\frac{2}{3} \times 3,\ \frac{1}{6} \times 3,\ \frac{4}{9} \times 3,\ \frac{7}{12} \times 3,\ \frac{8}{15} \times 3.$

**2246.** $\frac{3}{4} \times 4,\ \frac{7}{10} \times 5,\ \frac{5}{12} \times 6,\ \frac{16}{21} \times 7,\ \frac{27}{32} \times 8.$

**2247.** Comment multiplier un nombre entier par une fraction ? — Démontrer le procédé sur $9 \times \frac{3}{5}$.

*Effectuer les multiplications indiquées suivantes.*

**2248.** $8 \times \frac{1}{2},\ 12 \times \frac{2}{3},\ 24 \times \frac{2}{5},\ 50 \times \frac{5}{6},\ 100 \times \frac{3}{4}$

**2249.** $30 \times \frac{4}{5}$, $56 \times \frac{2}{7}$, $60 \times \frac{3}{8}$, $70 \times \frac{4}{9}$, $88 \times \frac{7}{10}$.

**2250.** $6 \times \frac{6}{37}$, $2 \times \frac{7}{8}$, $365 \times \frac{9}{16}$, $1234 \times \frac{12}{19}$.

**2251.** $54 \times \frac{2}{21}$, $79 \times \frac{14}{25}$, $37 \times \frac{24}{31}$, $699 \times \frac{29}{30}$.

**2252.** Comment multiplier une fraction par une fraction ? — Justifier la Règle en démontrant que $\frac{3}{8} \times \frac{7}{9} = \frac{3 \cdot 7}{8 \cdot 9}$.

*Effectuer les multiplications indiquées suivantes.*

**2253.** $\frac{1}{2} \times \frac{5}{7}$, $\frac{1}{3} \times \frac{4}{5}$, $\frac{2}{3} \times \frac{8}{9}$, $\frac{1}{4} \times \frac{7}{9}$, $\frac{3}{4} \times \frac{8}{15}$.

**2254.** $\frac{3}{5} \times \frac{6}{11}$, $\frac{7}{8} \times \frac{4}{7}$, $\frac{4}{5} \times \frac{11}{12}$, $\frac{5}{6} \times \frac{6}{7}$, $\frac{12}{13} \times \frac{1}{6}$

**2255.** $\frac{3}{8} \times \frac{9}{16}$, $\frac{4}{15} \times \frac{5}{8}$, $\frac{7}{9} \times \frac{5}{12}$, $\frac{12}{19} \times \frac{7}{12}$, $\frac{25}{36} \times \frac{1}{2}$.

**2256.** $\frac{21}{25} \times \frac{5}{7}$, $\frac{8}{9} \times \frac{4}{7}$, $\frac{3}{10} \times \frac{11}{15}$, $\frac{31}{36} \times \frac{2}{3}$, $\frac{61}{72} \times \frac{2}{3}$

**2257.** $\frac{1}{2} \times \frac{2}{3} \times \frac{3}{4}$, $\frac{5}{7} \times \frac{6}{11} \times \frac{3}{5} \times \frac{11}{12}$, $\frac{12}{13} \times \frac{5}{6} \times \frac{26}{27} \times \frac{1}{3}$

**2258.** Comment fait-on la multiplication des nombres fractionnaires ?

*Effectuer les multiplications indiquées suivantes.*

**2259.** $7\frac{1}{2} \times 3$, $8\frac{2}{3} \times 2$, $4\frac{1}{4} \times 5$, $13\frac{2}{5} \times 4$.
**2260.** $9 \times 12\frac{3}{7}$, $19 \times 48\frac{3}{4}$, $15 \times 4\frac{2}{3}$, $23 \times 5\frac{3}{4}$.
**2261.** $4\frac{1}{2} \times 7\frac{3}{4}$, $9\frac{2}{3} \times 6\frac{4}{5}$, $14\frac{8}{9} \times 2\frac{4}{5}$, $7\frac{8}{9} \times 19\frac{5}{6}$.
**2262.** $4\frac{2}{5} \times 28$, $13 \times 7\frac{5}{6}$, $2\frac{4}{5} \times 4\frac{7}{8}$, $8\frac{3}{4} \times 9\frac{1}{6}$.
**2263.** $25 \times 9\frac{5}{11}$, $15 \times 77\frac{1}{3}$, $12\frac{2}{3} \times 7$, $22\frac{1}{2} \times 35\frac{5}{9}$.
**2264.** $94\frac{11}{12} \times 108$, $59\frac{5}{24} \times 1\frac{1}{3}$, $4 \times 9\frac{5}{7}$, $17\frac{2}{5} \times 92\frac{3}{4}$.
**2265.** Qu'est-ce qu'une *fraction de fraction* ? — Exemples. — A quoi se reconnaissent les fractions de fractions ?
**2266.** Comment évaluer les fractions de fractions ? — Démontrer la Règle sur *les* $\frac{3}{4}$ *de* $\frac{5}{7}$, et sur *les* $\frac{2}{3}$ *des* $\frac{3}{4}$ *de* $\frac{5}{7}$.

*Trouver les valeurs des fractions de fractions suivantes.*

**2267.** La moitié de $\frac{1}{3}$ ; la moitié de $\frac{2}{3}$ ; la moitié de $\frac{1}{4}$.
**2268.** Le tiers de $\frac{1}{2}$ ; le tiers de $\frac{1}{3}$ ; le tiers de $\frac{3}{4}$.
**2269.** Les $\frac{2}{3}$ de $\frac{1}{2}$ ; les $\frac{2}{3}$ de $\frac{3}{4}$ ; les $\frac{2}{3}$ de $\frac{4}{5}$.
**2270.** Le quart de $\frac{1}{2}$ ; les $\frac{3}{4}$ de $\frac{8}{9}$ ; les $\frac{4}{5}$ des $\frac{2}{3}$ de $\frac{3}{8}$.
**2271.** Le cinquième de $\frac{1}{3}$ ; les $\frac{3}{5}$ de $\frac{5}{7}$ ; les $\frac{2}{5}$ des $\frac{6}{7}$ de $\frac{14}{15}$.
**2272.** Les $\frac{5}{6}$ des $\frac{3}{4}$ de $\frac{8}{15}$ ; la moitié du tiers des $\frac{3}{4}$ de $\frac{5}{11}$.
**2273.** Les $\frac{3}{5}$ des $\frac{2}{7}$ de $\frac{21}{22}$ ; les $\frac{3}{7}$ des $\frac{7}{8}$ des $\frac{2}{3}$ de la moitié de $\frac{4}{5}$.

2274. Comment évaluer une fraction d'un nombre quelconque?
— Démontrer la Règle sur *les $\frac{3}{5}$ de* 24.

2275. Trouver la moitié de 24 ; les $\frac{2}{3}$ de 9 $\frac{1}{2}$.

2276. Trouver les $\frac{3}{4}$ de 16 ; les $\frac{2}{3}$ de 30 ; les $\frac{2}{5}$ de 12 $\frac{1}{2}$.

2277. Trouver les $\frac{3}{7}$ de 100 ; les $\frac{5}{6}$ de 23 $\frac{1}{3}$ ; les $\frac{4}{9}$ de 45.

2278. Trouver les $\frac{7}{9}$ de 99 ; les $\frac{5}{8}$ de 16 $\frac{8}{9}$ ; les $\frac{8}{13}$ de 7 $\frac{1}{3}$.

2279. Trouver les $\frac{4}{9}$ des $\frac{2}{3}$ de 108 ; les $\frac{4}{7}$ des $\frac{3}{5}$ de 204 $\frac{3}{4}$.

2280. Trouver les $\frac{3}{11}$ des $\frac{5}{9}$ de 298 ; les $\frac{3}{4}$ des $\frac{12}{13}$ de 264 $\frac{39}{41}$.

2281. Trouver la moitié du tiers du quart des $\frac{3}{7}$ de 1000.

2282. Trouver les $\frac{3}{5}$ des $\frac{5}{7}$ des $\frac{7}{9}$ de la moitié des $\frac{2}{3}$ de 124.

2283. Quel est le nombre qui, étant divisé par 48, donne pour quotient $\frac{3}{4}$?

2284. Trouver le nombre qui, divisé par $\frac{4}{5}$, donne 20.

2285. Combien doit-on à un ouvrier pour $\frac{3}{4}$ de jour, à 3$^f$,75 par jour?

2286. Un copiste reçoit 0$^f$,25 pour une page : que lui doit-on pour 12 pages $\frac{2}{5}$?

2287. Un navire a fait 7 milles $\frac{1}{3}$ à l'heure : s'il conserve la même vitesse, quel chemin fera-t-il en 3 heures $\frac{1}{2}$?

2288. Combien, pour 48 francs, fera-t-on travailler de jours un ouvrier qui, pour un franc, travaille $\frac{1}{4}$ de jour?

2289. Un copiste met une heure à copier $\frac{3}{4}$ de page : quel travail fait-il dans sa journée, qui est de 7 heures $\frac{1}{2}$?

2290. Le mètre d'un certain drap vaut 18$^f$,75, et celui d'un autre 21$^f$,50. Combien faut-il payer pour 7$^m$ $\frac{2}{3}$ du premier prix, et 6$^m$ $\frac{1}{2}$ du second?

2291. Un ouvrier gagne 2$^f$,50 par jour : combien gagne-t-il dans un mois, si l'on y compte 26 jours de travail, mais qu'il en ait perdu 2 $\frac{3}{4}$?

2292. Un particulier laisse un héritage de 40 000 francs à partager entre ses trois fils, et il ordonne que l'aîné en ait les $\frac{2}{5}$, le second le tiers, et le plus jeune le reste. Trouver les trois parts.

2293. Un ouvrier peut faire par jour les $\frac{4}{7}$ d'un ouvrage ; un autre dans le même temps, ne peut faire que les $\frac{2}{3}$ de ce que fait le premier. On demande quelle portion de l'ouvrage fera le second en un jour, et ce qu'ils feront à eux deux dans $\frac{3}{4}$ de jour.

2294. Mon âge est égal aux $\frac{3}{4}$ de 20, plus les $\frac{2}{5}$ de 30, plus 4 : quel est mon âge?

2295. Un ouvrier peut faire un ouvrage en 6 heures ; un autre peut faire deux fois l'ouvrage dans le même temps : quelle portion de l'ouvrage ferait celui-ci en deux heures et demie?

2296. Un maître a 36 élèves dans sa classe. Il calcule qu'en donnant à chacun d'eux $\frac{3}{4}$ d'orange, il distribuera toutes celles qu'il a en sa possession : combien en a-t-il?

2297. Combien coûteront $\frac{3}{4}$ d'hectare à 200 francs l'are?

2298. Quelqu'un a la mauvaise habitude de ne se coucher que lorsqu'il s'est écoulé depuis midi la moitié des $\frac{11}{12}$ du jour : à quelle heure se couche-t-il?

2299. Un tisserand fait un mètre de toile en une heure trois quarts : quel temps met-il à en tisser 3 mètres $\frac{2}{3}$?

**2300.** Le bruit du tonnerre s'est fait entendre 9 secondes $\frac{3}{4}$ après l'apparition de l'éclair : trouver à quelle distance on se trouvait du nuage orageux, sachant que le son parcourt environ 340 mèt. par seconde.

**2301.** A 0f,15 le décimètre de drap, combien $\frac{7}{8}$ de mètre ?

**2302.** Une barrique contenant 230 litres m'a été vendue 200 fr. Si j'en prends $\frac{1}{4}$ pour mon usage, combien dois-je revendre le litre pour retirer mes 200 francs ?

**2303.** L'huile d'olive vaut 2f,80 le kilog. : combien coûteront 10 litres $\frac{1}{4}$, sachant que le litre de cette huile pèse 915 grammes ?

**2304.** Un particulier achète les $\frac{3}{4}$ d'un mètre de drap, à 15 fr. le mètre, et il en cède $\frac{1}{3}$ de mètre à un de ses amis : combien lui en reste-t-il, et pour quelle somme ?

**2305.** Une somme de 60 000 francs était payable en trois termes, savoir : le quart comptant, les $\frac{2}{5}$ au bout de 6 mois, et le reste après un an. Trouver la valeur de chaque payement, sachant que le dernier ayant été effectué avant l'époque convenue, le créancier a fait au débiteur une remise de $\frac{1}{25}$ sur ce dernier payement.

**2306.** Un Etat entretient une armée permanente de 400 000 hommes. Si le pain coûte 28 centimes et demi le demi-kilog., et que la ration journalière soit de $\frac{3}{4}$ de kilog., combien coûtera annuellement le pain nécessaire à cette armée ?

**2307.** On partage 20 000 francs entre deux personnes, de manière que la première a les $\frac{2}{3}$ des $\frac{3}{4}$ des $\frac{9}{10}$ de cette somme : combien la seconde reçoit-elle de plus que la première ?

---

## Leçon IX. — Division des Fractions.

**2308.** Combien peut-on distinguer de cas principaux dans la division des fractions ? — Quels sont-ils ?

**2309.** Comment diviser une fraction par un nombre entier ? — Pourquoi ?

*Effectuer les divisions indiquées suivantes.*

**2310.**   $\frac{1}{2} : 2$,   $\frac{1}{2} : 3$,   $\frac{1}{3} : 4$,   $\frac{3}{4} : 5$,   $\frac{2}{5} : 6$.

**2311.**   $\frac{2}{3} : 7$,   $\frac{3}{5} : 4$,   $\frac{5}{6} : 6$,   $\frac{6}{7} : 5$,   $\frac{3}{8} : 7$.

**2312.**   $\frac{4}{9} : 3$,   $\frac{5}{7} : 4$,   $\frac{8}{9} : 7$,   $\frac{3}{8} : 2$,   $\frac{7}{10} : 3$.

**2313.**   $\frac{3}{7} : 9$,   $\frac{7}{9} : 3$,   $\frac{5}{8} : 4$,   $\frac{6}{11} : 7$,   $\frac{7}{12} : 10$.

**2314.**   $\frac{3}{4} : 11$,   $\frac{4}{7} : 12$,   $\frac{3}{8} : 13$,   $\frac{5}{9} : 14$,   $\frac{7}{13} : 9$.

**2315.** $\frac{9}{16} : 4, \quad \frac{8}{17} : 7, \quad \frac{7}{18} : 3, \quad \frac{8}{19} : 5, \quad \frac{9}{20} : 7.$

**2316.** $\frac{11}{21} : 2, \quad \frac{12}{25} : 5, \quad 4\frac{1}{2} : 2, \quad 8\frac{1}{3} : 3, \quad 9\frac{3}{4} : 5.$

**2317.** $7\frac{2}{3} : 5, \quad 8\frac{3}{5} : 2, \quad \frac{24}{31} : 7, \quad 7\frac{8}{9} : 6, \quad 12\frac{4}{7} : 3.$

**2318.** $12\frac{2}{5} : 8, \quad \frac{32}{51} : 3, \quad \frac{5}{9} : 83, \quad 83\frac{1}{4} : 12, \quad 234\frac{1}{5} : 9.$

**2319.** Comment peut-on diviser une fraction par un nombre entier, lorsque le numérateur est divisible par ce nombre entier ? — Pourquoi ?

*Effectuer les divisions indiquées suivantes.*

**2320.** $\frac{2}{3} : 2, \quad \frac{6}{7} : 3, \quad \frac{12}{13} : 4, \quad \frac{21}{29} : 3, \quad \frac{4}{5} : 4.$

**2321.** $\frac{12}{19} : 3, \quad \frac{21}{25} : 7, \quad \frac{24}{31} : 8, \quad \frac{27}{28} : 9, \quad \frac{123}{217} : 3.$

**2322.** $\frac{42}{53} : 2, \quad \frac{16}{17} : 8, \quad \frac{49}{72} : 7, \quad \frac{56}{61} : 8, \quad \frac{121}{151} : 11.$

**2323.** $\frac{16}{27} : 4, \quad \frac{3}{2} : 3, \quad \frac{12}{5} : 6, \quad \frac{16}{3} : 4, \quad \frac{120}{13} : 6.$

**2324.** $\frac{30}{44} : 10, \quad 1\frac{1}{2} : 3, \quad 2\frac{2}{5} : 6, \quad 5\frac{1}{3} : 5, \quad 9\frac{3}{13} : 6.$

**2325.** Comment diviser par une fraction ? — Démontrer le procédé sur $\frac{5}{7} : \frac{4}{9}$, et sur $9 : \frac{2}{3}$.

*Effectuer les divisions indiquées suivantes.*

**2326.** $2 : \frac{1}{2}, \quad 4 : \frac{2}{3}, \quad 5 : \frac{3}{4}, \quad 6 : \frac{1}{2}, \quad \frac{5}{6} : \frac{3}{4}.$

**2327.** $6 : \frac{3}{5}, \quad \frac{2}{3} : \frac{1}{2}, \quad \frac{8}{9} : \frac{4}{5}, \quad 12 : \frac{4}{7}, \quad \frac{8}{11} : \frac{2}{3}.$

**2328.** $8 : \frac{2}{3}, \quad \frac{4}{5} : \frac{3}{4}, \quad 6\frac{1}{2} : \frac{2}{5}, \quad 12\frac{3}{7} : \frac{5}{9}.$

**2329.** $\frac{1}{2} : \frac{1}{5}, \quad 12 : \frac{3}{7}, \quad 51\frac{3}{4} : \frac{8}{9}, \quad 49\frac{2}{7} : \frac{7}{9}.$

**2330.** $\frac{12}{13} : \frac{3}{5}, \quad \frac{4}{9} : \frac{2}{11}, \quad 80 : \frac{6}{13}, \quad 1234\frac{8}{9} : \frac{9}{22}.$

**2331.** $\frac{14}{15} : \frac{1}{5}, \quad \frac{3}{4} : \frac{32}{61}, \quad 129 : \frac{20}{23}, \quad 897\frac{2}{5} : \frac{21}{32}.$

**2332.** Comment opérer si le diviseur est fractionnaire ?

*Effectuer les divisions indiquées suivantes.*

**2333.** $\frac{4}{5} : 2\frac{1}{2}, \quad 8 : 3\frac{1}{3}, \quad 49\frac{2}{3} : 7\frac{1}{4}, \quad 365\frac{4}{7} : 12\frac{3}{5}.$

**2334.** $7 : 3\frac{2}{7}, \quad 53\frac{1}{3} : 4\frac{2}{3}, \quad \frac{8}{9} : 3\frac{1}{4}, \quad 772\frac{1}{3} : 82\frac{1}{2}.$

**2335.** $61\frac{7}{8} : 3\frac{2}{3}, \quad \frac{3}{4} : 5\frac{1}{3}, \quad 60\frac{5}{9} : 11\frac{5}{9}, \quad \frac{4}{5} : 7\frac{5}{6}.$

**2336.** $112 : 30\frac{3}{4}, \quad 480\frac{5}{6} : 12\frac{3}{4}, \quad \frac{12}{19} : 6\frac{2}{3}, \quad \frac{129}{217} : 1\frac{1}{8}.$

**2337.** Comment peut-on opérer, lorsque le diviseur, étant un nombre entier moindre que le dividende, ne surpasse pas 12 ?

*Prendre ainsi la moitié, le tiers, le quart, le cinquième, le sixième, le septième, le huitième, le neuvième, le dixième, le onzième et le douzième de chacun des nombres donnés dans les douze numéros suivants.*

2338. 2339. 2340.    $728\frac{1}{2}$.    $439\frac{3}{5}$.    $645\frac{1}{3}$.

2341. 2342. 2343.    $6534\frac{2}{3}$.    $125\frac{3}{7}$.    $4871\frac{1}{4}$.

2344. 2345. 2346.    $8347\frac{5}{6}$.    $7892\frac{2}{9}$.    $715\frac{3}{8}$.

2347. 2348. 2349.    $9874\frac{3}{4}$.    $4567\frac{4}{7}$.    $5678\frac{7}{9}$.

2350. Quel est le nombre qui, étant multiplié par $6\frac{3}{4}$, donne 4?

2351. Par quel nombre faut-il diviser $87\frac{2}{3}$, pour trouver $12\frac{1}{2}$?

2352. Un ouvrier reçoit $47^f,75$ pour 15 journées $\frac{2}{3}$ : quel est le prix de la journée ?

2353. Dans 15 heures $\frac{2}{5}$, un tisserand fait 10 mètres de toile : dans combien de temps fait-il un mètre ?

2354. Un copiste a reçu $45^f,50$ pour quatre cahiers contenant chacun 16 pages $\frac{2}{3}$ : combien reçoit-il pour une page ?

2355. Un homme fait par jour les $\frac{5}{72}$ d'un certain ouvrage : dans combien de jours peut-il le faire en entier ?

2356. Si une tricoteuse ne fait par jour que les $\frac{3}{4}$ d'un bas, combien lui faut-il de jours pour en faire une douzaine de paires?

2357. Les $\frac{5}{8}$ d'un mètre de drap me coûtent $15^f,50$ : quel est le prix du mètre ?

2358. Un écolier copie 2 lignes $\frac{1}{2}$ par minute : combien lui faut-il de minutes pour faire un pensum de 200 lignes ?

2359. Les $\frac{4}{5}$ d'un nombre donnent 32 : quel est ce nombre ?

2360. Le produit de deux nombres est $36\frac{3}{4}$ ; l'un de ces nombres est $12\frac{1}{2}$ : quel est l'autre ?

2361. Les $\frac{2}{3}$ des $\frac{3}{4}$ d'un nombre donnent 80 : quel est ce nombre?

2362. Les trois quarts d'un nombre, ajoutés à ses deux tiers, donnent 102 : quel est ce nombre ?

2363. La différence entre les $\frac{4}{5}$ et les $\frac{2}{3}$ d'un certain nombre est égale à 14 : quel est ce nombre ?

2364. Une vis avance de $\frac{3}{7}$ de millimètre par tour : combien doit-elle faire de tours pour avancer de 32 millim. $\frac{2}{3}$ ?

2365. Dans une heure, j'ai fait les $\frac{2}{9}$ de mon travail : combien me faut-il d'heures pour le faire en entier ?

2366. Un joueur perd dans une première partie le quart de son argent ; dans une seconde, il perd le tiers de son reste, et dans une troisième, le cinquième de son second reste. Il se retire alors ayant encore 16 francs. Combien avait-il en se mettant au jeu, et combien a-t-il perdu en tout ?

## LEÇON X. — Réduction des Fractions en Décimales.

2367. Comment réduire une fraction en décimales ? — Démontrer le procédé en convertissant $\frac{7}{13}$ en dix-millièmes.

2368. Exprimer en centièmes : $\frac{1}{2}$, $\frac{2}{3}$, $\frac{1}{4}$, $\frac{3}{5}$, $\frac{5}{6}$, $\frac{3}{7}$, $\frac{5}{8}$

**2369.** Exprimer en millièmes : $\dfrac{3}{4}$, $\dfrac{1}{3}$, $\dfrac{1}{6}$, $\dfrac{6}{7}$, $\dfrac{7}{8}$, $\dfrac{4}{9}$, $\dfrac{17}{420}$.

**2370.** Exprimer en dix-millièmes : $\dfrac{13}{16}$, $\dfrac{8}{117}$, $\dfrac{23}{30}$, $\dfrac{19}{80}$, $\dfrac{47}{48}$.

**2371.** Exprimer en cent-millièmes : $\dfrac{19}{32}$, $\dfrac{123}{160}$, $\dfrac{17}{519}$, $\dfrac{83}{250}$, $\dfrac{8}{17}$.

**2372.** Exprimer en millionièmes : $\dfrac{21}{37}$, $\dfrac{37}{40}$, $\dfrac{63}{64}$, $\dfrac{49}{72}$, $\dfrac{2}{7}$, $\dfrac{3}{97}$.

**2373.** Exprimer en millièmes : $\dfrac{3}{8}$, $\dfrac{2}{9}$, $\dfrac{7}{80}$, $\dfrac{8}{125}$, $\dfrac{142}{143}$, $\dfrac{24}{8549}$.

**2374.** Exprimer en dix-millièmes : $\dfrac{319}{320}$, $\dfrac{12}{625}$, $\dfrac{17}{3125}$, $\dfrac{47}{50}$, $\dfrac{111}{325}$.

**2375.** Expr. en unités et centièmes : $\dfrac{39}{4}$, $\dfrac{51}{7}$, $\dfrac{235}{13}$, $\dfrac{44}{3}$, $\dfrac{121}{20}$.

**2376.** Expr. en unités et millièmes : $\dfrac{345}{8}$, $29\dfrac{4}{51}$, $\dfrac{774}{23}$, $8\dfrac{2}{367}$.

**2477.** Expr. en unités et dixièmes : $12\dfrac{1}{2}$, $19\dfrac{3}{5}$, $\dfrac{704}{8}$, $\dfrac{593}{19}$.

**2378.** Toutes les fractions peuvent-elles s'exprimer exactement en décimales ? — Quelle condition est nécessaire, pour qu'une division s'effectue sans reste ?

**2379.** Quelles fractions peuvent s'exprimer exactement en décimales ? — Comment cela ?

*Parmi les fractions données* dans les trois Nºs suivants, *désigner celles qu'on peut exprimer exactement en décimales*, puis vérifier en poursuivant la division jusqu'à qu'elle se fasse sans reste.

**2380.** $\dfrac{1}{2}$, $\dfrac{3}{4}$, $\dfrac{5}{6}$, $\dfrac{5}{8}$, $\dfrac{7}{12}$, $\dfrac{9}{16}$, $\dfrac{11}{18}$, $\dfrac{13}{20}$, $\dfrac{17}{24}$.

**2381.** $\dfrac{19}{30}$, $\dfrac{25}{32}$, $\dfrac{25}{36}$, $\dfrac{23}{40}$, $\dfrac{37}{48}$, $\dfrac{49}{64}$, $\dfrac{17}{72}$, $\dfrac{67}{80}$.

**2382.** $\dfrac{41}{120}$, $\dfrac{191}{360}$, $\dfrac{217}{400}$, $\dfrac{53}{160}$, $\dfrac{47}{128}$, $\dfrac{121}{432}$, $\dfrac{1234}{8000}$.

**2383.** Quelles sont les fractions qu'on ne peut jamais exprimer exactement en décimales ? — Pourquoi ?

*Parmi les fractions données* dans les deux Nºs suivants, *désigner celles qu'il est impossible d'exprimer exactement en décimales*, puis en faire connaître la cause.

**2384.** $\dfrac{4}{5}$, $\dfrac{5}{9}$, $\dfrac{7}{12}$, $\dfrac{21}{28}$, $\dfrac{23}{24}$, $\dfrac{11}{32}$, $\dfrac{8}{15}$, $\dfrac{13}{45}$.

**2385.** $\dfrac{51}{96}$, $\dfrac{29}{80}$, $\dfrac{123}{375}$, $\dfrac{31}{42}$, $\dfrac{617}{960}$, $\dfrac{8}{13}$, $\dfrac{3}{17}$, $\dfrac{51}{68}$.

**2386.** Comment convertir une fraction décimale en fraction à deux termes ?

*Trouver les fractions ordinaires irréductibles égales aux fractions décimales données* dans les trois N⁰ˢ suivants.

**2387.**  0,2... 0,12... 0,125... 0,075... 0,0825.
**2388.**  0,1... 0,04... 0,008... 0,4785... 0,0064.
**2389.**  0,001 024... 0,780... 0,0016... 0,9876.

**2390.** A quoi peut servir la réduction des fractions en décimales ? — Dans quelles opérations y a-t-il parfois avantage à substituer le calcul des nombres décimaux à celui des fractions à deux termes ? — Combien de décimales faut-il calculer ?

*Calculer les résultats demandés* dans les huit N⁰ˢ suivants, *en employant les nombres décimaux.*

**2391.** Trouver $12\frac{7}{8} + 9\frac{5}{6} + 128\frac{11}{12} + 91\frac{5}{11}$, à moins d'un 1000ᵉ.
**2392.** Trouver $132\frac{7}{24} - 28\frac{2}{9}$, et $42\frac{5}{7} - 26\frac{7}{8}$, à un 100ᵉ près.
**2393.** Trouver $18\frac{5}{6} \times \frac{4}{9}$, et $123\frac{2}{3} \times 4354\frac{3}{7}$, à un 1000ᵉ près.
**2394.** Trouver $192\frac{12}{13} : 28$, et $97 : 31\frac{24}{37}$, à un 10 000ᵉ près.
**2395.** J'ai acheté cinq coupons de drap. Le premier contient $\frac{1}{2}$ mètre, le second $\frac{2}{3}$ de mètre, le troisième $\frac{3}{4}$ de mètre, le quatrième $\frac{3}{5}$ de mètre, le cinquième $\frac{5}{6}$ de mètre. Trouver combien j'ai de mètres et millimètres de drap.
**2396.** Un ouvrier avait à faire les $\frac{9}{16}$ d'un ouvrage : quand il en aura fait les $\frac{3}{8}$, combien lui en restera-t-il de dix-millièmes ?
**2397.** S'il faut 3 hectol. $\frac{7}{8}$ de colza pour faire une tonne d'huile, combien faudra-t-il d'hectolitres et litres de colza, pour faire 7 tonnes d'huile $\frac{3}{4}$.
**2398.** Dans 13 jours $\frac{2}{3}$, un ouvrier a fait 58 mètres $\frac{7}{8}$ : combien de mètres et millimètres a-t-il faits par jour ?

**Quelques Problèmes de Récapitulation sur les Fractions.**

*Trouver la somme, la différence, le produit et les deux quotients.*

**2399. 2400.**   De $\frac{2}{5}$ et de $\frac{3}{4}$.          De $\frac{3}{7}$ et de $\frac{3}{8}$.
**2401. 2402.**   De 8 et de $3\frac{1}{5}$.          De $4\frac{3}{4}$ et de $12\frac{1}{2}$.
**2403. 2404.**   De 13 et de $27\frac{3}{7}$.          De $7\frac{4}{9}$ et de $3\frac{13}{18}$.
**2405. 2406.**   De $\frac{5}{7}$ et de $\frac{25}{49}$.          De $\frac{3}{4}$ et de $\frac{11}{16}$.
**2407. 2408.**   De $\frac{8}{9}$ et de $\frac{9}{16}$.          De $\frac{4}{5}$ et de $\frac{23}{24}$.
**2409.** Lorsque le multiplicateur est une fraction proprement dite, le produit est-il plus grand que le multiplicande ? — Est-il plus petit ? — Ou lui est-il égal ? — Pourriez-vous le démontrer ?
**2410.** Le produit de deux fractions proprement dites est-il plus grand, ou plus petit que le multiplicateur, ou lui est-il égal ? — Comment cela ?
**2411.** Le quotient est-il toujours plus petit que le dividende ? — Qu'est-il, dans le cas où le diviseur est une fraction proprement dite ? — Pourriez-vous le démontrer ?

**2412.** Le quotient de deux fractions proprement dites peut-il être plus grand que le diviseur ? — Peut-il lui être égal ? — Peut-il être moindre ? — Dans quels cas ?

**2413.** Lequel est le plus grand, du produit ou du quotient de deux fractions proprement dites ? — Comment cela ?

**2414.** Trois personnes se partagent une somme de 360 francs. La première doit en avoir le tiers et demi, la seconde le cinquième, et la troisième le reste. Trouver chacune des parts.

**2415.** Quelqu'un dit que son âge est donné par les trois quarts et demi de 34ans $\frac{2}{7}$ : quel âge a-t-il ?

**2416.** Une somme de 24 000 francs doit être partagée entre quatre personnes. La première doit en avoir la moitié, la seconde le quart, la troisième le huitième. Quelle portion de la somme doit avoir la quatrième, et quelle sera la part de chacune ?

**2417.** Le litre du vin de Bordeaux pèse 994 grammes. Si la barrique est de 223 litres $\frac{1}{2}$, quel sera le poids de 6 barriques $\frac{2}{3}$, en admettant que le fût vide pèse 18kg,45 ?

**2418.** Un navire a des vivres pour 30 jours ; si son voyage dure 12 jours de plus, de combien devra-t-on réduire la ration ?

**2419.** Deux ouvriers travaillent ensemble à un même ouvrage, qui pourrait être fait par le premier seul en 3 heures $\frac{1}{2}$, et par le second en 4 heures $\frac{1}{4}$ : quelle partie de l'ouvrage feront-ils en une heure, et quel temps emploieront-ils pour le faire en entier ?

**2420.** J'avais une certaine quantité de bois. Après en avoir vendu les $\frac{5}{8}$, il m'en reste encore 15 stères : combien en avais-je ?

**2421.** Un ouvrier avait un certain nombre de mètres à faire. Il en a fait d'abord le tiers, puis les $\frac{3}{4}$ du reste ; maintenant, il en a encore 12 mètres à faire : combien en avait-il avant de commencer ?

**2422.** Trouver un nombre tel que ses deux tiers, joints à ses trois quarts, donnent 102.

**2423.** Trouver un nombre tel que l'excès de ses sept huitièmes sur ses cinq sixièmes soit égal à 6.

**2424.** Le produit de deux nombres fractionnaires peut-il être un nombre entier ? — Le démontrer, puis en donner trois Exemples.

**2425.** Le quotient de deux nombres fractionnaires peut-il être un nombre entier ? — Le démontrer, puis en donner trois Exemples.

**2426.** Quatre ouvriers avaient un certain ouvrage à faire. Le premier en ayant fait le quart, le second les deux tiers du reste, et le troisième la moitié du nouveau reste, le quatrième a terminé en faisant 16 mètres. Trouver l'ouvrage total, et ce que chaque ouvrier a fait de mètres.

**2427.** Pourriez-vous nous dire quelle condition est nécessaire, pour que le produit d'une fraction quelconque par un nombre entier soit un nombre entier ?

**2428.** Lorsqu'on divise un nombre fractionnaire par un nombre entier, le quotient peut-il être un nombre entier ? — Comment cela ?

**2429.** Deux voyageurs partent au même instant de deux villes distantes de 120 kilomètres, et vont à la rencontre l'un de l'autre. Si le premier voyageur fait 35 kilomètres en 8 heures, et le second

29 kilomètres en 6 heures, après combien d'heures se rencontreront-ils ?

2430. Partager 840 francs entre trois personnes, de manière que la part de la seconde soit les trois quarts de celle de la première, et que la troisième part soit la moitié de la somme des deux autres.

2431. Quel est le nombre qui augmenté de son quart, de son cinquième et de 5, donne 645 ?

2432. « Quel âge avez-vous ? » demandait-on à quelqu'un : « Si à mon âge vous ajoutez son huitième et 19 ans, vous trou-» verez 100 ans », répondit-il. Trouver l'âge demandé.

2433. Un particulier par suite de faillites, perd d'abord le quart de sa fortune ; une seconde fois, il perd le quart de son reste ; une troisième fois, il perd le quart de son second reste ; enfin, ayant une autre fois perdu le quart de son troisième reste, il n'a plus que 32 400 francs. Combien avait-il d'abord ?

2434. Ayant pensé un nombre, j'en ai pris le tiers, et j'ai multiplié ce tiers par 4 ; puis, ayant pris les $\frac{4}{5}$ du résultat, j'ai trouvé 60. Quel est le nombre pensé ?

2435. Trouver deux nombres dont la somme soit 360, et dont l'un ne soit que les quatre cinquièmes de l'autre.

2436. Deux individus veulent acheter une terre en commun ; mais l'un ne peut fournir que le tiers du prix, et l'autre que le cinquième ; et, en réunissant leur avoir, il leur manque encore 3600 francs. Trouver le prix de cette terre.

2437. Trouver un nombre dont les $\frac{2}{3}$, joints aux $\frac{3}{4}$, surpassent de 210 les $\frac{11}{12}$ du même nombre.

2438. Deux fauteuils ont coûté ensemble 72 francs. Le cinquième du prix de l'un égale le septième de celui de l'autre. Trouver le prix de chaque fauteuil.

2439. Un marchand a vendu 250 mètres de drap de deux qualités, et une même quantité de chacune, en tout pour 7200 francs. Trouver le prix du mètre de chaque qualité, sachant que 3 mèt. de la première en valent 5 de la seconde.

2440. Un ouvrage devait être commencé le 4 Avril, et terminé le 24 du même mois. Sur le point de le commencer, on reçoit l'ordre de le terminer le 16, ce qui ne pourra se faire qu'en augmentant de 12 mètres $\frac{2}{5}$ le travail journalier. Combien l'ouvrage contient-il de mètres ?

2441. Un voyageur a parcouru une route en cinq jours. Le premier jour il a fait le sixième de sa route ; le second, la moitié du reste ; le troisième, les $\frac{3}{4}$ du second reste ; le quatrième, le tiers du troisième reste ; et le cinquième, il a terminé son voyage en faisant 30 kilomètres. Trouver la longueur de la route, et le chemin fait chaque jour.

2442. Un ouvrier dépense pour sa nourriture le quart de ce qu'il gagne ; il en emploie le neuvième pour son habillement et son logement ; le douzième est absorbé par divers besoins ; enfin, il place annuellement 600 francs à la caisse d'épargne. Trouver son gain annuel.

2443. Une division ennemie était partie depuis trois jours d'une

certaine position, lorsqu'une autre division, partie du même
point, se mit à sa poursuite. La première division faisait 5 myriamètres ¾ par jour. Combien la seconde a-t-elle dû faire de
kilomètres et de décamètres par jour, sachant qu'ayant marché
huit jours elle a atteint la première ?

2444. La petite aiguille d'une montre est sur 4 heures, et
l'autre sur midi : à quelle heure indiqueront-elles le même point
du cadran ?

## CHAPITRE VI. — NOMBRES COMPLEXES.

### LEÇON I. — Conversion d'un Nombre complexe en fractions
### à deux termes, ou en décimales, et réciproquement.

2445. Qu'appelle-t-on nombre *complexe?* — Nombre *incom-
plexe?* — Donner deux exemples de l'un et de l'autre.

2446. Parmi les nombres suivants, distinguer ceux qui sont
complexes, et ceux qui sont incomplexes : 48mèt... 4j11h28m...
17f,28... 19°28'36''... 7kg4hg 9 décag... 17jours,1875... 57°,689...
⁴⁄₇ d'heure... 8° ¾.

2447. Parmi nos mesures, quelles sont celles dont les multiples et les sous-multiples ne suivent pas la loi décimale? — Dans
quelles sciences le calcul des nombres complexes est-il particu-
lièrement employé? — A quoi peut-on le ramener ?

2448. Comment convertir en minutes un certain nombre
d'heures et minutes, ou un certain nombre de degrés et minutes?
— Comment convertir en secondes un nombre quelconque de
minutes et secondes?

2449. Exprimer en minutes 3h45m... 8°37'... 3j8h50m.

2450. Convertir en secondes 42m17s... 58'36''... 13h8m24s.

2451. Convertir en minutes 23h9m... 49°24'... 10j7h20m.

2452. Convertir en secondes 73°44'27''... 21h8m7s... 7j13h5m53s...
123°59'2''... 5j6h7m8s... 234°0'43''.

2453. La planète Mercure fait une révolution entière sur son
axe en 24h5m; Vénus emploie 23h21m, la Terre 23h56m, Mars
24h37, Jupiter 9h55m, et Saturne 10h30m. Exprimer toutes ces durées en minutes.

2454. Le 26 Octobre 1861, on a trouvé pour la déclinaison de
l'aiguille aimantée 19°26',3 NO ; en 1860, on avait trouvé 19°32',9.
Exprimer ces deux déclinaisons en minutes, et dire de combien
la direction de l'aiguille a varié dans un an.

2455. Le 28 Octobre 1861, on a trouvé pour l'inclinaison de
l'aiguille aimantée 66°7',2 ; on avait trouvé 66°11', un an auparavant. Exprimer ces deux inclinaisons en minutes, et dire de
combien l'inclinaison de l'aiguille a varié dans un an.

**2456.** On a trouvé qu'à 75 mètres de hauteur, la dépression apparente de l'horizon est d'environ 15'21''. Exprimer cette dépression en secondes.

**2457.** Les demi-diamètres apparents moyens du Soleil et de la Lune sont de 16'1'',7, et de 15'33'',5 : les exprimer en secondes.

**2458.** La différence entre le jour moyen et le jour sidéral est de 3ᵐ56ˢ : exprimer cette différence en secondes.

**2459.** L'année tropique diffère de l'année sidérale de 20ᵐ23ˢ,3; celle-ci diffère de l'année anomalistique de 4ᵐ40ˢ,1. Exprimer ces deux différences en secondes.

**2460.** Le mouvement moyen de la Lune en longitude, dans un jour moyen est de 13°10'35'',03 : l'exprimer en secondes.

**2461.** Comment convertir des secondes en minutes ? — des minutes en degrés, ou en heures ?

**2462.** Exprimer en minutes et secondes : 1234ˢ... 844''... 990''.

**2463.** Exprimer en heures et minutes : 333ᵐ... 444ᵐ... 7289ᵐ.

**2464.** Exprimer en degrés et minutes : 223'... 558'... 3521'.

**2465.** Exprimer en heures, minutes et secondes : 12345ˢ... 23456ˢ... 34567ˢ... 4567ˢ... 5678ˢ... 67890ˢ.

**2466.** Exprimer en degrés, minutes et secondes : 9876''... 8765''... 7654''... 6543''... 5432''... 43210''.

**2467.** La réfraction pour un astre à l'horizon est de 2027'',9 : l'exprimer en minutes et secondes.

**2468.** La dépression apparente de l'horizon, pour une hauteur de 100 mètres, est de 1064'' : l'exprimer en minutes et secondes.

**2469.** Comment convertir un nombre complexe en fraction d'une de ses unités ?

**2470.** Réduire 3ʲ13ʰ25ᵐ en fraction du jour, — de l'heure.

**2471.** Réduire 24°17'25'' en fraction du degré, — de la minute.

**2472.** Réduire 123°45'56'' en fraction de la circonférence.

**2473.** Réduire 23ʲ21ʰ32ᵐ en fraction de l'année de 365 jours.

**2474.** Quelle fraction du jour est 7ʰ19ᵐ ?... 13ʰ28ᵐ35ˢ ?

**2475.** Quelle fraction d'heure est 19ᵐ25ˢ ?... 4ʰ52ᵐ12ˢ ?

**2476.** Quelle fraction de l'année de 365ʲ5ʰ48ᵐ50ˢ est 123ʲ4ʰ5ᵐ6ˢ ?

**2477.** Par 65 degrés de latitude, le jour le plus long est de 21ʰ9ᵐ, et le plus court de 2ʰ51ᵐ. Que sont ces durées par rapport au jour entier de 24 heures ?

**2478.** Le 31 Décembre, le Soleil décrit sur l'Ecliptique un arc de 1°1'10'',1 en un jour ; le 29 Juin, il décrit un arc de 57'11'',8. Exprimer chacun de ces arcs en fraction de l'Ecliptique (360°).

**2479.** Le Printemps dure 92ʲ20ʰ59ᵐ; l'Eté, 93ʲ14ʰ13ᵐ; l'Automne, 89ʲ18ʰ35ᵐ, et l'Hiver, 89ʲ0ʰ2ᵐ. Quelle fraction chaque saison est-elle de l'année entière, en comptant celle-ci de 365ʲ5ʰ49ᵐ ?

**2480.** Comment réduire en nombre complexe une fraction d'une unité principale ? — Que faire, si la fraction donnée est plus grande que l'unité ?

**2481.** Trouver en minutes et secondes les $\frac{13}{16}$ d'une heure.

**2482.** Trouver en minutes et secondes les $\frac{11}{36}$ d'un degré.

**2483.** Trouver en heures, minutes et secondes les $\frac{123}{457}$ d'un jour.

**2484.** Combien $\frac{4}{31}$ d'une circonférence valent-ils de degrés, minutes, secondes ?

**2485.** Combien les $\frac{5}{19}$ d'une année de 365 jours valent-ils de jours, heures, minutes, secondes, et centièmes de seconde ?

**2486.** Évaluer les $\frac{5}{8}$ d'un angle droit en degrés, minutes, secondes (L'angle droit contient 90 degrés).

**2487.** Combien $\frac{39}{14}$ de jour, valent-ils de jours, heures, minutes, secondes, et dixièmes de seconde ?

**2488.** Combien les $\frac{4}{7}$ d'un mois de 31 jours valent-ils de jours, heures, minutes, secondes, et centièmes de seconde ?

**2489.** Combien y a-t-il de secondes dans les $\frac{7}{8}$ d'une circonférence ?

**2490.** Combien faut-il de minutes et secondes pour faire $\frac{5}{7}$ d'heure ?

**2491.** Combien y a-t-il de degrés, minutes et secondes dans les $\frac{5}{9}$ d'un angle de 80 degrés ?

**2492.** Combien faut-il de jours, heures, minutes, secondes, et millièmes de secondes, pour faire $\frac{287}{19}$ de jour ?

**2493.** Comment convertir un nombre complexe en décimales d'une de ses unités ?

**2494.** Convertir $34^m51^s$ en millièmes d'heure.

**2495.** Convertir $57'12''$ en dix-millièmes de degré.

**2496.** Exprimer $5^h8^m9^s$ en heures et $10\,000^{es}$ d'heure.

**2497.** Exprimer $9^h10^m11^s$ en cent-millièmes de jour.

**2498.** Exprimer $17°43'5''$ en degrés et millièmes de degré.

**2499.** Exprimer $5^j18^h19^m20^s$ en $1\,000\,000^{es}$ d'une semaine.

**2500.** Exprimer $17^j12^h38^m51^s$ en jours et $100\,000^{es}$ de jour.

**2501.** Exprimer $38°19'25'',4$ en degrés et $10\,000^{es}$ de degré.

**2502.** L'année tropique est de $365^j5^h48^m50^s$ : exprimer cette durée en jours et $1\,000\,000^{es}$ de jour.

**2503.** Le jour moyen est égal à $1^j0^h3^m56^s,54$ de temps sidéral : exprimer le jour moyen en jour sidéral, à moins d'un $1\,000\,000^e$.

**2504.** La lunaison moyenne est de $29^j12^h44^m3^s$ : l'exprimer en jours, et $100\,000^{es}$ de jour.

**2505.** Mercure fait un tour sur son axe en $24^h5^m8^s$ : exprimer cette durée en jours et $100\,000^{es}$ de jour.

**2506.** Le mouvement de rotation de Vénus s'effectue en $23^h21^m$ : exprimer ce temps en $10\,000^{es}$ de jour.

**2507.** La rotation de Mars se fait en $24^h39^m21^s$ : combien cette durée contient-elle de jours et $100\,000^{es}$ de jour ?

**2508.** Le premier satellite de Jupiter met $1^j18^h27^m33^s$ à faire sa révolution autour de la planète principale ; le second satellite emploie $3^j13^h14^m36^s$ à faire la sienne ; le troisième, $7^j3^h32^m33^s$ ; et le quatrième $16^j16^h31^m50^s$. Exprimer ces divers temps en jours et $100\,000^{es}$ de jour.

**2509.** Comment évaluer une quantité décimale en nombre complexe ?

**2510.** Convertir en minutes et secondes : $0^h,765\ldots\ 0°,875$.

**2511.** Exprimer en heures, minutes et secondes : $0^j,9246\ldots$ $7^h,33475\ldots\ 0^j,12345\ldots\ 3^h,45678\ldots\ 0^j,3045$.

**2512.** Exprimer en degrés, minutes et secondes : $0°,6604\ldots$ $12°,4125\ldots\ 73°,98765\ldots\ 87°,012468\ldots\ 0^{circ},345678$.

**2513.** Combien y a-t-il de jours, heures, minutes, secondes dans 0,5632 d'une semaine ? — dans 0,6375 d'un mois de 30 jours? — dans 0,92467 d'un mois de 31 jours? — dans 0,7788 d'une année de 365 jours?

**2514.** Combien y a-t-il de degrés, minutes, secondes dans $9°,8765$ ? — dans 0,44665 d'une circonférence ? — dans 0,05958 d'un angle droit ?

**2515.** La révolution sidérale de la Lune est de $27^j,321662$ : exprimer cette durée en jours, heures, minutes, secondes.

**2516.** La révolution sidérale de Mercure est de $87^j,96926$; celle de Vénus est de $224^j,70080$; celle de la Terre, de $365^j,25637$; celle de Mars, de $686^j,97964$; celle de Jupiter, de $4332^j,58482$; celle de Saturne, de $10759^j,2198$; celle d'Uranus, de $30686^j,8205$; et celle de Neptune, de 60127 jours. Exprimer ces diverses durées en années de 365 jours, et le surplus en jours, heures, minutes secondes.

---

## Leçon II. — Addition des Nombres complexes.

**2517.** Comment fait-on l'addition des Nombres complexes ? — Comment opérer lorsqu'il s'agit de minutes ou de secondes ?

**2518.** Combien y a-t-il de jours, heures, minutes et secondes dans $15^j11^h28^m41^s$ $+$ $9^j17^h41^m53^s$ $+$ $32^j19^h28^m33^s$ $+$ $11^j14^h50^m40^s$ $+$ $4^j15^h29^m30^s$ $+$ $28^j4^h9^m7^s$ $+$ $1^j2^h3^m4^s$ $+$ $23^j22^h34^m56^s$ $+$ $21^h8^m42^s$ $+$ $5^j7^h49^m$ ?

**2519.** Combien y a-t-il de degrés, minutes et secondes dans $28°41'27''$ $+$ $51°34'19''$ $+$ $72°53'28''$ $+$ $80°29'43''$ $+$ $9°28'17''$ $+$ $64°56'7''$ $+$ $48°12'37''$ $+$ $57°58'59''$ $+$ $35°8'17''$ $+$ $4°29'34''$ $+$ $38°48'9''$ $+$ $24°7'55''$ ?

**2520.** Quelle est la somme des trois angles d'un triangle sphérique, où le premier angle égale $71°28'37''$, le second $97°58'29''$, et le troisième $60°43'51''$ ?

**2521.** Dans un triangle rectiligne, si le premier angle est de $53°2'29''$, et le second de $62°21'19''$, le troisième est nécessairement de $64°36'12''$ : quelle est donc la somme des trois angles de tout triangle rectiligne ?

**2522.** Quelle est la somme des trois côtés d'un triangle sphériphe, où le premier côté égale $123°45'56''$, le second $89°24'9''$, et le troisième $77°33'22''$ ?

**2523.** Ma montre marque $4^h58^m23^s$; mais je sais qu'elle retarde de $19^m49^s$ : quelle heure est-il?

**2524.** J'ai deux pendules : la première retarde de $17^m52^s$, et la seconde avance de $24^m37^s$. Quelle heure marque la seconde, et quelle heure est-il, sachant que la première donne $7^h31^m15^s$ ?

**2525.** Un navire est parti de $47°51'28''$ de latitude Nord : quand il se sera avancé vers le Nord de $4°19'28''$, quelle sera sa latitude?

**2526.** La longitude d'un lieu est de $17°34'29''$ Ouest : quelle est celle d'un autre lieu situé de $7°34'58''$ à l'Ouest du premier ?

**2527.** Le 10 Mars 1862, à midi moyen de Paris, la déclinaison du soleil était de 4°5'15'',2 : trouver celle du 9, à midi moyen, sachant qu'entre les deux midis, elle avait diminué de 23'28'',7?

**2528.** L'*Equation du temps* est la quantité qu'il faut ajouter à l'heure vraie pour avoir l'heure moyenne. Si donc l'équation du temps est de 12$^m$41$^s$,3, et que l'on compte 4$^h$28$^m$39$^s$,2 en temps vrai, quelle heure est-il en temps moyen?

**2529.** Un particulier est sorti à 9$^h$42$^m$50$^s$ du matin ; il a été absent 2$^h$34$^m$20$^s$, et il y a 1$^h$29$^m$40$^s$ qu'il est de retour : quelle heure est-il?

**2530.** Un ouvrage a été fait en 4$^h$17$^m$19$^s$, un autre, en 7$^h$49$^m$25$^s$ ; un troisième, en 1$^h$51$^m$26$^s$, et un quatrième, en 2$^h$26$^m$41$^s$ : trouver le temps employé à faire ces quatre ouvrages.

**2531.** Un ouvrier a travaillé le Lundi 4$^h$27$^m$, le Mardi 5$^h$34$^m$, le Mercredi 7$^h$28$^m$, le Jeudi 8$^h$51$^m$, le Vendredi 10$^h$29$^m$, et le Samedi 13$^h$37$^m$. Combien d'heures et minutes a-t-il travaillé dans sa semaine?

**2532.** A l'instant où il est midi à Paris (Observatoire), on compte 9$^m$57$^s$ du soir à Lyon, 40$^m$28$^s$ à Rome (S$^t$ Pierre), 1$^h$46$^m$35$^s$ à Constantinople, 1$^h$55$^m$41$^s$ au Caire, 2$^h$11$^m$25$^s$ à Jérusalem, 5$^h$9$^m$56$^s$ à Pondichéry, 5$^h$44$^m$ à Calcutta, 7$^h$36$^m$34$^s$ à Pékin : quelle heure compte-t-on dans chacune de ces dernières villes, lorsqu'il est 8$^h$27$^m$49$^s$ du matin à Paris?

**2533.** Un individu est né le 7 Août 1831, à 7$^h$28$^m$ du soir : trouver l'année, le mois, le jour, l'heure et la minute où il a vécu 16196532 minutes, en tenant compte des bissextiles et du nombre de jours de chaque mois.

**2534.** Je veux compter jusqu'à 2000000000. Si je compte 2 par seconde, que je compte pendant 13 heures chaque jour, et que je commence aujourd'hui, 18 Juin 1862, à 7$^h$53$^m$22$^s$ du matin, quand finirai-je? — Dire l'année, le mois, le jour, l'heure, la minute et la seconde.

---

## Leçon III. — Soustraction des Nombres complexes.

**2535.** Comment se fait la soustraction des Nombres complexes? — Comment opérer quand il s'agit de minutes ou de secondes?

**2536.** De 35$^j$13$^h$45$^m$29$^s$, ôter 18$^j$ 9$^h$53$^m$38$^s$.

**2537.** De 123°34'56'',78, ôter 73°41'9'',84.

**2538.** Que faut-il ôter de 45$^j$19$^h$56$^m$13$^s$,49, pour qu'il reste 31$^j$22$^h$3$^m$57$^s$,40?

**2539.** Que faut-il ajouter à 68°32'44'',23, pour trouver 158° 6'7'',17?

**2540.** De combien 8$^j$7$^h$9$^m$10$^s$ + 49$^j$52$^m$40$^s$ + 17$^j$20$^h$25$^m$33$^s$ surpassent-ils 13$^j$13$^h$51$^m$21$^s$,57 + 36$^j$7$^h$17$^m$33$^s$,64?

**2541.** Combien manque-t-il à 67°45'29'' + 83°57'2'',48 + 99°53'27'',72 + 57°6'9'',26, pour faire 360 degrés?

**2542.** Quelle différence entre 15$^j$12$^h$ + 3$^j$7$^h$19$^m$ + 6$^j$20$^h$42$^m$ + 2$^j$14$^h$15$^m$2$^s$,08, et un mois de 31 jours?

**2543.** *Le complément* d'un angle est le reste qu'on obtient lorsqu'on ôte cet angle de 90 degrés. Quel est le complément d'un angle de 27°? — de 32°43'? — de 47°6'27''? — de 63°40'26'',7? — de 83°53'44'',73?

**2544.** *Le supplément* d'un angle est le reste que l'on trouve en ôtant cet angle de 180 degrés. Trouver le supplément d'un angle de 47°; — de 69°7'; — de 93°2'5''; — de 120°37'23'',4; — de 145°20'38'',38.

**2545.** Dans tout triangle rectiligne, la somme des angles est 180°. Or, dans un certain triangle rectiligne, le premier angle est de 48°19'21'', et le second de 62°51'37'' : quel est le troisième?

**2546.** Le 1er Septembre 1862, à midi moyen de Paris, la déclinaison du Soleil était de 8°17'46'',5 B; le 2, elle était de 7°55'55'',2; le 3, elle était de 7°33'56'',2, et le 4, de 7°11'49'',9. Trouver sa diminution du 1er au 2, du 2 au 3, du 3 au 4; puis cette diminution du 1er au 3, et au 4, et enfin du 2 au 4.

**2547.** Le 16 Décembre 1862, la déclinaison de la Lune, à midi moyen de Paris, était de 11°48'10'' A; à 1$^h$ du soir, elle était de 11°59'41'',8; à 2$^h$, de 12°11'10'',8; à 3$^h$, de 12°22'36'',6; et à 4$^h$, de 12°33'59'',4. Trouver son augmentation de midi à 1$^h$, de 1$^h$ à 2, de 2$^h$ à 3, de 3$^h$ à 4, et de midi à 4 heures.

**2548.** L'heure de Canton est en avant de 7$^h$23$^m$46$^s$ sur celle de Paris : quelle heure est-il à Paris, lorsqu'il est 4$^h$29$^m$37$^s$ à Canton?

**2549.** Lorsqu'il est midi à Paris, il n'est que 11$^h$44$^m$27$^s$ du matin, à Nantes; 11$^h$43$^m$57$^s$, à Rennes; 11$^h$41$^m$3$^s$, à Ploërmel; 11$^h$39$^m$37$^s$, à Vannes; 11$^h$32$^m$41$^s$, à Brest; 10$^h$44$^m$35$^s$, à St-Louis (Sénégal); 10$^h$41$^m$, à Gorée; 8$^h$21$^m$25$^s$, à Cayenne; 8$^h$6$^m$11$^s$, à St-Pierre (de Terre-Neuve); 7$^h$45$^m$56$^s$, à St-Pierre (Martinique); 7$^h$43$^m$43$^s$, à Basse-Terre; 7$^h$3$^m$53$^s$, à Valparaiso; et 1$^h$52$^m$43$^s$, à Taïti. Trouver l'heure que l'on compte en chacun de ces lieux, lorsqu'à Paris on est au Dimanche matin, à 6$^h$21$^m$33$^s$.

**2550.** Etant parti le 6 Avril, à 6$^h$15$^m$ du soir, je suis rentré le 14 du même mois, à 7$^h$ du matin : combien de jours, heures, et minutes ai-je été absent?

**2551.** Le 20 Mars 1815, Louis XVIII s'enfuit de Paris, où Napoléon I, de retour de l'Ile d'Elbe, arriva le soir. Le 29 Juin de la même année, Napoléon, vaincu par les alliés, quittait Paris. Trouver la durée de ce second gouvernement de Napoléon.

**2552.** La révolution synodique de la Lune est de 29$^j$12$^h$44$^m$3$^s$, et sa révolution sidérale, de 27$^j$7$^h$43$^m$12$^s$ : trouver la différence entre ces deux révolutions.

**2553.** On distingue en Astronomie trois sortes d'années : l'année tropique, de 365$^j$5$^h$48$^m$50$^s$; l'année sidérale, de 365$^j$6$^h$9$^m$11$^s$, et l'année anomalistique, de 365$^j$6$^h$13$^m$51$^s$. Trouver la différence entre chacune de ces années et les deux autres.

**2554.** Le plus petit diamètre apparent de la Lune est de 29'21'',91; le plus grand est de 33'31'',07 : quelle est leur différence?

**2555.** Un individu est né le 7 Août 1831, à midi : quel âge a-t-il eu le 25 Mai 1862, à 11$^h$ du matin? — Exprimer cet âge 1° en années, jours et heures; 2° en jours et heures, en tenant compte des années bissextiles.

**2556.** Une domestique a commencé son service le 24 Juin 1861, à 2ʰ de l'après-midi; et elle a quitté sa place le 14 Janvier 1862, à trois heures et demie du soir : combien de jours, heures et minutes a-t-elle servi dans cette place?

**2557.** Un individu, né le 8 Septembre 1780, est mort le 29 Décembre 1860. Exprimer son âge 1° en années et jours; 2° en jours, en tenant compte des bissextiles.

**2558.** Le 25 Mai 1862, à 2ʰ58ᵐ du soir, il y avait 1344ʲ3ʰ27ᵐ qu'un particulier occupait une position : trouver l'époque précise où il y est entré.

**2559.** L'Hiver, qui a fini en 1862, avait commencé le 21 Décembre 1861, à 7ʰ44ᵐ du soir. Or, en 1862, le Printemps a commencé le 20 Mars, à 8ʰ53ᵐ du soir; l'Eté, le 21 Juin, à 5ʰ30ᵐ du soir; l'Automne, le 23 Septembre, à 7ʰ36ᵐ du matin ; et l'Hiver, le 22 Décembre, à 1ʰ29ᵐ du matin. D'après cela, quelle a été la durée de chacune des saisons comprises dans l'année 1862?

---

## Leçon IV. — Multiplication des Nombres complexes.

**2560.** Quels cas principaux présente la multiplication des nombres complexes?

**2561.** Démontrer sur $4°29'31'' \times 4\frac{5}{7}$, que le produit de deux nombres fractionnaires, ou complexes, ne change pas de valeur, quand on intervertit l'ordre des facteurs.

**2562.** Trouver, à moins d'un centième de seconde, la moitié, le tiers, le quart, le cinquième, le sixième, le septième, le huitième et le neuvième de l'année tropique moyenne, laquelle est de 365ʲ5ʰ48ᵐ50ˢ.

**2563.** La révolution synodique de la Lune est de 29ʲ12ʰ44ᵐ3ˢ : trouver la moitié, le tiers, le quart, le cinquième, et le sixième de cette révolution.

**2564.** Dans 24ʰ, le Soleil s'est éloigné de l'Equateur de 23'42''6. Si son mouvement est uniforme, quel a été son éloignement dans 12ʰ, dans 8ʰ, dans 6ʰ, dans 4ʰ, dans 3ʰ, dans 2ʰ, le tout à moins d'un centième de seconde ?

**2565.** Le mouvement en ascension droite de la Lune a été un certain jour de 7°43'15'', en 12 heures : trouver, à moins d'un dixième de seconde, quel a été ce mouvement (supposé uniforme) dans 6ʰ, dans 4ʰ, dans 3ʰ, dans 2ʰ, dans 1ʰ.

**2566.** Le Soleil paraît décrire 360°, en 23ʰ56ᵐ4ˢ, par rapport à une étoile : combien de temps est-il à décrire 180°, 120°, 90°, 72°, 60°, 45°, 40°, 36°, 30°, 20°, 15°, 10°, 5°, 1°?

### Multiplication d'un Nombre complexe par un Nombre incomplexe, et réciproquement.

**2567.** Un enfant est 1ʰ26ᵐ43ˢ à faire une lieue (4 kilom.) : combien lui faut-il de temps pour faire 6 lieues ?

**2568.** Lorsque le demi-diamètre du Soleil est de 16′17″8, quel est le diamètre entier?

**2569.** Si un piéton fait un myriamètre dans 1ʰ46ᵐ29ˢ, quel temps met-il à faire 7 myriamètres?

**2570.** Aux environs des équinoxes, la déclinaison du Soleil varie de 23′42″ en 24 heures : si sa variation est uniforme, quelle sera-t-elle dans 5 jours?

**2571.** Un myriamètre vaut 0º5′24″ : trouver la valeur de 12 myriamètres?

**2572.** Le Soleil parcourt, l'un dans l'autre, 0º59′8″,33 par jour, dans l'écliptique : quel arc parcourt-il dans 10 jours?

**2573.** L'année tropique moyenne est de 365ʲ5ʰ48ᵐ50ˢ : trouver la longueur de 8 années tropiques.

**2574.** A quelle méthode a-t-on recours, lorsque le multiplicateur est un nombre considérable? — En quoi consiste cette méthode?

**2575.** Quand est-ce qu'un nombre est *partie aliquote* d'un autre? — Quels sont les nombres au-dessous de 100, desquels 8 est une partie aliquote?

**2576.** Quelles sont toutes les parties aliquotes de 8? — toutes celles de 12? — de 16? — de 20? — de 24?

**2577.** Quelles sont les parties aliquotes de 30? — de 32? — de 36? — de 40? — de 48? — de 60?

**2578.** Décomposer chacun des nombres 5, 7, 8, 9, 10, 11, en parties aliquotes de 12.

**2579.** Décomposer 3, 5, 6, 7, 9, 10, 11, 12, 13, 14, 15, en parties aliquotes de 16.

**2580.** Décomposer 5, 7, 9, 10, 11, 13, 14, 15, 16, 17, 18, 19, 20, 21, 22, 23, en parties aliquotes de 24.

**2581.** Décomposer 8, 11, 15, 17, 20, 21, 25, 28, 30, 31, 32, 33, 34, 35, en parties aliquotes de 36.

**2582.** Décomposer 7, 9, 13, 16, 18, 23, 26, 29, 37, 40, 43, 49, 52, 54, 57, 59, en parties aliquotes de 60.

**2583.** Un piéton fait un myriamètre dans 2ʰ9ᵐ37ˢ : s'il marche toujours avec la même vitesse, quel temps lui faut-il pour parcourir 217 myriamètres?

**2584.** Un myriamètre vaut 0º5′24″ : combien y a-t-il de degrés, minutes et secondes dans 456 myriamètres?

**2585.** Un train met 1ᵐ19ˢ à faire un kilomètre : s'il conserve toujours la même vitesse, quel temps mettra-t-il pour se rendre de Nantes à Paris, la distance entre ces deux villes étant de 427 kilomètres?

**2586.** Pour un franc, un ouvrier a travaillé pendant 1ʰ17ᵐ35ˢ : pendant combien de temps travaillerait-il pour 827 francs?

**2587.** Une montre avance de 1ᵐ17ˢ,4 par jour : de combien d'heures, minutes et secondes avancerait-elle dans 365 jours?

**2588.** Un navire a parcouru un arc de 2º55′12″ en un certain jour : s'il conserve la même vitesse, quel arc parcourra-t-il dans 118 jours?

**2589.** Pour parcourir un arc d'un degré un navire a mis

14h28m17s : si son mouvement est uniforme, quel temps mettra-t-il à parcourir la circonférence entière ?

2590. Un ouvrier met 1h48m51s à faire un mètre : quel temps met-il à faire $\frac{8}{9}$ de mètre ?

2591. Lorsque le diamètre du Soleil est de 31'33'',4, quels sont les $\frac{2}{3}$, les $\frac{3}{4}$, les $\frac{2}{5}$, les $\frac{5}{6}$, les $\frac{3}{8}$ de ce diamètre ?

2592. Un myriamètre vaut 5'24'' : combien de minutes et secondes dans $\frac{5}{12}$ de myriamètre ?

2593. Un navire a parcouru 2°19'25'' dans un jour : combien a-t-il parcouru dans $\frac{3}{4}$ de jour ?

2594. Le plus petit arc que le Soleil décrive en un jour sur l'Écliptique est de 57'11'',8 : trouver ce qu'il décrit alors en $\frac{11}{12}$ de jour.

2595. La lunaison est de 29j12h44m3s : trouver les $\frac{4}{5}$ de la lunaison.

2596. Un mobile parcourt sur une circonférence un arc de 12°49'31'', en une heure : quel arc parcourt-il en $\frac{7}{9}$ d'heure ?

2597. Un ouvrier gagne 8f,25 par jour : combien gagne-t-il dans 7h38m45s, si sa journée est de 12 heures ?

2598. Un degré vaut 11myriam,111111... Combien y a-t-il de myriamètres et décamètres dans 5°38'27'' ? — dans 37°28'51''? — dans 93°19'49''?

2599. Un navire fait 272 hectom. par heure : combien fera-t-il de myriam. et hectom. dans 14h17m20s ? — de kilom. et mètres dans 47m38s? — de kilomèt. et décamèt. dans 14j17h45m ?

2600. La journée d'un ouvrier étant de 9 heures, combien gagne-t-il dans 23j7h48m, à 5f,75 par jour ?

2601. Un ouvrier gagne 6f,50 dans sa journée, qui est de 8 heures : que gagne-t-il dans 7h38m ?

2602. Un navire a fait 7milles,4 dans une heure : si la direction et l'intensité du vent ne changent pas, quel chemin fera ce navire dans 2h34m27s ?

2603. Une roue dentée fait 47 tours par heure : combien en fait-elle dans 7j19h29m35s ?

2604. Une roue de 72 dents fait un tour en 12 heures : combien passe-t-il de dents en 7h53m25s?

2605. Le Soleil parcourt 15° par heure : combien parcourt-il de degrés, minutes et secondes dans 13h14m28s ?

2606. Un navire fait 8 $\frac{2}{3}$ milles dans une heure : quel chemin fait-il dans 1j7h19m39s?

2607. Un homme fait 1 $\frac{4}{7}$ lieue par heure : quel chemin fera-t-il dans 9h38m29s?

2608. Un degré vaut 11 $\frac{1}{9}$ myriamètres : combien y a-t-il de myriam. et décam. dans 3°47'25'' ? — de myriam. et hectomèt. dans 9°34'47'' ? — de mètres dans 2°55'44'' ?

2609. Un ouvrier dont la journée est de 12h, fait 7 $\frac{5}{8}$ mètres par jour : combien fera-t-il de mètres et centim. dans 4j7h32m17s ?

2610. Un myriamètre vaut 5'24'' : combien y a-t-il de degrés, minutes et secondes dans 458237 mètres ? — dans 9876 hectom.? — dans 5737 décamèt. ? — dans 1234 kilomètres ?

**2611.** Un individu franchit un espace d'un myriamètre en 1$^h$46$^m$31$^s$ : combien lui faut-il d'heures, minutes et secondes pour parcourir 427 kilom.?—439 hectom.?—5637 décam.?—98765 mèt.?

### Multiplication d'un Nombre complexe par un Nombre complexe.

**2612.** Dans une heure, un mobile qui marche d'un pas uniforme, parcourt sur une circonférence un arc de 2°49'17'',6 : combien décrit-il de degrés, minutes, secondes et dixièmes de seconde dans 6$^h$39$^m$28$^s$?

**2613.** Le 21 Février 1862, à midi moyen de Paris, la déclinaison du Soleil était de 10°32'25'',1 ; vingt-quatre heures après, elle était de 10°10'37'',3 : trouver quelle était cette déclinaison le 21, à 9$^h$43$^m$52$^s$ du soir, en supposant que le mouvement du Soleil en déclinaison soit parfaitement uniforme.

**2614.** Le 15 Décembre 1862, à midi, l'ascension droite moyenne du Soleil était de 17$^h$35$^m$30$^s$,76 ; le lendemain, à la même heure, elle était de 17$^h$39$^m$27$^s$,31. Quelle était cette ascension, le 16, à 7$^h$23$^m$49$^s$ du matin ?

**2615.** Le 22 Novembre, à midi vrai, l'équation du temps était de 13$^m$41$^s$,06 soustractive ; le 23, aussi à midi vrai, elle était de 13$^m$24$^s$,47 : trouver ce qu'elle était le 23, à 4$^h$23$^m$46$^s$ du matin.

**2616.** Le 8 Août 1862, à midi, la parallaxe horizontale de la Lune était de 59'48'',4, et son demi-diamètre horizontal, de 16'19'',4; le 8, à minuit (12$^h$ après), ces éléments étaient de 59'37'',9 et de 16'16'',6 : trouver ce qu'ils étaient le 8 à 7$^h$21$^m$30$^s$ du soir.

**2617.** Le 12 Octobre 1862, à 3$^h$ du soir, la distance de la Lune au Soleil était de 126°31'30'' ; à 6$^h$, elle était de 125°10'19'' ; à 9$^h$, elle était de 123°49'11'', et à 12$^h$, de 122°28'6''. Trouver quelle était cette distance, le 12, 1° à 4$^h$5$^m$20$^s$ du soir ; 2° à 6$^h$27$^m$28$^s$ ; 3° à 8$^h$7$^m$9$^s$; 4° à 10$^h$33$^m$44$^s$.

**2618.** Le Jeudi, 13 Novembre 1862, à 6$^h$ du soir, l'ascension droite de la Lune était de 8$^h$43$^m$57$^s$,25; à 7$^h$, elle était de 8$^h$45$^m$55$^s$,80 ; à 8$^h$, de 8$^h$47$^m$54$^s$,28 ; à 9$^h$, de 8$^h$49$^m$52$^s$,69, et à 10$^h$, de 8$^h$51$^m$51$^s$,04. Trouver quelle était le 13, l'ascension droite de la Lune, 1° à 6$^h$19$^m$40$^s$; 2° à 7$^h$24$^m$36$^s$ ; 3° à 8$^h$32$^m$37$^s$; 4° à 9$^h$44$^m$55$^s$.

**2619.** Le 27 Décembre 1862, à 4$^h$ du matin, la déclinaison de la Lune était de 2°52'42'',6 B ; à 5$^h$, elle était de 3°5'20'',4 ; a 6$^h$, de 3°17'55''7 ; à 7$^h$, de 3°30'29'',3 ; à 8$^h$, de 3°43'0'',9; à 9$^h$, de 3°55'30'',4 ; et à 10$^h$, de 4°7'57'',9. Trouver quelle était, le 27, la déclinaison de la Lune, 1° à 4$^h$50$^m$46$^s$ du matin ; 2° à 5$^h$43$^m$29$^s$ ; 3° à 6$^h$39$^m$17$^s$; 4° à 7$^h$38$^m$15$^s$ ; 5° à 8$^h$34$^m$35$^s$ ; 6° à 9$^h$24$^m$13$^s$.

---

## Leçon V. — Division des Nombres complexes.

**2620.** Quels sont les cas principaux que présente la division des nombres complexes?

**2621.** Comment faire la division d'un nombre complexe par un nombre entier, quand les unités du quotient sont de même nature que celles du dividende ?

2622. Dans 49 jours, un navire a parcouru 64°19'26" : trouver en degrés, minutes et secondes sa vitesse journalière moyenne.

2623. Une machine a confectionné 149 mètres d'ouvrage en 19ʲ14ʰ50ᵐ : combien mettait-elle de jours, heures, minutes et secondes à faire un mètre ?

2624. Quelqu'un, allant toujours avec la même vitesse, a fait 132 myriamètres en 23ʲ7ʰ45ᵐ, en marchant 9 heures par jour : quel temps était-il à faire un myriamètre ?

2625. Un mobile a parcouru un arc de 152°19'45" dans 19ʰ : quel arc a-t-il parcouru dans une heure ?

2626. Un ouvrier, travaillant 9ʰ par jour, a gagné 130 francs dans 80ʲ7ʰ35ᵐ : en combien d'heures, minutes et secondes gagnait-il un franc ?

2627. Un navire a parcouru 69 milles dans 8ʰ17ᵐ30ˢ : quel temps a-t-il mis à faire un mille ?

2628. Le Soleil met 365ʲ6ʰ9ᵐ10ˢ,8 à parcourir les 360° de l'Ecliptique, par rapport à une étoile : si sa vitesse était uniforme, quel temps mettrait-il à parcourir un degré ?

2629. Pour décrire les 360° de son orbite, par rapport à une étoile, la lune emploie 27ʲ7ʰ43ᵐ11ˢ,6 : quel temps est-elle, en moyenne, à parcourir un degré ?

2630. Le 28 Septembre 1862, à midi moyen de Paris, l'ascension droite moyenne du Soleil était de 12ʰ27ᵐ59ˢ,46 ; son ascension droite vraie était de 12ʰ18ᵐ40ˢ,78, et sa déclinaison, de 2°1'23",9 A. Le lendemain, à la même heure, ces éléments étaient respectivement de 12ʰ31ᵐ56ˢ,01, de 12ʰ22ᵐ17ˢ,61 et de 2°24'47",4. Trouver à moins d'un centième de seconde, quelle a été l'augmentation horaire moyenne.

2631. Le 25 Octobre 1862, à midi, la longitude de la Lune était de 241°42'53",9, et à minuit suivant, elle était de 249°5'16",0 : trouver quelle a été l'augmentation horaire moyenne.

2632. Le 13 Décembre 1862, la distance de la Lune au Soleil était à midi, de 101°5'5"; à 3ʰ du soir, elle était de 99°38'13"; à 6ʰ, elle était de 98°11'3", et à 9ʰ, de 96°43'35". Trouver quelle à été la diminution horaire moyenne, de midi à 3ʰ, de 3ʰ à 6, et de 6 heures à 9.

2633. Comment diviser un nombre complexe par un nombre entier, lorsque les unités du quotient ne sont pas de même nature que celles du dividende ?

2634. Un ouvrier fait un mètre d'ouvrage en 5 heures : combien en fera-t-il de mètres et millimètres en 17ʰ38ᵐ49ˢ ?

2635. Le Soleil parcourt par heure 15° de l'équateur terrestre : quel temps est-il à parcourir 79°29'32" ?

2636. Si un enfant fait régulièrement un myriamètre dans 5 heures, combien fera-t-il de myriam. et hectom. dans 5ʲ7ʰ30ᵐ, en marchant 8 heures par jour ?

2637. Un navire fait un mille dans 8 minutes : combien en fera-t-il dans 5ʰ23ᵐ30ˢ ?

**2638.** Un ouvrier gagne un franc dans 4ʰ : combien gagne-t-il dans une journée où il travaille 11ʰ22ᵐ30ˢ ?

**2639.** Un chronomètre avance de 13 secondes par jour : quel temps lui faut-il pour avancer de 3ʰ24ᵐ52ˢ ?

**2640.** Un mobile parcourt un arc d'un degré en 4 minutes de temps : quel arc décrit-il en 4ʰ19ᵐ29ˢ ?

**2641.** Le Soleil décrit en 24ʰ les 360° de l'équateur terrestre : trouver quel temps il emploie à décrire 1°,... 1′,... 1″.

**2642.** En général, quel est le procédé le plus expéditif pour *trouver le temps que met le Soleil à parcourir un certain nombre de degrés, minutes, secondes (de longitude)* ?

**2643.** Convertir en temps : 34°... 59°... 75°... 34°20′... 57°25′... 68°17′... 12°17′24″... 56°39′27″... 112°49′37″.

**2644.** Convertir en temps : 9°... 19°... 31°32′... 4°44′50″... 22°22′30″... 171°19′41″... 0°17′49″... 29°41′19″,3... 51°17′43″,5.

**2645.** Comment trouver le nombre de degrés, minutes et secondes que parcourt le Soleil dans un temps donné ?

**2646.** Convertir en degrés : 7ʰ... 3ʰ... 9ʰ... 5ʰ30ᵐ... 8ʰ52ᵐ... 4ʰ59ᵐ... 5ʰ27ᵐ43ˢ... 7ʰ39ᵐ51ˢ... 10ʰ13ᵐ15ˢ.

**2647.** Convertir en degrés : 4ʰ... 10ʰ... 6ʰ37ᵐ... 1ʰ2ᵐ3ˢ... 3ʰ33ᵐ55ˢ... 4ʰ12ᵐ47ˢ... 6ʰ28ᵐ41ˢ,3... 9ʰ34ᵐ19ˢ,2... 8ʰ27ᵐ11ˢ,5.

**2648.** Comment faire la division des nombres complexes, lorsque le diviseur n'est pas un nombre entier ?

**2649.** La journée d'un ouvrier étant de 11 heures, il a gagné 51ᶠ,75 dans 6ʲ7ʰ45ᵐ : trouver le gain journalier.

**2650.** Un mobile parcourt 3°27′12″,6 par heure : quel temps lui faut-il pour décrire un arc de 19°12′41″,7 ?

**2651.** Un navire a fait 50 myriam. en 1ʲ8ʰ12ᵐ45ˢ : combien de kilom. et décam. a-t-il faits par heure ? — Combien de milles par jour, sachant que le degré qui vaut 11 ⅑ myriamètres, contient 60 milles marins ?

**2652.** J'ai fait 4 myriamèt. en 6ʰ15ᵐ30ˢ : combien faisais-je de décamètres à l'heure ?

**2653.** Un myriam. vaut 5′24″ : combien y a-t-il de myriamèt. et kilomètres dans 4°51′20″? — 2° de kilomètres et mètres dans 9°34′23″? — 3° de kilom et décam. dans 7°30′40″?—4° d'hectom. et mètres dans 19°21′12″?

**2654.** Un courrier fait un myriamètre dans 1ʰ27ᵐ15ˢ : trouver, à moins d'un centième, combien il fera de myriamètres dans 2ʰ19ᵐ40ˢ ; — 2° de kilom. dans 7ʰ32ᵐ25ˢ ; — 3° d'hectomèt. dans 3ʰ17ᵐ52ˢ ; — 4° de myriamètres dans 4ʲ5ʰ49ᵐ30ˢ, en marchant 9 heures par jour.

**2655.** Un individu a parcouru une route de 125 myriam. dans 18ʲ9ʰ24ᵐ en marchant 13ʰ par jour : trouver combien il a fait de kilomètres et mètres par heure.

**2656.** Le 15 Septembre 1862, à midi moyen de Paris, la déclinaison du Soleil était de 3°2′9″; le lendemain, à la même heure, elle était de 2°38′59″,5. Supposé qu'elle diminue uniformément, à quel moment était-elle précisément de 2°50′?

**2657.** Le 15 Août 1862, à 8ʰ du matin, l'ascension droite de la Lune était de 1ʰ41ᵐ51ˢ,55, et sa déclinaison, de 15°0′36″ B ; à 7ʰ, ces éléments étaient de 1ʰ43ᵐ52ˢ,81 , et de 15°10'9'',1. Supposé qu'ils augmentent d'une manière uniforme, à quelle heure précise le premier était-il de 1ʰ42ᵐ31ˢ, et le second, de 15°6'20''?

---

# CHAPITRE VII. — RÈGLES DE TROIS.

—

**2658.** Qu'appelle-t-on *Règles de Trois?*

**2659.** Qu'appelle-t-on quantités *homogènes?* — Quand est-ce qu'elles varient *proportionnellement?*

**2660.** Combien y a-t-il d'espèces de Règles de Trois? — Quels noms prend encore la Règle de Trois?

**2661.** Quelles connaissances sont nécessaires pour résoudre les Règles de Trois par la *Méthode de l'unité?* — Qu'est-il bon de faire, dans le cas où deux données homogènes sont fractionnaires?

---

## Leçon I. —Règles de Trois simples.

**2662.** Quand est-ce que la Règle de Trois est *simple?* — Pourquoi l'appelle-t-on Règle de *Trois?*

**2663.** Qu'est-il à propos de faire, lorsqu'il se trouve des facteurs communs au dividende et au diviseur?

**2664.** Quand est-ce que la règle de trois est appelée *directe?* — Quand est-elle nommée *inverse?*

**2665.** Une pièce d'étoffe de 54 mètres a coûté 379ᶠ,65 : combien coûteront 32 mètres de la même étoffe? — Avant de résoudre ce problème, montrer qu'il est une règle de trois.

**2666.** Il a fallu 20 jours à 32 ouvriers pour faire un certain ouvrage : combien faudrait-il de jours à 48 ouvriers pour faire le même ouvrage?

**2667.** Une marchandise qui coûtait 369ᶠ,50 a été revendue 400 francs : combien a-t-on gagné pour 100?

**2668.** Un mur de 260 mètres de long a été fait par 52 ouvriers : combien en faudrait-il pour faire dans le même temps un mur de 300 mètres?

**2669.** La douzaine d'œufs coûte 0ᶠ,55 : combien coûteront 1234 œufs, sachant qu'on en donne 13 pour 12?

**2670.** Des ouvriers au nombre de 64 se partagent également une certaine somme. Or, les 24 premiers prennent en tout 684ᶠ,50 : trouver ce qu'il revient aux 40 derniers.

**2671.** Un homme a fait 87 myriamètres en 14 jours : s'il fait chaque jour le même chemin, combien sera-t-il de jours à faire 45 myriamètres?

**2672.** Une hottée d'œufs, qui en contient 1000, est vendue à raison de 4ᶠ,20 le cent : combien le marchand doit-il recevoir, s'il en donne 110 pour 100?

4*

**2673.** Lorsque 120 hectolitres de cidre ont été vendus 1350 fr., combien doit-on payer pour une barrique contenant 230 litres ?

**2674.** Avec 450 kilogr. de farine, on fait 600 kilogr. de pain : combien ferait-on de pain avec 930 kilog. de farine ?

**2675.** Un ouvrier a gagné 763 francs dans 109 jours : combien aurait-il gagné en travaillant 11 jours de plus ?

**2676.** Une barre de savon coûte 4f,80 et elle pèse 4 kilogram. : trouver le prix d'une autre barre pesant 5 kilogrammes.

**2677.** Un bâton de 1m,30, planté bien verticalement, donnait une ombre de 2m,45, à l'instant où un arbre voisin avait une ombre de 27m,90 : quelle est la hauteur de cet arbre ?

**2678.** J'achète 735 fagots à 43 francs le cent : combien dois-je payer, si l'on m'en donne 105 pour 100 ?

**2679.** Quelqu'un a revendu 6000 fr. une terre qui lui coûtait 5260 fr. : combien a-t-il gagné pour 100 ?

**2680.** J'ai cédé pour 6450 fr. une marchandise qui me coûtait 7000 fr. : combien ai-je perdu pour 100 ?

**2681.** On veut gagner 5 pour 100 sur des marchandises qui ont coûté 1250 francs : combien doit-on les revendre ?

**2682.** A combien le millier de foin (1000 kilog.), lorsqu'une charretée contenant 3500 kilogrammes, coûte 185 francs ?

**2683.** Combien coûteront 12 charretées de foin de 2500 kilog. chacune, à raison de 35 fr. le millier ?

**2684.** Dans une ville assiégée, la garnison qui est de 20 000 hommes, a des vivres pour 9 mois : si on l'augmente de 10 000 hommes, et que la ration individuelle journalière reste la même, combien dureront les vivres ?

**2685.** Dans une association commerciale, un des intéressés qui avait une mise de 2792f,50, a gagné 558f,50 : quel est le bénéfice d'un autre associé dont la mise monte à 3294f,50 ?

**2686.** Un roulier se charge de transporter 7 caisses de marchandises, à raison de 50 fr. le millier : combien aura-t-il à recevoir, si chaque caisse pèse 400 kilogrammes ?

**2687.** Combien gagne-t-on pour 100, lorsqu'on vend 110 fr. une marchandise qui coûtait 95 francs ?

**2688.** On achète 325 kilog. de blé pour 112f,50 : combien faut-il revendre le quintal (100 kilog.), pour gagner 17f,50 sur le tout ?

**2689.** On a 66 tonneaux d'un cidre qui se vend 9 fr. l'hectolit., et on les échange pour du vin à 54 francs l'hectolitre : combien aura-t-on de tonneaux de vin ?

**2690.** Combien coûteront 723 kilog. de beurre, poids brut, à raison de 162 fr. le quintal, poids net, la tare étant de 4 pour 100 ?

**2691.** On achète 72 caisses de savon, pesant chacune 103 kilog., tout compris, à raison de 75f le quintal, poids net; combien aura-t-on à payer, sachant que la tare est de 9 kilog. par caisse ?

**2692.** Un mur a 54 mètres de long, un autre en a 72 ; celui-ci coûte 224f,10 de plus que le premier : trouver le prix de l'un et de l'autre.

**2693.** Une pièce de terre de 45 hectares a été vendue 54 000f : trouver à combien reviennent 1240 ares de cette pièce.

**2694.** Un navire a des vivres pour 120 jours, en donnant

15 hectog. par jour à chaque homme ; mais il ne pourra prendre terre que 30 jours plus tard : trouver à combien on doit réduire la ration.

**2695.** La garnison d'une place assiégée, forte de 8000 hommes, n'a des vivres que pour 150 jours, et elle ne pourra en recevoir que dans 160 jours : combien faut-il en faire sortir d'hommes, afin que la ration ne soit point diminuée ?

**2696.** Un plancher était composé de 72 planches de 16 centim. de largeur, et on les remplace par d'autres planches de même longueur, sur 24 centim. de largeur : combien en faudra-t-il ?

**2697.** Un marchand cède à 7 pour 100 de perte une caisse de sucre avarié, qui lui coûtait 692 fr. : combien a-t-il à recevoir ?

**2698.** On a payé 92$^f$,50 pour 649 kilog. d'une certaine marchandise : à combien revient le quintal ?

**2699.** Quinze milliers de fagots ont été vendus 1700$^f$ : combien faut-il revendre le 100, pour gagner 3 centimes par fagot ?

**2700.** Un capitaine reçoit 2 pour 100 de commission sur 9427$^f$,50 : combien recevra-t-il en tout ?

**2701.** Trois mille neuf cents hommes, en garnison dans une place assiégée, ont des vivres pour 260 jours : si au bout de 65 jours ils reçoivent un renfort de 430 hommes, combien dureront les vivres, à partir du jour du renfort ?

**2702.** Ayant acheté pour 12 628$^f$,75 une terre contenant 9 hectares 17 ares, on en cède 145 ares au prix coûtant : combien a-t-on à recevoir ?

**2703.** Avec 3 kilog. de farine on peut faire 4 kilog. de pain : combien fera-t-on de pains d'un kilogram. avec un sac de farine pesant 138$^{kg}$,60 ?

**2704.** Un ouvrier économise 12 fr. dans 25 jours : combien lui faut-il de temps pour se faire un avoir de 3000 francs ?

**2705.** Un lévrier fait 180 sauts dans trois quarts de minute, et à chaque saut il franchit un espace de 1$^m$,50 : quel chemin parcourt-il dans un demi-quart d'heure ?

**2706.** Une locomotive parcourt 4 kilom. en 5 minutes : combien lui faudrait-il de jours, heures et minutes pour faire le tour de la Terre (40 000 000 de mètres) ?

**2707.** La vitesse ordinaire d'un chemin de fer est de 2 kilom. en 3 minutes : combien, avec cette vitesse, met-on de temps pour aller de Paris à Nantes (427 kilomèt.), et combien de fois va-t-on plus vite qu'un courrier qui franchit cette distance en 32 heures ?

**2708.** En admettant que de Nantes à Saint-Nazaire, il y ait 65 kilom., en suivant le cours de la Loire, quel temps mettrait pour parcourir cette distance un bateau à vapeur qui ferait 13 kilomèt. en 32 minutes ?

**2709.** Si un individu produit en 24 heures 307 litres d'acide carbonique, combien en produiront 50 individus réunis pendant 5 heures ?

**2710.** En 24 heures, 414 litres d'oxigène sont transformés, par l'expiration d'un seul homme, en 307 litres d'acide carbonique et 0$^{lit}$,37 d'eau : quelle quantité d'acide carbonique et d'eau produit un mètre cube d'oxigène ?

**2711.** Dix litres d'air commun, à la température de 0° et sous la pression ordinaire, pèsent environ 13 grammes : On demande le poids de l'air contenu dans un espace de 200 mètres cubes.

**2712.** Lorsque 438 hectares valent 452 000ᶠ, que valent 53 ares du même terrain ?

**2713.** Onze cassettes de mathématiques ont été vendues 132ᶠ : combien aurait-on reçu, si l'on en avait vendu 9 de plus ?

**2714.** Deux ateliers composés l'un de 24 hommes et l'autre de 18, ont fait 630 mèt. d'ouvrage en 20 jours : combien auraient-ils fait de mètres, si l'on avait employé 7 ouvriers de moins ?

**2715.** Dans 7 jours, travaillant 9 heures par jour, on a fait 196 mètres d'ouvrage : combien en fera-t-on de mètres dans 12 jours, travaillant aussi 9 heures par jour ?

**2716.** Cent degrés du thermomètre centigrade en valent 80 du thermomètre de Réaumur : combien 19° $\frac{3}{4}$ centigrades valent-ils de degrés Réaumur ?

**2717.** Quatre degrés Réaumur valent cinq degrés centigrades : on demande en degrés Réaumur la moyenne, le maximum et le minimum de la chaleur à l'île Taïti, sachant que les observations ont donné avec le thermomètre centigrade : moyenne 25°,3 ; maximum 27°,4 ; minimum 23°,3.

**2718.** La population du département de la Seine, d'après le recensement de 1861, est de 1 953 660 habitants, répartis sur une surface de 475ᵏⁱˡ ᶜᵃʳ,50. Si toute la France était peuplée comme ce département, quelle serait sa population, sachant que sa superficie est de 530 278ᵏⁱˡ ᶜᵃʳ,91 ?

**2719.** Le département des Basses-Alpes contient 146 368 habitants, et sa superficie est de 6954ᵏ ᶜ,19. La superficie de la France entière étant de 530 278ᵏ ᶜ,91, quelle serait sa population, si elle n'était pas plus peuplée que le département des Basses-Alpes ?

**2720.** Le département du Rhône contient 662 493 habitants ; et celui du Nord 1 303 380 ; la superficie du premier est de 2790ᵏᶜ,39, et celle du second de 5680ᵏ ᶜ,87. Trouver lequel de ces deux départements est le plus peuplé, en raison de son étendue. — Trouver aussi *la population spécifique* de chacun, c'est-à-dire le nombre d'habitants pour une même unité superficielle, par exemple, par kilomètre carré.

**2721.** Pour la tenture d'une salle, on a employé 280 mètres d'étoffe de $\frac{5}{4}$ de largeur : si l'étoffe n'avait eu que $\frac{7}{8}$ de largeur, combien en aurait-on employé de mètres ?

**2722.** Un escalier a 80 marches de 20 centimètres de hauteur ; on veut le défaire et le remplacer par un autre dont les marches n'aient plus que 16 centimètres : combien le nouvel escalier aura-t-il de marches ?

**2723.** A bord d'un navire de guerre, il y a 600 hommes et des vivres pour 8 mois : si le vaisseau reste 10 mois en mer, à combien faudra-t-il réduire la ration ?

**2724.** Une place cernée par l'ennemi a des vivres pour 5 mois, à 4000 hommes, en donnant à chacun 75 décagrammes de pain par jour : si l'on veut que les mêmes vivres durent 8 mois, quelle devra être la ration ?

2725. Un commis-voyageur reçoit 1f,25 pour 100 de commission sur tous les articles qu'il place : combien lui revient-il pour un voyage où il a vendu pour 12 850 fr. de marchandises ?

2726. Si dans 60 kilog. d'eau de mer, il se trouve 5 kilog. de sel, combien faut-il ajouter d'eau douce à ces 60 kilogram. d'eau salée, pour que 25 kilogram. du mélange ne renferment plus que 75 décagrammes de sel ?

2727. Le prix d'une certaine maison est au prix du jardin y attenant *comme 7 est à 4* (a). Or, le jardin a coûté 10 000 fr. : quel est le prix de la maison ?

2728. Un négociant charitable consacre en bonnes œuvres 10 pour 100 de ses bénéfices : combien eut-il à dépenser par jour une année où il fit pour 200 000 francs d'affaires, sur lesquelles il gagna 8 pour 100 ?

2729. Ayant acheté 32 barils d'huile contenant chacun 650 kilogrammes, à 1f,25 le kilog., on veut revendre cette huile de manière à gagner 7 pour 100 : combien faut-il revendre chaque baril ?

2730. En revendant 34 quintaux de cuivre à 2f,90 le kilog., je perds 4f,50 pour 100 : combien les ai-je achetés ?

2731. Avec 55 kilog. de chiffons, on fait 40 kilog. de papier : combien faut-il de kilog. de chiffons pour faire 100 rames de papier, sachant que la rame vaut 20 mains et la main 25 feuilles, si la feuille de ce papier pèse 16 grammes ?

2732. Seize ouvriers ont mis 12 jours $\frac{3}{4}$ à faire un certain ouvrage : combien 10 ouvriers et 4 apprentis (dont chacun ne fait que les $\frac{3}{4}$ de l'ouvrage d'un ouvrier), mettraient-ils de temps à faire le même ouvrage ?

2733. Dans 12 jours, 5 ouvriers et deux apprentis (faisant chacun les $\frac{2}{3}$ de l'ouvrage d'un ouvrier) ont fait un certain nombre de mèt. : combien les 5 ouvriers seuls auraient-ils mis de temps ?

2734. Un marchand a vendu 50 hectolitres de blé, à 20f,46 l'hectolitre : combien faut-il qu'il vende d'hectolitres de seigle, à 15f,34 pour toucher la même somme ?

2735. Un tailleur a employé 5 mèt. d'étoffe de $\frac{5}{4}$ de laize pour faire un habit : combien lui faut-il de serge de $\frac{3}{4}$ de laize pour en doubler les $\frac{2}{3}$ ?

2736. Un marchand tailleur a 390 mètres d'étoffe, avec lesquels il compte faire 40 habits. Or, 312 mètres lui suffiraient pour ses 40 habits, si son étoffe avait de laize $\frac{6}{5}$ de mètre. Trouver la laize de son étoffe ?

2737. Un général dispose d'une somme de 60 000f pour récompenser 480 de ses soldats. De combien faudrait-il augmenter cette somme, s'il y avait 60 hommes de plus à récompenser, et qu'on voulût donner à chacun de ces derniers la même gratification qu'aux premiers ?

2738. Si, lorsque l'hectolitre de blé vaut 20 fr., on fait payer le pain 0f,175 le kilog., combien doit-on le payer, lorsque l'hectol. de blé vaut 24 francs ?

---

(a) Ce qui veut dire qu'il y a autant de fois 7 francs dans le prix de la maison, que de fois 4 francs dans celui du jardin.

**2739.** Dix-sept barriques de Bordeaux valent 38 hectolitres : combien 17 hectolitres valent-ils de barriques de Bordeaux ?

**2740.** Deux ateliers composés l'un de 12 hommes, l'autre de 18, ont fait 810 mètres d'ouvrage en 20 jours : combien de mètres auraient été faits, si l'on avait employé 7 ouvriers de plus ?

**2741.** Une somme est composée de deux parties qui sont entre elles comme 3 est à 4 : si la plus petite est 150 fr., quelle est la plus grande ?

**2742.** Un rentier possède un revenu de 3000$^f$, sur lequel il veut donner 5 pour 100 aux pauvres : à quoi doit-il borner sa dépense journalière ?

**2743.** Si je donne 9 pour 100 de mon gain aux pauvres, combien aurai-je donné au bout de 20 ans, supposé que mon bénéfice annuel soit de 4500 francs ?

**2744.** Pour attirer les bénédictions de Dieu sur son commerce, un négociant donne 12 fr. aux pauvres toutes les fois qu'il en gagne 100 : quel doit être son gain, pour qu'il fasse une aumône de 1000 francs ?

**2745.** En 1842, le froment cultivé en France occupait un espace de 5 586 786 hectares qui rapportaient 69 558 062 hectol. : trouver en hectolitres et litres le rapport de 100 hectares.

**2746.** En 1816, le cours moyen des fonds publics tomba à 59$^f$,25 pour 5$^f$, c'est-à-dire que pour 59$^f$,25 on avait 5$^f$ de rente : quelle rente avait-on pour 100 francs ?

**2747.** En 1845, pour avoir 5$^f$ de rente sur l'Etat, il fallait donner 119$^f$,95 : quelle rente avait-on alors pour 100 fr. ?

**2748.** Dans l'année 1844, il est entré 9179 navires dans le port de Marseille, et il en est sorti 8560. Si la proportion reste la même, combien pour 1000 navires qui sortent, en entre-t-il dans le port de Marseille ?

**2749.** En l'année 1756, le prix moyen de l'hectolitre de froment était de 9$^f$,58 ; en 1817, il était de 36$^f$,16. Combien un particulier qui aurait pu payer 100 hectolitr. de froment en 1756, en aurait-il pu avoir pour la même somme en 1817 ?

**2750.** Le 1$^{er}$ Janvier 1825, le nombre des marins inscrits en France était de 94 611 ; et le 1$^{er}$ Janvier 1844, il était de 122 025 : trouver l'augmentation pour 100.

**2751.** En l'année 1782, le nombre moyen des forçats était de 5366 ; en l'année 1843, il était de 7309 : trouver l'augmentation pour 100.

**2752.** En 1835, le nombre des aliénés était en France de 15 538 ; en 1841, il était de 18 367 : trouver l'accroissement pour 100.

**2753.** En l'année 1791, Paris contenait environ 500 000 habitants, parmi lesquels 118 784 indigents secourus à domicile. En 1841, pendant que la population de la capitale montait à 935 000, le nombre des individus recevant des secours à domicile n'était plus que de 62 705. Trouver 1° l'accroissement de la population de Paris sur 1000 ; 2° quel devrait être, en 1841, le nombre des indigents, d'après ce nombre en 1791 ; 3° de combien pour 100 le nombre des pauvres secourus a diminué relativement de 1791 à 1841.

**2754.** En l'année 1839, le nombre des lettres et imprimés transportés par la poste était de 99 600 000 ; en 1843, ce nombre s'élevait à 108 900 000 : trouver l'augmentation pour 100.

**2755.** On sait que 89 mètres valent 292 pieds anglais : combien 123 mètres valent-ils de pieds, à moins d'un 100ᵉ ? — Combien 234 pieds valent-ils de mètres et centimètres ?

**2756.** Lorsque le pied anglais coûte 5ᶠ,43, quel est le prix du mètre ? — Quel est le prix de 97 pieds, lorsque 23ᵐ,50 coûtent 356 francs 78 ?

**2757.** Sachant que 103 kilomètres valent 64 milles anglais, trouver combien 57 kilom. valent de milles, à un centième près ; et combien 49 milles valent de kilomèt. et décamètres.

**2758.** Cent quatre hectares valent 257 acres d'Angleterre : quel est le prix de l'hectare, lorsque l'acre coûte. 5678 fr. ?

**2759.** Combien 45 myriag. 67 hectog. valent-ils de quintaux anglais, sachant que 9 quintaux valent 457 kilogr. ?

**2760.** Trouver le prix de 73 kilogrammes lorsque 12 quintaux coûtent 1234ᶠ,50 ?

**2761.** Quel est le prix de l'aune d'Amsterdam, lorsque le mètre coûte 27ᶠ,30, sachant que 107 mètres valent 155 aunes ?

**2762.** Combien coûteront 25 mètres de drap, sachant que 13 aunes de Berne du même drap ont coûté 125ᶠ, et que 83 mèt. valent 153 aunes ?

**2763.** Trente et une brasses de Bologne valent 20 mètres : combien coûteront 42ᵐ,30, lorsque 19 brasses coûtent 273ᶠ,40 ?

**2764.** A Rome, 125 cannes des marchands valent 249 mètres : trouver le prix de 23 cannes, à 17ᶠ,19 le mètre.

**2765.** A Lisbonne, 183 vares valent 200 mètres ; or, 106 mètres valent 125 vares de Madrid. Trouver, d'après ces relations, combien 234 vares de Madrid en valent de Lisbonne ; et en second lieu, le prix de la vare de Lisbonne, lorsque celle de Madrid coûte 35ᶠ,79.

**2766.** Combien une source qui donne 15 décalitres d'eau dans 35ᵐ45ˢ, en fournit-elle de litres dans 3ʰ28ᵐ ?

**2767.** Le 14 Juin 1862, la Lune a mis 24ʰ58ᵐ pour revenir au méridien de Paris, c'est-à-dire pour décrire 360° de longitude : quel temps a-t-elle été ce jour, à se rendre du méridien de Paris à celui de Brest situé à 6°49′49″ à l'Ouest du premier ?

**2768.** Le 2 Septembre 1862, à 6ʰ du soir, la distance de la Lune au Soleil était de 107°18′20″ ; à 9 heures, cette distance était de 108°57′9″ : trouver à quelle heure la distance de la Lune au Soleil était de 108°3′4″.

**2769.** Le 22 Septembre 1862, à midi moyen de Paris, la déclinaison du Soleil était de 0°19′7″,5 Boréale (c'est-à-dire que le centre du Soleil était de 0°19′7″,5 au Nord de l'Equateur); le lendemain, à la même heure, cette déclinaison était de 0°4′17″,1 Australe (le centre du Soleil était de 0°4′17″,1 au Sud de l'Equateur) : trouver le moment de l'Equinoxe, c'est-à-dire l'instant où le centre du Soleil était sur l'Equateur.

**2770.** La distance de la Terre au Soleil est d'environ 15 350 000 myriamètres, et la lumière du Soleil nous parvient en 8ᵐ13ˢ,3 :

combien la lumière de l'étoile la plus rapprochée de la Terre met-elle de temps à nous parvenir, supposé la distance à la Terre de 3 166 167 000 000 de myriamètres ?

**2771.** Le quatrième satellite de Jupiter emploie 16j16ʰ31ᵐ50ˢ à faire son mouvement de rotation et de translation (c'est-à-dire à décrire 360° sur lui-même et autour de Jupiter) : combien de degrés, minutes, et secondes décrit-il dans 5j18ʰ27ᵐ33ˢ ?

**2772.** La Lune fait le tour du ciel (décrit 360°) en 27j7ʰ43ᵐ11ˢ,6 : combien décrit-elle de degrés, minutes et secondes dans 7j8ʰ9ᵐ10ˢ ? — En combien de jours, heures, minutes et secondes décrit-elle 97°53'29" ?

**2773.** Le Soleil décrit 360° en 365j6ʰ9ᵐ11ˢ : trouver combien il décrit de degrés, minutes et secondes dans 27j7ʰ43ᵐ11ˢ,6, temps que la Lune met à parcourir son orbite ; trouver aussi le montant journalier de la Lune par rapport au Soleil.

**2774.** Dans l'année tropique, le Soleil décrit 359°59'9",8 ; dans l'année sidérale, il décrit 360°, et dans l'année anomalistique, 360°0'11",5. Or, l'année tropique est de 365j5ʰ48ᵐ50ˢ : trouver la durée de l'année sidérale, et celle de l'année anomalistique.

**2775.** La Lune fait sa révolution de l'Ouest à l'Est, et elle l'accomplit (elle décrit 360°), par rapport au Soleil, en 29j12ʰ44ᵐ3ˢ : trouver combien il s'écoule d'heures, minutes et secondes, l'un dans l'autre, entre deux passages consécutifs de la Lune au même méridien ?

**2776.** Dans les deux mois de Juin et Juillet de l'année 1862, on a fait dans un certain atelier 312 mètres d'ouvrage : combien a-t-on dû y faire de mètres dans l'année entière sachant 1° que dans tous les cas, on se reposait le Dimanche et les fêtes chômées ; 2° que le mois de Juin commençait un Dimanche ; 3° que l'année commençait un Mercredi ; 4° que des quatre fêtes gardées, Noël, l'Ascension, l'Assomption et la Toussaint, aucune ne tombait le Dimanche.

---

### Leçon II. — Règle de Trois composée.

**2777.** Quand est-ce que la Règle de Trois est *composée* ? — Combien contient-elle de données ? — Pourquoi l'appelle-t-on encore Règle de *Trois* ?

**2778.** Dans la pratique, indique-t-on séparément chaque résultat particulier obtenu par la méthode de l'unité ? — Comment fait-on ?

**2779.** Un chef d'atelier a fait 144 mètres d'ouvrage en 18 jours, par 6 ouvriers : s'il emploie 10 ouvriers, combien fera-t-il de mètres en 20 jours ?

**2780.** On a employé 51ᵏᵍ,20 de fil pour tisser 249ᵐ,60 de toile, à 1ᵐ,50 de largeur : quelle longueur aura une autre pièce de 0ᵐ,96 de largeur, tissée avec 76ᵏ,80 du même fil ?

**2781.** Un compositeur, travaillant 9 heures par jour, a employé 30 jours à composer un livre de 200 pages contenant chacune

40 lignes de 45 lettres. Combien lui faudra-t-il de jours pour composer un ouvrage contenant 385 pages de 35 lignes, chacune de 48 lettres, s'il travaille 8 heures par jour ?

2782. Six hommes, en 9 jours, ont fait 45 mètres d'ouvrage : en combien de jours 18 hommes feront-ils 180 mètres ?

2783. Huit hommes, en 7 jours, ont fait 64 mètres d'ouvrage : combien en feront 6 hommes en 14 jours ?

2784. Seize hommes, en 20 jours, ont fait 96 mèt. d'ouvrage : combien faut-il d'hommes pour faire 48 mèt. en 40 jours ?

2785. Six hommes, en 10 jours, travaillant 8 heures par jour, ont fait 240 mètres d'ouvrage : combien 9 hommes, en 8 jours, travaillant 10$^h$ par jour, feront-ils de mètres ?

2786. Douze hommes, travaillant 10 heures chaque jour pendant 6 jours, ont fait 360$^m$ d'ouvrage : en combien de jours 10 hommes, travaillant 9$^h$ par jour, feront-ils 500 mètres ?

2787. Seize hommes ont fait 540 mètres, en 5 jours, travaillant 9 heures par jour : combien faut-il d'hommes pour faire 720$^m$ en 6 jours, s'ils ne travaillent que 5 heures par jour ?

2788. Vingt ouvriers ont fait 120$^m$ en travaillant 8$^h$ par jour pendant 10 jours ; 12 d'entre eux entreprennent de faire 200$^m$ en 18 jours : combien doivent-ils travailler chaque jour ?

2789. Pour 360 fr., on a fait transporter 300 myriag. à 288 kilomètres : combien payera-t-on pour le transport de 8000 kilogr. à 32 myriamètres ?

2790. On a fait transporter 800 myriag. à 36 myriamèt., pour une somme de 900 francs : à quelle distance fera-t-on transporter 20 000 kilogrammes pour 1 000 francs ?

2791. On a gagné 1500 fr. dans 5 ans, avec 10 000 fr. : combien gagnerait-on dans 4 ans, avec 6000 francs ?

2792. Un entrepreneur emploie 8 ouvriers, qui en 5 jours, travaillant 9 heures par jour, ont fait 300$^m$ d'ouvrage. Il a un autre ouvrage de 900$^m$ à exécuter : s'il y emploie 6 ouvriers, qui travaillent 8$^h$ par jour, combien leur faudra-t-il de jours ?

2793. Un particulier a mis huit semaines pour se rendre en une certaine ville où l'appelaient ses affaires ; il marchait seulement 4 jours par semaine et 5$^h$ par jour, faisant 4 kilomètres à l'heure. Mais voilà que des circonstances imprévues l'obligent de revenir dans trois semaines ; il se décide à faire route tous les jours, excepté le Dimanche : s'il fait 6 kilom. à l'heure, combien doit-il marcher d'heures par jour ?

2794. Huit porte-faix, en 10 jours, travaillant 8$^h$ par jour, ont transporté 16 caisses pesant chacune 180 kilog., à une distance de 8 myriam. : en combien de jours, 20 individus de même force et faisant la même diligence que les 8 premiers, et travaillant 12$^h$ par jour, transporteront-ils à 30 myriam., 30 caisses pesant chacune 540 kilog. ?

2795. Il y avait, à bord d'un vaisseau, des vivres pour 150 jours, à 400 hommes, en donnant à chacun 60 décag. de pain par jour. Un coup de vent ayant éloigné ce vaisseau de sa route, il sera obligé de tenir la mer 180 jours ; mais la tempête lui a enlevé 30 hommes : de combien sera maintenant la ration ?

2796. On achète, pour 15000 francs, 40 caisses de savon, contenant chacune 90 barres de 5 kilog. : combien faut-il payer pour 30 caisses du même savon, contenant chacune 80 barres de 4 kilogrammes ?

**2797.** Un marchand ayant mis 5650 fr. dans son commerce, a fait dans 7 mois un bénéfice de 197$^f$,75 : s'il avait mis 9835 fr., quel bénéfice aurait-il fait, en les laissant pendant 15 mois ?

**2798.** Neuf ouvriers ont gagné 243 fr., dans 12 jours, en travaillant 9$^h$ par jour ; huit d'entre eux veulent gagner 300 fr., dans 15 jours : combien doivent-ils travailler d'heures par jour ?

**2799.** On a une certaine quantité de farine destinée aux pauvres. Si l'on en donne 5 kilog. par jour à chaque pauvre, on en aura pour 9 jours à 25 pauvres : pendant combien de temps pourrait-on en donner 15 hectog. par jour à 50 pauvres ?

**2800.** En 9 jours, 7 ouvriers cultivateurs, travaillant 11 heures par jour, ont défriché un terrain contenant 6 hectares 93 ares. On a une autre pièce de terre de 4 hectares 7 ares, que l'on veut défricher en 6 jours : combien faudra-t-il employer d'ouvriers, s'ils travaillent par jour une heure de plus que les premiers ?

**2801.** Pour faire 25 habits complets, on a employé 75 mètres d'une étoffe ayant 1$^m$,25 de largeur : combien faudrait-il de mètres pour faire 18 habits égaux aux premiers, si l'étoffe n'avait qu'un mètre de largeur ?

**2802.** Un paquebot transatlantique, étant parti de S$^t$-Nazaire pour se rendre au Mexique, a fait son voyage en 30 jours ; il y avait à bord 80 hommes, qui ont consommé 2000 kilog. de pain. Après quelque temps de séjour au Mexique, il se dispose à revenir à S$^t$-Nazaire : s'il lui faut pour ce second voyage 5 jours de moins que pour le premier, mais qu'il porte 40 hommes de plus, quelle doit être la provision de pain ?

**2803.** Un mur de 180$^m$ de long, sur 3$^m$,25 de haut, et 0$^m$,60 d'épaisseur, a été construit en 30 jours par une compagnie de 20 ouvriers qui travaillaient 10$^h$ par jour : quelle devrait être la hauteur d'un autre mur de 220$^m$ de long, sur 0$^m$,75 d'épaisseur, lequel a été fait en 40 jours par 25 ouvriers, qui travaillaient 12 heures par jour ?

**2804.** Huit ouvriers, travaillant 8$^h$ par jour, ont fait en 9 jours 134$^m$,50 d'un drap de 1$^m$,20 de largeur : s'il y avait eu 2 ouvriers de plus, et qu'ils eussent travaillé 4$^h$ de plus par jour, en combien de jours eussent-ils fait cet ouvrage ?

**2805.** Deux ateliers, l'un de 20 ouvriers, l'autre de 12, ont fait, en 20 jours, 4 pièces de drap de 60$^m$ chacune ; les premiers travaillaient 8$^h$ et les autres 10 : combien 40 hommes feront-ils de pièces du même drap en 24 jours, s'ils travaillent 12$^h$ par jour, et que les pièces aient 80 mètres de longueur ?

**2806.** En travaillant pendant 8 jours et 8$^h$ par jour, 20 maçons ont élevé un mur de 48$^m$ de long, 5$^m$ de haut et 0$^m$,60 d'épaisseur. On fait faire par deux compagnies d'ouvriers un autre mur qui doit avoir 120$^m$ de long, 3$^m$,60 de haut et 0$^m$,55 d'épaisseur ; la première est de 12 ouvriers qui travaillent 10$^h$ par jour pendant 8 jours ; la seconde est de 20 ouvriers qui travaillent 9$^h$ par jour : combien ces derniers doivent-ils travailler de jours ?

**2807.** Pour faire un mur de 360$^m$ de développement, sur 3$^m$,60 de haut et 0$^m$,70 d'épaisseur, on s'est adressé à trois maîtres-maçons : Le premier a fourni 6 ouvriers qui, pendant 10 jours, ont travaillé 12$^h$ par jour ; le second a fourni 12 ouvriers qui, pendant 8 jours, ont travaillé 9$^h$ par jour ; enfin, le troisième a employé 20 ouvriers qui ont travaillé 10$^h$ par jour pendant 12 jours. En combien de jours le troisième atelier fera-t-il seul un mur de 240 mètres de développement, sur 5 mètres de haut et 0$^m$,60 d'épaisseur?

**2808.** On fait labourer à la bêche un champ dont la surface est de 8 hectares 40 ares. On emploie d'abord 10 hommes qui, ayant travaillé 9$^h$ par jour pendant 12 jours, en ont labouré un espace contenant 3 hectares 50 ares ; alors on prend 5 ouvriers de plus, et on les fait tous travailler 10$^h$ par jour : en combien de jours, heures et minutes termineront-ils l'ouvrage?

**2809.** Un meunier, faisant marcher quatre tournants, peut moudre 12 hectolitres de froment, en 5 heures : s'il fait marcher 5 tournants, quelle quantité de froment peut-il moudre en 6$^h$45$^m$?

**2810.** Une pièce d'étoffe de 60$^m$ de long, sur 0$^m$,60 de large, a été vendue 175 fr. : combien coûtera une autre pièce de la même étoffe, ayant 45$^m$ de long, sur 0$^m$,55 de large?

**2811.** Un copiste, travaillant 10$^h$ par jour, a fait 160 pages d'écriture, en 15 jours : combien lui faut-il de jours pour écrire 200 pages, s'il travaille seulement 9 heures par jour?

**2812.** Dans une place forte, il y a 70 000 kilog. de farine pour nourrir 2000 hommes pendant 80 jours : combien doit-on ajouter à cette provision, pour qu'on puisse nourrir 2500 hommes pendant 100 jours, en donnant toujours la même ration?

**2813.** À l'Hôtel des monnaies de Paris, on peut frapper 216 000 pièces de monnaie, dans 7 jours et demi, en travaillant 8 heures par jour : combien faudrait-il travailler d'heures par jour, pour frapper 300 000 pièces, en 10 jours?

**2814.** Dans une citadelle, il y a du pain pour 6 mois, à 1500 hommes, en donnant à chacun 75 décag. par jour : combien faut-il en faire sortir d'hommes, pour que la ration étant réduite à 70 décag., les vivres puissent durer 10 mois?

**2815.** Six poutres, ayant chacune 10$^m$,50 de long, 0$^m$,70 de large et 0$^m$,50 d'épaisseur, ont coûté 1864 francs : combien faut-il payer pour 7 poutres, ayant chacune 12$^m$,25 de long, 0$^m$,60 de large, et 0$^m$,45 d'épaisseur?

**2816.** Deux négociants s'étant associés, le premier a fait un bénéfice de 1500 fr., en 8 mois, avec une mise de 10 000 fr. : trouver la mise du second, sachant qu'il a reçu 2000 fr. de bénéfice, pour 10 mois.

**2817.** Un navire a filé 7 nœuds de 15$^m$,40 dans une durée de 28 secondes : combien filait-il de nœuds de 13$^m$,80 dans 30 secondes?

**2818.** Un maître de pension a dépensé 1200 fr., pour la nourriture de 70 élèves pendant 20 jours : combien lui faut-il pour la nourriture de 85 élèves pendant 25 jours?

**2819.** Pour habiller une compagnie de 75 hommes, il a fallu

5 pièces de drap de 45<sup>m</sup> de long, sur 1<sup>m</sup>,20 de large : combien d'hommes pourra-t-on habiller avec 9 pièces de drap ayant 40<sup>m</sup> de long, sur 1<sup>m</sup>,10 de large ?

**2820.** Il a fallu 8 rouleaux de papier ayant 25<sup>m</sup> de long sur 0<sup>m</sup>,80 de large, pour tapisser une salle : combien faudrait-il de rouleaux de 20<sup>m</sup> de long, sur 0<sup>m</sup>,60 de large pour tapisser la même salle?

**2821.** Huit chevaux traînent un fardeau pesant 9000 kilogr. : combien en faudrait-il pour traîner un fardeau de 8000 kilog., si la force des premiers est à celle des derniers comme 3 est à 2 ?

**2822.** Un mur de 72<sup>m</sup> de long, 3<sup>m</sup> de haut et 0<sup>m</sup>,60 d'épaisseur a été fait en 20 jours par 15 hommes qui travaillaient 8<sup>h</sup> par jour : quelle sera la longueur d'un autre mur qui doit être fait en 12 jours par 24 ouvriers, travaillant 10 heures par jour, ce nouveau mur devant avoir 4 mèt. de haut et 0<sup>m</sup>,65 d'épaisseur, sachant en outre que la force des premiers ouvriers est à celle des seconds comme 3 est à 4, et la difficulté du premier travail à celle du second comme 4 est à 5 ?

---

## Leçon III. — Règle d'Intérêt.

**2823.** Qu'appelle-t-on *intérêt ?* — Qu'est-ce que le *Capital?*

**2824.** Quelle convention sert de base au calcul de l'intérêt? — Quelle est l'unité du temps ? — Qu'est-ce que le *taux?*

**2825.** Dans les calculs d'intérêt, combien compte-t-on ordinairement de jours pour chaque mois? — Que s'ensuit-il ?

**2826.** Combien entre-t-il de choses dans toute question d'intérêt ?

**2827.** Combien y a-t-il de sortes d'intérêts ?

**2828.** Quand est-ce que l'intérêt est *simple?* — Alors à quoi est égal l'intérêt de 2 ans, de 3 ans,... d'un mois, de 6 mois ? — En général, comment calculer l'intérêt d'un capital quelconque pour un temps donné ?

**2829.** Connaissant l'intérêt annuel d'un capital, comment trouver l'intérêt simple du même capital pour un nombre quelconque d'années? — Par exemple, comment en trouver l'intérêt pour 2 ans ? — pour 3 ans ? — pour 5 ans?

**2830.** Connaissant l'intérêt annuel d'un capital, comment en déduire celui d'un mois? — Comment ensuite trouver celui d'un nombre quelconque de mois ? — Par exemple, comment trouver l'intérêt pour 2 mois ? — pour 5 mois? — pour 7 mois?

**2831.** Connaissant l'intérêt mensuel d'un capital, comment en trouver l'intérêt annuel ? — Comment ensuite trouver celui pour un nombre quelconque d'années ?

**2832.** Connaissant l'intérêt annuel ou mensuel du capital, comment trouver celui d'un jour ? — Comment ensuite trouver celui pour un nombre quelconque de jours ?

**2833.** Quelle est l'*unité de temps,* lorsque le capital est placé à 5 p. % par an ? — lorsqu'il est placé à $^1/_2$ p. % par mois?

**2834.** Comment calculer l'intérêt d'un franc pour l'unité de temps ? — Comment trouver celui du capital pour la même unité de temps?

**2835.** Quel est l'intérêt annuel d'un franc, lorsque le capital est placé à 5 p. % par an? — lorsqu'il est placé à 6, à 4, à 4 ½ p. % par an?

**2836.** Quel est l'intérêt mensuel d'un franc, lorsque le capital est placé à ½ p. % par mois? — lorsqu'il est placé à ¼ p. % par mois?

**2837.** Quel est l'intérêt annuel de 5000 fr. placés à 4 p. % par an?

**2838.** Trouver l'intérêt mensuel de 7200 fr., à ½ p. % par mois.

**2839.** Quel intérêt aura-t-on annuellement pour 7932 fr. placés à 6 p. % par an?

**2840.** Combien aura-t-on annuellement d'intérêt pour 3797 fr., à 3 p. % par an?

**2841.** Quel revenu donnera une somme de 4682f,40, à raison de 5 p. % par an?

**2842.** Quelle rente possède un particulier qui a placé 6789f,43 à 4 ½ p. % par an?

**2843.** Un particulier place 12000 fr., à ½ p. % par mois, à condition que chaque mois l'intérêt lui sera payé : combien touchera-t-il mensuellement?

**2844.** Un ouvrier porte 728 fr. à une caisse d'épargne, à 4 p. % ; au bout de l'an, il retire son argent et les intérêts : combien doit-il recevoir?

**2845.** Un marin a ⅜ dans un navire que l'on vend 42937 fr. ; il laisse sa portion chez l'acquéreur, à condition que celui-ci lui en paye l'intérêt à 4 ½ p. % : combien se fait-il de revenu?

**2846.** Un capitaliste a reçu 535 fr. à-compte sur l'intérêt annuel d'une somme de 15000 fr. placée à 5 1/2 p. % par an : combien a-t-il encore à recevoir?

**2847.** Quelqu'un a un capital de 200000 fr., qu'il place à 5 p. % par an : trouver ce qu'il économisera chaque année sur ses intérêts, s'il dépense 20 fr. par jour.

**2848.** Un particulier place 40000 fr. à ⅜ p. % par mois : si sa dépense mensuelle monte à 130 fr., combien économisera-t-il annuellement sur les intérêts de son capital?

**2849.** Lequel est le plus avantageux, ou de placer 17875 fr. à 4 p. %, ou d'acheter, pour cette somme, une propriété qui peut être louée 750 francs?

**2850.** Une propriété est louée 1200 fr. par an ; elle est vendue 30000 fr., qui sont aussitôt placés à 5 p. % : de combien le propriétaire a-t-il augmenté son revenu?

**2851.** Quel est l'intérêt de 4000f, pour 3 ans, à 4 1/2 p. % par an?

**2852.** Quel est l'intérêt de 5000 fr., pour 3 ans 8 mois, à 4 p. % par an?

**2853.** Trouver l'intérêt de 2000 fr., pour 3ans 5m 20j, à 5 p. % par an.

**2854.** On a placé 82340 fr. à 5 p. % : quel intérêt donnera cette somme dans 2a 3m?

**2855.** Avant son départ, un marin place 4285 fr. à 4 1/2 pour 100 par an : si son absence dure 3 ans, combien aura-t-il à recevoir à son retour capital et intérêts ?

**2856.** Un marchand emprunte 7250 fr. à 5 1/2 p. % : combien aura-t-il payé d'intérêt dans 5 ans ?

**2857.** On liquide une succession montant à 69 287$^f$,50. Un des héritiers, qui en a les $\frac{4}{5}$, se trouvant absent, on place sa portion chez un négociant, à condition que celui-ci en paye l'intérêt à 4 p. %. Si cet héritier revient au bout de 4 ans, combien aura-t-il à recevoir, capital et intérêts ?

**2858.** Quel est l'intérêt de 928 fr., pour 4 mois, à 5 p. % par an ?

**2859.** Une somme de 3920 fr. a été placée pendant 7$^m$ 20j, à 5 p. % par an : quel intérêt a-t-elle rapporté ?

**2860.** On demande l'intérêt de 998 fr., pour 4$^a$ 5$^m$ 19j, à 4$^f$,75 p. % par an.

**2861.** Quel est l'intérêt, pour 38 jours, d'une somme de 659 fr., placée à 5 1/2 p. % par an ?

**2862.** Une somme de 1248 fr. a été placée pendant 3$^m$ 24j, à 4 1/2 p. % par an : quel intérêt a-t-elle rapporté ?

**2863.** Un ouvrier qui a porté une somme de 365 fr. à la caisse d'épargne, la retire, ainsi que ses intérêts, après 8$^m$ 20j : combien doit-il toucher, l'intérêt étant de 4 p. % par an ?

**2864.** On place 1357 fr. à 1/2 p. % par mois : à combien monteront les intérêts après 1$^{au}$ 7$^m$ 25j ?

**2865.** Un particulier ayant placé à 4 3/4 p. % par an une somme de 56 900 fr., retire capital et intérêts après 3$^{ans}$ 5$^m$ 13j : combien lui est-il dû ?

**2866.** Un banquier veut rembourser la somme de 1560 fr., avec ses intérêts à 4 1/2 p. %, pour 2$^{ans}$ 8$^m$ 27j : combien doit-il compter ?

**2867.** Le bénéfice sur le capital est-il la seule chose que l'on ait à calculer dans les questions d'intérêt ? — Quelles sont les autres ?

**2868.** En combien de temps les intérêts simples de 4000 fr., placés à 5 p. % par an, s'élèveront-ils à 600 fr. ?

**2869.** Une somme de 4000 fr. a donné 400 fr. d'intérêt dans 2 ans et demi : trouver le taux annuel de l'intérêt.

**2870.** Quelle somme faut-il placer à 6 p. % par an, pour que ses intérêts s'élèvent à 150 fr. dans 4$^a$ 5$^m$ 10j ?

**2871.** Quelqu'un veut toucher 1500 fr., capital et intérêts, après 2$^a$ 3$^m$, en plaçant à 4 p. % : combien doit-il placer ?

**2872.** Combien faut-il placer à 4 p. %, pour se faire un revenu de 750 francs ?

**2873.** On a placé à 4 p. % une somme qui, dans 6 ans, a donné 4392 fr. d'intérêt : quelle est cette somme ?

**2874.** On a placé 9752 fr. à 4 1/2 p. % : dans combien d'années cette somme donnera-t-elle 2153$^f$,70 d'intérêt ?

**2875.** A combien pour 100 faut-il placer 7564 fr., pour avoir une rente annuelle de 340$^f$,38 ?

**2876.** A quel taux faut-il placer 5720 fr., pour que les intérêts montent, en 6 ans, à la somme de 1544$^f$,40 ?

**2877.** Un ouvrier partant pour son tour de France, plaça une certaine somme à 4 p. %; il revient au pays, après 3 ans d'absence, et on lui rend 5620 fr., pour le capital et les intérêts : trouver le capital placé.

**2878.** Un capital, joint à ses intérêts pour 4ᵃ 9ᵐ, donne une somme de 12000 fr. : l'intérêt étant à 5 p. %, trouver le capital.

**2879.** Un particulier emprunte une somme à 5 p. %, et après 4 ans, il doit 36000 fr., capital et intérêts compris : quelle somme a-t-il empruntée ?

**2880.** Dans 5 ans, on a reçu 72 fr. d'intérêt pour un capital de 432 fr. : combien faudra-t-il de temps pour recevoir 100 fr. d'intérêt, pour un capital de 500 fr., placé au même taux ?

**2881.** Dans combien d'années un capital de 6000 fr., placé à 5 p. %, rapportera-t-il le même intérêt que 8000 fr., placés pendant 40 mois à 6 p. % par an ?

**2882.** Quel capital faut-il placer aujourd'hui à 4 1/2 p. % par an, pour avoir 1200 fr. d'intérêt dans 8 mois ?

**2883.** Trouver quelle somme il faut placer à 5 p. %, pour avoir 10 fr. d'intérêt au bout de 18 jours. — (Année de 360j).

**2884.** Le remplaçant d'un conscrit place avant son départ une somme de 2500 fr., à 5 p. %, à condition qu'à l'expiration de son service (après 7 ans), on lui remboursera capital et intérêts : combien aura-t-il à recevoir ?

**2885.** Un particulier possédait une maison et une terre, qu'il a vendues de manière qu'ayant placé son argent à 4 1/2 p. %, il s'est fait un revenu de 800 fr. : quel a été le prix de la vente ?

**2886.** Une propriété appartenait à quatre personnes. Une d'entre elles, qui en avait les ⅝, ayant placé sa portion, s'est fait un revenu de 900 fr. Trouver à quel taux elle a placé son argent, sachant que la propriété a été vendue 30000 fr.

### Rentes sur l'État.

**2887.** Qu'appelle-t-on *rentes sur l'État* ?

**2888.** Combien y a-t-il de sortes de rentes sur l'Etat ? — D'où lui vient son nom ?

**2889.** Les rentes sur l'Etat sont-elles à prix fixe ? — Comment se nomme ce prix ?

**2890.** Quand est-ce que la rente est dite *au pair* ?

**2891.** A quelles époques sont payées les rentes sur l'Etat ?

**2892.** Comment s'achètent ou se vendent les rentes sur l'Etat ? — Qu'est-ce que *le courtage* ? — Comment calculer le courtage ?

**2893.** Le prix principal d'une rente étant de 8000 fr., trouver le courtage, puis le prix total de la rente.

**2894.** Calculer le courtage, et en déduire le prix total de la rente, selon que le prix principal est 6000 fr., ou 9840 fr., ou 48400f.

**2895.** Combien coûteront 600 fr. de rente 3 p. %, lorsque le cours est 75 fr. ?

**2896.** Combien faut-il payer pour 720 fr. de rente 4 p. %, lorsque le cours est 104 francs ?

**2897.** Le cours étant 108ᶠ,50, combien faut-il débourser pour se faire une rente 4 1/2 p. °/₀, de 880 francs ?

**2898.** Combien aura-t-on de rente 3 p. °/₀, au cours de 77ᶠ,40, pour une somme de 20 000 francs ?

**2899.** Un particulier achète pour 23 570 fr. de rente 4 p. °/₀, au cours de 103ᶠ,60 : combien touchera-t-il annuellement ?

**2900.** Le 4 1/2 p. °/₀ étant au cours de 108ᶠ,80, quelle rente annuelle aurai-je pour une somme de 16 000 francs ?

**2901.** Quelqu'un veut se faire 300 fr. de rente 3 p. °/₀, chaque trimestre : combien doit-il verser, le cours étant de 76ᶠ,60 ?

**2902.** Un particulier achète pour 25 000 fr. de rente 3 p. °/₀, au cours de 77ᶠ,20 : combien touchera-t-il chaque trimestre ?

**2903.** Quelqu'un possède uue rente 3 p. °/₀ de 238ᶠ,50 par trimestre ; il la vend au cours de 80 fr. : combien lui revient-il ?

**2904.** Quel est le cours du 4 p. °/₀, lorsque 600 fr. de rente se payent 15 640 francs ?

**2905.** Trouver le cours du 3 p. °/₀, lorsque 1000 fr. de rente s'achètent 25 432 francs ?

**2906.** Lorsque 840 fr. de rente 4 1/2 p. °/₀ coûtent 20 000 fr., quel est le cours ?

**2907.** Une rente 3 p. °/₀ de 1200 fr. me coûte 30 000 fr. : quel est le cours ?

**2908.** Quel doit être le cours du 3 p. °/₀, pour que 54 000 fr. donnent 500 fr. à toucher chaque trimestre ?

**2909.** Quel est le taux réel (quel est l'intérêt de 100ᶠ), lorsque le 3 p. °/₀ est au cours de 77ᶠ,40 ?

**2910.** Quel doit être le cours de la rente 3 p. °/₀, pour que le taux réel de l'intérêt soit de 4 1/2 ?

**2911.** Quel est le taux réel de l'intérêt, lorsque 840 fr. de rente 4 1/2 p. °/₀ se vendent 20 000 francs ?

**2912.** Un particulier qui possédait 960 fr. de 3 p. °/₀, a vendu sa rente au cours de 76ᶠ,50, puis il a placé son argent à 6 p. °/₀ dans le commerce : de combien a-t-il augmenté son revenu ?

### Intérêt composé.

**2913.** Quand est-ce que l'intérêt est *composé* ? — Le prêteur ne prend-il dans ce cas que l'intérêt du capital ?

**2914.** Comment trouver quelle est, après un temps déterminé, la valeur d'un capital placé à intérêt composé ? — Quelle est l'unité de temps ?

**2915.** Démontrer la Règle en calculant quelle est la valeur de 8000 fr., après trois ans, l'intérêt composé étant de 5 p. °/₀ par an.

**2916.** Démontrer la même Règle en cherchant quelle sera, après 2 mois, la valeur de 16 000 fr., l'intérêt étant à 1/2 p. °/₀ par mois.

**2917.** On a placé 8600 fr. pour 4 ans, à intérêt composé 5 p. °/₀ : combien aura-t-on à recevoir, capital et intérêts ?

**2918.** Un capital de 10 000 fr. est placé à 4 p. °/₀, intérêt composé : combien touchera-t-on, après 4 ans, si on reprend alors capital et intérêts ?

**2919.** L'intérêt composé étant à 4 1/2 p. %, combien recevra-t-on, après 3 ans, pour une somme de 32 000 fr., si l'on ne prend alors que les intérêts?

**2920.** Un propriétaire place à 4 p. %, un capital de 20 000 fr., à condition que les intérêts lui seront payés une fois seulement tous les quatre ans : combien touchera-t-il chaque quatrième année?

**2921.** Un marin, partant pour un long voyage, laisse chez son armateur une somme de 7500 fr., à condition que les intérêts de chaque année resteront au même taux chez le négociant : si son voyage dure six ans, et que le taux soit 5, combien aura-t-il à recevoir, capital et intérêts ?

**2922.** Un mineur, qui s'est fait émanciper, exige que son tuteur lui fasse le remboursement d'un capital de 7000 fr., avec les intérêts composés, pour 5 ans, à 3 p. % : combien recevra-t-il ?

**2923.** On a placé 4320 fr., à 5 p. % : combien aura-t-on à recevoir, capital et intérêts, après $3^a 5^m 20j$, si l'on prend l'intérêt composé pour les 3 années, puis l'intérêt simple pour les $5^m 20j$ ?

**2924.** Si l'on place 12 000 fr. à 6 p. % par an, ou bien à 1/2 p. % par mois, aura-t-on au bout de l'an la même somme à recevoir? — Calculer l'une et l'autre valeur, puis dire la différence.

**2925.** Combien faut-il placer aujourd'hui à 5 p. %, pour avoir $388^f,96$, capital et intérêts, à toucher dans 4 ans?

**2926.** Quelqu'un reçoit aujourd'hui $8284^f,23$, capital et intérêts, pour une somme prêtée il y a 7 mois : combien avait-il prêté, si l'intérêt est de 1/2 p. % par mois ?

**2927.** Une certaine somme placée pendant 2 mois, a produit $866^f,16$ d'intérêt : le taux mensuel étant 1/2, trouver le capital placé.

**2928.** Un capital de 8000 fr., placé à 5 p. % a produit 1261 fr. d'intérêt : trouver le nombre d'années du placement.

**2929.** Quelqu'un a placé 1000 fr. au commencement d'une année, 1000 fr. au commencement de l'année suivante, 1000 fr. au commencement de la troisième année, et 1000 fr. au commencement de la quatrième. Le taux de l'intérêt étant 5, combien aura-t-il à recevoir à la fin de la quatrième année, capital et intérêts?

---

## Leçon IV. — Règle d'Escompte.

**2930.** Qu'est-ce que l'*Escompte?* — Qu'est-ce que l'*Echéance ?*

**2931.** Un particulier devait faire un payement le 29 Septembre, et il le fait le 12 : dire quelle est ici l'échéance, et en second lieu de quoi se composera l'escompte.

**2932.** Comment faire pour trouver l'escompte d'une somme?

**2933.** Dans les calculs d'escompte, quelle est la durée de chaque mois? — Combien de jours dans Janvier? — dans Février? — etc., etc.

**2934.** Pourriez-vous nous dresser une Table qui nous fît connaître, par un calcul très-simple, l'intervalle entre deux dates?

**2935.** Combien, en 1862, y a-t-il de jours du 15 Janvier au 5 Août? — combien, du 10 Février au 25 Mai?—du 20 Avril au 10 Juin?

**2936.** Combien y a-t-il de jours, en 1863, du 13 Mars au 8 Juin? — du 12 Février au 19 Juillet? — du 27 Mai au 23 Décembre?

**2937.** Combien, dans une année *bissextile*, y a-t-il de jours du 7 Janvier au 14 Juillet? — du 17 Février au 20 Septembre? — du 23 Mai au 10 Août? — du 27 Avril au 15 Octobre?

**2938.** Combien y a-t-il du 13 Juin 1862, au 14 Mai 1863? — du 19 Mai 1863, au 8 Avril 1864? — du 24 Janvier 1864, au 12 Juillet 1865?

**2939.** Trouver le quantième qui arrive 46 jours après le 12 Avril; — trouver celui qui arrive 123 jours après le 27 Octobre 1862; — celui qui arrive 259 jours après le 24 Septembre 1863.

**2940.** A quel jour est-on 77 jours avant le 5 Août?—239 jours avant le 25 Décembre? — 147 jours avant le 14 Avril 1863? — 266 jours avant le 19 Juin 1864? — 395 jours avant le 17 Mars 1865?

**2941.** L'escompte étant à 6 p. % par an, calculer la valeur actuelle d'un billet de 1200 fr., payable dans 49 jours, et en déduire la règle générale pour trouver l'escompte d'une somme quelconque, pour un certain nombre de jours.

**2942.** Calculer l'escompte de 8000 fr. payés 53 jours avant l'échéance, l'argent étant à 5 p. % par an.

**2943.** L'intérêt de l'argent étant 6 p. % par an, quel est l'escompte d'une dette de 3764ᶠ,50, acquittée 73 jours avant l'échéance?

**2944.** Quelqu'un me doit une somme de 567ᶠ,60, pour le 22 Décembre prochain; il me paye aujourd'hui, 12 Septembre: combien dois-je lui rendre, l'escompte étant à 6 p. % par an?

**2945.** Un négociant achète des marchandises pour 13570 fr., à 6 mois de terme; mais il préfère payer comptant, en profitant d'un escompte de 1/2 p. % par mois : à combien lui reviennent ses marchandises?

**2946.** Je dois une somme de 3456ᶠ,70 payable le 22 Mars 1863 : si je paye le 13 Novembre 1862, et que l'on m'accorde 5 p. % par an d'escompte, combien débourserai-je?

**2947.** Un négociant possédant un billet de 32000 fr., payable le 4 Mai 1863, se présente chez un banquier le 24 Décembre 1862 : combien recevra-t-il, l'escompte étant fixé à 6 p. % par an?

**2948.** Le 12 Novembre 1862, un commerçant achète des marchandises pour 9440 fr., payables le 22 Mars 1863; mais, ayant des fonds, il préfère se libérer sur le champ, en profitant d'un escompte fixé à 5 1/2 p. % par an : combien doit-il débourser?

**2949.** Le 13 Février, un négociant se présente chez son banquier avec trois billets, de 7000 fr., 8920 fr., et 13540 fr., payables respectivement le 15 Mai, le 17 Juillet, et le 21 Août. Combien le banquier lui remettra-t-il, l'escompte étant de 1/2 p. % par mois?

**2950.** Une personne, ayant acheté des marchandises pour

9544 fr., payables le 20 Novembre 1862, a devancé le terme et n'a déboursé que 9200 fr. L'escompte étant de 6 p. %o par an, on demande quel jour elle a dû acquitter sa dette ?

2951. J'ai acheté une pièce de drap de 54ᵐ,50, à 12ᶠ,40 le mètre, payable le 10 Juin 1863. Si l'escompte est de 1/2 p. %o par mois, quel jour dois-je solder ma dette, pour obtenir une remise de 20ᶠ,60 ?

2952. Un particulier qui devait 2280 fr. payables le 17 Mai 1862, s'est acquitté le 30 Mars en donnant 2267ᶠ,84 : trouver le taux de l'escompte.

2953. Un négociant, porteur d'une lettre de change de 20 000 fr., payable le 22 Mars 1863, n'a reçu que 19666ᶠ,67, le 24 Septembre 1862, jour où il s'est présenté chez son banquier : trouver le taux annuel de l'escompte.

2954. Quel est le montant d'un billet payable dans 48 jours, et pour lequel, l'escompte étant à 4 p. %o par an, on a reçu 1511ᶠ,89 ?

2955. Pour une lettre de change payable le 25 Janvier 1863, un particulier a touché 9833ᶠ,33, le 27 Septembre 1862 : combien eût-il reçu, s'il avait attendu l'époque de l'échéance sachant que l'escompte a été de 5 p. %o par an ?

2956. L'escompte étant de 6 p. %o, on a payé 5820 fr., le 15 Octobre 1862, pour des marchandises payables le 21 Mars 1863 : combien aurait-on déboursé à cette dernière époque ?

2957. Un marchand devait à son créancier 860 fr. payables le 18 Août 1862; puis 1760 fr. pour le 2 Décembre suivant ; une troisième somme de 1320 fr. pour le 15 Janvier 1863, et enfin une somme de 1800 fr. pour le 1ᵉʳ Mars. Ayant payé le tout (ou 5740 fr.) le 1ᵉʳ Janvier 1863, il demande s'il ne lui revient point quelque chose, l'escompte étant fixé à 6 p. %o par an.

---

## Leçon V. — Partages proportionnels.

2958. Quand est-ce que des nombres sont *directement* proportionnels à des nombres donnés ? — Exemple.

2959. Quand est-ce que des nombres sont *inversement* proportionnels à des nombres donnés ? — Exemple.

2960. A quels nombres sont directement proportionnels 18, 24, 36, 48, 60? Comment cela ?

2961. A quels nombres sont inversement proportionnels 4, 5, 6, 8, 10, 12? — Comment cela?

2962. A quels nombres entiers les valeurs 20 fr., 45 fr., 80 fr., 100 fr., sont-elles directement proportionnelles? — Comment cela ?

2963. A quels nombres entiers les longueurs 2ᵐ, 9ᵐ, 7ᵐ, 18ᵐ, 12ᵐ, sont-elles inversement proportionnelles? — Comment cela ?

2964. A quels nombres entiers sont directement proportionnels $\frac{1}{2}$, $\frac{1}{4}$, $\frac{3}{4}$, $3\frac{1}{2}$, $5\frac{1}{4}$, $12\frac{2}{3}$ ? — Comment cela ?

2965. A quels nombres entiers sont inversement proportionnels $\frac{2}{3}$, $\frac{3}{5}$, $\frac{4}{7}$, $3\frac{1}{2}$, $4\frac{1}{3}$, $5\frac{2}{7}$ ? — Comment cela?

**2966.** Partager 360 en trois parties proportionnelles aux nombres 5, 6, 7, et en déduire la règle pour partager un nombre quelconque en parties proportionnelles à des nombres donnés?

**2967.** Partager une longueur de 100 mètres en quatre parties qui soient proportionnelles aux nombres 7, 8, 9, 10, et trouver chaque partie jusqu'aux millimètres.

**2968.** Si l'on partage un jour en quatre parties proportionnelles aux nombres 4, 5, 6, 7, quelle sera chaque partie, en heures, minutes et secondes?

**2969.** Trois ouvriers, qui ont travaillé ensemble, reçoivent 324$^f$,50 pour l'ouvrage qu'ils ont fait. Le premier y a travaillé 23 jours, le second 25, et le troisième 26. Trouver ce qu'il revient à chacun.

**2970.** Quatre personnes ont 5000 fr. qu'elles se doivent partager proportionnellement à leurs âges. La première a 25 ans, la seconde 27, la troisième 30, et la quatrième 32. Quelle sera la part de chacune?

**2971.** Trouver la somme que trois personnes se sont partagée, sachant que les portions sont proportionnelles aux nombres 7, 8, 9, et que la part de la première s'élève à 234$^f$,29.

**2972.** Quatre nombres sont entre eux comme 5, 6, 7, 8, et la somme des deux premiers est 132 : trouver chacun de ces nombres.

**2973.** Trois ouvriers se sont partagé 1800 fr., de manière que le premier prenant 3 fr., le second en prenait 4, et le troisième 5. Quelle a été la part de chacun?

**2974.** Quatre menuisiers ont fait ensemble 123$^m$,45 d'ouvrage, à 4 fr. le mètre. Le premier en a fait 32$^m$, le second 29, le troisième 35, et le quatrième le reste. Que revient-il à chacun?

**2975.** Trois frères ont à se partager une succession de 34 000 fr. Il est convenu que l'aîné aura 6 parts, pendant que le second n'en aura que cinq, et le plus jeune 4. Trouver en francs et centimes ce qu'il revient à chacun.

**2976.** Quatre ouvriers ont 200 mètres d'ouvrage à faire. S'ils en font, chacun en raison directe de sa force, et que les forces soient ici en raison inverse des âges, combien de mètres et centimètres devra-t-on donner à chacun, les âges respectifs étant 45, 50, 55 et 60 ans?

**2977.** Cinq chefs d'atelier ont construit un édifice estimé 60000 fr. Le premier y a dépensé 9680 fr., le second 8940 fr., le troisième 7400 fr., le quatrième 8420 fr., et le cinquième 10230 fr. Trouver ce qu'il revient à chacun, proportionnellement aux dépenses qu'il a faites.

**2978.** On destine 400 fr. pour le soulagement de quatre familles indigentes. La première se compose de 7 individus, la seconde de 5, la troisième de 6, et la quatrième de 8. Que donnera-t-on à chaque famille, à proportion du nombre de ses membres?

**2979.** Quatre ouvriers ont construit une charpente qui leur est payée 1260 fr. Le premier y a travaillé 10 heures par jour, pendant 25 jours; le second, 9$^h$ par jour, pendant 30 jours; le troisième, 10$^h$ 1/2 par jour, pendant 28 jours; et le quatrième 9$^h$ 3/4 par

jour, pendant 32 jours. Trouver ce qu'il revient à chacun, en
raison du temps qu'il a consacré à l'ouvrage.

2980. Trois individus ont fait un ouvrage qui leur a demandé
123 journées de travail. Or, le premier a reçu 135 fr., le second
216 fr., et le troisième 202$^f$,50. Combien chacun d'eux a-t-il dû
travailler de jours?

2981. Quatre particuliers fournissent des chevaux pour un
transport de marchandises. Le premier en donne, 3 pendant 5
jours; le second, 4, pendant 3 jours; le troisième 5, pendant 4
jours; et le quatrième 6, pendant 3 jours. Ils reçoivent 533 francs,
qu'ils partagent entre eux : quelle doit être la part de chacun?

2982. Trois boulangers ont loué un grenier pour y déposer des
grains. Le premier y a tenu 250 quintaux pendant 2 ans; le second, 320 quintaux, pendant 15 mois, et le troisième, 230 quintaux, pendant 18 mois. Combien chacun devra-t-il payer du loyer,
qui est de 600 fr., à proportion de la quantité de grain, et du temps
qu'elle a passé dans le grenier?

2983. Un riche bourgeois voulant soulager trois familles indigentes, leur donne 4000 fr., à condition que, chaque individu de
la première prenant 3 fr., ceux de la seconde en prendront chacun
4, et ceux de la troisième chacun 5. Or, la première famille contient 8 personnes, la seconde 7, et la troisième 6. Quelle sera la
part de chaque famille?

2984. Quatre maquignons ont loué une écurie. Le premier y a
logé 20 chevaux pendant 6 mois; le second, 18 chevaux pendant
10 mois; le troisième, 15 chevaux pendant 11 mois; et le quatrième, 25 pendant l'année entière. Combien chacun d'eux doit-il
payer du loyer, qui est de 400 fr.?

2985. Six marchands de bœufs ayant loué une prairie pour la
somme de 850 fr., le premier y mit 25 bœufs, pendant 125 jours;
le second y en mit 30, pendant 150 jours; le troisième 40, pendant 120 jours; le quatrième 20, pendant 200 jours; le cinquième
35, pendant 280 jours, et le sixième 50, pendant l'année entière
(365 jours). Trouver ce que chacun doit payer.

2986. Un héritage est à partager entre cinq individus. Le premier, d'après le testament, doit en avoir la moitié, le second le
tiers, le troisième le quart, le quatrième le cinquième, et le cinquième le sixième. Combien donnera-t-on à chaque héritier, pour
remplir les intentions du testateur?

2987. Si la somme de 20 000 fr., est partagée en huit parties in-
versement proportionnelles aux quantités $\frac{1}{2}$, $\frac{2}{3}$, $\frac{1}{4}$, $\frac{2}{5}$, $\frac{5}{8}$, 1, 2, 3$\frac{1}{2}$,
quelle sera la valeur de chaque partie, à un centime près?

2988. Partager une terre contenant 14 hectares 60 ares entre
trois individus, de manière que la première part soit à la seconde comme 3 est à 4, et la seconde à la troisième comme 5 est
à 6. — Trouver chaque part jusqu'aux centiares.

2989. Trois ouvriers ont fait un ouvrage, pour lequel ils ont
reçu une somme qu'ils ont partagée entre eux, de façon que la
part du premier est à celle du second comme 8 est à 9, et celle
du second à celle du troisième comme 6 est à 7. Trouver la part
de chacun, sachant que la somme partagée monte à 1200 francs.

**2990.** Quatre cultivateurs ont récolté 800 hectolitres de froment. Leurs conventions sont telles que le premier ayant 2 hectol., le second en aura 3 ; le second ayant 5 hectol., le troisième en aura 4 ; enfin, le quatrième en prendra 6, quand le troisième en aura 7. Trouver chaque part, à moins d'un demilitre.

**2991.** Comment opérer, lorsque le nombre de parties à calculer est considérable? — Comment trouver le nombre des décimales à calculer dans la division unique que l'on fait alors?

**2992.** Combien calculer de décimales au quotient, si l'on demande deux décimales à chaque part, et que le plus grand des nombres proportionnels ait trois, quatre, cinq, ou six chiffres à sa partie entière?

**2993.** Le plus fort des nombres proportionnels ayant six chiffres à sa partie entière, combien faut-il calculer de décimales au quotient, si chaque part doit en avoir une, deux ou trois? — Combien, dans le cas où chaque part doit être calculée à moins d'une unité près, ou d'une dizaine, ou d'une centaine, ou d'un mille?

**2994.** Démontrer que, le plus fort des nombres proportionnels ayant deux chiffres à sa partie entière, si l'on veut trois décimales à chaque part, il faut en calculer au quotient $2 + 3 + 1$, ou 6.

**2995.** Vingt-quatre ouvriers ont travaillé pendant trois mois dans le même chantier, et ont construit un ouvrage qui leur est payé 10 000 fr. Trouver à un centime près ce qu'il revient à chacun, d'après le temps qu'il a travaillé, et dont voici la note :

| | | | | | | | |
|---|---|---|---|---|---|---|---|
| 1er... | 67 jours | 9e... | 74j | 17e... | $73\frac{1}{2}$ |
| 2e.... | 69 | 10e... | $72\frac{2}{3}$ | 18e... | 76 |
| 3e.... | 72 | 11e... | 75 | 19e... | 59 |
| 4e.... | $66\frac{1}{2}$ | 12e... | $65\frac{1}{2}$ | 20e... | 62 |
| 5e.... | 73 | 13e... | 64 | 21e... | 63 |
| 6e.... | $74\frac{1}{3}$ | 14e... | $67\frac{1}{2}$ | 22e... | 58 |
| 7e.... | 70 | 15e... | 65 | 23e... | 77 |
| 8e.... | 68 | 16e... | $64\frac{1}{3}$ | 24e... | 78 |

**2996.** Dix-huit propriétaires se réunissent pour construire un ouvrage d'utilité publique, et ils conviennent qu'ils y contribuéront, chacun proportionnellement à ses revenus. Si cet ouvrage revient à 18 000 fr., on demande, à un centime près, ce que chaque propriétaire devra débourser, sachant que les revenus particuliers sont :

| | | | | | |
|---|---|---|---|---|---|
| 1er... | 1259f | 7e... | 3307f | 13e... | 1468f |
| 2e.... | 2820 | 8e... | 2504 | 14e... | 769 |
| 3e.... | 1974 | 9e... | 875 | 15e... | 4624 |
| 4e.... | 3356 | 10e... | 3820 | 16e... | 5792 |
| 5e.... | 4094 | 11e... | 2917 | 17e... | 6376 |
| 6e.... | 1190 | 12e... | 995 | 18e... | 7853 |

**2997.** Les contributions d'une commune, montant à 145678f,90,

sont augmentées de 13579$^f$,43 : trouver, à un centime près, l'augmentation que doit faire le percepteur sur chacune des vingt et
une cotes suivantes :

| | | | | | |
|---|---|---|---|---|---|
| 1$^{re}$.... | 75$^f$,40 | 8$^e$.... | 446$^f$,67 | 15$^e$.... | 1234$^f$,49 |
| 2$^e$.... | 124,75 | 9$^e$.... | 673,25 | 16$^e$.... | 2097,79 |
| 3$^e$.... | 496,29 | 10$^e$.... | 87,74 | 17$^e$.... | 352,22 |
| 4$^e$.... | 357,86 | 11$^e$.... | 99,36 | 18$^e$.... | 53,95 |
| 5$^e$.... | 243,17 | 12$^e$.... | 775,47 | 19$^e$.... | 9,50 |
| 6$^e$.... | 829,70 | 13$^e$.... | 897,35 | 20$^e$.... | 237,77 |
| 7$^e$.... | 955,82 | 14$^e$.... | 28,63 | 21$^e$.... | 3671,47 |

---

## Leçon VI. — Règle de Société.

**2998.** Qu'est-ce que la *Règle de Société?*

**2999.** D'après quelle convention se calcule la part de chaque
associé ? — Exemple.

**3000.** Comment faire la Règle de Société ? — Qu'y a-t-il de
particulier au cas où les mises n'ont pas été le même temps dans
la société?

**3001.** Quatre négociants se sont associés pour armer un navire
qui a gagné 9876 fr. Le premier a mis 8900 fr., le second 12320 fr.,
le troisième 15860 fr., et le quatrième 19373 fr. On demande combien il revient à chacun.

**3002.** Trois négociants ont armé un navire dont la mise dehors
monte à 50 000 fr. Le premier a mis 17325 fr., le second 15472 fr.,
et le troisième, le reste. Ce bâtiment a eu des avaries, et il a fallu
4430 fr., pour le réparer. Combien chacun des associés doit-il débourser d'après sa mise?

**3003.** Quatre personnes, ayant acheté des sucres, ont gagné
620 fr. La première avait mis 574$^f$,50, la seconde 663 fr., la troisième 720 fr., et la quatrième 854$^f$,50. Trouver le bénéfice de chacune.

**3004.** Trois joueurs ont fait bourse commune. Le premier a
mis 123 fr., le second 224$^f$,60, le troisième 159$^f$,40, et le quatrième
300 fr. Ils ont fait une perte de 432$^f$,65 : combien chacun doit-il
en supporter?

**3005.** Quatre associés ont mis, le premier 25 000 fr., le second
30 000 fr., le troisième 32800 fr., et le quatrième 36789 fr. : ils ont fait
un gain de 28703$^f$,96. Il est convenu que le premier, ayant été
chargé de faire valoir les fonds, prélèvera 10 p. º/₀ du bénéfice, et
que le reste sera partagé entre les quatre proportionnellement aux
mises. Trouver ce qu'il revient à chacun.

**3006.** Deux associés qui avaient mis, l'un 12000$^f$, l'autre 15376$^f$,
ont fait une perte de 3629$^f$,75 : combien reste-t-il à chacun ?

**3007.** Trois individus s'étant associés, ont gagné 738$^f$,20. Le
premier avait mis 1264$^f$,60, le second 267$^m$,50 de drap à 8$^f$,40 le
mètre, et le troisième 437$^m$ de toile à 3$^f$,25 le mètre. Trouver le
bénéfice de chacun.

**3008.** Quatre commerçants s'étant associés ont mis, le premier 3450 fr., le second 5500 fr., le troisième 4466$^f$,70, et le quatrième la moitié de la somme des trois premières mises, moins 956$^f$,35. Combien revient-il à chacun d'eux du gain total montant à 2345$^f$,67 ?

**3009.** Quatre négociants ayant fait un fonds de 100 000 fr., ont réalisé un gain qu'ils ont partagé entre eux proportionnellement à leurs mises. Or, le premier a eu 2651$^f$,40 de bénéfice, le second 1234$^f$,50 de plus que le premier, le troisième 628$^f$,90 de moins que le second, et le quatrième 377$^f$,20 de plus que le troisième. Trouver la mise de chacun, et ensuite le bénéfice p. %.

**3010.** Trois industriels, en s'associant, convinrent que les pauvres participeraient à leurs bénéfices, à raison de 5 p. %. Ils formèrent un fonds de 120 000 fr., dans lequel le premier entra pour 32 500 fr., et le second pour 12327 fr. de plus. Leur bénéfice total ayant été de 13800 fr., on demande la part des pauvres, et le bénéfice de chaque associé.

**3011.** Trois marins ont partagé le bénéfice qu'ils ont fait sur un armement de 70 000 fr. Le premier a reçu 3345$^f$,60, le second 3978$^f$,20, et le troisième 4219$^f$,50. Trouver la mise de chacun.

**3012.** Quatre propriétaires se réunirent pour mettre en rapport une terre où ils ont récolté cette année 427 hectol. de froment, 128$^h$ d'orge, 239$^h$ de seigle, et 336$^h$ de blé noir. Ils ont vendu le froment 25$^f$,40 l'hectol., l'orge 13$^f$,20, le seigle 14$^f$,30, et le blé noir 12$^f$,50. Trouver le bénéfice de chacun, sachant que le premier a contribué pour 3200 fr., le second pour 3820 fr., le troisième pour 4326 fr., et le quatrième pour 2978 francs.

**3013.** Trois frères achetèrent une propriété pour la somme de 200 000 fr. Après y avoir fait diverses améliorations, ils la revendent 348 000 fr. Le premier a fourni 83500 fr. en tout, pour l'achat et les réparations ; le second a dépensé 76800 fr., et le troisième 69900 fr. Trouver ce qu'il revient à chacun, sachant qu'ils donnent aux pauvres 4 p. % de leur bénéfice.

**3014.** Un individu laisse 120000 fr. à quatre héritiers, avec l'obligation pour ceux-ci de faire à une ancienne domestique une pension annuelle de 400 fr. Sachant que les héritiers doivent partager les 120000 fr. proportionnellement à leurs âges, trouver combien chacun d'eux déboursera annuellement pour la pension de 400 fr., le premier étant âgé de 30 ans, le second de 32, le troisième de 35, et le quatrième de 40.

**3015.** Trois banquiers ont fait un fonds de 460000 fr. Le premier a fourni 62000 fr., qu'il a laissés 5 ans dans la société : le second a donné 133000 fr., qu'il y a laissés 3 ans, et le troisième a mis le reste pendant 2 ans. Combien revient-il à chacun du bénéfice montant à 120000 fr. ?

**3016.** Trois marchands s'étant associés pour 4 ans, le premier mit tout de suite 9720 fr. ; le second mit après 8 mois 11500 fr., et le troisième 5 mois après le second déposa 12 000 fr. Le gain total ayant été de 18369$^f$,50, on demande ce qu'il revient à chaque associé.

**3017.** Deux associés ont mis, le premier 21800 fr., et le second

24 700 fr. La première mise est restée 9 mois dans la société, et la seconde un an. Le second associé reçoit 2529f,60 pour sa part de bénéfice : trouver le bénéfice total.

**3018.** Quatre personnes firent société pour 3 ans et demi. La première mit 4000 fr. dès le commencement ; la seconde mit aussi 4000 fr. au commencement, et 1200 fr., après 5 mois ; là troisième mit 5200 fr. au bout de 6 mois, mais elle en retira le quart 8 mois plus tard ; enfin, la quatrième mit 900 fr. au bout d'un an, puis elle ajouta 800 fr. après 18 mois, 700 fr. après 2 ans et 1500 fr. après 3 ans. Trouver ce qu'il revient à chacune sur le bénéfice total qui est de 6648f,82.

**3019.** Quatre associés ont mis, le premier 4800 fr., le 25 Mars 1861 ; le second 5000 fr., le 14 Juin ; le troisième 6500 fr., le 19 Novembre, et le quatrième, qui a eu le quart du bénéfice, a versé 7000 fr. Trouver à quelle époque ce dernier a fait sa mise, et quel a été le gain de chacun des autres, sachant que le gain total montait à 8356 francs, et que les comptes ont été réglés le 29 Décembre 1862.

**3020.** Un industriel commence une entreprise avec une somme de 30 000 fr. Trois mois après, un capitaliste lui prête 25 000 fr. ; deux mois plus tard encore, un autre capitaliste lui fournit 32 000 fr. Après 15 mois, le bénéfice s'élevait à 31876 fr. Trouver ce qu'il revient à chacun, sachant que l'entrepreneur doit, d'après leurs conventions, prélever une prime de 6 p. %.

---

## Leçon VII. — Règle de Mélange.

**3021.** Qu'appelle-t-on *Mélange?* — Combien y a-t-il d'espèces de problèmes sur cette matière ?

**3022.** Dans la première espèce de Mélange, que connaît-on ? — que demande-t-on ?

**3023.** Un commerçant a mélangé 7 hectol. de vin à 30 fr. l'hectol. avec 8 hectol. à 40 fr., et 5 hectol. à 50 fr. : à combien lui revient l'hectol. du mélange ? — Déduire de la solution, la règle générale pour résoudre les questions de mélange de la première espèce.

**3024.** On a mêlé ensemble 12 hectol. de froment à 21f,50; huit hectol. d'orge à 14f,30, et 5 hect. d'avoine à 8f,60 : à combien revient un hectol. du mélange?

**3025.** On a mêlé ensemble 15 litres de vin à 0f,60 ; 18 litres à 0f,50 et 20 litres à 0f,75 : quel est le prix d'un litre du mélange?

**3026.** A 16 litres de 45c, on a mêlé 15 litres à 50c, puis 17 litres à 60c; on a mis en outre 18 litres d'eau : à combien le litre du mélange ?

**3027.** Quelle est la valeur du litre d'un mélange composé de 7 hectolitres de vin à 45 fr. l'hect., de 85 décalitres de vin à 60c le litre, et de 60 litres d'une eau qu'on paye 75c l'hectolitre ?

**3028.** On mélange 30 litres de vin à 60c le litre avec 65 litres à 80ᶜ. Si le litre du mélange est vendu 75ᶜ, quel sera le bénéfice total ?

**3029.** On mélange 8 kilog. de thé à 25 fr. le kilog. avec 12 kilog. à 30 fr. : combien faut-il revendre le kilog., pour gagner 12 p. %?

**3030.** On a rempli une barrique de 230 litres avec du vin de trois prix différents : 60 lit. à 40ᶜ; 120 à 45ᶜ, et le reste à 50ᶜ. A combien revient le litre du mélange?

**3031.** Un atelier contient 300 ouvriers, dont 80 à 2ᶠ,50 par jour; 60 à 3 fr.; 50 à 3ᶠ,50, et le reste à 2 fr. : quelle est la dépense journalière, pour les ouvriers seulement; et à combien revient la journée individuelle, l'un dans l'autre?

**3032.** Qu'appelle-t-on *valeur moyenne* de plusieurs choses ? — Quelle est la valeur moyenne, lorsqu'il n'y a que deux choses? — Mais, lorsqu'il y en a trois? — quatre? — cinq? — six?

**3033.** On a observé le même jour, à des heures différentes, les hauteurs barométriques suivantes : première 0ᵐ,756; seconde 0ᵐ,754 ; troisième 0ᵐ,752 ; quatrième 0ᵐ,753 ; cinquième, 0ᵐ,755. Quelle est la moyenne ?

**3034.** Quatre astronomes observent du même lieu l'heure où commence un phénomène céleste. Le premier trouve 9ʰ 43ᵐ 24ˢ; le second, 9ʰ 43ᵐ 22ˢ ; le troisième, 9ʰ 43ᵐ 21ˢ,5 ; le quatrième 9ʰ 43ᵐ 21ˢ. Supposé les astronomes également habiles, et leurs instruments également parfaits, quelle heure faut-il admettre pour le commencement du phénomène?

**3035.** Le 30 Août 1862, un marin voulant déterminer l'heure avec précision, prit cinq hauteurs du bord inférieur du Soleil. Il trouva la première de 25°20'40'', à 7ʰ 53ᵐ36ˢ de sa montre ; la seconde de 25°32'30'', à 7ʰ 54ᵐ 40ˢ ; la troisième, de 25°40' 50'', à 7ʰ 55ᵐ 30ˢ ; la quatrième, de 25°50'40'', à 7ʰ 56ᵐ 35ˢ, et la cinquième, de 25°59'50'', à 7ʰ 57ᵐ 34ˢ. Trouver la hauteur moyenne et l'heure correspondante de la montre.

### Seconde espèce de Mélange.

**3036.** Dans la seconde espèce de Mélange, que connaît-on? — que demande-t-on?

**3037.** Comment résoudre le problème, s'il n'y a dans le mélange que deux valeurs particulières? — Comment faire, si le nombre total des unités du mélange est fixé?

**3038.** Un débitant veut mêler du vin à 60ᶜ le litre avec du vin à 80ᶜ, de manière qu'en le vendant 72ᶜ, il ne perde ni ne gagne : dans quelle proportion doit-il faire le mélange? — Démontrer la Règle (*Arith.* 297) sur cet Exemple.

**3039.** Un boulanger a de la farine à 32 fr. et à 25 fr. l'hectolitre : combien doit-il en prendre de chaque prix, pour en former un mélange de 70 hectolitres, à 28 fr.? — Démontrer les Règles (*Arith.* 297, 298) sur cet Exemple.

**3040.** Combien faut-il mêler d'hectolitres d'orge valant 12 fr. l'hect., et d'hectolitres de froment à 25 fr., pour que le mélange soit de 20 fr. l'hectolitre?

**3041.** Combien faut-il mêler de litres de vin à 40ᶜ et à 50ᶜ, pour que le litre revienne à 47 centimes?

**3042.** On veut faire un mélange de 100 hectolitres à 25 fr. l'hectol. : combien faut-il en prendre à 20 fr. et à 28 fr.?

**3043.** Un épicier a du café à 1ᶠ,60 et à 2 fr. le kilog. Il veut en faire un mélange de 80 kilog. à 1ᶠ,75 : combien doit-il en prendre de chaque prix?

**3044.** On a 150 mesures de blé à 12 fr., et 160 à 19 fr. : combien faut-il en prendre de chaque prix, pour en faire 98 à 16 francs?

**3045.** Combien faut-il mêler d'hect. de blé valant 24 fr. l'hectol., à 40 hect. de blé valant 16 fr. l'hectol., pour que le mélange revienne à 20 fr.?

**3046.** Dans quelle proportion faut-il mélanger de l'eau-de-vie à 2ᶠ,40 et à 3ᶠ,20 le litre, pour qu'en la vendant 3 fr. le litre, on gagne 10 p. %?

**3047.** Cent vingt litres de vin à 75ᶜ et à 90ᶜ coûtent 100 fr. : combien ce mélange contient-il de litres de chaque prix?

**3048.** Un mélange de 25 kilog. de thé à 24 fr. et à 30 fr. le kil., coûte 700 francs : combien contient-il de kilog. de chaque prix?

**3049.** Un mélange d'eau et de vin à 75ᶜ le litre ayant été vendu 121ᶠ,80, on a gagné 12 p. % : combien ce mélange contenait-il d'eau, sachant qu'il y avait en tout 185 litres?

**3050.** Comment opérer, s'il y a des unités de plus de deux prix différents? — Qu'est-ce qu'un problème *indéterminé?*

**3051.** Comment peut-on opérer, si l'énoncé ne fixe aucune condition particulière?

**3052.** Un débitant a du vin à 30ᶜ, à 35ᶜ, à 38ᶜ, à 40ᶜ et à 45ᶜ le litre; et il veut au moyen de ces cinq qualités former un mélange qui revienne à 37 centimes : comment peut-il faire? — Justifier la Règle (*Arith.* 300) sur cet exemple.

**3053.** Un aubergiste, avec cinq qualités de vins, 45ᶜ, 48ᶜ, 52ᶜ, 55ᶜ, 60ᶜ, veut en former une sixième à 50ᶜ. Combien de litres de chaque qualité devra-t-il prendre, pour former un mélange de 244 litres, sachant qu'il en veut autant à 45ᶜ qu'à 52, et qu'avec 4 litres à 48ᶜ, il en veut 3 à 60ᶜ, et 2 à 55 centimes? — Justifier la Règle (*Arith.* 299) sur cet Exemple.

**3054.** Dans une pièce de 230 litres, et contenant déjà 80 litres à 50ᶜ, un débitant met 40 litres à 60ᶜ; il voudrait savoir combien il doit en ajouter à 45ᶜ et à 49ᶜ, pour la remplir, et pour que le litre du mélange revienne à 51 centimes.

**3055.** Dans quelle proportion peut-on mélanger du vin à 60ᶜ, à 70ᶜ, et à 80ᶜ, pour faire un mélange à 75ᶜ le litre?

**3056.** Avec des blés à 18 fr., à 19 fr., à 22 fr. et à 25 fr. l'hect., on veut former un mélange de 300 hect. à 20 fr. : combien faut-il prendre d'hect. de chaque prix?

**3057.** Un épicier a de l'huile à 60ᶜ, à 70ᶜ, à 75 et à 90ᶜ le litre : combien peut-il en prendre de chaque prix, pour remplir une pièce de 320 litres, et pour que le litre revienne à 80 centimes?

**3058.** On veut mêler du café à 2ᶠ,20, à 2ᶠ,50, à 2ᶠ,70 et à 2ᶠ,90 le kilog. : combien faut-il en prendre de chaque prix pour en former un mélange de 360 kilog., de manière qu'en le revendant 2ᶠ,86, on gagne 10 p. º/º?

**3059.** Combien faut-il mêler de litres d'huile à 2ᶠ,50 et à 3 fr. le litre, avec 60 litres à 2ᶠ,40, pour que le mélange soit de 2ᶠ,80 le litre ?

**3060.** Un épicier a du sucre qui lui revient à 2ᶠ,40, à 2ᶠ,70, à 3ᶠ,40 et à 3ᶠ,50 le kilog. ; il veut en faire un mélange de 198 kilog., qui soit tel qu'en le revendant 3ᶠ,48 le kilog., il gagne 20 p. º/º : combien de kilog. de chaque prix doit-il prendre?

**3061.** Quelqu'un ayant des vins qui lui coûtent 55ᶜ, 60ᶜ, 85ᶜ le litre, en a rempli une pièce de 432 litres, qu'il a revendue un franc le litre, et de cette manière il a gagné 25 p. º/º : combien le mélange contenait-il de litres de chaque prix?

**3062.** On a 200 mesures d'un blé qui coûte 15 fr. la mesure : combien faudrait-il y en ajouter à 6 fr., 8 fr., 11 fr. la mesure, pour en faire 1200 mesures, et pour qu'en le revendant 12 fr. la mesure, on gagnât 20 p. º/º?

**3063.** Un aubergiste a de l'eau-de-vie à 3ᶠ,60 le litre. N'en trouvant pas le débit, il se décide à la mélanger avec une autre eau-de-vie qui ne vaut que 1ᶠ,40 le litre : combien doit-il en mettre avec un hectolitre de cette dernière, pour que le litre du mélange revienne à 2ᶠ,60 ?

**3064.** Un fermier a des pommes à 2 fr., 2ᶠ,50 et 3 fr. l'hectol. Quelqu'un lui en demande 100 hectolitres pour 270 francs : combien d'hectol. de chaque prix lui mettra-t-il?

**3065.** Un marchand de bois a des fagots à 15ᶠ, 16ᶠ, 18ᶠ et 20ᶠ le cent, prix d'achat. Il en donne 600 pour 127ᶠ,50, et il gagne 25 p. º/º : combien a-t-il donné de fagots de chaque prix, sachant qu'il en a mis un demi-cent de 20 fr. le cent ?

**3066.** J'ai deux barriques de vin qui me coûtent l'une 92 fr., l'autre 46 fr. de plus, et elles contiennent chacune 230 litres. Quelqu'un m'en demande deux hect. pour 120 fr. : combien de litres de chaque qualité dois-je lui donner, pour que mon bénéfice soit de 25 p. º/º?

**3067.** On veut former un mélange de 430 litres d'huile, avec différentes qualités, 1ᶠ,50 ; 1ᶠ,80 ; 2ᶠ,10 et 2ᶠ40 le litre. On en veut deux fois plus de la seconde qualité que de la première ; et avec 2 litres de la troisième, on en veut 5 de la quatrième. Le litre du mélange devant être de 2ᶠ,16, combien de litres de chaque qualité doit-on prendre?

**3068.** Un commerçant a du noir animal qui lui coûte 6 fr., 8 fr., 9 fr., 11 fr. et 12 fr. la mesure. Il doit en fournir 400 mesures pour 5000 fr. Or, il veut en mettre autant à 8 fr. qu'à 9 fr., mais 2 fois plus à 11 fr. et 3 fois plus à 12 fr. qu'à 6 fr. : combien de mesures de chaque prix doit-il mettre, pour que son gain soit de 25 p. º/º?

**3069.** Un épicier ayant du café à 1ᶠ,20 ; 1ᶠ,40 ; 1ᶠ,60 ; 1ᶠ,80 ; 2 fr. et 2ᶠ,50 le kilog., en a formé un mélange de 320 kilog., où il a mis le même nombre de kilog. des trois premiers prix, mais deux fois plus du cinquième et trois fois plus du sixième que du quatrième. Il a ensuite revendu le tout à 1ᶠ,63 le kilog. : combien a-t-il dû mettre de kilog. de chaque prix dans son mélange, sachant que de cette manière il a perdu 5 p. º/º?

## Leçon VIII. — Règle d'Alliage.

**3070.** Qu'appelle-t-on *Alliage ?*

**3071.** Combien de cas généraux dans la règle d'alliage ? — Comment résoudre les questions d'alliage où il s'agit *du prix* de l'unité ? — Comment résoudre celles où il s'agit *du titre ?*

**3072.** Ou a fondu ensemble 20 kilog. de cuivre à 2f,40 le kilog., 3 kilog. d'étain à 5f,40, et 7 kilog. de zinc à 0f,80 : à combien revient le kilog. de l'alliage?

**3073.** Un orfèvre a deux lingots d'argent. Le premier pèse 600 grammes au titre de 0,840 : le second pèse 400 grammes au titre de 0,960. S'il les fondait, et qu'il n'en fît qu'un alliage , quel en serait le titre?

**3074.** Un orfèvre a de l'argent à 0,840 et à 0,960 : dans quelle proportion doit-il les allier, pour avoir de l'argent à 0,880 ?

**3075.** Dans quelle proportion faut-il allier de l'or à 0,860, et à 0,810, pour en avoir à 0,840 ?

**3076.** On veut composer un lingot d'or pesant 1250 grammes : combien faut-il en prendre de grammes à 0,950, et à 0,860, si le titre du nouvel alliage est de 0,920 ?

**3077.** On a 2500 grammes d'argent à 0,740 : combien faut-il y en ajouter à 0,840, pour que le nouvel alliage soit au titre de 0,800 ?

**3078.** Un lingot d'argent à 0,950 pèse 3000 grammes; il est formé d'argent à 0,980 et à 0,860 : combien contient-il de grammes de chacun de ces titres?

**3079.** Un lingot d'or à 0,920 contient 450 grammes à 0,950 ; le reste est à 0,860 : quel est le poids de ce lingot?

**3080.** Dans quelle proportion peut-on allier de l'argent à 0,720, à 0,780 et à 0,840, pour en avoir à 0,800 ?

**3081.** On a deux lingots : le premier contient 399 grammes d'argent, et 21 de cuivre; le second contient 559 grammes d'argent, et 91 de cuivre. Combien faut-il prendre de grammes de l'un et de l'autre pour former un troisième lingot pesant 450 grammes, au titre de 0,800 ?

**3082.** On fond ensemble 460 grammes d'argent pur, et 540 d'argent à 0,800 : quel est le titre du nouvel alliage ?

**3083.** On fond ensemble 132 grammes de cuivre, et 1100 d'or à 0.840 : trouver le titre du nouvel alliage ?

**3084.** Dans quelle proportion faut-il allier de l'or pur à de l'or au titre de 0,750, pour en élever le titre à 0,840 ?

**3085.** Combien faut-il allier d'argent pur à 1200 grammes d'argent au titre de 0,800, pour que le titre devienne 0,950 ?

**3086.** Combien faut-il allier de cuivre à 600 grammes d'or au titre de 0,920, pour que le titre soit de 0,750 ?

**3087.** On fond ensemble 75 kilog. de cuivre à 2f,50, le kilog., et 25 kilog. d'étain à 4f,80 : trouver le prix du kilog. de l'alliage, s'il y a un déchet de 2 p. %.

**3088.** Il y a trois titres légaux pour les ouvrages d'or, savoir : 0,920... 0,840... 0,750. Combien faut-il fondre d'or au premier, au second et au troisième titre, pour obtenir 1 kg. d'or au titre des monnaies, si l'on en veut autant du second titre que du troisième ?

**3089.** Il y a deux titres légaux pour les ouvrages d'argent, savoir : 0,950 et 0,800. Combien faut-il fondre d'argent au premier et au second titre, pour obtenir 2540 grammes d'argent au titre des monnaies ?

**3090.** Le bronze des canons et des statues contient 90 p. % de cuivre, et 10 d'étain. Si le cuivre vaut 2f,30 le kilog., et l'étain 4f,50, quel est le prix du kilog. de bronze, en supposant d'ailleurs que le déchet monte à 3 p. % ?

**3091.** Les caractères d'imprimerie contiennent 80 p. % de plomb et 20 d'antimoine. A combien revient un kilog., de cet alliage, si le plomb coûte 1f,20 le kilog., l'antimoine 4 fr., et que le déchet soit de 2 p. % ?

**3092.** La soudure des plombiers est formée de 60 p. % de plomb, et 40 d'étain. Trouver le prix d'un kilog. de cet alliage, le plomb étant à 1f,10 le kilog., et l'étain à 4f,40, supposé le déchet de 3 p. %.

**3093.** Le laiton se compose de 75 p. % de cuivre et de 25 de zinc : combien faut-il de kilog. de cuivre et combien de zinc, pour faire 124 kilog. de laiton, si le déchet est de 3 p. % ?

**3094.** Le bronze des cloches d'églises est formé de 80 p. % de cuivre et de 20 d'étain : combien faut-il de kilog. de l'un et de l'autre métal pour une cloche de 4500 kilog., supposé le déchet de 3 p. % ?

**3095.** Certains fondeurs font les cloches d'un alliage qui, sur 1000 kilog., en contient 764 de cuivre, 215 d'étain, 12 de zinc et 9 de plomb. Si le cuivre coûte 2f le kilog., l'étain 4f,20, le zinc 0f,80, le plomb 1f,20, et que le déchet ait été de 3 1/2 p. %, à combien revient au fondeur une cloche qui pèse 3680 kilogrammes ?

**3096.** Une cloche pesant 3800 kilog. a été fondue dans les conditions du dernier Problème (No 3095) : si le fondeur a dépensé en outre 250 fr. pour bois, charbon, etc., combien devra-t-il revendre sa cloche pour que son gain soit de 25 p. % ?

### Quelques autres Questions relatives à l'Alliage.

**3097.** Quelle est la retenue au Change des monnaies par kilog. d'or, et par kilog. d'argent à 0,900 ? — Pourquoi cette retenue ?

**3098.** Quelle est la valeur du kilog. d'argent, du kilog. d'or à 0,900, au pair ? — au Change ? — Comment le savez-vous ?

**3099.** Quelle est la valeur au pair, et au Change, d'un kilog., d'argent pur ? — d'un kilog. d'or pur ? — Comment le savez-vous ?

**3100.** Comment reçoit-on au Change les matières d'or et d'argent, et les monnaies étrangères ? — Comment en calculer la valeur en francs ?

**3101.** L'écu d'or du royaume Lombard-Vénitien pèse 41$^{gr}$,908, et il est au titre 1,000 (1000 millièmes, ce qui signifie qu'il ne contient que de l'or) : combien vaut-il en francs?

**3102.** Le carolin du Palatinat est une pièce d'or de Bavière au titre de 0,771 et pesant 9$^{gr}$,744 : trouver sa valeur en francs.

**3103.** L'écu d'argent d'Autriche, au titre de 0,900, pèse 25$^{gr}$,986 : quelle est sa valeur en francs et centimes ?

**3104.** La couronne de Brabant pèse 29$^{gr}$,532 (argent), et est au titre légal de 0,873: trouver sa valeur en francs. — Trouver aussi la valeur au Change d'un kilog. de cette monnaie, le tarif l'admettant au titre de 0,876.

**3105.** La guinée d'or d'Angleterre, au titre légal de 0,917, pèse 8$^{gr}$,380. Trouver sa valeur en francs, ainsi que la valeur au Change d'un kilog. de cette monnaie, le tarif ne l'admettant qu'au titre de 0.915.

**3106.** La couronne d'argent d'Angleterre, au titre légal de 0,925, pèse 28$^{gr}$,251 : quelle est sa valeur en francs ? — Quelle est au Change la valeur d'un kilog., de cette monnaie, le titre du tarif n'étant que de 0,923 ?

**3107.** La quadruple pistole d'or d'Espagne pèse 27$^{gr}$,045 et vaut 81$^f$,51 : trouver le titre légal de cette pièce. — Trouver aussi le titre du tarif, sachant qu'un kilog. de cette monnaie vaut au Change 2997$^f$,06.

**3108.** La piastre (argent), d'Espagne vaut 5$^f$,43 et pèse 27$^{gr}$,045 : calculer le titre légal, puis le titre du tarif, sachant que le kilog. de cette monnaie vaut au Change 198$^f$,50.

**3109.** Le ducat d'or de Hollande, au titre de 0,982, vaut 11$^f$,78 : trouver le poids légal de cette pièce, — puis la différence entre le titre du tarif et le titre légal, sachant qu'un kilog. de cette monnaie vaut au Change 3361$^f$,38.

**3110.** Le scudo de Pie IX (or) vaut 5$^f$,38 et pèse 1$^{gr}$,734 : quel en est le titre légal? — Quel est pour cette monnaie le titre du tarif, sachant que le kilog. vaut au Change 3089$^f$,86 ?

**3111.** L'écu d'argent de Pie IX, au titre de 0,900, vaut 5$^f$,36 : combien pèse-t-il ? — Le kilog. de cette monnaie vaut au Change 198$^f$,50 : quelle est la différence entre le titre légal et le titre du tarif ?

**3112.** Un chandelier d'or pesant 528$^{gr}$,40, est reçu au titre de 0,837 à l'Hôtel des monnaies : combien le doit-on payer ?

### Quelques Problèmes de Récapitulation.

**3113.** Un propriétaire jouisssait d'une rente de 3800 fr. que lui rapportait annuellement un capital placé dans le commerce, à 5 p. $^o/_o$ : voulant toucher de l'argent tous les trois mois, il s'est décidé à retirer son capital et à le placer sur l'Etat. Il a donc acheté du 3 p. $^o/_o$ ; mais de cette manière, il a 200 fr. de moins par trimestre. Quel était alors le cours du 3 p. $^o/_o$?

**3114.** On place 4153 fr. à 4 1/2 p. $^o/_o$ par an : si au bout de 9 mois, on retire le capital et les intérêts échus, combien aura-t-on à toucher ?

**3115.** En admettant que le budget de la France soit de 2 milliards, et que cette somme soit placée à 5 p. % par an, quel intérêt donnerait-elle dans un jour? — (En supposant l'année de 365 jours).

**3116.** Lequel est le plus avantageux, en intérêt composé, de placer son argent à 4 p. % par an, ou de le placer à 1 p. % par trimestre? — Trouver la différence pour un capital de 25 000 fr., placé pendant 2 ans.

**3117.** Combien d'intérêt donnera une somme de 9125 fr. placée pendant 7 mois et demi, à 5 p. % par an?

**3118.** Une somme de 6428 fr. est placée à 4 p. % : dans combien d'années donnera-t-elle 8999$^f$,20, capital et intérêt?

**3119.** On acquitte le 22 Décembre une dette de 7000 fr. payable le 27 Février suivant : l'escompte étant à 6 p. % par an, combien débourse-t-on?

**3120.** Quelqu'un reçoit 504$^f$,40 pour les intérêts composés d'un certain capital placé 3 ans auparavant à 5 p. % : trouver ce capital.

**3121.** Un marin ayant placé un capital à 5 1/2 p. %, s'est fait un revenu de 1340 fr. : quelle somme a-t-il placée?

**3122.** Un commerçant doit 15870 fr. payables le 20 Août 1863. L'escompte étant à 5 p. % par an, quel jour doit-il acquitter sa dette, pour n'avoir que 15360 fr. à débourser?

**3123.** Quatre cultivateurs ont labouré un champ, et ont reçu pour salaire 300 fr. Le premier y a travaillé 25 jours, le second 26, le troisième 28, et le quatrième 30. Trouver ce qu'il revient à chacun?

**3124.** Trois marchands ont retiré 25379$^f$,40 d'un fonds de 20 209$^f$,60, dans lequel le premier avait mis 7323$^f$,50, le second 8627$^f$,30, et le troisième le reste. Quelle portion chacun doit-il avoir du bénéfice?

**3125.** Le 1$^{er}$ Janvier 1861, deux individus s'associèrent pour le commerce, et mirent, le premier 13 000 fr., et le second 15 700 fr. Ils acceptèrent successivement deux autres associés : l'un, le 20 Mars, versa 16 000 fr. ; l'autre mit 18 000 fr., le 25 Octobre. Le 10 Septembre 1862, ils se sont séparés, et alors la caisse commune contenait 92 627$^f$,20 : quelle a dû être la part de chacun?

**3126.** Un marchand qui a des vins à 1$^f$,20 le litre et à 0$^f$,80, les mélange dans la proportion de 6 litres du premier avec 13 du second. Combien devra-t-il vendre le litre du mélange, pour gagner 16 fr. par hectolitre?

**3127.** Combien faut-il mêler de litres d'eau dans 80 litres de vin à 60$^c$, pour que le litre du mélange revienne à 45 centimes?

**3128.** Un orfèvre a deux lingots : le premier contient 420 grammes d'or à 0,760; le second en contient 360 à 0,930 ; il veut n'en faire qu'un seul : Combien doit-il y ajouter de grammes à 0,850, pour en avoir 1000 à 0,840?

**3129.** Une certaine quantité de vaisselle d'argent, admise au titre de 0,797, a été payée 1827$^f$,40 à l'Hôtel des monnaies : quel en est le poids?

**3130.** Avec des grains à 20 fr., 25 fr., 30 fr., 33 fr., 35 fr. et 38 fr. la mesure, on veut en former 1000 mesures à 32 fr. Sachant qu'on en veut autant à 25 fr. qu'à 20 fr., deux fois plus à 33 fr. qu'à 30 fr., et qu'avec 3 mesures à 35 fr., il en faut 5 à 38 fr., combien de mesures de chaque prix devra-t-on prendre ? — Calculer jusqu'aux centièmes de mesure.

**3131.** Cinq fois différentes on a mesuré une distance. On a trouvé la première fois 2345$^m$,60 ; la seconde 2344$^m$,80 ; la troisième 2346$^m$ ; la quatrième 2345$^m$,40, et la cinquième 2345$^m$,50. Quelle est la distance probable ?

**3132.** Cinq associés ont également contribué au fonds commun, qui leur a produit un gain de 53 825 fr. Or, l'argent du premier est resté 3 ans dans la société, celui du second 2$^a$ 5$^m$, celui du troisième 2$^a$ 7$^m$, celui du quatrième 2$^a$ 1$^m$, et celui du cinquième 1$^a$ 10$^m$. Trouver le bénéfice de chacun des cinq associés.

**3133.** Cinq négociants ayant fait un fonds commun, ont gagné 32 354$^f$,60. Après avoir donné 5 p. % aux pauvres, ils ont partagé le bénéfice : le premier a reçu 8408$^f$,40, le second 8873$^f$,50, le troisième 5772$^f$,70, et le quatrième, qui avait mis 40 000 fr., a reçu 9573$^f$,30. Trouver la part des pauvres, la mise et le bénéfice du cinquième, et les mises des trois premiers.

**3134.** Partager une longueur de deux kilomètres en quatre parties, de manière que la première soit à la seconde comme 2 est à 3 ; la seconde à la troisième comme 4 est à 5, et la troisième à la quatrième comme 6 est à 7. — Trouver chaque partie jusqu'aux centimètres.

**3135.** Trois individus doivent transporter 96 kilog. de marchandises, à une certaine distance ; ils en font trois paquets proportionnés aux forces individuelles. Si les forces sont proportionnelles aux âges, quelle sera la charge de chacun, le premier ayant 20 ans, le second 17, et le troisième 14 ?

**3136.** Un marchand devait 6000 fr. payables le 8 Août 1863. Le 8 Décembre 1862, il offre à son créancier de lui compter 5760 fr., s'il veut le tenir quitte pour cette somme ; le créancier accepte : à combien par mois se trouve l'escompte ?

**3137.** Un négociant a cédé le même jour à un de ses amis huit pièces de drap de 35$^m$ chacune, à 12$^f$,60 le mètre ; six pièces de toile de 54$^m$,50, à 2$^f$,25, et 60 douzaines de mouchoirs à 0$^f$,55 la pièce. Le payement devra se faire le 24 Juin 1864. Mais si le débiteur paye le 28 Décembre 1863, combien déboursera-t-il, l'escompte étant réglé à 6 p. % par an ?

**3138.** Un ouvrier place 20 fr. au commencement de chacun des 12 mois de l'année : combien gagne-t-il annuellement par ce moyen, si on lui accorde 1/2 p. % par mois, intérêt composé ?

**3139.** Un propriétaire a une maison qu'il afferme 932 fr. ; il voudrait, en la vendant et plaçant son argent à 5 p. %, se faire un revenu de 1200 fr. : combien faut-il qu'il la vende ?

**3140.** On veut placer 5972 fr., de manière que joint à son intérêt annuel, ce capital monte à 6270$^f$,60 : trouver le taux annuel du placement.

**3141.** Avec quel capital gagnera-t-on 450 fr. dans 14 mois, si l'on place à 4 1/2 p. % par an ?

**3142.** Un particulier devait à un autre une somme de 3780 fr., qu'il était convenu de lui solder au moyen de neuf payements égaux de mois en mois, à commencer le 10 Octobre 1862. Ils ont changé ensuite leur convention, et le débiteur a fourni le tiers de la somme le 20 Novembre ; il a soldé le second tiers le 8 Décembre, et le troisième tiers le 26 Janvier 1863. Combien a-t-il dû ajouter à ce dernier tiers, ou combien a-t-on dû lui rendre, si l'escompte est fixé à 5 1/2 p. % par an ?

**3143.** Trois entrepreneurs fournissent des ouvriers pour un déblai. Le premier en envoie 8, qui travaillent 8ʰ par jour, pendant 8 jours ; le second en donne 9, qui travaillent 10ʰ par jour, pendant 7 jours ; le troisième en fournit 10, qui travaillent 9ʰ par jour, pendant 6 jours. Combien chaque entrepreneur recevra-t-il sur la recette totale qui est de 504ᶠ,60 ?

**3144.** Une propriété contenant 12 hectares 75 ares 50 centiares doit être divisée en six lots, qui soient entre eux comme les quantités $\frac{2}{3}$, $\frac{3}{4}$, $\frac{3}{5}$, $\frac{5}{6}$, $\frac{5}{8}$ et 1. Trouver à un centime près, la valeur de chaque part, si le terrain vaut 52ᶠ,30 l'are.

**3145.** Quatre négociants s'étant réunis, ont embarqué 4500 tonneaux de blé. Arrivé à sa destination, ce grain a été vendu 29ᶠ,40 le quintal, excepté 500 tonneaux avariés, qui ont été cédés à 12ᶠ,75 le quintal. Sachant que l'achat du blé et les frais de voyage montent à 623 800 fr., et que l'armateur participe aux bénéfices à raison de 6 p. %, on demande quel est le gain de chaque associé, le premier ayant avancé 120 000 fr., le second 40 000 fr. de plus que le premier, et le troisième 82 500 fr. de plus que le second.

**3146.** Dans une pièce contenant déjà 60 litres à 35ᶜ, et 70 à 40ᶜ, un débitant veut en ajouter à 50ᶜ et à 60ᶜ, de manière que le litre revienne à 45 centimes : combien de litres à 50 et à 60ᶜ doit-il ajouter?

**3147.** Dans quelle proportion faut-il allier du cuivre à de l'argent au titre de 0,950, pour en abaisser le titre à 0,800 ?

**3148.** Quelques fondeurs font les caractères d'imprimerie d'un alliage contenant 68 p. % de plomb, 23 d'antimoine, 5 d'étain et 4 de cuivre. Si le plomb coûte 0ᶠ,90 le kilog., l'antimoine 3 fr., l'étain 4ᶠ,20, le cuivre 2ᶠ,70, et qu'il y ait un déchet de 3 p. %, à combien revient le kilog. de cet alliage ?

**3149.** Le contrôle des ouvrages d'argent coûte 1 fr., plus 2 dixièmes en sus par hectogramme d'argent. Trouver le prix total d'un vase d'argent pesant 2450 grammes, lequel a été contrôlé, après avoir été payé au titre de 0,800.

**3150.** Il a été vendu un vase d'or pesant 692 grammes à 0,920. Sachant que le contrôle des ouvrages d'or coûte 20 fr., plus 2 dixièmes en sus par hectog., à combien revient ce vase, après avoir été contrôlé ?

**3151.** Un vase contenant 60 p. % d'or, et 40 d'argent, a été payé 2500 fr. : quel en est le poids ?

**3152.** Un industriel commence une entreprise avec une somme de 20 000 fr. Deux mois après, un associé verse 25 000 fr., trois mois plus tard, un second associé fournit 23 000 fr. ; enfin, cinq mois après le second, un troisième associé, apporte 30 000$^f$. Or, 18 mois après le commencement de l'entreprise, tout est perdu, la caisse est entièrement vide. Il s'agit maintenant de régler les comptes : comment s'y prendront-ils ?

# CHAPITRE VIII. — PUISSANCES ET RACINES DES NOMBRES.

### LEÇON I. — Carrés des Nombres.

**3153.** Qu'est-ce que *le carré* d'un nombre ? — Comment s'indique-t-il ? — Comment indiquer le carré d'un nombre fractionnaire à deux termes, ou composé de plusieurs parties ?

**3154.** Indiquer le carré de 8, de 45, de 7,23.

**3155.** Indiquer le carré de $\frac{3}{4}$, de $5\frac{1}{2}$, de $4+5$.

**3156.** Indiquer le carré de 9, de $8+3$, de $\frac{5}{7}$, de $7\frac{1}{4}$.

**3157. 3158.** Evaluer $9^2$... $43^2$... $125^2$.  $64^2$... $7,8^2$... $3,45^2$.

**3159. 3160.** Evaluer $7,849^2$... $0,7^2$.  $80^2$... $500^2$... $\left(\frac{5}{7}\right)^2$.

**3161. 3162.** Evaluer $\left(\frac{8}{9}\right)^2$... $\left(12\frac{1}{2}\right)^2$.  $\left(6\frac{2}{3}\right)^2$... $(8+7)^2$.

**3163. 3164.** Evaluer $(5+4)^2$... $\left(70\frac{4}{5}\right)^2$.  $60^2$... $0,05^2$... $\left(5\frac{3}{4}\right)^2$.

**3165.** Evaluer $104^2$... $410^2$... $4,1^2$... $\left(\frac{3}{8}\right)^2$... $\left(49\frac{2}{7}\right)^2$... $(2+3+4)^2$

**3166.** Comment obtient-on le carré d'une fraction ? — Comment celui d'un nombre fractionnaire à deux termes ?

**3167.** Combien le carré d'un nombre décimal contient-il de chiffres décimaux ? — Comment cela ?

**3168.** Comment est terminé le carré d'un nombre qui a une certaine quantité de zéros sur sa droite ? — Comment cela ?

**3169.** Quels sont les carrés des dix premiers nombres entiers ?

**3170.** Que renferme le carré de la somme de deux nombres ? — Démontrer ce principe fondamental, les deux nombres étant 7 et 3.

**3171.** Démontrer que $(4 + 3)^2 = 4^2 + 4.2.3 + 3^2$.
**3172.** Démontrer que $(12 + 8)^2 = 12^2 + 12.2.8 + 8^2$.
**3173.** Démontrer et vérifier que $(9 + 6)^2 = 9^2 + 9.2.6 + 6^2$.
**3174.** Démontrer et vérifier que $(7 + 8)^2 = 7^2 + 7.2.8 + 8^2$.

*Donner les trois parties des carrés indiqués suivants.*

**3175.** $(6 + 3)^2$,   $(15 + 4)^2$,   $(20 + 6)^2$,   $(123 + 77)^2$.
**3176.** $(7 + 5)^2$,   $(12 + 18)^2$,   $(4 + 56)^2$,   $(789 + 211)^2$.
**3177.** $(4 + 2)^2$,   $(2 + 8)^2$,   $(80 + 5)^2$,   $(230 + 8)^2$.
**3178.** $(5 + 9)^2$,   $(9 + 7)^2$,   $(600 + 6)^2$,   $(5 + 550)^2$.

**3179.** Que renferme le carré d'un nombre composé de dizaines et d'unités ? — Comment le savez-vous ?

*Donner les trois parties des carrés indiqués suivants.*

**3180. 3181.**   $34^2$, $48^2$, $153^2$.     $46^2$, $69^2$, $365^2$, $4725^2$.
**3182. 3183.**   $55^2$, $234^2$, $361^2$.     $73^2$, $22^2$, $704^2$, $3301^2$.
**3184. 3185.**   $29^2$, $456^2$, $5678^2$.     $94^2$, $101^2$, $204^2$, $6724^2$.
**3186. 3187.**   $72^2$, $277^2$, $888^2$.     $99^2$, $209^2$, $71^2$, $9876^2$.

**3188.** Que donne le carré des dizaines ? — Que donne le double des dizaines $\times$ les unités ? — Comment cela ?

**3189.** Quelle est la différence entre les carrés de deux nombres entiers consécutifs ? — Démontrer que $9^2 - 8^2 = 8.2 + 1$.

**3190.** Démontrer que $8^2 - 7^2 = 7.2 + 1$; que $7^2 - 6^2 = 6.2 + 1$.

**3191.** Démontrer et vérifier que $100^2 - 99^2 = 99.2 + 1$.

*Dire à quoi est égale chacune des différences suivantes.*

**3192.** $11^2 - 10^2$,   $12^2 - 11^2$,   $13^2 - 12^2$,   $14^2 - 13^2$.
**3193.** $20^2 - 19^2$,   $31^2 - 30^2$,   $123^2 - 122^2$,   $234^2 - 233^2$.
**3194.** $6^2 - 5^2$,   $45^2 - 44^2$,   $71^2 - 70^2$,   $801^2 - 800^2$.
**3195.** $5^2 - 4^2$,   $82^2 - 81^2$,   $999^2 - 998^2$,   $1001^2 - 1000^2$.

**3196.** Quels sont les deux nombres entiers consécutifs dont la différence des carrés est 21 ? — est 69 ? — est 99 ? — est 199 ? — est 12 345 ?

---

## Leçon II. — Extraction de la Racine carrée.

**3197.** Qu'est-ce que la racine carrée d'un nombre ? — Quelle est la racine carrée de 9 ? — de 25 ? — de 49 ? — de 64 ? — Pourquoi ?

**3198.** Comment indiquer la racine carrée d'un nombre ?

**3199.** Quand est-ce que la racine carrée d'un nombre est dite à moins d'une unité près ? — d'un dixième près ? — etc.

**3200.** Peut-on toujours exprimer exactement la racine carrée d'un nombre ? — Par exemple, $\sqrt{40}$ peut-elle s'exprimer exactement ?

**3201.** Comment extraire, à moins d'une unité près, la racine carrée d'un nombre moindre que 100 ?

**3202.** Quelles sont, à moins d'une unité près, les racines carrées des nombres 10, 20, 30, 40, 50, 60, 70, 80, 90 ? — Pourquoi ?

**3203.** Extraire, à moins d'une unité près, la racine carrée des nombres 2, 29, 36, 12, 55, 49, 25, 60, 86, 75, 99.

**3204.** Comment extraire, à moins d'une unité près, la racine carrée d'un nombre qui surpasse 100 ? — Comment obtient-on le premier chiffre de la racine ? — Comment le second ? — Comment vérifier le second chiffre ? — Comment calcule-t-on le troisième ?

**3205.** Quelle remarque faut-il faire pour les restes ? — Quand est-ce que l'on écrit *zéro* à la racine ? — Comment vérifier l'opération ?

**3206.** Extraire, à moins d'une unité près, la racine carrée de 4096. — Justifier la Règle (*Arith.* 319) sur cet Exemple.

**3207.** Justifier la même Règle sur $\sqrt{416\,025}$.

**3208.** Justifier encore la Règle sur $\sqrt{41\,065\,781}$.

*Extraire, à moins d'une unité près, la racine carrée.*

| | | | |
|---|---|---|---|
| **3209.** De 5184. | | **3219.** De 56 789 123 456. | |
| **3210.** De 25 920. | | **3220.** De 67 891 234 567. | |
| **3211.** De 129 600. | | **3221.** De 78 912 345 678. | |
| **3212.** De 432 000. | | **3222.** De 89 123 456 789. | |
| **3213.** De 2 345 678. | | **3223.** De 91 234 567 890. | |
| **3214.** De 34 567 890. | | **3224.** De 123 456 789 000. | |
| **3215.** De 345 678 900. | | **3225.** De 1234 567 890 000. | |
| **3216.** De 456 789 000. | | **3226.** De 456 456 456 456. | |
| **3217.** De 4567 890 000. | | **3227.** De 8876 876 876 876. | |
| **3218.** De 5678 900 000. | | **3228.** De 9923 923 923 923. | |

### Abréviations.

**3229.** Quelles abréviations peut-on faire dans l'extraction des racines carrées ? — A quoi revient l'opération, en combinant la nouvelle abréviation avec celle de la division ?

**3230.** Combien peut-on calculer de chiffres par la division, lorsque la racine en a en tout 5, 6, 7, 8, 9, 10, 11, 12, 15, 20, 30 ?

**3231.** Comment savoir, avant l'opération, quel sera le nombre des chiffres de la racine ? — Combien y a-t-il de chiffres à la racine d'un nombre qui contient 5, 6, 8, 10, 13, 17, 22, 28, 35, chiffres ?

**3232.** Combien peut-on calculer de chiffres par la division, lorsque le nombre proposé en a en tout 6, 7, 9, 12, 15, 18, 25, 32, 39 ?

*Extraire, à moins d'une unité près, et en abrégeant, la racine carrée.*

| | | |
|---|---|---|
| **3233. 3234.** De 123 654 789 000. | De 243 576 981 000 000. | |
| **3235. 3236.** De 3 367 587 943 123. | De 4 567 000 999 888. | |
| **3237. 3238.** De 56 123 456 789 000. | De 678 876 543 210 000. | |

**3239.** De 999 888 777 666 555 444 333 222 111.
**3240.** De 111 222 333 444 555 666 777 888 999 000.
**3241.** De 222 333 444 555 666 777 888 999 000 000 000.
**3242.** De 333 444 555 666 777 888 999 000 000 000 000.
**3243.** De 445 566 778 899 000 000 000 000 000 000 000 000.
**3244.** Comment vérifier l'exactitude de la racine carrée obtenue *en abrégeant* l'opération ?

**Racine carrée des Nombres à un degré quelconque d'exactitude.**

**3245.** Comment obtenir la racine carrée d'une fraction dont les termes sont des carrés parfaits ? — Quelle est la racine carrée de $\frac{9}{16}$ ? — Pourquoi ?

**3246.** Comment opérer, si le dénominateur seul est un carré parfait ? — Quel est alors le degré d'exactitude ? — Quelle est $\sqrt{\frac{19}{36}}$ ? — Pourquoi ?

**3247.** Comment peut-on opérer, si le dénominateur n'est pas un carré parfait ? — Quelle est la racine carrée de $\frac{30}{61}$ ?

**3248.** Pour qu'un nombre devienne un carré parfait, est-il toujours nécessaire de le multiplier par lui-même ? — Comment peut-on opérer en certains cas ?

*Rendre les nombres suivants des carrés parfaits, en les multipliant par des nombres entiers aussi simples que possible.*

**3249. 3250.**    8, 10, 12, 20.        24, 28, 32, 40, 48.
**3251. 3252.**    50, 60, 70, 80.        120, 140, 216, 360.

**3253.** Comment extraire la racine carrée d'un nombre fractionnaire ?

*Extraire la racine carrée des quantités données suivantes.*

**3254. 3255.** $\frac{1}{4}, \frac{1}{9}, \frac{4}{25}, \frac{9}{16}.$      $\frac{9}{25}, \frac{16}{49}, \frac{4}{81}, \frac{49}{64}, \frac{9}{100}$

**3256. 3257.** $\frac{49}{121}, \frac{41}{81}, \frac{72}{169}.$      $\frac{64}{625}, \frac{37}{64}, \frac{7}{16}, \frac{12}{25}, \frac{73}{121}.$

**3258. 3259.** $\frac{7}{25}, \frac{49}{100}, \frac{63}{144}.$      $\frac{5}{9}, \frac{9}{64}, \frac{43}{144}, \frac{8}{49}, \frac{7}{9}.$

**3260. 3261.** $\frac{25}{36}, \frac{24}{49}, \frac{5}{8}, \frac{1}{10}.$      $\frac{3}{11}, \frac{5}{18}, \frac{4}{13}, \frac{6}{23}, \frac{7}{60}.$

**3262. 3263.** $\frac{9}{20}, \frac{13}{24}, \frac{15}{29}.$      $\frac{17}{27}, \frac{29}{40}, \frac{31}{50}, \frac{57}{72}, \frac{81}{144}.$

**3264. 3265.** $\frac{3}{25}, \frac{26}{49}, \frac{7}{12}.$      $\frac{4}{7}, \frac{101}{132}, \frac{97}{120}, \frac{33}{80}, \frac{47}{90}$

**3266. 3267.** $2\frac{1}{4}, 1\frac{7}{9}, 1\frac{9}{16}, 12\frac{1}{4}.$        $13\frac{4}{9}, 10\frac{9}{16}, 8\frac{8}{49}, 30\frac{70}{81}.$
**3268. 3269.** $10\frac{6}{25}, 14\frac{3}{4}, 29\frac{5}{9}.$        $18\frac{18}{49}, 121\frac{4}{9}, 456\frac{7}{9}.$
**3270. 3271.** $40\frac{24}{25}, 159\frac{1}{9}, 122\frac{1}{2}.$        $413\frac{4}{9}, 234\frac{1}{4}, 3456\frac{2}{3}.$

**3272. 3273.** $2070\frac{1}{4}$, $468\frac{1}{9}$, $59\frac{3}{8}$.     $940\frac{4}{9}$, $64\frac{5}{12}$, $83\frac{17}{20}$.

**3274.** Comment opérer si le degré d'approximation est donné ?

— Démontrer le procédé en calculant $\sqrt{30}$, à moins d'un $5^e$ près.

**3275.** Démontrer le même procédé en calculant la racine carrée de 123, à moins d'un $1000^e$ près.

**3276.** Démontrer encore le procédé sur $\sqrt{32,29}$, calculée à moins d'un $100^e$ près.

**3277.** Démontrer de nouveau le procédé sur $\sqrt{89\frac{2}{7}}$, calculée à moins d'un $10\,000^e$ près.

**3278.** A quoi revient la préparation, quand le degré d'approximation est décimal ?

*Extraire la racine carrée des quantités données suivantes* (*).

**3279.** 65, 472, 129, à moins d'un $5^e$ près.

**3280.** $41\frac{1}{2}$, $792\frac{4}{5}$, 9872, à moins d'un $7^e$ près.

**3281.** 12,34... 7,995... 4,984, à moins d'un $20^e$ près.

**3282.** 1234, 7995, 4984, à moins d'un $100^e$ près.

**3283.** 7,89... 67,8... 567,32, à moins d'un $1000^e$ près.

**3284.** $\frac{4}{5}$, $\frac{2}{3}$, $4\frac{1}{2}$... 0,0678, à moins d'un $10\,000^e$ près.

**3285.** 84,567... 456,789... 0,0081, à moins d'un $100^e$ près.

**3286.** 834, 7158, 334 455, à moins d'un $10\,000^e$ près.

**3287.** 9,87... 8,9123... 789,45632, à moins d'un $10^e$ près.

**3288.** 1234,56... 23 456,78 903 245 à moins d'un $1000^e$ près.

**3289.** 98... 49,57872... 0,000497, à moins d'un $10\,000^e$ près.

**3290.** 44, 88, 99, à moins d'un $1\,000\,000^e$ près.

**3291. 3292.**    1257.     499,3678, avec sept décimales.

**3293 3294.**    200.     300,      avec huit décimales.

**3295. 3296.**    504.     728,      avec neuf décimales.

**3297. 3298.**    8,23.     $4\frac{2}{9}$,      avec dix décimales.

**3299. 3300.**    $13\frac{3}{4}$.     578,      avec douze décimales.

**3301.** Trouver le nombre dont le carré est 5184.

**3302.** Un nombre est tel que son carré est égal aux trois quarts de $1045\frac{1}{3}$ quel est ce nombre ?

**3303.** Un certain nombre multiplié par sa moitié donne 1404,5 : quel est ce nombre ?

**3304.** En multipliant un certain nombre par ses deux tiers, on trouve $3082\frac{2}{3}$ : quel est ce nombre ?

**3305.** Ayant divisé un certain nombre par $\frac{3}{4}$, j'ai ensuite multiplié le dividende par le quotient, et j'ai trouvé $12\,545\frac{1}{3}$ : quel est ce nombre ?

**3306.** Le produit de deux nombres est $1984\frac{1}{2}$ : trouver chacun de ces nombres, sachant que le plus grand est double du plus petit ?

**3307.** Le plus petit de deux nombres est égal aux $\frac{3}{7}$ du plus grand, et leur produit est $6483\frac{6}{7}$ : quels sont ces deux nombres ?

**3308.** Le plus grand de deux nombres est le quadruple du

---

(*) Il est avantageux de profiter, lorsqu'il y a lieu, des abréviations que nous avons fait connaître. (ARITH. 322, 325.)

plus petit ; or, en multipliant le double du plus petit par le cinquième du plus grand, on trouve 1188,1 : quels sont ces deux nombres ?

**3309.** La différence de deux nombres est égale à l'unité, et la différence de leurs carrés, à 123 : quels sont ces deux nombres ?

**3310.** Quelle différence y a-t-il entre le carré de la somme de deux nombres, et la somme de leurs carrés ? — Vérifier sur 20 et 27.

**3311.** Si de la somme des carrés de deux nombres, on retranche la différence des mêmes carrés, quel reste obtient-on dans tous les cas ? — Vérifier sur 32 et 63.

**3312.** Un certain nombre de joueurs s'étant associés, ont perdu 1024$^f$ ; or, ils étaient autant de joueurs que chacun d'eux a perdu de francs : combien chaque joueur a-t-il perdu ?

**3313.** Quelques commerçants partagent entre eux un bénéfice de 18 000 fr. qu'ils ont fait en commun, et chacun d'eux reçoit autant de fois 500 fr. qu'ils sont de partageants : trouver la part de chacun ?

**3314.** Un pépiniériste veut mettre 3888 arbres sur un terrain rectangulaire trois fois plus long que large : les arbres étant également espacés, combien en mettra-t-il sur chaque dimension ?

**3315.** On a un certain nombre de châtaigniers à planter sur un terrain parfaitement carré. Or, si l'on en met un certain nombre sur le côté du terrain, il en reste 21 ; alors on veut en mettre un de plus sur le côté, et l'on trouve qu'il en manque 60 pour remplir le carré. Combien a-t-on de châtaigniers ?

---

## Leçon III. — Cubes des Nombres.

**3316.** Qu'est-ce que *le cube* d'un nombre ? — Comment s'indique-t-il ? — Comment indiquer le cube d'un nombre fractionnaire à deux termes, ou composé de plusieurs parties ?

**3317.** Indiquer le cube de 9, de 68, de 4,325.

**3318.** Indiquer le cube de $\frac{3}{4}$, de $7\frac{2}{5}$, de $7+3$.

**3319.** Indiquer le cube de 10, de $\frac{5}{7}$, de $6\frac{1}{2}$, de $9+1$.

**3320. 3321.** Evaluer $8^3$... $45^3$.   $123^3$... $5,67^3$.

**3322. 3323.** Evaluer $2,345^3$... $0,7^3$.   $60^3$... $(\frac{1}{2})^3$... $(2\frac{2}{3})^3$.

**3324. 3325.** Evaluer $(\frac{5}{6})^3$... $(3\frac{1}{2})^3$.   $(6\frac{1}{3})^3$... $(6+4)^3$.

**3326. 3327.** Evaluer $2,05^3$... $(\frac{4}{5})^3$.   $800^3$... $(8+5)^3$.

**3328.** Evaluer $15^3$... $1,05^3$... $(\frac{2}{3})^3$... $(5\frac{1}{2})^3$... $(2+3)^3$.

**3329.** Comment obtient-on le cube d'une fraction ? — Comment celui d'un nombre fractionnaire à deux termes ?

**3330.** Combien le cube d'un nombre décimal contient-il de chiffres décimaux ? — Comment cela ?

**3331.** Comment est terminé le cube d'un nombre qui a un certain nombre de zéros sur sa droite ? — Comment cela ?

**3332.** Quels sont les cubes des dix premiers nombres entiers ?

**3333.** Que renferme le cube de la somme de deux nombres ?

— Démontrer ce principe fondamental, les deux nombres étant 7 et 3.

**3334.** Démontrer que $(4+5)^3 = 4^3 + 4^2.3.5 + 4.3.5^2 + 5^3$.

**3335.** Démontrer que $(12+8)^3 = 12^3 + 12^2.3.8 + 12.3.8^2 + 8^3$.

**3336.** Démontrer et vérifier que $(9+6)^3 = 9^3 + 9^2.3.6 + 9.3.6^2 + 6^3$.

**3337.** Démontrer et vérifier que $(8+2)^3 = 8^3 + 8^2.3.2 + 8.3.2^2 + 2^3$.

*Donner les quatre parties des cubes indiqués suivants.*

**3338.** $(6+5)^3,$ $(2+4)^3,$ $(4+5)^3,$ $(5+7)^3.$
**3339.** $(6+8)^3,$ $(7+5)^3,$ $(8+9)^3,$ $(9+4)^3.$
**3340.** $(7+8)^3,$ $(9+7)^3,$ $(10+3)^3,$ $(12+5)^3.$
**3341.** $(13+1)^3,$ $(14+2)^3,$ $(15+5)^3,$ $(16+4)^3.$

**3342.** Que renferme le cube d'un nombre composé de dizaines et d'unités ? — Comment le savez-vous ?

*Donner les quatre parties des cubes indiqués suivants.*

**3343. 3344.** $25^3,\ 124^3.$ $48^3,\ 234^3.$
**3345. 3346.** $54^3,\ 3456^3.$ $982^3,\ 8734^3.$
**3347. 3348.** $456^3,\ 567^3.$ $678^3,\ 7893^3.$
**3349, 3350.** $76^3,\ 999^3.$ $88^3,\ 6789^3.$

**3351.** Que donne le cube des dizaines ? — Que donne le triple carré des dizaines multiplié par les unités ? — Comment cela ?

**3352.** Quelle est la différence entre les cubes de deux nombres entiers consécutifs ? — Démontrer que $9^3 - 8^3 = 8^2.3 + 8.3 + 1$.

**3353.** Démontrer que $46^3 - 45^3 = 45^2.3 + 45.3 + 1$.

**3354.** Démontrer et vérifier que $21^3 - 20^3 = 20^2.3 + 20.3 + 1$.

*Dire à quoi est égale chacune des différences suivantes.*

**3355.** $11^3 - 10^3,$ $12^3 - 11^3,$ $13^3 - 12^3,$ $14^3 - 13^3.$
**3356.** $30^3 - 29^3,$ $41^3 - 40^3,$ $55^3 - 54^3,$ $100^3 - 99^3.$
**3357.** $6^3 - 5^3,$ $5^3 - 4^3,$ $201^3 - 200^3,$ $300^3 - 299^3.$
**3358.** $3^3 - 2^3,$ $2^3 - 1^3,$ $400^3 - 399^3,$ $1000^3 - 999^3.$

**3359.** Quels sont les deux nombres entiers consécutifs dont la différence des cubes est 217 ? — est 331 ? — est 1261 ? — est 17101 ?

---

## Leçon IV. — Extraction de la Racine cubique.

**3360.** Qu'est-ce que la racine cubique d'un nombre ? — Quelle est la racine cubique de 8 ? — de 64 ? — de 216 ? — Pourquoi ?

**3361.** Comment indiquer la racine cubique d'un nombre ?

**3362.** Quand est-ce que la racine cubique d'un nombre est dite à moins d'une unité près ? — d'un dixième près ? — etc.

**3363.** Peut-on toujours exprimer exactement la racine cubique d'un nombre ? — Par exemple, $\sqrt[3]{100}$ peut-elle s'exprimer exactement.

**3364.** Comment extraire, à moins d'une unité près, la racine cubique d'un nombre moindre que 1000 ?

**3365.** Quelles sont, à moins d'une unité près, les racines cubiques des nombres 30, 90, 129, 260, 380, 600, 777 ? — Pourquoi ?

**3366.** Extraire, à moins d'une unité près, les racines cubiques des nombres 924, 72, 666, 444, 333, 111.

**3367.** Comment extraire, à moins d'une unité près, la racine cubique d'un nombre qui surpasse 1000 ? — Comment obtient-on le premier chiffre de la racine ? — Comment le second ? — Comment vérifier le second chiffre ? — Comment calculer le troisième ?

**3368.** Quelle remarque faut-il faire pour les restes ? — Quand est-ce que l'on écrit *zéro* à la racine ? — Comment vérifier l'opération ?

**3369.** Extraire, à moins d'une unité près, la racine cubique de 830 784. — Justifier la Règle (*Arith.* 342) sur cet Exemple.

**3370.** Justifier la même Règle sur $\sqrt[3]{843\,908\,625}$.

**3371.** Justifier encore la Règle sur $\sqrt[3]{831\,923\,456\,789}$.

*Extraire, à moins d'une unité près, la racine cubique.*

| | |
|---|---|
| **3372.** De 13 824. | **3382.** De 345 678 900 000. |
| **3373.** De 884 736. | **3383.** De 456 789 000 000. |
| **3374.** De 56 623 104. | **3384.** De 567 890 000 000. |
| **3375.** De 452 984 832. | **3385.** De 678 912 345 678. |
| **3376.** De 1234 567 890. | **3386.** De 789 123 456 789. |
| **3377.** De 12345 678 900. | **3387.** De 891 234 567 890. |
| **3378.** De 3623 878 656. | **3388.** De 912 345 678 900. |
| **3379.** De 28 991 029 248. | **3389.** De 1123 456 789 000. |
| **3380.** De 123 456 789 000. | **3390.** De 2987 654 321 000. |
| **3381.** De 234 567 890 000. | **3391.** De 8567 890 000 000. |

## Nouveau Procédé pour l'extraction des Racines cubiques.

**3392.** En quoi le nouveau procédé diffère-t-il du procédé ordinaire ? — Comment vérifier l'exactitude du résultat ?

*Extraire, à moins d'une unité près, et par le nouveau procédé, la racine cubique des nombres donnés suivants.*

| | |
|---|---|
| **3393.** 9876 534 321. | **3398.** 79 876 543 210 000. |
| **3394.** 98 765 434 321. | **3399.** 61 234 567 890 000. |
| **3395.** 987 654 321 000. | **3400.** 59 852 852 852 852. |
| **3396.** 8987 654 321 000. | **3401.** 48 756 756 756 756. |
| **3397.** 89 876 543 210 000. | **3402.** 344 325 678 990 000. |

## Abréviations.

**3403.** Quelles abréviations peut-on faire dans l'extraction des racines cubiques ? — A quoi revient l'opération, lorsque l'on combine la nouvelle abréviation avec celle de la division ?

**3404.** Combien peut-on calculer de chiffres par la division,
lorsque la racine en a en tout 5, 7, 9, 12, 15, 18, 25 ?

**3405.** Comment savoir, avant l'opération, quel sera le nombre
des chiffres de la racine ? — Combien y a-t-il de chiffres à la
racine cubique d'un nombre qui contient 5, 9, 13, 17, 21, 25,
31 chiffres ?

**3406.** Combien peut-on calculer de chiffres par la division,
lorsque le nombre proposé en a en tout 8, 13, 18, 23, 28, 33,
38, 45 ?

*Extraire, à moins d'une unité près, et en abrégeant, la racine
cubique*

**3407. 3408.** De 873 873 873.          De 49 562 562 562 562.

**3409. 3410.** De 379 974 974 974 974.    De 268 862 862 862 862.

**3411. 3412.** De 543 345 345 345 345.    · De 998 887 776 665 544.

**3413.** De 99 888 777 666 555 444 333 222 111.

**3414.** De 111 222 333 444 555 666 777 888 999.

**3415.** De 222 333 444 555 666 777 888 999 000 000.

**3416.** De 343 343 343 343 657 657 657 657 000 000 000.

**3417.** Comment vérifier l'exactitude de la racine cubique
obtenue en abrégeant l'opération ?

**Racine cubique des Nombres, à un degré quelconque d'exactitude**

**3418.** Comment obtenir la racine cubique d'une fraction dont
les termes sont des cubes parfaits ? — Quelle est la racine cubique de $\frac{8}{27}$ ? — Pourquoi ?

**3419.** Comment opérer, si le dénominateur seul est un cube
parfait ? — Quel est alors le degré d'exactitude ? — Quelle est
$\sqrt[3]{\frac{127}{216}}$ ? — Pourquoi ?

**3420.** Comment opérer, si le dénominateur n'est pas un cube
parfait ? — Quelle est la racine cubique de $\frac{24}{64}$ ?

**3421.** Pour qu'un nombre devienne un cube parfait, est-il
toujours nécessaire de le multiplier par son carré ? — Comment
peut-on opérer en certains cas ?

*Rendre les nombres suivants des cubes parfaits, en les multipliant
par des nombres entiers aussi simples que possible.*

**3422. 3423.**     4, 9, 12, 16.          18, 20, 24, 28, 32.
**3424. 3425.**     40, 48, 56, 60.        72, 80, 100, 360.

**3426.** Comment extraire la racine cubique d'un nombre fractionnaire ?

*Extraire la racine cubique des quantités données suivantes.*

**3427. 3428.**   $\dfrac{1}{27}, \dfrac{64}{125}, \dfrac{729}{1000} \quad \dfrac{125}{216}, \dfrac{64}{343}, \dfrac{8}{125}, \dfrac{27}{512}$

**3429. 3430.**   $\dfrac{729}{1331}, \dfrac{341}{1728}, \dfrac{17}{64} \quad \dfrac{27}{343}, \dfrac{67}{216}, \dfrac{100}{729}, \dfrac{131}{1728}$

**3431. 3432.** $\dfrac{3}{8}$, $\dfrac{125}{1331}$, $\dfrac{625}{13824}$.　$\dfrac{3}{7}$, $\dfrac{1}{4}$, $\dfrac{5}{8}$, $\dfrac{2}{25}$.

**3433. 3434.** $\dfrac{8}{27}$, $\dfrac{45}{64}$, $\dfrac{8}{15}$.　$\dfrac{27}{1000}$, $\dfrac{100}{343}$, $\dfrac{1}{7}$, $\dfrac{4}{9}$.

**3435. 3436.** $\dfrac{1728}{2197}$, $\dfrac{27}{40}$, $\dfrac{31}{60}$.　$\dfrac{43}{72}$, $\dfrac{11}{80}$, $\dfrac{121}{512}$, $\dfrac{23}{100}$.

**3437. 3438.** $\dfrac{1}{125}$, $\dfrac{125}{432}$, $\dfrac{317}{864}$.　$\dfrac{2}{81}$, $\dfrac{31}{512}$, $\dfrac{99}{400}$, $\dfrac{77}{242}$.

**3439. 3440.** $3\frac{3}{8}$, $4\frac{17}{27}$, $2\frac{314}{343}$.　$123\frac{5}{8}$, $10\frac{81}{125}$, $235\frac{20}{27}$.

**3441. 3442.** $34\frac{21}{64}$, $8\frac{1}{8}$, $20\frac{1}{4}$.　$9\frac{288}{343}$, $44\frac{15}{16}$, $197\frac{3}{7}$.

**3443. 3444.** $58\frac{95}{512}$, $800\frac{4}{9}$, $1\frac{25}{32}$.　$\frac{47}{60}$, $\frac{37}{48}$, $1371\frac{541}{729}$.

**3445. 3446.** $12\frac{1}{2}$, $164\frac{1}{3}$, $9\frac{1}{4}$.　$549\frac{1}{5}$, $1234\,567\frac{5}{18}$.

**3447.** Comment opérer, si le degré d'approximation est fixé ? — Démontrer le procédé en calculant $\sqrt[3]{40}$, à moins d'un 5e près.

**3448.** Démontrer le même procédé sur $\sqrt[3]{149}$, calculée à moins d'un 100e près.

**3449.** Démontrer encore le procédé sur $\sqrt[3]{32{,}567}$, calculée à moins d'un 1000e près.

**3450.** Démontrer de nouveau le procédé sur $\sqrt[3]{84\frac{3}{5}}$, calculée à moins d'un 100e près.

**3451.** A quoi revient la préparation, quand le degré d'approximation est décimal ?

*Extraire la racine cubique des quantités données suivantes* (*).

**3452.** 70, 865, 1234, à moins d'un tiers près.
**3453.** 39 $\frac{1}{2}$, 154 $\frac{2}{3}$, 9876, à moins d'un 5e près.
**3454.** 4,125... 84,64... 2,8967, à moins d'un 20e près.
**3455.** 49, 777, 6789, à moins d'un 100e près.
**3456.** 7,89... 78,90... 789, à moins d'un 1000e près.
**3457.** $\frac{1}{2}$, $\frac{1}{3}$, $\frac{1}{4}$,... 0,0096, à moins d'un 10 000e près.
**3458.** 34,567... 456,789... 0,512, à moins d'un 100e près.
**3459.** 5 $\frac{3}{4}$, 12 $\frac{1}{5}$, 216 $\frac{7}{9}$, à moins d'un 10 000e près.
**3460.** 834, 7158, 334 455, à moins d'un 1000e près.
**3461.** 9,87... 8,9123... 789,45 632, à moins d'un 10e près.
**3462.** 1234,56... 23 456,789 123, à moins d'un 100e près.
**3463.**　5,　　7,　　9,　　à moins d'un 100 000e près.
**3464.**　0,0125... 0,00729, à moins d'un 1 000 000e près.
**3465. 3466.**　1257.　499,8678,　avec sept décimales.
**3467. 3468.**　200.　300　, avec huit décimales.
**3469. 3470.**　504.　728　, avec neuf décimales.
**3471. 3472.**　8,23.　4 $\frac{2}{5}$　, avec dix décimales.
**3473. 3474.**　13 $\frac{2}{7}$.　579　, avec douze décimales.

---

(*) Profiter, lorsqu'il y a lieu, des Abréviations indiquées, ARITH. 545, 546.

**3475.** Trouver le nombre dont la racine cubique est 1,05.

**3476.** Quel est le nombre dont le cube est 7,077 888 ?

**3477.** La racine cubique d'un certain nombre, divisée par 0,23, donne 1,04 : quel est ce nombre ?

**3478.** Le cube d'un certain nombre, multiplié par $\frac{5}{7}$, donne 1960 : quel est ce nombre ?

**3479.** Ayant multiplié un nombre par sa moitié, et le produit par son tiers, on a trouvé 1333 $\frac{1}{3}$ : quel est ce nombre ?

**3480.** Le produit de trois nombres est 663 552 : trouver chacun de ces nombres, sachant que le premier est le double du second, et celui-ci le triple du troisième.

**3481.** Le premier de trois nombres est le tiers du second ; le second est égal aux $\frac{4}{5}$ du troisième : le produit des trois étant 3333 $\frac{1}{3}$, trouver chacun de ces nombres.

**3482.** Trois nombres sont tels que le premier est triple du second, et celui-ci quintuple du troisième. Or, en multipliant la moitié du premier par le quart du second, et le produit par le double du troisième, on trouve 9600 : quels sont ces trois nombres ?

**3483.** La différence de deux nombres est égale à l'unité, et la différence de leurs cubes, à 15 337 : quels sont ces deux nombres ?

**3484.** Quelle différence y a-t-il entre le cube de la somme de deux nombres, et la somme de leurs cubes ? — Vérifier sur 10 et 12.

**3485.** Si, de la somme des cubes de deux nombres, on retranche la différence des mêmes cubes, quel reste obtient-on ? — Vérifier sur 8 et 10.

**3486.** Un certain nombre de joueurs, s'étant associés, ont perdu 8575 fr. Chaque joueur a mis cinq fois plus de francs qu'ils n'étaient d'individus et a perdu autant de fois sa mise qu'une mise contenait de francs. Combien étaient-ils de joueurs ?

**3487.** Un individu à qui on demande son âge, répond : « Multipliez la moitié de mon âge par le quart, et le produit par le cinquième : vous trouverez 3125 ». Quel est l'âge de cet homme ?

**3488.** Un marchand reçoit quelques pièces de drap qui lui coûtent en tout 2456f,50. Il y a autant de pièces que de mètres dans chaque pièce ; et le mètre coûte moitié moins de francs qu'il n'y a de pièces. Trouver le prix du mètre, le nombre de pièces, et la longueur de chacune.

---

# CHAPITRE IX. — Notions de Géométrie. — Métrage, Aréage.

—

## Leçon I. — Définitions relatives aux Surfaces.

**3489.** Qu'est-ce qu'une *ligne ?* — Exemple.

**3490.** Combien y a-t-il de sortes de lignes ? — Qu'est-ce que la ligne *droite ?* — Qu'est-ce que la ligne *courbe ?*

**3491.** Ce qu'on trace sur le papier au moyen de la plume ou du crayon, ou sur le tableau avec la craie, et qu'on appelle ordinairement une ligne, est-il bien réellement une ligne?

**3492.** Combien peut-on mener de lignes droites d'un point à un autre? — Combien de lignes courbes?

**3493.** Qu'est-ce qu'une *surface?* — Exemple.

**3494.** Qu'est-ce qu'un *plan?* — Exemple.

**3495.** Qu'est-ce qu'un *cercle?* — Qu'est-ce que le *centre*, la *circonférence* du cercle? — Qu'appelle-t-on *rayons, diamètres?*

**3496.** Lequel des rayons du même cercle est le plus long? — Pourquoi? — Quel est le plus court des diamètres? — Comment cela?

**3497.** Comment divise-t-on toute circonférence? — Combien la circonférence contient-elle de minutes? — Combien vaut-elle de secondes? — Comment calculer ces nombres de minutes, et de secondes?

**3498.** Le *degré* est-il une grandeur déterminée? — Quelle est, à moins d'un millimètre, la valeur du degré d'une circonférence de 360 mètres de longueur? — Quelle est cette valeur, selon que la circonférence a $624^m$, ou $1248^m$, ou $7432^m$, ou $40\,000\,000^m$ de longueur?

**3499.** Qu'est-ce qu'un *arc?* — Qu'est-ce que *la corde* d'un arc?

**3500.** Qu'est-ce qu'un *angle?* — Qu'appelle-t-on *côtés, sommet* de l'angle?

**3501.** Combien emploie-t-on de lettres pour désigner un angle? — Dans quel ordre les énonce-t-on? — Quand est-ce qu'une seule lettre est suffisante?

**3502.** Qu'est-ce qu'un angle *rectiligne?*

**3503.** Combien y a-t-il de sortes d'angles relativement à leurs grandeurs? — Qu'est-ce que l'angle *droit?* — l'angle *aigu?* — l'angle *obtus?*

**3504.** Quelle est la mesure d'un angle rectiligne? — Combien de degrés dans la mesure de l'angle droit? — de l'angle aigu? — de l'angle obtus?

**3505.** Quel est le nom d'un angle qui a pour mesure 50°, 90° ou 120°?

**3506.** Quand est-ce qu'une droite est *perpendiculaire* à une autre?

**3507.** Quand est-ce que deux droites sont *parallèles* entre elles?

**3508.** Qu'est-ce qu'un *polygone?* — Quel est le nom du polygone de trois, de quatre, de cinq, de six, de huit, de dix,... côtés?

**3509.** Qu'est-ce qu'une *diagonale?*

**3510.** Qu'est-ce que le *périmètre* d'un polygone? — Les côtés d'un hexagone ont respectivement $12^m$, $14^m$, $13^m$, $15^m$, $10^m$ et $16^m$ : quel est le périmètre de ce polygone?

**3511.** Quand est-ce que le polygone est *régulier?* — Comment construire un polygone régulier? — Quel est le *centre* de ce polygone?

**3512.** Qu'est-ce que *l'apothème* d'un polygone régulier?

**3513.** Qu'est-ce qu'un *triangle?* — Combien y a-t-il de sortes de triangles relativement à leurs côtés égaux ou inégaux? — Qu'est-ce que le triangle *équilatéral?* — le triangle *isoscèle?* — le triangle *scalène?*

**3514.** Quel est le nom d'un triangle dont les côtés ont respectivement $8^m$, $9^m$, et $7^m$? — ou $12^m$, $13^m$, et $12^m$? — ou $20^m$, $20^m$, et $20^m$?

**3515.** Le périmètre d'un triangle est de 9 mètres, et les côtés sont entre eux comme les nombres 11, 12, 13 : trouver chacun des côtés, et dire le nom du triangle.

**3516.** Le périmètre d'un triangle est de 216 mètres. Il a deux côtés égaux, et le troisième n'est que la moitié de chacun des autres : trouver chacun des trois côtés, et dire le nom du triangle.

**3517.** Combien y a-t-il de sortes de triangles relativement à leurs angles? — Qu'est-ce que le triangle *obliquangle?* — Qu'est-ce que le triangle *rectangle?*

**3518.** Dans le triangle rectangle, qu'appelle-t-on *hypothénuse?* — A quoi est toujours égal le carré de l'hypothénuse? — A quoi est égal le carré de chaque côté de l'angle droit?

**3519.** Connaissant les deux côtés de l'angle droit, comment calculer l'hypothénuse? — Comment calculer un des côtés de l'angle droit, connaissant l'hypothénuse et l'autre côté de l'angle droit?

**3520.** Appelons $a$ l'hypothénuse, $b$ et $c$ les côtés de l'angle droit : trouver $a$, à moins d'un millimètre, lorsque $b = 20^m$, et $c = 15^m$.

**3521.** Lorsque $c = 24^m$, $b = 30^m$, que vaut $a$?

**3522.** Que vaut $b$, lorsque $a = 100^m$, et $c = 60^m$?

**3523.** Que vaut $c$, lorsque $a = 2^m,40$ et $b = 1^m,80$?

**3524.** Les côtés $b$ et $c$ sont entre eux comme les nombres 5 et 7, et leur somme est $90^m$ : trouver $a$, à un millimètre près.

**3525.** Les côtés $a$ et $b$, dont la somme est $45^m$, sont entre eux comme les nombres 3 et 2 : trouver $c$, à un millimètre près.

**3526.** Qu'appelle-t-on *base* d'un triangle? — *hauteur?*

**3527.** Qu'est-ce qu'un *quadrilatère?*—Combien y a-t-il de sortes de quadrilatères?—Qu'est-ce que le quadrilatère *simplement dit?*

**3528.** Qu'est-ce qu'un *trapèze?* — Qu'appelle-t-on *bases, hauteur* d'un trapèze?

**3529.** Qu'est-ce qu'un *parallélogramme?* — Qu'appelle-t-on *bases, hauteur* d'un parallélogramme?

**3530.** Combien y a-t-il de sortes de parallélogrammes?—Qu'est-ce que le *rectangle?* — le *carré?* — le *losange?* — le *rhomboïde?* — Que remarquez-vous au sujet des *côtés opposés* d'un parallélogramme?

**3531.** Quel rapport y a-t-il entre le rectangle et le carré, entre le losange et le rhomboïde? — Quelle différence?

**3532.** Quel rapport y a-t-il entre le carré et le losange, entre le rectangle et le rhomboïde? — Quelle différence?

**3533.** Qu'est-ce qu'une *ellipse?* — Qu'appelle-t-on *foyers, grand axe, petit axe, centre* de l'ellipse? — A quoi donne-t-on aussi le nom d'*ellipse?*

**3534.** Démontrer que, dans toute ellipse, la somme des distances d'un point quelconque de la courbe aux deux foyers est égale au grand axe.

**3535.** Le grand axe d'une ellipse est de 10$^m$, et le petit axe de 6$^m$ : trouver la distance du centre à chacun des foyers.

**3536.** Le grand axe d'une ellipse est de 2$^m$,50, et la distance de chaque foyer au centre de 0$^m$,75 : trouver le petit axe.

**3537.** Le petit axe d'une ellipse est de 2$^m$,10, et la distance du centre à chaque foyer de 1$^m$,40 : trouver le grand axe.

**3538.** Dans une certaine ellipse, le petit axe est de 3$^m$, et le grand axe de 5$^m$,80 : trouver, en mètres et millimètres, la distance d'un foyer à l'autre.

**3539.** Il est une ellipse dont la distance d'un foyer à l'autre est de 6$^m$, et le petit axe de 7$^m$ : trouver, à un millimètre près, la distance de chaque foyer aux deux extrémités du grand axe.

**3540.** Les axes d'une ellipse sont de 2$^m$,60 et 2$^m$,40 : trouver la distance 1° d'un foyer à l'autre ; 2° de chaque foyer aux extrémités du petit axe ; 3° de chaque foyer aux extrémités du grand axe ; 4° de l'extrémité du petit axe à celle du grand axe.

---

### Leçon II. — Métrage des Surfaces. — Aréage.

**3541.** Qu'est-ce que le *Métrage* des Surfaces? — Qu'est-ce que l'*Aréage?*

**3542.** Rappelez-nous la définition du PARALLÉLOGRAMME, et dites-nous ensuite comment en calculer la surface.

**3543.** Démontrer que la surface d'un *rectangle* dont la base égale 6$^m$, et la hauteur 3$^m$, a pour mesure 6.3 = 18 mètres carrés.

**3544.** Démontrer que la surface d'un *carré* dont le côté est de 5$^m$, a pour mesure 5.5 = 25 mètres carrés.

**3545.** Démontrer que la surface d'un *rhomboïde* dont la base égale 4$^m$ et la hauteur 3$^m$, a pour mesure 4.3 = 12 mèt. carrés.

**3546.** Démontrer que la surface d'un *losange* dont le côté est de 6$^m$ et la hauteur de 4$^m$, a pour mesure 6.4 = 24 mèt. carrés.

**3547.** En général, S étant la surface d'un parallélogramme, dont $b$ est la base et $h$ la hauteur, quelle est la valeur de S?

**3548.** Comment faut-il exprimer les dimensions d'un parallélogramme, et en général d'une surface quelconque, pour que le résultat donne immédiatement des mètres carrés, ou des décimètres carrés, etc.?

**3549.** Connaissant la surface d'un parallélogramme et l'une de ses dimensions, comment calculer l'autre? — Comment calculer le côté d'un carré dont on connaît la surface?

**3550.** Une salle rectangulaire a 12$^m$ de long, sur 8$^m$ de large : combien le plancher contient-il de mètres carrés?

**3551.** Un mur a 28$^m$,50 de long, et 3$^m$ de haut : quelle est sa surface, en mètres carrés et décimètres carrés?

**3552.** Une plate-bande a 1$^m$,60 de large, et 84$^m$,34 de long : trouver sa surface, en mètres carrés et centimètres carrés.

**3553.** Un carreau de vitre a 35 centimètres de long, et 40 de haut : combien sa surface contient-elle de centimètres carrés?

**3554.** Le toit d'un appentis forme un rectangle de 25$^m$,40 de long, sur 8$^m$,50 de large; le mètre carré revient à 5$^f$, 20 : combien coûte-t-il?

**3555.** Un pré rectangulaire de 120$^m$ de long, sur 80$^m$ de large est acheté à 42$^f$,50 l'are : combien faut-il payer?

**3556.** Un jardin forme un rectangle de 148$^m$ de long, sur 120$^m$ de large : si chaque are rapporte 6$^f$,50 au propriétaire, quel est le produit total?

**3557.** Un champ équivaut à un rectangle de 234$^m$,40 de long, sur 192$^m$ de large. Il a produit par hectare 12 hectol. et demi de froment, qui est vendu à 25 fr. l'hect. Si le fermier paye 92 fr. par hectare au propriétaire, et 38 fr. par hectare pour frais de culture et de récolte, combien lui revient-il net?

**3558.** Dites-nous combien l'are, l'hectare vaut de mètres carrés, de décimètres carrés, de centimètres carrés, de millimètres carrés.

**3559.** Un carré et un losange ont chacun 20 mètres de côté : trouver, s'il est possible, la surface de l'un et de l'autre. — Dans tous les cas, dire lequel contient la plus grande surface, et pourquoi.

**3560.** Dans un rectangle et un rhomboïde, les deux côtés contigus ont 42$^m$,50 et 36$^m$ : trouver lequel des deux parallélogrammes est le plus grand, et pourquoi il est tel.

**3561.** Quel doit être le côté d'un carré, pour que sa surface soit de 2 hectares 25 ares? — Exprimer ce côté en mètres et centimètres.

**3562.** Un plancher, construit à 7$^f$,50 le mètre carré, coûte 529$^f$, 20 : sachant que ce plancher forme un carré parfait, on demande quelle en est la longueur en mètres et centimètres.

**3563.** Quelle doit être la hauteur d'un parallélogramme qui, avec une base de 123$^m$,45, doit avoir pour surface 10703 mètres carrés 1150 centimètres carrés?

**3564.** Deux rectangles sont équivalents. Or, le premier a 86$^m$,40 de long, et 69$^m$,80 de large; le second n'a que 64$^m$,80 de largeur : quelle en est la longueur?

**3565.** Le périmètre d'un rectangle est de 311$^m$,90, et sa surface de 5744 mèt. carrés 2950 cent. carrés : trouver en mètres et centimètres, la base de ce rectangle, sachant que la hauteur est de 59$^m$,65.

**3566.** Trois frères ont à se partager un jardin rectangulaire de 234$^m$,60 de long, sur 128$^m$,50 de large : trouver les dimensions et la surface de chaque part, sachant que les parts doivent être égales, et que la division du terrain se fera par des parallèles à la largeur.

**3567.** Dites-nous ce que c'est qu'un TRIANGLE, *sa base, sa hauteur*, puis ce qu'il faut faire pour en calculer la surface.

**3568.** Démontrer que la surface d'un triangle dont la base est de 6$^m$, et la hauteur 5$^m$, a pour mesure *la moitié de* 6.5, ou 15 mèt. carrés.

**3569.** En général, S étant la surface d'un triangle, dont $b$ est la base et $h$ la hauteur, quelle est la valeur de S ?

*Trouver en mètres carrés et centimètres carrés la surface des triangles dont les dimensions suivent :*

**3570. 3571.** $b = 8^m$,    $h = 7^m$.      $b = 12^m$,   $h = 14^m,50$.
**3572. 3573.** $b = 6$ ,12, $h = 5$ .     $b = 9$ ,   $h = 7$ ,49.
**3574. 3575.** $b = 2$ ,17, $h = 1$ ,70   $b = 314$ ,   $h = 129$ ,13.
**3576. 3577.** $b = 0$ ,99, $h = 0$ ,34.   $b = 4$ ,   $h = 3$ ,279.
**3578. 3579.** $b = 8$ ,   $h = 0$ ,045. $b = 13$ ,25, $h = 6$ ,37.

**3580.** Un terrain triangulaire a $216^m,40$ de base et $125^m$ de hauteur : combien sa surface contient-elle d'ares et centiares ?

**3581.** Combien faut-il payer pour une pièce de terre formant un triangle de $250^m$ de base, sur $134^m$ de hauteur, cette terre valant seulement 1250 fr. l'hectare ?

**3582.** Pour labourer un champ rectangulaire de $132^m$ de long, sur 89 de large, il en a coûté $23^f,60$ : combien faut-il payer à proportion pour un autre champ formant un triangle de $140^m$ de base, et 120 de hauteur ?

**3583.** Un terrain rectangulaire de $200^m$ de long sur 150 de large a produit une récolte de 40 hectol. de froment : quelle quantité de froment doit produire, dans les mêmes conditions que le premier, un autre terrain de forme triangulaire, ayant 33 décamètres de base, sur 32 de hauteur ?

**3584.** Une prairie formant un carré de $320^m$ de côté a été vendue 38 400 francs : combien à proportion faut-il payer pour une autre prairie formant un triangle de $240^m$ de base, et 180 de hauteur, sachant que 6 mèt. carrés du nouveau terrain en valent 7 du premier, mais qu'en raison de la forme et de la distance, on fait une réduction de 2 p. %?

**3585.** Trouver la surface d'un triangle rectangle dont les côtés de l'angle droit ont $135^m$ et $48^m,40$. — Qu'est-ce que le triangle *rectangle*?

**3586.** Il a été vendu un petit terrain formant un triangle rectangle, dont le plus grand côté est de $53^m$ et le plus petit de $28^m$. Comme il se trouve à l'entrée d'une ville et près de la voie ferrée, l'acheteur est convenu de $8^f,50$ le mètre carré : combien celui-ci doit-il débourser ?

**3587.** Connaissant la surface d'un triangle, et l'une des dimensions (base ou hauteur), peut-on calculer l'autre ? — Comment cela ?

**3588.** La surface d'un triangle, est de 8 ares, et la base de 50 mètres : quelle est sa hauteur ?

**3589.** Trouver la base d'un triangle dont la surface est de 2 hectares 40 ares, et la hauteur $188^m,50$.

**3590.** La surface d'un triangle rectangle est de 123 ares 40 centiares, et l'un des petits côtés de $196^m$ : trouver chacun des deux autres côtés, en mètres et centimètres.

**3591.** La base d'un triangle est double de sa hauteur, et sa surface est de 23 ares 4 centiares : trouver la base et la hauteur de ce triangle.

**3592.** Un triangle a pour base 49ᵐ,40 : quelle hauteur doit-il avoir pour être équivalent à un rectangle de 37ᵐ,60 de long, et 32ᵐ de large ?

**3593.** Un rectangle trois fois plus long que large est équivalent à un triangle rectangle dont l'hypothénuse a 580ᵐ et le plus petit côté 400ᵐ : trouver les dimensions du rectangle, en mètres et centimètres?

**3594.** Trouver en mètres et centimètres, le côté du carré contenant 2 fois, 3 fois, 4 fois la surface du triangle ayant 120ᵐ de base et 86 de hauteur.

**3595.** La largeur d'un appartement est de 8ᵐ,40, de dedans en dedans, et le faîte est élevé de 3ᵐ,50 au-dessus de la face supérieure des murs : ceux-ci ayant 0ᵐ,75 d'épaisseur, quelle doit être la longueur du chevron ?

**3596.** On donne 3ᵐ,50 de pied à une échelle : quelle longueur doit-elle avoir pour qu'elle arrive à un point dont la hauteur au-dessus du sol est de 10 mètres ?

**3597.** Comment calculer la surface d'un triangle, lorsqu'on ne peut abaisser commodément la perpendiculaire à la base, mais qu'on peut mesurer chacun des côtés ?

**3598.** En général, S étant la surface d'un triangle dont les côtés sont $a$, $b$, $c$, et $s$ leur demi-somme, quelle est la valeur de S?

*Trouver en mètres carrés et centimètres carrés, la surface des triangles dont les côtés ont les longueurs suivantes.*

| | | | |
|---|---|---|---|
| **3599.** $a =$ | 3ᵐ, | $b =$　4ᵐ, | $c =$　5ᵐ. |
| **3600.** $a =$ | 13 , | $b =$　12 , | $c =$　5 . |
| **3601.** $a =$ | 41 , | $b =$　40 , | $c =$　9 . |
| **3602.** $a =$ | 29 , | $b =$　21 , | $c =$　20 . |
| **3603.** $a =$ | 53 , | $b =$　45 , | $c =$　28 . |
| **3604.** $a =$ | 61 , | $b =$　61 , | $c =$　22 . |
| **3605.** $a =$ | 20 ,50, | $b =$　20 , | $c =$　4 ,50. |
| **3606.** $a =$ | 123 ,40, | $b =$　109 ,30, | $c =$　95 ,30. |
| **3607.** $a =$ | 61 ,70, | $b =$　54 ,65, | $c =$　47 ,65. |
| **3608.** $a =$ | 8 ,70, | $b =$　6 ,30, | $c =$　6 mètres. |

**3609.** Avec trois longueurs données *quelconques*, peut-on former un triangle ? — Par exemple, pourriez-vous calculer la surface d'un triangle dont les côtés auraient (s'il est possible) 4ᵐ, 8ᵐ, 12ᵐ ? — ou bien, 20ᵐ, 10ᵐ, 6ᵐ ? — Quelle relation faut-il entre les côtés, pour que le triangle soit possible ?

**3610.** Les côtés d'un triangle ont respectivement 159ᵐ, 135ᵐ, 84ᵐ : si chacun de ces côtés est pris tour à tour pour base, quelle sera la hauteur correspondante ?

**3611.** Quelle est, en mètres carrés et centimètres carrés, la surface d'un triangle équilatéral dont le côté est 100ᵐ ? — Quelle est la hauteur de ce triangle, à un centimètre près?

**3612.** Un carré et un triangle équilatéral ont le même périmètre, savoir 205ᵐ,20 : sont-ils égaux en surface ? — Laquelle est la plus grande, et de combien, en mèt. carrés et cent. carrés ?

**3613.** Un rectangle et un triangle ont le même contour, 424 mètres. La hauteur du rectangle est le tiers de sa base ; et le second côté du triangle est le double du premier, qui a 82<sup>m</sup> de long. Laquelle des deux surfaces est la plus petite, et de combien, à moins d'un cent. carré ?

**3614.** Rappelez-nous ce que c'est qu'un TRAPÈZE ; ce qu'on appelle *bases, hauteur* de cette figure ; dites-nous ensuite comment en calculer la surface.

**3615.** Démontrer que la surface d'un trapèze dont les bases sont de 8<sup>m</sup> et 7<sup>m</sup>, et la hauteur de 6<sup>m</sup>, a pour mesure *la moitié de* (8 + 7).6, ou 45 mètres carrés.

**3616.** En général, S étant la surface d'un trapèze dont les bases sont $b$ et $b'$, et la hauteur $h$, quelle est la valeur de S ?

*Trouver, en mètres carrés et centimètres carrés, la surface des trapèzes dont les dimensions suivent.*

| | | | | | |
|---|---|---|---|---|---|
| **3617.** | $b =$ | 2<sup>m</sup>, | $b' =$ 3<sup>m</sup>, | $h =$ | 4<sup>m</sup>. |
| **3618.** | $b =$ | 5 , | $b' =$ 6 , | $h =$ | 7 . |
| **3619.** | $b =$ | 46 ,60, | $b' =$ 28 ,90, | $h =$ | 30 . |
| **3620.** | $b =$ | 139 ,80, | $b' =$ 86 ,70, | $h =$ | 90 . |
| **3621.** | $b =$ | 86 ,53, | $b' =$ 22 ,52, | $h =$ | 57 ,24. |
| **3622.** | $b =$ | 1 ,67, | $b' =$ 0 .83, | $h =$ | 0 ,09. |

**3623.** Connaissant la surface d'un trapèze et chacune de ses bases, comment en trouver la hauteur ?

**3624.** Connaissant la surface d'un trapèze, sa hauteur et l'une des bases, comment calculer l'autre base ?

**3625.** Un champ forme un trapèze dont les bases ont 300<sup>m</sup> et 250<sup>m</sup>, et la hauteur 180 mèt. : quelle est sa surface en hectares et ares ?

**3626.** Un ouvrier a peint une boiserie formant un trapèze de 5<sup>m</sup>,20 et 6<sup>m</sup>,40 de bases, et de 4<sup>m</sup>,50 de hauteur : combien lui est-il dû, à 0<sup>f</sup>,12 le décimètre carré ?

**3627.** Dans un champ formant un trapèze de 150<sup>m</sup> et 120<sup>m</sup> de bases, et 100<sup>m</sup> de hauteur, on a récolté 13 hectolit. 75 litres de graine par hectare, et cette graine vaut 32 centimes le litre : quelle est la valeur de la récolte de ce champ ?

**3628.** Un couvreur vient de terminer une toiture dont l'ensemble présente deux trapèzes égaux et deux triangles égaux. La hauteur commune des triangles et des trapèzes est de 4<sup>m</sup>,40 ; chaque triangle a 6<sup>m</sup>,60 de base ; chaque trapèze a pour bases 20<sup>m</sup> et 26<sup>m</sup>,60. Combien est-il dû à l'ouvrier, avec lequel on est convenu de 2<sup>f</sup>,50 par mètre carré ?

**3629.** Le périmètre d'un trapèze est de 114<sup>m</sup> ; les bases ont 32<sup>m</sup> et 56<sup>m</sup> ; les côtés non parallèles sont égaux entre eux : trouver la surface de ce trapèze, en ares et centiares.

**3630.** La grande base d'un trapèze est de 200 mètres ; l'un des côtés non parallèles est de 106 mèt., et l'autre qui est perpendiculaire aux bases, est de 90 mètres : Trouver la surface de ce trapèze en hectares, ares et centiares.

**3631.** Les bases d'un trapèze sont de 45<sup>m</sup>,67 et 36<sup>m</sup>,33, et la surface de 20 ares 50 centiares : quelle est sa hauteur ?

**3632.** La hauteur d'un trapèze est de 64<sup>m</sup>,40, l'une de ses bases de 83<sup>m</sup>,50, et sa surface de 67 ares 62 centiares : quelle est la longueur de la seconde base ?

**3633.** La petite base d'un trapèze est la moitié de la grande; la hauteur est de 154 mèt., et la surface de 2 hectares 77 ares 20 centiares : trouver l'une et l'autre base.

**3634.** La surface d'un trapèze est de 1 are 65 centiares, et sa hauteur de 8$^m$,25 : trouver chacune de ses bases, sachant qu'elles sont entre elles comme les nombres 2 et 3.

**3635.** Comment trouver la surface d'un polygone autre que le parallélogramme, le triangle et le trapèze ?

**3636.** Une pièce de terre formant un pentagone a été divisée en trois triangles. Le premier a 120 mèt. de base, et 47 mèt. de hauteur ; le second a la même base que le premier, et 68 mèt. de hauteur ; le troisième a 112 mèt. de base, et 53 mèt. de hauteur. Exprimer en hectares, ares et centiares la surface de cette pièce de terre.

**3637.** Une lande a été défrichée à raison de 25$^f$ l'hectare. Or, ayant six côtés, elle forme quatre triangles dont les dimensions (bases et hauteurs) sont celles-ci : premier triangle, 260$^m$ et 108$^m$ ; second, 260$^m$ et 120$^m$ ; troisième, 198$^m$ et 92$^m$ ; quatrième, 198$^m$ et 104 mèt. A combien revient le défrichement de cette lande ?

**3638.** Un champ forme un octogone irrégulier, mais rectiligne. Pour le mesurer avec l'équerre, on l'a partagé en huit figures, savoir : deux triangles et deux trapèzes de chaque côté de la directrice. *Côté droit :* premier triangle, base 42 mèt., hauteur 20$^m$ ; premier trapèze, bases 42$^m$ et 69$^m$, hauteur 53$^m$ ; second trapèze, bases 69$^m$ et 125$^m$, hauteur 93$^m$ ; second triangle, base 125 mèt., hauteur 47$^m$. *Côté gauche :* premier triangle, base 78$^m$, hauteur 29 mèt.; premier trapèze, bases 78$^m$ et 63$^m$, hauteur 80$^m$ ; second trapèze, bases 63$^m$ et 109$^m$, hauteur 62$^m$ ; second triangle, base 109 mèt., hauteur 42. Ce champ est loué 72$^f$,40 l'hectare : combien rapporte-t-il annuellement au propriétaire ?

**3639.** Ayant calculé, à un demi-mètre près, le périmètre du champ dont il est question dans notre dernier problème (*Pr.* 3638), trouver combien il faudrait de minutes et secondes pour parcourir ce périmètre à un individu qui fait un kilomètre en douze minutes et demie.

**3640.** Comment opérer pour calculer la surface des POLYGONES RÉGULIERS ? — Rappelez-nous ce que c'est qu'un *polygone régulier*, et son *apothème*.

**3641.** Ne peut-on pas calculer la surface d'un polygone régulier, au moyen du côté seulement ?

**3642.** Le côté du polygone régulier étant de 8$^m$, quelle est sa surface, selon que le nombre des côtés est 3, 4, 5, 6, 7, ou 8 ?

**3643.** Quelle est la surface d'un polygone régulier, dont le côté a 4$^m$,20 de long, le nombre des côtés étant 9, 10, 12, 15, ou 20 ?

**3644.** Le périmètre d'un polygone régulier est de 168 mètres : quelle est sa surface, selon que le nombre des côtés est 3, 4, 5, 6, 7, ou 8 ?

**3645.** Le nombre des côtés du polygone régulier étant 9, 10, 12, 15, ou 20, quelle est sa surface, lorsque son périmètre est de 180$^m$ ?

**3646.** Quelle différence y a-t-il entre la surface d'un triangle équilatéral, et celle d'un carré, l'un et l'autre ayant 20$^m$ de côté ?

**3647.** Deux polygones réguliers, l'un de 8, l'autre de 10 côtés, ont chacun 120 mètres de périmètre : de combien la surface du second surpasse-t-elle celle du premier ?

**3648.** Quel doit être le côté d'un octogone régulier, pour que sa surface soit d'un hectare ?

**3649.** La surface d'un hexagone régulier contient 2 hectares 60 ares : quel en est le périmètre ?

**3650.** A quoi est toujours égal l'apothème du carré ?

**3651.** Calculer à un centimètre près, la hauteur et l'apothème d'un triangle équilatéral dont le côté est de 24 mèt.

**3652.** Un triangle équilatéral a 35$^m$ de côté. Calculer sa surface, 1° au moyen de sa base et de sa hauteur ; 2° au moyen de ses trois côtés ; 3° au moyen de son périmètre et de son apothème ; 4° au moyen de son côté seulement.

**3653.** Comment calculer la surface des *figures irrégulières,* à côtés non rectilignes ?

**3654.** Un Géomètre mesurant une propriété, rencontre le long d'une rivière une portion de prairie terminée par une courbe irrégulière. Il tire une droite d'une extrémité à l'autre, et sur cette droite, de 240 mèt. de long, il élève sept perpendiculaires équidistantes. Les longueurs de ces perpendiculaires étant respectivement de 25$^m$, 38$^m$, 50$^m$, 64$^m$, 42$^m$, 52$^m$ et 30$^m$, on demande la surface de cette portion de la prairie.

**3655.** Quelqu'un voulant trouver la surface du pont d'un navire (dont la Fig. 25 de l'Arith. donne une certaine idée), tire une droite de l'avant à l'arrière, en passant par le milieu du pont ; et sur cette droite, qui a 50 mètres de long, il élève neuf perpendiculaires équidistantes. Si ces perpendiculaires ont respectivement 5$^m$ ; 6$^m$,50 ; 7$^m$ ; 7$^m$,20 ; 7$^m$,30 ; 7$^m$,20 ; 7$^m$,10 ; 6$^m$,80 ; 6$^m$, et qu'à l'arrière le pont ait 5$^m$,80 de largeur, quelle est sa surface ?

**3656.** Voulant déterminer la surface d'un taillis, que le propriétaire veut vendre, et dans lequel il ne serait pas commode de pénétrer, on l'enveloppe dans un rectangle de 450$^m$ de long, et 236 de large. Mais le rectangle contient de plus que le taillis, d'un côté, un triangle de 152 mèt. de base sur 43 de hauteur ; d'un autre côté, un triangle de 209 mèt. de base sur 50 de hauteur, et un trapèze de 198$^m$ et 35$^m$ de bases sur 24 de hauteur ; d'un troisième côté, un trapèze de 35$^m$ et 48$^m$ de bases sur 112 de hauteur, et deux triangles ayant respectivement pour bases 48$^m$ et 96$^m$, et pour hauteurs 36$^m$ et 64$^m$ ; enfin, du quatrième côté, un triangle ayant 32$^m$ de base sur 157 de hauteur, et deux trapèzes, premier 32 et 37$^m$ de bases sur 166$^m$ de hauteur, second 37 et 83$^m$ de bases sur 31 de hauteur. Si ce taillis donne 5 stères dans 2 ares du terrain, que ce bois vaille 7$^f$,60 le stère, et le fonds 1500 fr. l'hectare, quelle est la valeur du taillis à vendre ?

**3657.** A quoi est toujours égale la CIRCONFÉRENCE d'un cercle ? — Rappelez-nous ce que c'est qu'une *circonférence* de cercle, ainsi que son *rayon* et son *diamètre.*

**3658.** En général, C étant la circonférence dont $r$ est le rayon, ou $d$ le diamètre, quelle est la valeur de C ? — Quelle est celle de $\pi$ ?

**3659.** Comment calculer la circonférence, lorsqu'on fait $\pi = 3\frac{1}{7}$ ? — lorsqu'on prend $\pi = \frac{355}{113}$ ? — Laquelle de ces valeurs faut-il employer ?

*Calculer la circonférence d'un cercle, en faisant $\pi = 3\frac{1}{7}$.*

**3660.** Lorsque $d = 7^m$, ou $3^m,50$ ; ou $r = 2^m,50$, ou $5^m,60$.
**3661.** Lorsque $r = 0\ ,57$, ou $12^m,60$ ; ou que $d = 36\ ,40$.
**3662.** Lorsque $d = 29$ centimèt. ; ou que $r = 125$ millimèt.
**3663.** Lorsque $r = 23^m,50$, ou $10^m,75$ ; ou que $d = 44^m,60$.

*Trouver la circonférence d'un cercle, en faisant $\pi = \frac{355}{113}$.*

**3664.** $d = 1^m,13$, ou $56^m,50$ ; $r = 7^m,91$, ou $127^m,89$.
**3665.** $r = 12\ ,43$, ou $0\ ,97$ ; $d = 79\ ,60$, ou $6\ ,789$.
**3666.** $d = 75\ ,21$, ou $8\ ,82$ ; $r = 37\ ,26$, ou $9\ ,45$.
**3667.** $r = 0\ ,92$, ou $1\ ,23$ ; $d = 2\ ,34$, ou $3\ ,47$.

**3668.** Comment calculer le diamètre, ou le rayon, d'un cercle dont on connaît la circonférence, selon que $\pi = 3\frac{1}{7}$, ou $\frac{355}{113}$ ?

**3669.** Trouver $d$, trouver $r$, lorsque la circonférence est de $44^m$, ou de $168$ mèt., ou de $25^m,40$, ou de $154^m,91$, et que $\pi = 3\frac{1}{7}$ ?

**3670.** Lorsque la circonférence a $35^m,50$, ou $234^m,56$, ou $8^m,90$, et que $\pi = \frac{355}{113}$, quelle est la longueur de $d$, et de $r$ ?

*  **3671.** La circonférence de la Terre est de $4000$ myriamètres : trouver en kilomètres et décamètres la longueur du diamètre et celle du rayon (a).

*  **3672.** Les roues d'une voiture ont $1^m,80$ de diamètre. Or, dans un petit voyage, elles ont fait $7074$ tours : trouver la distance parcourue.

*  **3673.** Si les roues d'une locomotive ont un mètre de rayon, combien feront-elles de tours par myriamètre de chemin ?

*  **3674.** Une circonférence a $276^m,50$ de rayon : quelle est, en mètres et millimètres, la longueur d'un arc de $123°45'$ de cette circonférence ?

*  **3675.** Un arc de $54°32'10''$ a une longueur de $12$ mèt. $345$ : trouver en mèt. et millim., le diamètre de la circonférence.

**3676.** On veut planter $25$ tilleuls autour d'un bassin circulaire de $39^m$ de diamètre ; il faut les espacer également, et les mettre à $1^m,50$ du bassin : à quelle distance seront-ils l'un de l'autre ?

**3677.** La distance moyenne de la Terre au Soleil est d'environ $153\,000\,000$ de kilomètres. Or, en se tenant à cette distance, son centre décrit une circonférence entière autour du Soleil dans $365^j6^h49^m$, à peu près. Trouver quelle distance franchit le centre de la Terre, 1° par jour, à $1000$ kilomètres près ; 2° par heure, à $10$ myriam. près ; 3° par minute, à un myriam. près ; 4° par seconde, à un kilomètre près.

**3678.** Démontrer que la surface d'un CERCLE est égale à sa circonférence multipliée par la moitié de son rayon.

**3679.** En général, $S$ étant la surface du cercle dont le rayon est $r$, ou le diamètre $d$, quelle est la valeur de $S$ ? — A quoi revient le calcul de la surface d'un cercle ?

---

(a) Pour abréger, nous mettons un *astérisque* en tête des problèmes où les Elèves devront prendre $\pi = \frac{355}{113}$.

*Calculer la surface d'un cercle.*

3680. $r =$ 7$^m$, ou 2$^m$,80 ;    $d =$ 44$^m$,10, ou 0$^m$,63.
3681. $r =$ .9 , ou 12 ,60 ;    $d =$ .5 ,60, ou 6 ,95.
3682. $r =$ 12 , ou 39 ,20 ;    $d =$ 11 ,20, ou 13 ,45.
*3683. $r =$ 14 , ou 5 ,60 ;    $d =$ 88 ,10, ou 2 ,50.
*3684. $r =$ 36 , ou 7 ,63 ;    $d =$ 123 ,50, ou 2345 .
*3685. $r =$ 392 , ou 9 ,95 ;    $d =$ 567 , ou 0 ,159.

3686. Comment calculer le rayon , ou le diamètre d'un cercle dont on connaît la surface ?

3687. Trouver le rayon et le diamètre d'un cercle dont la surface est de 360$^{mm}$, ou de 90$^{mm}$, ou de 22$^{mm}$,50, ou de 333$^{mm}$.

*3688. Selon que la surface du cercle contient 59$^{mm}$, ou 118$^{mm}$, ou 236$^{mm}$, ou 1200 mèt. carrés, quelle est la longueur du rayon ?

3689. Selon que la circonférence du cercle est de 48$^m$,40, ou de 31$^m$,50, ou de 63$^m$,45, ou de 154 mèt., quelle est sa surface ?

*3690. Un hexagone régulier et un cercle ont même périmètre , 75 mèt. : ont-ils aussi même surface ? — Laquelle est la plus grande, et de combien de mètres carrés et centim. carrés ?

*3691. Un cercle et un octogone régulier ont même surface, un hectare : ont-ils aussi même périmètre ? — De combien la circonférence du cercle est-elle plus grande ou plus petite que le périmètre de l'octogone régulier équivalent ?

3692. Quel doit être le diamètre d'un cercle, pour que celui-ci ait la même surface qu'un polygone régulier de 20 côtés ayant chacun 2$^m$,50 ?

3693. Combien faut-il de briques carrées de 15 centimètres de côté, pour paver un four circulaire de 2$^m$,80 de rayon ?

*3694. Quel doit être le côté d'un triangle équilatéral , pour que celui-ci ait une surface équivalente à celle du cercle dont le rayon est 10 mètres ?

3695. Comment calculer la surface d'une ELLIPSE ? — Rappelez-vous ce que c'est qu'une *ellipse*, son *petit axe*, son *grand axe*, son *centre*.

3696. En général , S étant la surface d'une ellipse , dont $a$ est le grand axe, et $b$ le petit axe, quelle est la valeur de S ?

*Calculer la surface des ellipses dont les dimensions suivent.*

3697. $a =$ 1$^m$,40, $b =$ 0$^m$,90 ;    $a =$ 3$^m$,40, $b =$ 2$^m$,80.
3698. $a =$ 4 ,20, $b =$ 3 ,60 ;    $a =$ 5 ,80, $b =$ 4 ,50.
*3699. $a =$ 3 ,39, $b =$ 2 ,41 ;    $a =$ 42 ,30, $b =$ 31 ,50.
*3700. $a =$ 8 ,60, $b =$ 1 ,72 ;    $a =$ 9 ,70, $b =$ 8 ,80.

3701. Connaissant la surface d'une ellipse , et l'un des axes, comment calculer l'autre ?

3702. La surface d'une ellipse contient 5$^{mm}$,1234, le grand axe est de 3$^m$,43 : trouver la longueur du petit axe.

3703. Le petit axe d'une ellipse est de 11$^m$,40, et la surface de 238 mèt. carrés : quelle est la longueur du grand axe ?

*3704. La surface d'une ellipse est de 200$^{mm}$ : si l'un des axes est de 6, 8, 10, 12, ou 14 mèt., quelle est la longueur de l'autre ?

*3705. Quelle différence y a-t-il entre la surface d'un cercle de 23m,45 de rayon, et celle d'une ellipse dont les axes ont 30 mètres et 50 mètres?

3706. L'un des axes d'une ellipse est de 2 mètres : quel doit être l'autre axe, pour que la surface soit de 4 mètres carrés?

3707. La surface d'une ellipse est équivalente à celle d'un cercle de 3m,50 de rayon : trouver les axes de cette ellipse, sachant que le plus petit n'est que la moitié du plus grand.

* 3708. On a une table rectangulaire de 3m,40 de long sur un mètre 40 cent. de large, et on veut la changer en une autre de forme elliptique, ayant même surface que la première : quelles seront la longueur et la largeur de la nouvelle table, si ces dimensions doivent être entre elles comme celles de la table rectangulaire?

---

### Leçon III. — Définitions relatives aux Corps.

3709. Qu'est-ce qu'un *corps?* — Qu'est-ce que le *volume* d'un corps? — Les dimensions des corps portent-elles toujours les mêmes noms?

3710. Qu'est-ce qu'un *polyèdre?* — Qu'appelle-t-on *arêtes* d'un polyèdre? — Qu'est-ce qu'un *angle solide?*

3711. Qu'est-ce qu'un polyèdre *régulier?* — Combien y a-t-il de polyèdres réguliers? — Quels sont-ils?

3712. Qu'est-ce qu'un *prisme?* — Qu'appelle-t-on *bases, hauteur* d'un prisme? — Quand est-ce que des plans sont *parallèles?* — Quand est-ce qu'une droite est *perpendiculaire* à un plan? — Quels noms prend le prisme, par rapport à sa base?

3713. Qu'est-ce qu'un prisme *droit?* — un prisme *oblique?*

3714. Qu'est-ce qu'un *parallélipipède?* — un parallélipipède *rectangle?* — un *cube?*

3715. Qu'est-ce qu'une *pyramide?* — Qu'appelle-t-on *base, sommet, hauteur* d'une pyramide? — Quels différents noms donne-t-on à la pyramide, pour rappeler la forme de sa base?

3716. Qu'est-ce qu'une pyramide *régulière?* — Qu'est-ce que son *apothème?*

3717. Quel est le corps qui est à la fois une pyramide régulière et un polyèdre régulier?

3718. Qu'est-ce qu'un *cylindre?* — Quelle en est *la génératrice?* — Qu'appelle-t-on *bases, hauteur, axe* du cylindre?

3719. Qu'est-ce qu'un cylindre *droit?* — un cylindre *oblique?*

3720. Qu'est-ce qu'un *cône?* — Quelle en est *la génératrice* ou *côté?* — Qu'appelle-t-on *sommet, base, hauteur, axe* du cône?

3721. Qu'est-ce qu'un cône *droit?* — un cône *oblique?*

3722. Qu'appelle-t-on *cône tronqué, pyramide tronquée,* à bases parallèles? — Exemples.

3723. Qu'est-ce qu'une *sphère?* — Exemples.

3724. Qu'appelle-t-on *rayons, diamètres* de la sphère?

3725. Qu'appelle-t-on *grand cercle, petit cercle* de la sphère?

## Leçon IV. — Métrage des Corps. — Jaugeage.

**3726.** Qu'appelle-t-on *Métrage des corps? — Jeaugeage ?*

**3727.** Comment calculer la surface latérale d'un PRISME ? — Comment celle d'un prisme *droit ?* — Qu'est-ce que la surface *latérale* d'un prisme ?

**3728.** Connaissant la surface latérale d'un prisme droit, et le périmètre de sa base, comment en calculer la hauteur ? — Comment trouver le côté d'un cube dont on connaît la surface totale ?

**3729.** Trouver la surface latérale d'un prisme triangulaire oblique, dont la longueur est de 6$^m$,45, et les hauteurs des parallèlogrammes 24, 29, 32 centimètres. — Qu'est-ce qu'un prisme *triangulaire*.

**3730.** Un prisme quadrangulaire oblique a 8$^m$,50 de longueur, et les faces latérales ont pour largeurs 18, 22, 25 et 28 centimèt. : trouver la surface latérale de ce prisme, puis nous dire ce que c'est qu'un prisme *quadrangulaire*.

**3731.** Un prisme droit a 9$^m$,40 de hauteur, et pour bases des triangles dont les côtés ont 35$^c$, 29$^c$ et 40 centimètres : quelle en est la surface latérale ?

**3732.** Un peintre a mis en couleur les quatre faces latérales d'un parallélipipède rectangle, dont les bases ont 1$^m$,50 de long sur 1$^m$,20 de large : combien lui est-il dû, à 7$^f$,65, le mètre carré, sachant que la hauteur du parallélipipède est de 5$^m$,40 ?

**3733.** Un prisme droit a pour base un hexagone régulier dont le côté a 35 centimètres : quelle doit être sa hauteur, pour que sa surface latérale soit de 11 mèt. carrés 2770 centimèt. carrés ?

**3734.** Un octogone régulier est la base d'un prisme droit de 12$^m$,34 de hauteur. Il a été marbré par un ouvrier qui a reçu 555$^f$,30, à 12$^f$,50 le mètre carré. Trouver, à un centimètre près, le côté de la base.

**3735.** Démontrer que deux prismes de bases équivalentes et de hauteurs égales, sont équivalents. — Mais dites-nous auparavant ce qu'on entend par surfaces *équivalentes* et corps *équivalents.*

**3736.** En combien de prismes triangulaires peut se décomposer un prisme polygonal quelconque ? — Combien de prismes triangulaires, si la base a 4, 5, 6, 7, 8, 10, 12 côtés ?

**3737.** Quelle est la mesure du volume d'un prisme ?

**3738.** Un parallélipipède rectangle a une base de 5 mèt. de long, sur 4 de large, et une hauteur de 6 mètres : démontrer que son volume a pour mesure 5.4.6, ou 120 mèt. cubes.

**3739.** Démontrer que le volume de tout prisme triangulaire a pour mesure le produit de sa base par sa hauteur.

**3740.** Démontrer que le volume d'un prisme quelconque a pour mesure le produit de sa base par sa hauteur.

**3741.** En général, V étant le volume d'un prisme, dont $b$ est la base, et $h$ la hauteur, quelle est la valeur de V ?

*Calculer le volume d'un prisme.*

3742. $b = 12^{mm}$,     $h = 5^m$;     $b = 37^{mm}$,     $h = 3^m,50$.
3743. $b = 3\ ,50$, $h = 6\ ,25$; $b = 1\ ,45$, $h = 3\ ,69$.
3744. $b = 0\ ,36$, $h = 12\ ,25$; $b = 0\ ,64$, $h = 0\ ,253$.

3745. Un prisme a $4^m,56$ de hauteur, et pour base un triangle dont $1^m,30$ et $2^m,10$ sont les dimensions : calculer le volume de ce prisme.

3746. La hauteur d'un prisme est de $25^m$, et sa base est un rectangle de $2^m,34$ de long sur $2^m,12$ de large : trouver le volume.

3747. J'ai acheté, à 75 fr. le mètre cube, une pièce de bois écarrie de $9^m,50$ de longueur, ayant pour base des rectangles de 64 centimèt. sur 58 : combien dois-je payer?

3748. Un mur a $60^m$ de long, $4^m$ de haut, et 62 centimètres d'épaisseur : combien vaut-il, à $14^f,50$ le mètre cube?

3749. Une bande de fer a $6^m$ de long, 15 centimètres de large et 32 millimètres d'épaisseur : combien vaut-elle, à 55 centimes le kilogramme, sachant que le centimèt. cube de fer forgé pèse $7^{gr},788$?

3750. Une citerne à faces rectangulaires a $5^m$ de long, $3^m$ de large, et $4^m,56$ de profondeur : combien y a-t-il d'hectolitres d'eau, lorsqu'elle s'élève à $3^m,80$ de hauteur?

3751. Une pièce de bois forme un prisme droit de $5^m$ de long, et ayant pour base un hexagone régulier de 22 centimètres de côté : combien vaut-elle, à 93 fr. le mètre cube?

3752. A quoi revient le calcul du volume d'un *cube?*

3753. Combien y a-t-il de mètres cubes dans un décamètre cube? — dans un hectom. cube? — dans un kilomètre cube?

3754. Combien y a-t-il de décimètres cubes dans un mètre cube? — Combien de centimètres cubes? — de millim. cubes?

3755. Combien y a-t-il de mètres cubes, décimèt. cubes, cent. cubes et millimètres cubes, dans un cube de 1203 millimètres de côté?

3756. On donne à un ouvrier 5 fr. par mètre carré, pour la construction d'un cube de 12 décimètres de côté : combien lui doit-on?

3757. Trouver, à un millimètre près, la longueur de la diagonale d'un cube de $2^m,16$ de côté. — (Cette *diagonale* passe par l'intérieur, et se rend du sommet d'un angle solide au sommet de l'angle solide opposé).

3758. Le volume d'un cube est de 2345 décimèt. cubes : quel en est le côté, à moins d'un millimètre près?

3759. La surface totale d'un cube est de 135 décimèt. carrés 3750 millim. carrés : quel en est le côté, à un millimètre près?

3760. Quel est le volume d'un cube dont la surface totale contient 54150 centimètres carrés?

3761. Comment calculer la surface latérale d'une PYRAMIDE? — A quoi revient le calcul, si la pyramide est *régulière?*

3762. Trouver la surface latérale d'une pyramide triangulaire, le premier triangle ayant $2^m$ de base sur $7^m,86$ de hauteur; le second $2^m,40$ de base sur $6^m,85$ de hauteur, et le troisième $2^m,60$ de base sur $7^m,385$ de hauteur.

**3763.** Quelle est la surface latérale d'une pyramide triangulaire régulière dont l'apothème est de 25$^m$,75, et le côté de la base 3$^m$,40?

**3764.** Une pyramide régulière a pour base un carré, dont le côté est de 4$^m$,80, et pour hauteur 39$^m$,60 : trouver sa surface latérale.

**3765.** Démontrer que deux pyramides qui ont des bases équivalentes et des hauteurs égales, sont équivalentes.

**3766.** Quelle est la mesure du volume d'une pyramide?

**3767.** Démontrer que le volume d'une pyramide triangulaire a pour mesure le tiers du produit de sa base par sa hauteur.

**3768.** Démontrer que le volume d'une pyramide quelconque a pour mesure le tiers du produit de sa base par sa hauteur.

**3769.** En général, V étant le volume d'une pyramide, dont $b$ est la base et $h$ la hauteur, quelle est la valeur de V?

*Calculer le volume d'une pyramide.*

**3770.** $b = 12^{mm}$, $h = 5^m$ ;     $b = 3^{mm}$,60, $h = 12^m$,20.
**3771.** $b = 2$ ,40, $h = 6$ ;     $b = 7$ ,43, $h = 7$ ,72.
**3772.** $b = 0$ ,045, $h = 2$ ,80 ;     $b = 6$ ,25, $h = 12$ ,56.

**3773.** La base d'un triangle est de 2$^m$,50 et sa hauteur de 2$^m$,40 : calculer le volume d'une pyramide qui, ayant ce triangle pour base, aurait 6$^m$ de hauteur.

**3774.** Une pyramide de 8$^m$,80 de hauteur a pour base un rectangle de 2$^m$,90 sur 1$^m$,80 : combien coûte-t-elle, à 12$^f$,75 le mèt. cube?

**3775.** Une pyramide de 9$^m$,80 de hauteur a pour base un carré de 2$^m$,40 de côté : combien vaut-elle, à 26$^f$,90 le mètre cube?

**3776.** Une pyramide de 4$^m$,50 de hauteur a pour base un pentagone qu'on a partagé en trois triangles dont voici les dimensions : premier 1$^m$,20 et 1$^m$,40 ; second 1$^m$,40 et 1$^m$,30; troisième 1$^m$,12 et 1$^m$,04. Quel est le volume de cette pyramide?

**3777.** Quelle doit être la hauteur d'une pyramide qui, ayant pour base un carré de 5$^m$ de côté, est équivalente à un prisme qui a 8$^m$ de hauteur, et dont la base est un hexagone régulier de 2$^m$ de côté?

**3778.** Quel est en décimèt. cubes et cent. cubes, le volume d'une pyramide triangulaire dont chacun des côtés est d'un mèt.?

**3779.** Une pyramide a pour base un carré de 3$^m$ de côté, et chacune des arêtes latérales est de 8$^m$,40 : quel est le volume de cette pyramide?

**3780.** Une pyramide de 10$^m$ de hauteur a pour base un hexagone régulier de 1$^m$,50 de côté : Si elle a coûté 67$^f$,50 le mètre cube, à combien revient-elle?

**3781.** On veut qu'une pyramide ayant pour base un octogone régulier de 1$^m$,60 de côté, ait même volume qu'un prisme qui a 9$^m$ de hauteur, et pour base un hexagone régulier de 2$^m$ de côté : quelle hauteur devra-t-elle avoir?

**3782.** Comment obtenir le volume des polyèdres autres que le prisme et la pyramide?

**3783. 3784.** Trouver le volume d'un polyèdre renfermé par un rectangle, deux trapèzes égaux et deux triangles égaux (*Fig.* 44, *Arith.*), 1º lorsque le rectangle a 12ᵐ de long sur 5ᵐ de large, le faîte (l'arête formée par la rencontre des deux trapèzes) 8ᵐ, et la perpendiculaire menée du faîte sur le plan du rectangle, 4ᵐ,50 ; 2º lorsque les bases des trapèzes sont de 45ᵐ et de 36ᵐ. celle des triangles de 12ᵐ,80, et la perpendiculaire de 11ᵐ,40.

**3785. 3786.** Un polyèdre est compris entre deux rectangles parallèles et quatre trapèzes (*Fig.* 45 , *Arith.*) : quel en est le volume, 1º lorsque le grand rectangle a 6ᵐ sur 4ᵐ, le petit 3ᵐ sur 1ᵐ,80, et la perpendiculaire menée du second sur le premier, 5ᵐ ? — 2º lorsque les grands trapèzes ont pour bases 10ᵐ et 7ᵐ, les petits 6ᵐ et 4ᵐ, et la perpendiculaire du petit rectangle sur le grand, 25 mètres ?

**3787.** Le *coin* ordinaire, lorsque la largeur est la même aux deux extrémités, forme un prisme triangulaire ; si les extrémités sont de largeurs différentes, c'est un corps compris entre un rectangle, deux trapèzes et deux triangles; on peut aussi le décomposer, ou en deux pyramides l'une triangulaire, l'autre quadrangulaire, ou en trois parties, dont la plus considérable est un prisme triangulaire, et les deux autres des pyramides triangulaires, ou quadrangulaires. — Or , un forgeron a fourni à un charbonnier une demi-douzaine de coins ayant 30 centimèt. de long, 8ᶜ sur 5ᶜ à la tête , et 10ᶜ de large à l'autre extrémité. Sachant que le centimèt. cube de 'fer forgé pèse 7ᵍʳ,788, que les coins sont vendus à 0ᶠ,95 le kilog., combien le charbonnier doit-il au forgeron d'hectolitres et décalitres de charbon , à 1ᶠ,20 l'hectolitre?

**3788.** Comment calculer le volume des POLYÈDRES RÉGULIERS?

**3789.** Quel est le volume d'un tétraèdre régulier, — d'un hexaèdre régulier, — d'un octaèdre régulier de 2ᵐ,40 de côté ?

**3790.** Trouver le volume d'un octaèdre régulier, — d'un dodécaèdre régulier, — d'un icosaèdre régulier de 25 centimètres de côté.

**3791.** Calculer le volume d'un tétraèdre régulier , — d'un hexaèdre régulier dont la surface totale est de 150 mèt. carrés.

**3792.** La surface totale d'un polyèdre régulier est de 120 mèt. carrés : quel en est le volume, selon qu'il a 8, 12 ou 20 faces ?

**3793.** Quel doit être le côté d'un tétraèdre régulier, pour que son volume soit équivalent à celui d'un cube de 3ᵐ de côté ?

**3794.** Trouver, à un millimètre près, le côté des cinq polyèdres réguliers, si le volume de chacun d'eux est d'un mèt. cube.

**3795.** A quoi est équivalent un TRONC DE PYRAMIDE *à bases parallèles?* — A quoi reconnaît-on qu'un corps dont toutes les faces sont planes, est un tronc de pyramide à bases parallèles ?

**3796.** Un ouvrier a peint la surface latérale d'un tronc de pyramide carrée à bases parallèles. La base supérieure a 0ᵐ,50 de côté, et la base inférieure a 1ᵐ,75 ; la hauteur de chacun des trapèzes est de 8ᵐ,30. Combien est-il dû au peintre, à 6ᶠ,40 le mètre carré ?

**3797.** Qu'est-ce qu'un *moyen proportionnel* entre deux nombres ? — Comment le calculer ?

*Trouver, à moins d'un 1000e près, un moyen proportionnel.*

**3798.** Entre 2 et 8 ;     entre 4 et 10 ;     entre 9 et 7.

**3799.** Entre 1 et 25 ;     entre 5 et 20 ;     entre 8 et 16.

**3800.** Entre 9 et 49 ;     entre 7 et 343 ;     entre 60 et 40.

**3801.** Comment calculer le volume d'un tronc de pyramide à bases parallèles ?

**3802.** En général, si V est le volume d'un tronc de pyramide, dont B et $b$ sont les bases, et H la hauteur, quelle est la valeur de V ?

*Calculer le volume d'un tronc de pyramide à bases parallèles.*

**3803.** H = 3$^m$,     B = 2$^{mm}$,     $b$ = 0$^{mm}$,50.

**3804.** H = 4 ,60,     B = 4 ,32,     $b$ = 0 ,48.

**3805.** H = 5 ,85,     B = 9 ,60,     $b$ = 0 ,60.

**3806.** H = 6 ,78,     B = 3 ,9375,     $b$ = 2 ,52.

**3807.** H = 7 ,89,     B = 8 ,37,     $b$ = 3 ,0132.

**3808.** H = 8 ,90,     B = 4 ,6332,     $b$ = 2 ,0592.

**3809.** Quel est le volume d'un tronc de pyramide à bases parallèles dont la hauteur est de 9$^m$,45, et les bases des triangles équilatéraux de 2$^m$ et 1$^m$,50 de côté ?

**3810.** Les bases parallèles d'un tronc de pyramide sont des carrés de 2$^m$ et 2$^m$,30 de côté ; sa hauteur est de 10$^m$,36 : quel en est le volume ?

**3811.** Un tronc de pyramide à bases parallèles a pour hauteur 12$^m$, et pour bases des rectangles de 2$^m$,40 sur 1$^m$,60, et 1$^m$,80 sur 1$^m$,20 : combien son volume contient-il de mètres cubes ?

**3812.** Le tronc d'une pyramide régulière hexagonale à bases parallèles a 7$^m$,20 de hauteur ; ses bases ont 1$^m$ et 0$^m$,30 de côté : quel en est le volume, à moins d'un centimètre cube ?

**3813.** Une pièce de bois de 13$^m$,40 de long a pour bases des octogones réguliers de 22 et 17 centimètres de côté ; elle est achetée à 11$^f$,40 le décistère : combien faut-il payer ?

**3814.** Un tronc de pyramide carrée à bases parallèles de 13$^m$,545 de hauteur a un volume de 31 605 décimètres cubes : trouver le côté de chacune de ses bases, sachant que la petite n'est que le quart de la grande.

**3815.** Comment calcule-t-on ordinairement le volume des corps qui forment à peu près des troncs de pyramides à bases parallèles ?

**3816.** Une pièce de bois écarrie a 12$^m$,45 de longueur. Les extrémités sont des rectangles de 0$^m$,60 sur 0$^m$,40, et 0$^m$,45 sur 0$^m$,30 : calculer son volume par trois procédés différents ; puis, en supposant que cette pièce forme un tronc parfait, et que la valeur réelle du mètre cube soit de 97$^f$,50, trouver quel doit être ici le prix du mètre cube, pour que la valeur totale demeure la même, de quelque manière que le volume soit calculé.

**3817.** Comment calculer la surface convexe d'un CYLINDRE *droit ?* — Comment le savez-vous ?

**3818.** En général, S étant la surface convexe d'un cylindre droit, dont $h$ est la hauteur et $d$ le diamètre ou $r$ le rayon, quelle est la valeur de S ? — A quoi revient le calcul de S ?

*Trouver la surface convexe d'un cylindre droit.*

3819. $h = 2^m$,     $d = 0^m,56$;     $h = 3^m,50$,   $r = 0^m,12$.
3820. $h = 4$,     $d = 0$ ,42;     $h = 4$ ,20,   $r = 1$ ,29.
3821. $h = 1$ ,40, $d = 1$ ,40;     $h = 5$ ,60,   $r = 1$ ,25.
3822. $h = 7$ ,98, $d = 0$ ,69;     $h = 2$ ,53,   $r = 3$ ,67.

3823. Un cylindre droit a 45 centimètres de diamètre, avec une hauteur contenant 24 fois le rayon : quelle est sa surface en décimètres carrés?

3824. Un ouvrier doit construire un tuyau de poêle de 14 centimètres de diamètre et de $25^m$ de longueur : si le croisement de la tôle et l'emboîtement des diverses parties exige 5 p. % en sus de la surface, quelle quantité de tôle lui sera nécessaire?

3825. Un maçon a construit une tourelle cylindrique de $7^m,70$ de diamètre intérieur, et de $23^m,50$ de hauteur au-dessus du sol : combien en coûtera-t-il pour la faire plafonner, à $2^f,25$ le mètre carré?

3826. Que faut-il faire pour calculer *le volume d'un cylindre?* — Comment cela?

3827. En général, V étant le volume d'un cylindre, dont $h$ est la hauteur, et $d$ le diamètre ou $r$ le rayon, quelle est la valeur de V? — À quoi revient le calcul du volume d'un cylindre?

*Calculer le volume d'un cylindre.*

3828. $h = 7^m,42$, $r = 3^m,40$;   $h = 8^m,60$,   $d = 5^m,25$.
3829. $h = 9$ ,15, $r = 1$ ,47;   $h = 2$ ,59,   $d = 9$ ,87.
3830. $h = 0$ ,28, $r = 0$ ,64;   $h = 0$ ,53,   $d = 3$ ,64.
*3831. $h = 17,40$, $r = 0$ ,70;   $h = 129^m$,   $d = 1$ ,44.

3832. Comment calculer la hauteur d'un cylindre dont on connaît le rayon ou le diamètre, et le volume? — Comment calculer le rayon ou le diamètre, connaissant le volume et la hauteur?

3833. Le diamètre d'un cylindre est de 84 centimètres, et son volume de 803880 centimètres cubes : quelle en est la hauteur?

* 3834. Trouver, à un millimètre près, le diamètre d'un cylindre dont la hauteur est de $6^m,45$, et le volume 124 mèt. cubes.

* 3835. Le volume d'un cylindre est de 4 mèt. cubes 83 décim. cubes, et sa hauteur est décuple de son diamètre : quel en est le rayon, à moins d'un millimètre près?

3836. Le diamètre d'un cylindre est le cinquième de sa hauteur; quelle en doit être la hauteur, à un centimètre près, pour que son volume soit de 6 mèt. cubes 6 décimèt. cubes?

* 3837. Calculer, à un demi-millimètre près, le diamètre et la profondeur de l'hectolitre, du décalitre et du litre, pour les matières sèches, sachant que pour ces mesures la profondeur est égale au diamètre.

*3838. Calculer, à moins d'un demi-millimètre près, la profondeur et le diamètre du décalitre et du litre pour les liquides, sachant que ces mesures ont une profondeur double du diamètre.

3839. On veut conduire l'eau d'une fontaine à un lavoir distant de 120 mètres, et l'on emploie pour cela des tuyaux cylindriques en fonte de fer. Ces tuyaux ont 47 centimètres de circonférence extérieure, et la fonte a six millimètres d'épaisseur. Sachant que la fonte, dont le centimètre cube pèse 7$^{gr}$,207, coûte 30 fr. les 100 kilog., et que l'emboîtement des diverses parties donne une augmentation de poids de 6 p. %, à combien reviendra la fonte nécessaire à la totalité du canal ?

**3840.** La tourelle dont il est question au N° 3825, a 4$^m$,15 des fondements au niveau du sol, et la muraille a une épaisseur moyenne de 85 centimèt. : Combien est-il dû au maçon, à 16$^f$,80 le mètre cube ?

**3841.** Quelle est la mesure de la surface convexe du CONE *droit ?* — Comment le savez-vous ?

**3842.** En général, S étant la surface convexe du cône droit, dont C est le côté, et $r$ le rayon ou $d$ le diamètre, quelle est la valeur de S ? — A quoi donc revient le calcul de S ?

*Calculer* LA SURFACE *convexe d'un cône droit.*

**3843.** C = 4$^m$,65,   $r$ = 2$^m$,45 ;    C = 3$^m$,69,   $d$ =   5$^m$,
**3844.** C = 5 ,32,   $r$ = 2 ,66 ;    C = 4 ,56,   $d$ =   5 ,67.
**3845.** C = 1 ,20,   $r$ = 0 ,42 ;    C = 1 ,96,   $d$ =   3 ,43.
**3846.** C = 8 ,40,   $r$ = 3 ,60 ;    C = 9 ,80,   $d$ = 12 ,34.

**3847.** Comment calculer la surface convexe d'un cône droit, dont on connaît la hauteur, et le rayon ou le diamètre ?

**3848.** Comment calculer le côté d'un cône droit, dont on connaît le rayon ou le diamètre, et la surface convexe ?— Comment trouver le rayon ou le diamètre, connaissant la surface convexe, et le côté ?

**3849.** Un ouvrier construit une toiture conique de 3$^m$,35 de rayon, et de 5$^m$,67 de côté : combien aura-t-il à toucher, à 12$^f$,50 le mètre carré ?

**3850.** Quelle est la surface convexe d'un cône droit de 8$^m$ de hauteur, et dont le diamètre est de 12$^m$ ?

**3851.** La surface convexe d'un cône droit est de 120 mèt. carrés, et le diamètre de 7$^m$,56 : trouver le côté et la hauteur.

**3852.** Trouver le diamètre et la hauteur d'un cône droit, dont le côté est de 20$^m$, et la surface convexe de 321 mèt. carrés.

**3853.** La surface convexe d'un cône droit est de 456 centimèt. carrés, et son côté est le triple de son rayon : calculer en millimètres, le diamètre, le côté et la hauteur de ce cône.

**3854.** Un ouvrier doit couvrir avec des planchettes un cône de 7$^m$,42 de diamètre et 5$^m$,60 de côté. La surface de chaque planchette équivaut à un rectangle de 25 centimètres sur 10, mais elles se croisent de manière que les trois cinquièmes de chacune se trouvent couverts par celles du rang supérieur. Si le couvreur fixe chaque planchette au moyen de deux clous dont le millier lui revient à 1$^f$,25, et que le cent de planchettes lui coûte 0$^f$,80, combien doit-il demander du mètre carré, pour que son bénéfice net total soit de 184 francs ?

**3855.** Comment peut être considéré un cône, et par suite, quelle est la mesure de son volume?

**3856.** En général, V étant le volume du cône , $r$ son rayon ou

$d$ son diamètre, et $h$ sa hauteur, quelle est la valeur de V? — A quoi revient donc le calcul de V?

*Calculer LE VOLUME d'un cône.*

| 3857. | $h = 3^m,50,$ | $r = 2^m,45$ ; | $h = 12^m,46,$ | $d = 14^m,65.$ |
| 3858. | $h = 7$ ,49, | $r = 3$ ,48 ; | $h = 7$ ,98, | $d = 6$ ,38. |
| 3859. | $h = 1$ ,20, | $r = 1$ ,50 ; | $h = 0$ ,97, | $d = 0$ ,28. |
| *3860. | $h = 1234^m,$ | $r = 324^m$ ; | $h = 1$ ,72, | $d = 1$ ,36. |

3861. Comment calculer le volume d'un cône droit dont on connaît le côté, et le rayon ou le diamètre?

3862. Comment calculer la hauteur d'un cône dont on connaît le rayon ou le diamètre, et le volume? — Comment trouver le rayon ou le diamètre, connaissant le volume et la hauteur?

3863. Quel est le volume d'un cône dont le côté est de $1^m,05$ et le diamètre de $1^m,26$?

3864. Le volume d'un cône contient 107 décimèt. cubes 8 dixièmes, et il a 35 centimèt. de rayon : quelle en est la hauteur?

3865. La hauteur d'un cône est de $4^m,20$, et son volume de 39 mèt. cubes 6 dixièmes : quel en est le rayon?

3866. La hauteur d'un cône est égale à son diamètre, et son volume est de 7071 décimètres cubes $\frac{3}{7}$ : quelle en est la hauteur?

3867. Le volume d'un cône est de 16 mètres cubes 111 décimètres cubes $\frac{1}{3}$ : quel en est le rayon, sachant qu'il est le septième de la hauteur?

3868. L'intérieur d'un vase conique a $3^m,50$ de profondeur et $2^m,40$ de diamètre : combien contient-il d'hectolitres et litres de liquide, quand il est plein?

3869. Démontrer que *la surface* convexe d'un TRONC DE CONE droit à bases parallèles a pour mesure la demi-somme des circonférences de ses bases multipliée par son côté.

3870. En général, S étant la surface convexe d'un tronc de cône droit à bases parallèles, R et $r$ les rayons ou D et $d$ les diamètres de la grande et de la petite base, et C le côté, quelle est la valeur de S? — A quoi donc revient le calcul de S?

*Calculer LA SURFACE convexe d'un tronc de cône droit à bases parallèles.*

| 3871. | $R = 2^m,80,$ | $r = 2^m,10,$ | $C = 5$ mètres. |
| 3872. | $D = 3$ ,40, | $d = 2$ ,20, | $C = 7^m,50.$ |
| 3873. | $R = 0$ ,45, | $r = 0$ ,32, | $C = 1$ ,25. |
| 3874. | $D = 0$ ,49, | $r = 0$ ,21, | $C = 2$ ,97. |
| 3875. | $R = 0$ ,25, | $d = 0$ ,30, | $C = 1$ ,47. |
| 3876. | $R = 4$ ,43, | $r = 0$ ,15, | $C = 12$ ,34. |
| 3877. | $D = 5$ ,20, | $d = 4$ ,90, | $C = 2$ ,54. |
| 3878. | $R = 1$ ,23, | $r = 1$ ,20, | $C = 1$ ,72. |

3879. Comment calculer la surface convexe d'un tronc de cône droit à bases parallèles, connaissant la hauteur et les rayons extrêmes?

3880. La surface convexe du tronc de cône droit à bases parallèles étant connue, ainsi que les deux rayons extrêmes, comment calculer le côté ? — Comment calculer l'un des rayons, connaissant l'autre, ainsi que le côté et la surface convexe?

**3881.** Trouver la surface convexe d'un tronc de cône droit à bases parallèles, le grand rayon étant de 70 centimèt., le petit de 30, et la hauteur de 2$^m$,80.

**3882.** Le rayon de la grande base étant de 0$^m$,43, et celui de la petite de 0$^m$,34, quel doit être le côté, pour que la surface convexe soit de 5 mètres carrés?

**3883.** Le rayon de la petite base étant de 1$^m$,20, quel doit être celui de la grande, pour que, le côté du tronc étant de 14$^m$, la surface convexe soit de 123$^{mm}$,20 ?

*** 3884.** Le petit rayon est la moitié du plus grand, et le côté est la somme des diamètres extrêmes : trouver le côté et chacun des rayons, sachant que la surface convexe du tronc est 10 mèt. carrés.

**3885.** Quelle quantité de zinc faut-il pour garnir l'intérieur d'un baquet ayant au fond 20 centimètres de rayon, et à l'ouverture 25, si la profondeur est de 35 centimètres? — A combien reviendra la garniture, si le zinc mis à place se paye 12 centimes le décimèt. carré?

**3886.** Comment peut être considéré un tronc de cône à bases parallèles, et par suite, à quoi est-il équivalent?

**3887.** En général, V étant le volume d'un tronc de cône à bases parallèles, R étant le rayon de la grande base, r celui de la petite, et H la hauteur, quelle est la valeur de V ? — A quoi revient le calcul de V ?

*Calculer* LE VOLUME *d'un tronc de cône à bases parallèles.*

| | | | |
|---|---|---|---|
| **3888.** | R = 1$^m$,40, | r = 1$^m$,05, | H = 2$^m$,54. |
| **3889.** | R = 0 ,63, | r = 0 ,56, | H = 1 ,87. |
| **3890.** | R = 2 ,52, | r = 2 ,45, | H = 3 ,77. |
| **3891.** | R = 3 ,45, | r = 2 ,50, | H = 3 ,69. |
| **3892.** | R = 4 ,49, | r = 4 ,23, | H = 5 ,67. |
| **3893.** | R = 5 ,19, | r = 2 ,36, | H = 6 ,80. |
| **3894.** | R = 6 ,58, | r = 5 ,60, | H = 0 ,90. |
| **3895.** | R = 1 ,23, | r = 0 ,45, | H = 6 ,78. |

**3896.** Comment calculer le volume d'un tronc de cône à bases parallèles, connaissant le côté et les rayons extrêmes ?

**3897.** Connaissant le volume du tronc, et les rayons extrêmes, comment en calculer la hauteur?

**3898.** Quel est le volume d'un tronc de cône droit à bases parallèles, dont le côté à 79 centimètres, le grand diamètre 1$^m$,40 et le petit 0$^m$,98 ?

**3899.** Les diamètres d'un cuveau sont de 40 et 60 centimètres : quelle profondeur doit-on lui donner, pour qu'il contienne 41 litres 8 décil.?

**3900.** Une cuve doit contenir 34 hectolitres ; or, on veut que le rayon au fond soit de 63 centimèt., et à l'ouverture de 84 : quelle sera la profondeur?

**3901.** Une pièce de bois est terminée par deux cercles parallèles distants l'un de l'autre de 8$^m$,25 ; le petit cercle a 25 centimèt. de rayon, et le plus grand 32 : quelle est la valeur de cette pièce, à 8f,40 le décistère ?

3902. Un tonnelier a construit une cuve de 2m,45 de profondeur, ayant 1m,20 de rayon au fond, et 1m,50 à l'ouverture : combien lui est-il dû, 4f,25 par hectolitre ?

*3903. On doit construire une cuve qui contienne 40 hectolitres. Or, on veut que le plus petit diamètre soit égal au plus grand rayon, et que la profondeur soit le double du plus grand diamètre : calculer, à un millimètre près, la profondeur de cette cuve, et ses rayons extrêmes.

3904. Comment mesure-t-on ordinairement le volume des pieds d'arbres non écarris ?

3905. En général, V étant le volume demandé, C la circonférence au milieu de la pièce, et L sa longueur, quelle est la valeur de V ? — A quoi peut se ramener, dans tous les cas, le calcul de V ?

*Calculer* LE VOLUME *d'un pied d'arbre non écarri.*

3906. C $=$ 1m,20,   L $=$ 3m,40 ;      C $=$ 0m,87,   L $=$ 4m,17.
3907. C $=$ 0 ,69,   L $=$ 2 ,54 ;      C $=$ 1 ,30,   L $=$ 5 ,83.
3908. C $=$ 1 ,50,   L $=$ 5 ,44 ;      C $=$ 1 ,85,   L $=$ 6 ,75.
3909. C $=$ 1 ,72,   L $=$ 8 ,33 ;      C $=$ 0 ,97,   L $=$ 7 ,60.

3910. Combien faut-il payer pour un pied d'arbre de 12m,30 de longueur, ayant en son milieu 2m de circonférence, à 97f,50 le stère ?

3911. Quelle est la mesure de LA SURFACE *d'une* SPHÈRE ?

3912. En général, S étant la surface de la sphère, $d$ son diamètre ou $r$ son rayon, quelle est la valeur de S ? — A quoi revient le calcul de S ?

*Calculer* LA SURFACE *d'une sphère.*

3913.     $d =$ 0m,21 ;     $d =$ 0m,28 ;     $d =$ 0m,35.
3914.     $d =$ 1 ,23 ;     $r =$ 0 ,50 ;     $r =$ 0 ,63.
3915.     $r =$ 0 ,07 ;     $d =$ 0 ,72 ;     $d =$ 1 ,44.
3916.     $d =$ 2 ,10 ;     $d =$ 3 ,50 ;     $r =$ 4 ,65.

3917. Comment calculer la surface d'une sphère dont on connaît la circonférence ?

3918. Comment calculer le diamètre, le rayon d'une sphère dont on connaît la surface ?

3919. La circonférence d'une sphère est de 1m,32 : quelle en est la surface ?

3920. La surface d'une sphère est de 24mm,64 : quel en est le rayon ?

3921. Quel doit être le diamètre d'une sphère, pour que sa surface contienne 5544 centimètres carrés ?

3922. Un peintre a doré une sphère de 44 centimètres de circonférence : combien lui appartient-il, à 2f,50 par décimètre carré ?

3923. L'intérieur d'une coupole forme une demi-sphère de 34m,30 de diamètre ; on la fait plafonner, à 4f,50 le mètre carré : combien en coûtera-t-il ?

* **3924.** La circonférence du globe terrestre est de 4000 myriamèt. : trouver sa surface, à un millier d'hectares près.

**3925.** Démontrer que LE VOLUME *d'une sphère* a pour mesure le tiers du produit de sa surface par son rayon.

**3926.** En général, V étant le volume d'une sphère dont le diamètre est $d$, ou le rayon $r$, quelle est la valeur de V ? — A quoi revient le calcul de V ?

*Calculer* LE VOLUME *d'une sphère.*

| | | | |
|---|---|---|---|
| **3927.** | $d = 0^m,21$ ; | $d = 0^m,56$ ; | $d = 0^m,72.$ |
| **3928.** | $d = 1\ ,47$ ; | $d = 2\ ,80$ ; | $d = 0\ ,91.$ |
| **3929.** | $d = 2\ ,34$ ; | $r = 1\ ,45$ ; | $r = 2\ ,75.$ |
| **3930.** | $r = 3\ ,45$ ; | $d = 6\ ,93$ ; | $d = 5\ ,55.$ |
| **3931.** | $d = 0\ ,60$ ; | $r = 0\ ,95$ ; | $d = 126^m,70.$ |

**3932.** Comment calculer le volume d'une sphère dont on connaît la surface ?

**3933.** Comment calculer le diamètre, le rayon d'une sphère dont on connaît le volume ?

**3934.** La surface d'une sphère est de 5544 mètres carrés : trouver le volume du même corps.

**3935.** Le volume d'une sphère est de 4851 centimètres cubes : quel en est le diamètre ? — le rayon ?

**3936.** La circonférence d'une sphère est de $4^m,40$ : quel en est le volume ?

**3937.** On a fait dorer une sphère, à $2^f,20$ le décimètre carré, et la dépense s'est élevée à $54^f,21$ : trouver le volume de la sphère dorée.

**3938.** Une sphère de plomb pèse 16 kilog. 314 grammes : quel en est le diamètre, sachant que le centimètre cube de plomb pèse 11 gram. 35 centig. ?

**3939.** Deux boules de marbre de 50 centimètres de diamètre sont vendues à 200 fr. le mètre cube : combien coûtent-elles ?

**3940.** Deux globes de fonte ont été construits dans une forge éloignée de 30 kilomètres. Ils sont creux, et le vide forme une sphère de 63 centimètres de diamètre, tandis qu'à l'extérieur ils ont 70 centimèt. Or, la fonte pèse $7^{gr},207$ le centimètre cube, et on la cède à 45 fr. les 100 kilog. A combien reviendront les deux globes, y compris les frais de transport, qui montent à 5 centimes pour 100 kilog. par kilomètre ?

**3941.** LE VOLUME DU TONNEAU étant représenté par V, son plus grand rayon par R, son plus petit par $r$, et sa longueur par L, quelle est la valeur de V ? — Comment donc peut-on opérer, pour calculer le volume des tonneaux ?

*Calculer* LE VOLUME DES TONNEAUX *dont les dimensions suivent, puis exprimer en hectolitres et litres la capacité de chacun.*

| | | | |
|---|---|---|---|
| **3942.** | $R = 0^m,50,$ | $r = 0^m,40,$ | $L = 1^m,47.$ |
| **3943.** | $R = 0\ ,70,$ | $r = 0,\ 60,$ | $L = 1\ ,75.$ |
| **3944.** | $R = 0\ ,80,$ | $r = 0,\ 70,$ | $L = 2\ ,20.$ |
| **3945.** | $R = 0\ ,84,$ | $r = 0\ ,63,$ | $L = 2\ ,10.$ |
| **3646.** | $R = 0\ ,91,$ | $r = 0\ ,77,$ | $L = 2\ ,50.$ |

**3947.** R = 1$^m$,40,   $r$ = 1$^m$,20,   L = 3$^m$,50.
**3948.** R = 2 ,24,   $r$ = 2 ,10,   L = 8 ,40.
**3949.** R = 1 ,69,   $r$ = 1 ,24,   L = 3 ,19.
**3950.** R = 0 ,42,   $r$ = 0 ,37,   L = 1 ,36.
**3951.** R = 0 ,38,   $r$ = 0 ,30,   L = 1 ,05.

**3952.** Connaissant le plus grand et le plus petit rayon d'un tonneau, ainsi que sa capacité, comment pourriez-vous en calculer la longueur?

**3953.** Connaissant la capacité d'un tonneau, sa longueur, et l'un de ses rayons, comment pourriez-vous calculer l'autre?

**3954.** Le plus grand diamètre d'un tonneau étant de 91 centimètres, et son plus petit rayon de 0$^m$,385, quelle doit être sa longueur, pour qu'il contienne 7 hectol. 32 litres?

**3955.** Une pièce de vin contient 489 litres ; elle a 1$^m$,05 de longueur, et son plus petit diamètre est de 0$^m$,63 : quel est son plus grand rayon?

**3956.** Un tonnelier a construit deux futailles, à 6$^f$,40 par hectolitre. La première a 1$^m$,89 de long, 0$^m$,92 pour plus grand diamètre, et 0$^m$,32 pour plus petit rayon ; la seconde a une longueur de 2$^m$,52, avec 1$^m$20 de diamètre au milieu, et 0$^m$,82 à chaque fond. Trouver ce qu'on doit à l'ouvrier.

**3957.** On veut un tonneau qui contienne 2729 litres, et dont le plus petit rayon soit la moitié du plus grand, et celui-ci le cinquième de la longueur. Trouver les dimensions de ce tonneau.

**3958.** N'y a-t-il pas un moyen plus expéditif que le calcul, pour mesurer la capacité des tonneaux ? — Quel est-il ?

*Dire la capacité du tonneau, d'après les indications de* LA JAUGE : D *indique la capacité, d'après la longueur prise* à droite ; G *l'indique, d'après la longueur prise* à gauche.

**3959.** D = 250, G = 240 ;   D = 680, G = 700.
**3960.** D = 850, G = 830 ;   D = 1200, G = 1200.
**3961.** D = 1860. G = 1880 ;   D = 2500, G = 2530.

**3962.** Donnez-nous un moyen de CONSTRUIRE UNE JAUGE.

*Soit, dans un tonneau quelconque,* D *la distance du milieu de la bonde à la partie inférieure de chaque fond : sachant que* D = 2$^m$ *dans un tonneau contenant* 46 *hectolitres,* CONSTRUIRE UNE JAUGE *sur cette base, et pour cela,*

**3963.** Calculer D, pour 5, 6, 7, 8, 9, 10 décalitres.
**3964.** Calculer D, pour 12, 14, 16, 18, 20 décalitres.
**3965.** Calculer D, pour 22, 24, 26, 28, 30 décalitres.
**3966.** Calculer D, pour 32, 34, 36, 38, 40 décalitres.
**3967.** Calculer D, pour 45, 50, 55 décalitres.
**3968.** Calculer D, pour 60, 65, 70 décalitres.
**3969.** Calculer D, pour 75, 80, 85 décalitres.
**3970.** Calculer D, pour 90, 95, 100 décalitres.
**3971.** Calculer D, pour 105, 110, 115 décalitres.
**3972.** Calculer D, pour 120, 125, 130 décalitres.
**3973.** Calculer D, pour 135, 140, 145 décalitres.

**3974.** Calculer D, pour 150, 155, 160 décalitres.
**3975.** Calculer D, pour 17, 18, 19 hectolitres.
**3976.** Calculer D, pour 20, 21, 22 hectolitres.
**3977.** Calculer D, pour 23, 24, 25 hectolitres.
**3978.** Calculer D, pour 26, 27, 28 hectolitres.
**3979.** Calculer D, pour 29, 30, 32 hectolitres.
**3980.** Calculer D, pour 34, 36, 38 hectolitres.
**3981.** Calculer D, pour 40, 42, 44 hectolitres.
**3982.** Calculer D, pour 46, 48, 50 hectolitres.

**3983.** La mesure de la capacité des tonneaux, au moyen d'une jauge quelconque, est-elle bien exacte ? — Quelles conditions seraient nécessaires pour une parfaite exactitude ?

### Quelques autres Problèmes sur le métrage.

**3984.** Une boîte à faces rectangulaires a 3$^m$,40 de long, 2$^m$,60 de large, et 1$^m$,25 de profondeur : combien peut-elle contenir d'hectolitres de blé ?

**3985.** On veut construire pour le service d'une cuisine un réservoir pouvant contenir huit barriques d'eau. Ce réservoir, qui aura la forme d'un parallélipipède rectangle, doit avoir 2$^m$ de long, 1$^m$,20 de large : quelle profondeur faudra-t-il lui donner ? — La barrique contient 230 litres.

**3986.** Si les planches employées pour le réservoir (N° 3985) ont 4 centimètres d'épaisseur, et que l'intérieur, le dessus excepté, soit revêtu d'une feuille de plomb ayant un millimètre et demi d'épaisseur, trouver le prix du réservoir, sachant que le menuisier vend son bois travaillé 30 centimes le décimètre cube, et que le décimètre carré de plomb mis à place coûte 25 centimes.

**3987.** On a fait peindre un portail de 3$^m$,50 de haut sur 3$^m$,80 de large ; l'ouvrier est convenu de 2$^f$,80 par mètre carré pour le dehors, et de 1$^f$,80 pour le dedans : combien lui doit-on ?

**3988.** Une cour pentagonale forme trois triangles et un trapèze. Premier triangle, 64$^m$ de base et 10 de hauteur ; second, 72$^m$ de base et 15 de hauteur ; troisième, 107$^m$ de base et 38 de hauteur ; trapèze, 64$^m$ et 72$^m$ de bases, sur 82 de hauteur. On veut la paver avec des dalles rectangulaires ayant chacune 50 centimètres de long, sur 40 de large : combien en faudra-t-il, et à combien reviendra le pavé, si le mètre carré coûte 2$^f$,75 ?

**3989.** Quel est le périmètre d'un trapèze dont les bases sont de 24$^m$ et de 32$^m$, et la hauteur de 20$^m$, sachant que les côtés non parallèles sont égaux ?

**3990.** Une pièce de terre forme un trapèze dont la grande base a 120$^m$ de long ; les côtés non parallèles ont 60$^m$ et 80$^m$ ; et le premier est perpendiculaire aux bases : quelle est la valeur de ce terrain, à 4500 fr. l'hectare ?

**3991.** On veut planchéier une salle de 8$^m$,50 de long sur 6$^m$,40 de large, puis boiser les faces latérales jusqu'à 1$^m$,20 de hauteur. Cette salle a quatre fenêtres, dont chaque embrasure présente un trapèze de 1$^m$,40 et 1$^m$,20 de bases sur 0$^m$,50 de hauteur. La porte a 1<sup>m</sup>,80 de largeur, sans embrasure à l'intérieur. Le plancher coûte 4<sup>f</sup>,50 le mètre carré, et la boiserie latérale 5<sup>f</sup>,60. Combien dépensera-t-on pour planchéier et boiser cette salle ?

3992. Au centre d'un terrain formant un hexagone régulier de 50<sup>m</sup> de côté, se trouve un bassin cylindrique de 12<sup>m</sup>,60 de diamètre et de 3<sup>m</sup>,20 de profondeur. Le terrain est cultivé jusqu'à 50 centimètres du bassin. Trouver 1° la surface du terrain cultivé, 2° le nombre de barriques d'eau que contient le bassin, lorsque le niveau de l'eau n'est plus qu'à 70 centimètres de celui du terrain.

3993. Un peintre a mis en couleur les quatre murs d'une salle qui a 9<sup>m</sup>,60 de long, 7<sup>m</sup>,40 de large et 4<sup>m</sup>,20 de haut. Elle a 6 fenêtres de 1<sup>m</sup>,30 de large sur 2<sup>m</sup>.de haut, et dont l'embrasure présente un trapèze de 1<sup>m</sup>,50 et 1<sup>m</sup>,30 de bases, sur 50 centimètres de hauteur; elle a aussi deux portes de 2<sup>m</sup> de large sur 2<sup>m</sup>,50 de hauteur, sans embrasure à l'intérieur. Combien est-il dû au peintre, le prix du mètre carré étant de 2<sup>f</sup>,90 pour les murs, et de 3<sup>f</sup>,50 pour chaque face des deux portes, sachant que chaque fenêtre est élevée de 1<sup>m</sup>,20 au-dessus du plancher?

3994. La toiture d'un pavillon carré présente quatre trapèzes égaux et quatre triangles égaux. Chaque trapèze a pour bases 8<sup>m</sup>,50 et 5<sup>m</sup>,80, sur 4<sup>m</sup>,60 de hauteur; chaque triangle a 5<sup>m</sup>,80 de base sur 4<sup>m</sup>,30 de hauteur. Combien coûtera cette toiture, à 3<sup>f</sup>,40 le mètre carré?

3995. Quel est le volume d'un cube dont chaque face a pour mesure 15129 centimètres carrés?

3996. Pour construire un mur de 120<sup>m</sup> de long, 3<sup>m</sup>,50 de haut, et 0<sup>m</sup>80 d'épaisseur, on emploie des briques de 30 centimèt. de long, 16 de large, et 12 d'épaisseur : combien en faudra-t-il, supposé que le mortier soit pour 1/5 dans le volume total?

3997. Quel est le volume d'un fumier rectangulaire ayant 9<sup>m</sup>,50 de long, 6<sup>m</sup>40 de large et 1<sup>m</sup>,30 de haut? — Quelle en est la valeur, à 3<sup>f</sup>,40 le mètre cube ?

3998. Un carrier a extrait des pierres qu'il a disposées de manière qu'elles forment un corps rectangulaire de 18<sup>m</sup>,50 de long, 7<sup>m</sup>,40 de large, et 1<sup>m</sup>,25 de haut; combien lui est-il dû à 1<sup>f</sup>,50 par mètre cube ?

3999. Une poutre dont toutes les faces sont rectangulaires, a 6<sup>m</sup>,23 de long, 0<sup>m</sup>,80 de large et 0,75 d'épaisseur: combien vaut-elle, à 9<sup>f</sup>,40 le décistère ?

4000. Une pièce de bois écarrie est terminée par deux rectangles parallèles, l'un de 60 centimètres sur 50, l'autre de 56 cent. sur 45, et ils sont à 8<sup>m</sup>,60 l'un de l'autre : après en avoir déterminé le volume, à un décimètre cube près, calculer sa valeur, à 8<sup>f</sup>,30 le décistère?

4001. Une boîte pleine de froment a 3<sup>m</sup>,45 de long, 2<sup>m</sup>,65 de large, et 0<sup>m</sup>,60 de profondeur. — Toutes ces dimensions sont prises intérieurement. — Combien vaut le contenu, à 26<sup>f</sup>,80 l'hectolitre?

4002. Un réservoir d'eau est terminé par deux rectangles parallèles, l'un (la base supérieure) de 8<sup>m</sup>,65 sur 6<sup>m</sup>,40, l'autre (le fond) de 7<sup>m</sup> sur 6 : combien contient-il de barriques lorsqu'il est plein, sachant que la profondeur est de 4<sup>m</sup>,80 ? — La barrique contient 230 litres.

*4003. On a deux seaux, l'un cylindrique de 25 centimèt. de diamètre et 28 de profondeur ; l'autre forme un tronc de cône de 30 cent. de profondeur, ayant pour diamètres 21 et 26 centimètres : lequel des deux est le plus grand, et de combien, à un décilitre près?

4004. Combien d'hectolitres et demi-décalitres de blé dans un sac ayant 1<sup>m</sup>,40 de tour et 1<sup>m</sup>,50 de hauteur?

4005. Combien d'hectolitres d'eau dans un fossé dont la face supérieure est un rectangle de 123<sup>m</sup>,45 sur 4<sup>m</sup>,60 ; le fond, un rectangle de 121<sup>m</sup>,60 sur 3<sup>m</sup>,80, et dont la profondeur uniforme est 3<sup>m</sup>,30 ?

4006. Sur un espace de 6<sup>m</sup>,70 de long et 1<sup>m</sup>,80 de large, au fond d'un hangar, on veut déposer 20 stères de bois : à quelle hauteur s'élèvera le tas?

4007. Quelle est en mètres et millimètres, la hauteur d'un triangle équilatéral dont la base est de 123<sup>m</sup>,45?

4008. Trouver, à moins d'un millimèt., la diagonale d'un carré dont le côté est de 12<sup>m</sup>,34.

4009. Trouver en mètres et centimètres, le côté d'un carré dont la diagonale est de 234<sup>m</sup>,50?

4010. La longueur d'un rectangle est de 64<sup>m</sup> et sa largeur de 44 : trouver sa diagonale, en mètres et millimètres?

4011. La diagonale d'un carré est de 7<sup>m</sup>,89 : trouver sa surface à moins d'un centimètre carré.

4012. Trouver, en mètres et millimètres, le côté du carré équivalent à la somme de trois carrés dont les côtés ont 20<sup>m</sup>, 45<sup>m</sup>, 75<sup>m</sup>.

4013. Trouver, à moins d'un demi-centimètre, le côté du carré équivalent à la différence de deux carrés ayant pour côtés 123<sup>m</sup> et 234<sup>m</sup>.

4014. La diagonale d'un rectangle étant de 123<sup>m</sup>,50 et l'un de ses côtés de 82<sup>m</sup>,30, quelle est sa surface, en mèt. carrés et décim. carrés?

4015. La surface d'un rectangle est de 2 hectares 64 ares, et sa base est double de sa hauteur : trouver sa diagonale, à un centimèt. près.

4016. La base d'un rectangle est triple de sa hauteur, et sa diagonale est de 360<sup>m</sup> : quelle est sa surface, en ares et centiares?

4017. Le périmètre d'un losange est de 100<sup>m</sup>, et l'une de ses diagonales de 20<sup>m</sup> : quelle est l'autre diagonale, à un cent. près?

4018. L'une des diagonales d'un losange est de 48<sup>m</sup>, et son périmètre de 240 : quelle est sa surface, en ares et centiares?

4019. La surface d'un petit losange est de 900 centimèt. carrés, et la petite diagonale est la moitié de la plus grande : trouver, à un millimètre près, son côté ou sa base, et sa hauteur.

4020. Une sphère est inscrite dans un cylindre, c'est-à-dire que, placée dans le cylindre, elle touche aux deux bases de celui-ci, et que les deux corps ont le même diamètre. Or, la surface convexe du cylindre est de 3850 centimètres carrés : conclure de là 1° la surface de la sphère ; 2° le volume de la sphère ; 3° le volume du cylindre.

*4021. Un tuyau cylindrique a 0^m,50 de diamètre : combien peut-il y passer d'hectolitres d'eau par heure, lorsque la vitesse du courant est de 0^m,95 par seconde ?

4022. On veut construire un mur de 254^m de long, 5^m de haut, et 0^m,80 d'épaisseur. Si le mètre cube de pierre, pris à la carrière, coûte 2^f,50, que le transport revienne à 3 fr., et qu'il en entre 6 dans 5 du mur, à combien reviendra ce mur, sachant que le maçon travaille à 1^f,50 le mètre carré, et que l'on dépense par ailleurs une somme de 432 francs ?

4023. Une meule à moudre de la graine de lin a 2 mèt. de diamètre et 50 centimètres d'épaisseur : combien coûte-t-elle, à 150 fr. le mèt. cube ? — Combien pèse-t-elle, sachant que le granit dont elle se compose pèse 2^gr,76 le centimètre cube ?

4024. Mais si la meule (N° 4023), au lieu d'être cylindrique, avait 60 centimèt. d'épaisseur en son milieu, et que de ce point elle allât en s'amincissant, de façon à n'avoir plus que 50 cent. à la circonférence : toutes choses égales d'ailleurs, quel en serait le prix ? — Quel en serait le poids ?

4025. Un rouleau cylindrique en fonte de fer a 1^m,20 de long, et 35 centimètres de diamètre. Il coûte 24 fr. les 100 kilog., et le centimètre cube de fonte pèse 7^gr,207 : Combien pèse-t-il ? — Et à combien revient-il, si les frais de transport et de grément s'élèvent à 54 fr. ?

4026. Pour soutenir des poutrelles un peu faibles, on emploie 6 colonnes en fer forgé, de 6 centimèt. de diamètre et 3^m,50 de hauteur. Le fer coûte 45 fr. les 100 kilog. et pèse 7^gr,788 le centimètre cube. A combien reviendront les six colonnes, si les frais de transport et autres montent à 15^f, 60 ?

4027. Un ouvrier a taillé sur les six faces une pierre de 2^m,40 de long, 1^m,50 de large, et 0^m,65 de haut. Il a 1^f,75 du mètre carré, pour les cinq faces visibles, et seulement 50 centimes pour la face de dessous (rectangle de 2^m,40 sur 1^m,50). Combien doit-on à l'ouvrier ?

4028. On a creusé un puits de 20^m de profondeur. L'excavation présente un cône tronqué de 5^m de diamètre, à l'ouverture, et de 3^m,50 au fond ; et l'on a donné aux ouvriers 2^f,50 par mèt. cube de déblai. La maçonnerie forme un cylindre creux de 1^m,20 de diamètre intérieur, et elle a une épaisseur uniforme d'un mètre. Le mètre cube de pierre, rendu sur les lieux revient à 4^f,45 ; six mètres cubes de pierre n'en font que 5 de maçonnerie, et le maçon travaille sur le pied de 2^f,50 le mètre cube. A combien revient ce puits, si d'autres menus frais s'élèvent à 74^f,20 ? — Quelle quantité d'eau contiendra-t-il, en hectolitres, lorsqu'elle s'élèvera à 7^m,35 de hauteur ?

4029. On doit construire trois planchers rectangulaires ayant chacun 56^m,60 de long sur 7^m,40 de large : combien faudra-t-il de planches de 4^m,20 de long sur 15 centimètres de large ? — Et à combien montera la dépense totale, si le cent de planches revient à 75 fr., et que l'ouvrier, pour préparer son bois et poser les planches, ait 3f,45 du mètre carré ?

**4030.** Un corridor de 150 m. de long sur 4 m. de large doit être pavé avec des pierres formant des hexagones réguliers de 15 centimètres de côté : combien en faudra-t-il, et à combien reviendra le pavé, si chaque pierre coûte 45 centimes et que l'ouvrier qui les pose, ait 1f,75 du mètre carré ?

**4031.** On veut carreler une salle de 8m,64 de long sur 6m,80 de large. On emploie pour cela des pierres qui forment des octogones réguliers de 12 centimètres de côté : combien en faudra-t-il ? — Combien faudra-t-il de petits carreaux pour remplir les vides que laissent entre eux les octogones ? — Combien coûtera le pavé, si les octogones reviennent à 50 centimes, les petits carrés à 15 centimes, et que l'ouvrier ait 1f,80 du mètre carré pour la pose des pierres ?

**4032.** Une toiture présente dans sa totalité quatre trapèzes, deux rhomboïdes et deux triangles. Le premier trapèze a pour base 90m et 81m,60 ; le second, 81m,60 et 73m,20 ; le troisième 40m et 31m,60 ; le quatrième est égal au troisième ; les rhomboïdes on chacun 31m,60 de base, et les triangles chacun 8m,40 ; la hauteur de chaque figure est de 5m,60. Combien cette toiture exigera-t-elle de milliers d'ardoises de 20 centimètres sur 12, si les trois cinquièmes de chacune sont recouverts par le rang supérieur ? — Et combien coûtera-t-elle à 15f,40 le millier d'ardoises, si le couvreur travaille à 1f,75 le mètre carré, et que le faîte soit entièrement recouvert d'une feuille de plomb qui coûte 15 fr. le mètre carré, sachant que cette feuille a 40 centimètres de large, sur une longueur de 81m,60 + 2 fois 31m,60, ou de 144m,80 ?

**4033.** On veut construire un étouffoir dont le volume total soit de 1500 décimètres cubes. Pour cela on emploie de la tôle qui coûte 12f,40 le mètre carré : à combien reviendra cet étouffoir, s'il a 2m de long, 1m,50 de large, et que le constructeur demande 3f,20 du mètre carré ?

*** 4034.** Calculer, à un demi-millimètre près, le diamètre et la profondeur du demi-hectolitre, du double décalitre, du demi-décalitre et du double litre pour les graines, sachant que dans ces mesures la profondeur est égale au diamètre.

*** 4035.** Calculer, à un demi-millimètre près, le diamètre et la profondeur du double-décalitre, du demi-décalitre, du double litre et du demi-litre pour les liquides, sachant que ces mesures ont une profondeur double du diamètre.

**4036.** Calculer la surface comprise entre deux circonférences concentriques (qui ont le même centre), la plus petite ayant 28m,50 de rayon, et la plus grande 72m,40 de diamètre.

**4037.** Calculer le volume compris entre les surfaces de deux sphères concentriques qui ont 24 et 35 centim. de diamètre. — La matière qui compose les *bombes* forme un volume de cette espèce.

**4038.** *Dans tout triangle rectiligne, la somme des trois angles est 180°.* Cela posé, soient A le premier angle, B le second, C le troisième : si A = 54°, B = 74°, que vaut C ?

**4039.** Que vaut B, lorsque A = 36°27', et que C = 64°45' ?

**4040.** Que vaut A, lorsque B = 49°8'9'', et que C = 99°54'13'' ?

**4041.** Que vaut C, lorsque A = 90°, et que B = 65°29'43'' ?

**4042.** Que vaut B, lorsque A = C, et que C = 67°33'22'' ?

**4043.** Que vaut A, lorsque B = C, et que C = A ?

**4044.** Quel est le nom du triangle dont les angles A = 123°10', et B = 43°3'40'' ?

**4045.** L'angle B = 25°22'41'', l'angle C = 64°37'19'' : trouver l'angle A, et dire le nom du triangle.

**4046.** *Dans un polygone rectiligne quelconque, si l'on tire du sommet d'un angle des diagonales à tous les autres sommets, on le partage en autant de triangles qu'il y a de côtés* MOINS DEUX *dans ce polygone, et la somme des angles du polygone est la même que celle des angles de tous ces triangles.* Cela posé quelle est la somme des angles d'un quadrilatère ? — d'un pentagone ? — d'un hexagone ?

**4047.** Quelle est la somme des angles d'un polygone de 7, 8, 9, 10, 11, 12 côtés ?

**4048.** Quelle est la valeur de chaque angle du polygone régulier de 3, 4, 5, 6, 7, 8, 10, 12 côtés ?

**4049.** Quel est le nombre des côtés du polygone, selon que la somme de ses angles est 540°, ou 1800°, ou 360° ?

**4050.** Combien faut-il qu'un polygone ait de côtés, pour que la somme de ses angles soit de 900°, ou 4500°, ou 40500° ?

**4051.** *Si du centre d'un polygone régulier, on tire des droites à tous les sommets de ce polygone, on le partage en autant de triangles égaux entre eux qu'il y a de côtés.* Cela posé, le côté du polygone étant la base, quelle est la hauteur de chacun de ces triangles dans le polygone régulier de 3, 4, 5, 6 côtés, chacun de ceux-ci étant de 10 mètres.

**4052.** Le côté du polygone régulier étant de 8 m., quelle est la hauteur de chacun des triangles (*V. N*° 4051), selon que le polygone a 8, 10, 12, 15, 20 côtés ?

**4053.** Une sphère, et chacun des cinq polyèdres réguliers, ont même surface, savoir 9240 centimètres carrés : ont-ils aussi le même volume ? — Si les volumes sont différents, calculer la différence entre le tétraèdre et l'hexaèdre, entre l'hexaèdre et l'octaèdre, entre l'octaèdre et le dodécaèdre, entre le dodécaèdre et l'icosaèdre, enfin entre celui-ci et la sphère.

**4054.** Les cinq polyèdres réguliers ont chacun même volume qu'une sphère de 1m,40 de diamètre : si les surfaces ne sont pas équivalentes, trouver la différence entre celles du tétraèdre et de l'hexaèdre, entre celles de l'hexaèdre et de l'octaèdre,.... enfin, entre celles de l'icosaèdre et de la sphère.

**4055.** Les voyageurs nous apprennent que les ruines de Balbeck (Asie, entre le Liban et l'Anti-Liban) contiennent des pierres de dimensions prodigieuses. L'une d'elles (et ce n'est pas la plus grande) mesurée il n'y a pas encore 15 ans par Mgr Mislin, a 20m,05 de long, 5m,15 de large et 3m,65 de haut. Supposé que le granit qui la compose, pèse, comme celui d'Egypte, 2gr,76 le centimètre cube, combien d'hommes devraient réunir leurs forces pour la soulever, sachant que chacun, à raison de tout l'appareil nécessaire, ne pourrait en porter plus de 50 kilogrammes ?

# APPENDICE.

QUELQUES PROBLÈMES A RÉSOUDRE PAR LE SECOURS SEUL DU RAISONNEMENT

NOTA. *Les Elèves devront écrire le raisonnement qu'ils font pour arriver au résultat.*

4056. Trouver deux nombres dont la somme soit 138, et la différence 16.

4057. Partager 97f,75 entre deux individus, de manière que le premier ait 7f,25 de plus que le second.

4058. Deux nombres sont tels que le plus petit, augmenté de 57, devient égal au plus grand, et que la somme des deux est 623 : quels sont ces deux nombres?

4059. Deux nombres sont tels que le plus grand, diminué de 31, devient égal au plus petit : quels sont ces deux nombres, sachant que leur somme est 568?

4060. Deux nombres sont tels que leur différence est égale au plus petit : leur somme étant 678, quels sont ces deux nombres?

4061. Si j'avais encore autant de francs que j'en ai, et 20 de plus, j'en aurais 132 : combien ai-je?

4062. Si j'avais 345 fr. de plus, j'aurais le quadruple de ce que j'ai : combien ai-je?

4063. Le quotient de deux nombres est 5, et leur somme 378 : quels sont ces deux nombres?

4064. La différence de deux nombres est 75, et leur quotient 4 : quels sont ces deux nombres?

4065. La somme de deux nombres est 976 ; le plus petit est le tiers du plus grand : quels sont ces deux nombres?

4066. Le plus grand de deux nombres contient cinq fois le plus petit, et leur différence est 124 : quels sont ces deux nombres?

4067. La somme de deux nombres est égale à 330 ; le plus petit, augmenté de ses trois quarts, devient égal au plus grand : quels sont ces deux nombres?

4068. La différence de deux nombres est 123 ; le plus grand, diminué de ses deux cinquièmes, est égal au plus petit : quels sont ces deux nombres?

4069. Si l'on partage 1234 en deux parties dont le quotient soit 4, quelles seront les deux parties?

4070. En divisant l'un par l'autre deux nombres dont la somme est 912, on a 6 pour quotient, et 51 pour reste : trouver ces deux nombres.

4071. En augmentant un certain nombre de 2514, ou en le

multipliant par 7, on obtient le même résultat : quel est ce nombre ?

4072. En divisant un certain nombre par 8, ou en le diminuant de 875, on obtient le même résultat : quel est ce nombre ?

4073. La somme de trois nombres es 1234. Le second surpasse le premier de 5, et le troisième surpasse le second de 9. Trouver ces trois nombres ?

4074. Trois individus ont 1300 fr. à se partager, de manière que le second ait 106 fr. de plus que le troisième, et le premier 53 fr. de plus que le second : quelle sera la part de chacun ?

4075. On a donné 1000 fr. à un détachement de 260 hommes. Les caporaux et les autres officiers ont reçu chacun 5 fr., et les simples soldats 3$^f$,50. Trouver le nombre de ceux-ci.

4076. En ajoutant ensemble la moitié, le tiers et le cinquième d'un certain nombre, on trouve 1271 : quel est ce nombre ?

4077. Un particulier avait une certaine somme. Après en avoir dépensé la moitié, perdu le tiers, et donné le douzième aux pauvres, il lui reste 7$^f$,50. Quelle somme avait-il ?

4078. Cinq joueurs, ayant eu dispute, se sont jetés sur l'argent du jeu. Le premier en a pris un cinquième, le second un sixième, le troisième un dixième, le quatrième cinq douzièmes, et le cinquième a pris le reste qui est de 1$^f$,75. Combien y avait-il d'argent sur le jeu ?

4079. Après avoir dépensé la moitié des deux cinquièmes de mon argent, il me reste 701$^f$,12 : quelle somme avais-je ?

4080. Une armée ayant été défaite, on a reconnu que le cinquième des soldats était mort, que le sixième avait été fait prisonnier, que les trois huitièmes avaient pris la fuite, enfin, qu'il restait 12400 hommes sous les drapeaux : combien cette armée contenait-elle de soldats ?

4081. Un propriétaire achète une maison et un jardin, pour la somme de 72000 francs : trouver le prix de l'un et de l'autre, sachant que la maison coûte le triple du jardin moins 5328 fr.

4082. On a rempli en 17 minutes un vase contenant 103 litres, et pour cela, on y a fait couler tour à tour deux fontaines, qui donnent par minute, la première 5 litres et la seconde 7. On demande pendant combien de minutes chaque fontaine a coulé.

4083. Trois individus se mettent au jeu et y perdent leur argent. Les pertes du premier et du second montent à 9 fr. ; celles du premier et du troisième montent à 11$^f$,50, et celles du second et du troisième à 12$^f$,50. Trouver la perte de chacun.

4084. Mon frère et moi avons chacun une certaine somme. Si je donne 2 fr. à mon frère, nous aurons la même somme : combien avons-nous l'un et l'autre, sachant que nous possédons en tout 36 francs ?

4085. Pierre dit à Paul : « Si je te donne 20 fr., nous serons » aussi riches l'un que l'autre ; mais si tu me donnes 20 fr., mon » avoir sera double du tien. » Combien ont-ils l'un et l'autre ?

4086. Deux héritiers doivent se partager 44 hectares de terre, de manière que la part du second ne soit que les cinq sixièmes de celle du premier. Trouver la part de l'un et de l'autre.

**4087.** Trois ouvriers ont fait 346ᵐ d'ouvrage. Trouver l'ouvrage de chacun d'eux, sachant que le second a faif 17ᵐ de plus que le premier, et 12ᵐ de moins que le troisième.

**4088.** J'ai acquitté une dette de 61 fr. en donnant 17 pièces, les unes de 5 fr., les autres de 2 fr. : combien de pièces de chaque valeur ai je données ?

**4089.** Un enfant de 12 ans tient un nouveau-né sur les fonts du Baptême. Quel âge auront-ils l'un et l'autre, lorsque l'âge du filleul sera la moitié, le tiers, ou le quart de celui du parrain ?

**4090.** Trouver quelle heure précise il est, lorsque les deux aiguilles d'une montre bien réglée passent l'une sur l'autre, dans la matinée, entre 8 et 9 heures.

**4091.** On demande à un calculateur combien il a de francs en poche : « Ajoutez ensemble, répond-il, la moitié, le quart et le » cinquième de ce que j'en ai ; joignez 3ᶠ,25 à la somme, et vous » aurez le nombre demandé. » Quelle somme a-t-il ?

**4092.** Trois compagnies d'ouvriers se présentent pour creuser un canal. La première peut faire l'ouvrage en 120 jours, la seconde en 100 jours, et la troisième en 80 jours. Si l'on emploie simultanément les trois compagnies, en combien de jours le canal devra-t-il être creusé ?

**4093.** L'eau d'un bassin est fournie par trois tuyaux. Le premier le remplit seul en 10 heures, le second en 16 heures, et le troisième en 24 heures. En combien de temps les deux premiers, coulant ensemble, rempliront-ils le bassin ? — En combien de temps, les deux derniers ? — En combien de temps, les trois ?

**4094.** Un bassin est rempli en 3ʰ36ᵐ par deux robinets qu'on ouvre en même temps, et il l'est en 10ʰ et demie par le premier de ces robinets : en combien de temps l'est-il par le second ?

**4095.** Un ivrogne va dans un cabaret avec une certaine somme, et, après y avoir dépensé 3 fr., il va dans un autre, emprunte autant d'argent qu'il lui en reste, et dépense encore 3 fr. ; il va dans un troisième, fait un emprunt semblable au premier, et dépense encore 3 fr. ; enfin, ayant perdu 1ᶠ,20 au jeu, il ne lui reste plus rien. Combien avait-il d'abord ?

**4096.** De deux ouvriers qui travaillent ensemble, le premier gagne par jour un quart de plus que le second. Or, après un certain temps, le premier qui a travaillé 6 jours de moins que le second, reçoit 115 fr., et le second 116. Trouver le nombre de journées de chacun, et le prix de la journée.

**4097.** Un berger, menant paître son troupeau en temps de guerre, rencontre successivement trois compagnies de soldats. La première lui prend la moitié de son troupeau, plus une brebis ; la seconde lui prend la moitié de son reste, plus une brebis ; la troisième lui enlève la moitié du second reste, plus une brebis. Après tout cela, le troupeau ne contient plus que 9 brebis : combien y en avait-il d'abord ?

**4098.** Une fruitière vend un panier de poires comme il suit : A une première personne, elle donne la moitié de son panier, plus une demi-poire ; à une seconde, elle donne la moitié du reste et une demi-poire en sus ; une troisième, reçoit la moitié du second reste, plus la moitié d'une poire. Après tout cela, ayant distribué une douzaine de poires à des enfants qui l'entouraient, et en ayant mangé deux, le panier se trouve vide : combien en contenait-il d'abord ?

**4099.** Un père laisse par testament le tiers de son bien à son fils, le quart à sa fille, le cinquième à un neveu ; et sa veuve qui a le reste, reçoit 16042 francs. Trouver l'héritage, la part du fils, celle de la fille, et celle du neveu.

**4100.** Deux courriers vont dans le même sens. Le premier, qui a une avance de 108 myriam., fait 3 myriam. en 4 heures : le second fait 6 myriam. en 5 heures. Combien le second fera-t-il de myriam. pour joindre le premier ?

**4101.** « Mon âge, dit un père, est double de celui de mon fils, » et il y a 20 ans qu'il en était le quadruple. » Trouver l'âge actuel du père et du fils, et de plus, combien il y a d'années que le premier était triple du second.

**4102.** Pierre dit à Paul « Il y a 5 ans, mon âge était le qua- » druple du vôtre, et dans 11 ans il n'en sera plus que le double. » Trouver l'âge actuel de l'un et de l'autre.

**4103.** Un propriétaire voulant récompenser quelques-uns de ses domestiques, leur partage une certaine somme comme il suit : il donne 300 fr. au premier, plus le cinquième du reste ; il donne 600 fr. au second, plus le cinquième de ce qu'il reste, après avoir ôté la première part et 600 fr. ; il donne 900 fr. au troisième, plus le cinquième de ce qu'il reste, après avoir ôté les deux premières parts et 900 fr., et ainsi de suite. Or, il arrive que les domestiques sont également bien partagés : trouver, d'après cela, la somme distribuée, le nombre des domestiques gratifiés, et la part de chacun.

**4104.** Un lièvre poursuivi par un lévrier, a 54 sauts d'avance. Le lévrier fait trois sauts dans le même temps que le lièvre en fait quatre, et de plus il fait autant de chemin en 2 sauts que le lièvre en 3. Trouver combien de sauts fera le lévrier pour atteindre le lièvre, et combien en fera le lièvre avant d'être atteint par le lévrier.

**4105.** Je dois une somme de 3216 fr. à 6 mois de terme, une autre de 1773 fr. à 5 mois, et une troisième de 4378 fr. à 3 mois. Si je paye le tout en une seule fois, à quelle époque devrai-je payer, pour qu'il y ait *compensation d'intérêt?* (a).

**4106.** On doit une somme de 2716 fr., payable moitié dans 7 mois, moitié dans 11 mois : si on la paye dans un seul terme, à combien de mois faudra-t-il le fixer ?

**4107.** On doit une somme de 12 000 fr., payable un tiers dans 6 mois, un tiers dans 10 mois et le reste dans un an. Mais on veut la payer en un seul terme : dans combien de mois devra se faire l'unique payement ?

**4108.** Ayant acheté 4800 fr. de marchandises, payables à deux

_______________

(a) Cette *compensation d'intérêt* est supposée aussi dans les sept questions suivantes...

termes, 2000 fr. dans 6 mois, et le reste au bout de l'an, il arrive que, faute de fonds, je ne puis effectuer le premier payement. Alors, il est convenu que je payerai le tout en un seul terme : à quelle époque faut-il le fixer?

**4109.** Un marchand avait acheté pour 4000 fr. de drap à un an de crédit; mais ayant payé 2400 fr. au bout de 8 mois, il demande à quelle époque il devra payer le reste : que lui répondre?

**4110.** Un individu doit au même négociant : 4500 fr. comptant, 3200 fr. payables dans 6 mois, et 2300 fr. dans 10 mois. Ne pouvant faire le premier payement, il convient avec son créancier de payer les trois sommes en une seule fois : trouver l'époque du payement.

**4111.** Quelqu'un devait 1500 fr. à 4 mois de terme, 800 fr. à 6 mois, 1000 fr. à 9 mois, et 700 fr. après un an. Les conventions ont été ensuite changées, et il a payé 1000 fr. après 3 mois, 1200 fr. après 4 mois, et 800 fr après 5 mois : combien de mois peut-il garder le reste?

**4112.** Un particulier doit 5000 fr. payables dans 8 mois. Or, il voudrait avancer le payement de 3000 fr., de manière à ne payer le reste que dans 15 mois : à quelle époque doit-il payer les 3000fr?

**4113.** Supposant que 4 fr. valent un rouble de Russie, que 8 roubles valent 15 florins de Hollande, et que 5 florins valent 2 piastres d'Espagne : combien 1200 fr. valent-ils de piastres d'Espagne? — Et combien 480 piastres valent-elles de francs?

**4114.** On a quatre pièces de drap de qualités différentes : 3 m. de la première en valent 4 de la seconde; 3 de la seconde en valent 5 de la troisième, et 4 de la troisième en valent 7 de la quatrième : combien 120 m. de la première valent-ils de mètres de la quatrième? — Et combien 800 m. de la quatrième en valent-ils de la première?

**4115.** Un marchand veut échanger du drap contre du basin. Si 2 m. de drap valent 3 m. de casimir, et que 4 m. de casimir en valent 5 de basin, combien aura-t-il de mètres de basin pour une pièce de drap de 54ᵐ,60?

**4116.** Cinq cent quarante-trois francs valent cent piastres d'Espagne, et 1193 piastres valent 543 ducats de Hollande : combien 8000 fr valent-ils de ducats? — Et combien 1200 ducats valent-ils de francs?

**4117.** Un officier de cavalerie, étant à Naples, cède avec 3 p. %  de bénéfice, un cheval qui lui avait coûté 900 francs, et il en doit recevoir la valeur en ducats du pays. Or, on sait que le franc vaut 18 deniers de Hollande, que 30 deniers de Hollande valent une livre de Gênes, que 5 livres de Gênes valent 7 livres de Piémont, que 20 livres de Piémont valent une livre sterling, et que 4 livres sterling valent 23 ducats de Naples. Combien de ducats recevra-t-il?

**4118.** Sachant que 23 mètres valent 40 aunes de Cologne, que 83 aunes de Cologne en valent 88 de Berne, et que 43ᵃ de Berne en valent 28 de Munich, trouver 1° combien 24 mètres valent d'aunes de Munich; 2° combien 35 aunes de Munich valent de mètres et centimètres ; 3º le prix de l'aune de Cologne, de Berne et de Munich, lorsque 17ᵐ,40 coûtent 217ᶠ,50.

**4119.** Une pendule avance chaque jour de 10 minutes. Aujourd'hui, 9 novembre 1862, pendant qu'il est 7ʰ 10ᵐ du matin, elle marque 7ʰ 45ᵐ : trouver quel jour et à quelle heure elle marquera l'heure exacte.

**4120.** Un père a 28 ans de plus que son fils, et dans 7 ans, l'âge du père sera le triple de celui du fils. Trouver l'âge actuel de l'un et de l'autre.

**4121.** Une fabrique de fécule de pommes de terre consomme chaque jour 200 hectol. de pommes de terre à 1ᶠ,50 l'hectol., et les frais divers de l'exploitation sont estimés à 179ᶠ par jour. Si les 200 hectol. donnent 2295 kilog. de fécule à 21ᶠ les 100 kilog., et 4400 kilog. de pulpe à 0ᶠ,75 le quintal, quel sera le bénéfice annuel de la fabrique, sachant d'ailleurs qu'elle chôme chaque Dimanche et quatre fêtes de l'année ?

## RÉCAPITULATION GÉNÉRALE.

**4122.** Partager 7598ᶠ,10 entre trois individus, de manière que le premier ait le tiers de cette somme, et le second les deux cinquièmes du reste : quelle sera la part de chacun ?

**5123.** Un père laisse en mourant une somme de 6762ᶠ,40 à partager entre ses cinq enfants. Trois sont d'un premier lit, et doivent prélever entre eux sur cette somme 2346ᶠ,90 pour le bien de leur mère ; le reste doit être également partagé entre tous. Trouver la part de chacun.

**4124.** Un roulier charge 1234 kilog. de café, 452 décag. de poivre, 459 hectog. de cannelle, 49 200 grammes de chandelle, 270 kilog. de résine, 53 myriag. de savon, et deux sacs de riz pesant le premier 63 kilog. et demi, et le second 876 hectog. ; on le paye à raison de 16ᶠ,30 les 100 kilog. : combien aura-t-il à recevoir ?

**4125.** Un voyageur parti de A pour se rendre à B, fait un myriamètre en deux heures ; cinq heures après son départ, on expédie après lui un courrier qui fait quatre myriam. en cinq heures. Trouver 1º après combien de temps il joindra le voyageur ; 2º à quelle distance de A.

**4126.** On s'adresse à un tonnelier pour avoir une cuve (cône tronqué) de 2ᵐ,38 de profondeur, et dont les diamètres sont de 3ᵐ,50 et 2ᵐ,80. On convient de lui donner 2ᶠ,70 par hectolitre. Si, l'ouvrage terminé, on lui donne à 6 mois un billet de 200ᶠ, et le reste comptant, combien recevra-t-il en espèces, l'escompte étant à 1/2 p. % par mois ?

**4127.** Quatre ouvriers entreprennent, pour 510 fr., un ouvrage de 425 mètres. Le premier en fait par jour 2ᵐ,50, le second 2ᵐ,60, le troisième 2ᵐ,80, et le quatrième 2ᵐ,10. Trouver 1º en combien de jours cet ouvrage sera fait ; 2º combien chaque ouvrier devra toucher ; 3º combien chaque ouvrier gagne par jour.

**4128.** Partager 6789ʳ entre trois personnes, de manière que la première et la seconde aient des parts égales, et que la troisième ait à elle seule autant que la première et la seconde ensemble.

**4129.** Un propriétaire possède quatre métairies. La première lui donne par an 123ᶠ,40 de plus que la seconde, la seconde 82ᶠ,60 de plus que la troisième, et la troisième 72ᶠ,80 de moins que la quatrième, qui lui rapporte par année 456ᶠ,90. Trouver le revenu de ce propriétaire.

**4130.** On fait creuser un bassin qui a la forme d'un tronc de cône, et l'on paye 60 centimes le mètre cube de déblai. Ce bassin doit avoir 2 mètres de profondeur, 8ᵐ,40 de diamètre à l'ouverture, et 6ᵐ,80 au fond. Trouver le prix de ce bassin.

**4131.** Combien aura-t-on de paquets de plumes pour 235 fr., si l'on en prend un même nombre à 1ᶠ,10, à 1ᶠ,20, à 1ᶠ,80, et à 1ᶠ,40 le paquet ?

**4132.** On demande à changer un champ circulaire de 140 mèt. de rayon, contre un champ triangulaire de 175 mètres de base : quelle sera la hauteur, si 8ᵐᵐ du premier terrain en valent 9 du second ?

**4133.** Combien pèse une masse pyramidale de plomb, de 15 centimètres de haut, la base étant un hexagone régulier de 5 cent. de côté, sachant que la densité du plomb est de 11,35 ? (c'est-à-dire que le centim. cube de plomb pèse 11ᵍʳ,35).

**4134.** Pour le service d'un ménage, on a besoin d'une cuve (tronc de cône) de 1ᵐ,50 de profondeur, ayant pour rayons 1ᵐ,26 et 1ᵐ,12. On change de logement, et les portes étant moins larges, on est obligé de réduire les rayons à 1ᵐ,05 et à 0ᵐ,91 : quelle devra être sa profondeur, pour que sa contenance soit égale à celle de la première, et combien coûtera-t-elle, à 2ᶠ,45 l'hectolitre ?

**4135.** Un réservoir prismatique contient 1800 hectolit. d'eau ; la face supérieure est un rectangle de 15 mèt. de long sur 4 mèt. de large : trouver la profondeur de ce réservoir.

**4136.** Deux héritiers doivent se partager 45 hectares de terre, de manière que le second en ait 5 hectares de plus que le premier : quelle sera la part de chacun ?

**4137.** On a un carré de jardin de 16 mèt. de largeur. On voudrait en faire 8 planches, avec un sentier de 32 centimèt. autour de chacune. Trouver la largeur de chaque planche.

**4138.** « Je te donne 5 fr. » dit un père à son fils ; « tu les par- » tageras avec ton frère de façon que tu aies 50 centimes de plus » que lui. » Quelle sera la part de chacun ?

**4139.** Dans un carré de jardin ayant 40 mèt. de long sur 28 de large, on veut planter des choux, en plaçant les rangs à 50 cen- timèt. l'un de l'autre et des bords, et les choux à 50 centimèt. l'un de l'autre dans les rangs, et à la même distance des extré- mités du carré : combien faudra-t-il de choux pour planter ce carré, et combien coûteront-ils, à 30 centimes le cent ?

**4140.** On veut planter en pommiers un champ rectangulaire de 190 mètres de long, sur 160 mèt. de large. On met les rangs dans le sens de la longueur, à deux décamètres l'un de l'autre et des bords du champ ; on met les pommiers dans les rang à un décamètre l'un de l'autre , et à un décamètre des extrémités du champ, où l'on n'en met pas. Combien y aura-t-il de pommiers dans ce champ, et combien coûteront-ils, si chaque pommier, mis en place, revient à 1f,50 ?

4141. On veut acheter un même nombre d'hectolitres de froment, d'avoine, de blé noir, de seigle et d'orge, pour une somme de 1265f,40. Combien aura-t-on d'hectolit. de chaque espèce de grain, si le froment coûte 21f,40 l'hectolit., l'avoine 10f,20, le blé noir 8f,30, le seigle 15f,60, et l'orge 14f,80 ?

4142. Un palefrenier est chargé de conduire 25 chevaux dans un voyage qui dure 18 jours. On lui a promis 1f,60 par jour pour la nourriture de chaque cheval : combien lui devra-t-on au terme du voyage ?

4143. Le froment étant à 22f,20 l'hectol, l'avoine à 12f,30, et le seigle à 17f,60 , combien d'hectolitres de chaque grain aura-t-on pour 924f,80 , si l'on veut deux fois plus d'avoine et trois fois plus de froment que de seigle ?

4144. Un marchand a du café à 1f,60 , à 1f,70, à 1f,80, à 2 fr., à 2f,20, et à 2f,60 le kilogram., et il veut en faire un mélange de 120 kilog., où avec un kilog. à 1f,60 , il y en ait 2 à 1f,70 et 3 à 1f,80 ; et qui avec 2 kilog. à 2f, en contienne 3 à 2f,20 et 4 à 2f,60. Combien de kilog. de chaque prix devra-t-il prendre, pour qu'en revendant le mélange 2f,31, il gagne 10 p. %?

4145. Avec du blé à 7f, à 8f, à 10f, à 12f, à 14f et à 16f la mesure , on veut faire un mélange de 1200 mesures à 11 fr. ; mais on désire qu'il contienne autant de mesures à 7 fr. qu'à 8 fr., et deux fois plus à 10 fr. qu'à 8 fr. ; de plus, qu'avec 3 mesures à 12 fr., il y en ait 2 à 14 fr. et une à 16 fr. Combien de mesures de chaque prix doit-on prendre ?

4146. Le 23 Décembre 1862 , un marchand achète 5 balles de café pesant chacune brut 123 kilog., à 1f,80 le kilog., poids net. L'emballage de chaque balle est porté à 34 hectog., et il doit payer le 1er Mars 1863 : s'il paye le 18 Janvier, et que l'escompte soit à 6 p. % par an, combien devra-t-il débourser ?

4147. On a un tonneau de 49 centimètres de rayon à chaque extrémité. Or, sur chacune de ces extrémités, on veut mettre un cercle de fer de 5 centimètres de large et de 3 millimètres d'épaisseur. L'ouvrier vend les deux cercles à 65 centimes le kilogramme. Combien coûteront les deux cercles , sachant que *la densité du fer est de* 7,788 (c'est-à-dire que le centimèt. cube de fer pèse 7gr,788) ?

4148. Deux maquignons ont loué une prairie pour y mettre 25 chevaux. Or, le premier, qui a un cheval de plus que le second, a payé 109f,20 : combien a payé le second, et combien ont-ils de chevaux l'un et l'autre, en particulier ?

4149. Partager 700 en trois parties telles que la première soit à la seconde comme 2 est à 3, et la seconde à la troisième comme 4 est à 5.

4150. Trois héritiers ont 15141 fr. à se partager. Le testament porte que la part du premier doit être à celle du second comme

3 est à 4, et celle du second à celle du troisième comme 6 est à 7. Trouver la part de chacun.

**4151.** Un individu doit une somme de 12 345 fr. payable dans 11 mois. Au bout de 8 mois, son créancier qui a besoin d'argent, lui demande une avance telle que le reste de la somme devienne payable 6 mois après le terme primitif : de combien sera chaque payement ?

**4152.** Un marchand achète pour 4500 fr. de café payables dans 8 mois. Or, après 5 mois, il donne 2500 fr. : à quelle époque doit-il payer le reste, pour qu'il y ait compensation d'intérêt ?

**4153.** Deux frères ont acheté pour 60 270 fr. une terre contenant 24 hectares 60 ares. Le premier en prend 1280 ares : combien doivent-ils payer l'un et l'autre ?

**4154.** On veut remplir un tonneau de 8 hectolit. 64 litres avec du vin à 75 cent. le litre, mais de manière que le litre revienne à 60 centimes : combien faudra-t-il y mettre d'eau ?

**4155.** Un marchand de bois doit en fournir 400 stères à 10 fr. le stère. Pour cela, il veut mêler des bois de différents prix : à 6 fr., à 7 fr., à 8 fr., à 9 fr. et à 11 fr. : combien doit-il en mettre de chaque qualité, pour que son gain soit de 25 p. %?

**4156.** La vitesse d'une rivière étant de 20 centim. par seconde, combien par heure, passe-t-il d'hectol. d'eau sous un pont d'une seule arche formant un rectangle surmonté d'un demi-cercle, sachant que le rectangle à 7 mèt. de base sur $3^m,50$ de hauteur, et que la profondeur de l'eau est $2^m,95$ ?

**4157.** Un propriétaire veut acquérir 6 hect. 40 ares de vignes évaluées 6800 francs l'hectare, et pour cela il donne en troc des prés valant 3500 francs l'hectare : combien donnera-t-il d'hect. de pré ?

**4158.** Un marchand ayant acheté deux pièces de drap de même qualité, paye la première 600 fr. comptant, et la revend à crédit une somme de 800$^f$, sur laquelle il doit toucher 500$^f$ dans 3 mois, et le reste 4 mois plus tard ; il achète la seconde 1000 fr. payables dans 6 mois, et la revend comptant 1150 fr. Laquelle des deux opérations est la plus avantageuse, l'escompte étant à 6 p. % par an ?

**4159.** On veut remplir de caisses cubiques égales un coffre dont toutes les faces sont rectangulaires, et qui a $4^m,25$ de long, $3^m,50$ de large et $2^m,75$ de profondeur. Trouver 1° quelle est la plus grande longueur qu'on puisse donner à chaque caisse ; 2° combien coûtera chacune d'elles, sachant qu'on les paye d'après leurs surfaces totales, à raison de 20 centim. le décimèt. carré.

**4160.** On a un appartement rectangulaire de $9^m,87$ de long, $7^m,35$ de large, et $3^m,57$ de haut. On veut le paver, en briques carrées égales, et dessiner sur les faces latérales des carrés égaux à ceux du pavé. Trouver la plus grande longueur que puissent avoir ces carrés, et le prix du travail, si les briques coûtent 3 centimes le décimètre carré, et quant aux faces latérales, si une surface de 7 mètres carrés, peinte de la même manière, a coûté 10$^f,45$.

**4161.** On a rempli un tonneau de 520 litres avec du vin à

50 centimes et à 70 centimes, de manière qu'il vaut maintenant 338 fr. : combien a-t-on mis de litres de chaque qualité ?

**4162.** On a une pièce de 320 litres qui contient 80 litres à 40 cent. : si l'on y verse 60 litres à 50 cent., combien devra-t-on en ajouter à 70 cent., pour que le litre revienne à 55 centim. ?

**4163.** Un phénomène astronomique a eu lieu le 18 Août 1847, à $3^h44^m23^s$ du matin, et il s'est reproduit le 25 Juillet 1862, à $5^h12^m8^s$ du soir : combien s'est-il écoulé de jours, heures, minutes et secondes entre les deux apparitions de ce phénomène ?

**4164.** On a 4 pièces de terre de différentes qualités. Deux ares de la première en valent 3 de la seconde ; 4 hect. de la seconde valent 480 ares de la troisième, et 5 hectares de la troisième en valent 6 de la quatrième. Or, l'hectare de la première pièce est loué 128 francs. Trouver combien on doit louer la quatrième pièce qui forme un quadrilatère irrégulier équivalent à un hexagone régulier de 100 mèt. de côté.

**4165.** J'ai acheté trois pièces d'étoffe. Quatre mètres de la première en valent 5 de la seconde, et 3 de la seconde en valent seulement 2 de la troisième. Or, la première pièce qui contient 72 m., coûte 252 fr. Trouver le prix de chacune des autres, sachant que la seconde a 125 m. de long, et la troisième 82.

**4166.** Quatre héritiers ont à se partager le tiers et demi de 35 hectares. Le second doit en avoir autant que le premier; le troisième autant que les deux premiers, et le quatrième autant que le second et le troisième. Trouver la part de chacun.

**4167.** Deux hommes, 5 femmes et 7 enfants se partagent 204 fr. Or, un homme doit avoir deux fois plus qu'une femme, et une femme trois fois plus qu'un enfant. Trouver la part de chacun.

**4168.** Un marchand a trois lettres de change sur un banquier : la première de 600 fr. payable le 24 Mai ; la seconde de 800 fr. payable le 12 Juin, et la troisième de 1200 fr. payable le 15 Août. Le banquier offre de lui compter pour le tout 2500 fr., le 8 Janvier : si le marchand accepte, à combien pour % par mois se trouvera l'escompte ?

**4169.** On a fait faire 2232 mèt. d'ouvrage par trois compagnies d'ouvriers. La première est de 8 ouvriers, la seconde de 5, et la troisième de 11. Chaque ouvrier a fait le même nombre de mèt., et la première compagnie a touché $697^f,50$ de plus que la seconde. Trouver, d'après ces données, 1° combien chaque compagnie a fait de mètres, et combien elle a gagné; 2° combien chaque ouvrier a fait de mètres, et combien il a gagné; 3° à combien revient le mètre d'ouvrage.

**4170.** Un marchand épicier ayant acheté trois caisses de savon pesant chacune net 123 kilogr. à 52c le kilog. ; puis 245 kilogr., puis 356 kilog. au même prix, en a ensuite revendu 200 kilog. à 60c, puis 300 à 64c ; il trouve alors, dans ce qu'il devrait lui rester, une diminution de 16 kilog. et demi causée par la dessiccation. Trouver 1° à combien lui revient le kilog. de son reste; 2° combien il doit le revendre le kilog., pour gagner 10 p. % sur son prix d'achat; 3° quelle quantité de savon il doit donner pour un franc, pour 50 centimes, pour 25 centimes.

**4171.** Un bâton de 1ᵐ,40 de long, planté bien verticalement, donne une ombre de 2ᵐ,50, au moment où une tour projette une ombre de 193ᵐ,80 : trouver la hauteur de la tour.

**4172.** *La densité* de l'or est de 19,257 (c'est-à-dire que le centimètre cube d'or pèse 19ᵍʳ,257) : trouver le poids et la valeur d'une petite sphère d'or de 42 millimètres de diamètre.

**4173.** On a un gobelet cylindrique d'argent de 63 millimètres de profondeur à l'intérieur ; son diamètre intérieur est de 40 millimètres, et son diamèt. extérieur de 43 ; le fond a 3 millimètres d'épaisseur. Trouver le poids et la valeur de ce gobelet, sachant que la densité de l'argent est de 10,474 (le centimètre cube d'argent pèse 10ᵍʳ,474).

**4174.** Un cube en cuivre pèse un kilogram., et la densité du cuivre est de 8,396. Trouver le côté de ce cube, à moins d'un dixième de millimètre.

**4175.** On a besoin pour une pendule d'un poids de trois kilog. et demi, et on veut le fabriquer en cuivre rouge, dont la densité est de 7,788. Si ce poids forme un tronc de cône ayant pour diamètres extrêmes 5 centimèt. et 4 centimèt., quelle sera sa hauteur, à moins d'un millimètre près ?

**4176.** On veut fondre pour une horloge de clocher 3 poids en fonte de fer, pesant le premier (pour le mouvement) 20 kilog., le second (pour la sonnerie des quarts) 125 kilog., et le troisième (pour la sonnerie des heures) 108 kilog. Ces poids doivent être cylindriques et avoir une hauteur double du diamètre. Trouver quelles seront ces dimensions (qu'on a besoin de connaître pour construire les modèles), sachant que la densité de la fonte est de 7,207. — Trouver aussi à combien ils reviendront, si les modèles coûtent 15 centimes le décimètre cube, et la fonte 27 fr. les 100 kilogram., sachant que les frais de transport et autres montent à 4ᶠ,50.

**4177.** Quatre ouvriers travaillent ensemble. La force du premier est à celle du second comme 3 est à 4 ; elle est à celle du troisième comme 4 est à 5, et à celle du quatrième comme 5 est à 6. Or, après un certain temps, ils reçoivent 387ᶠ,45 pour l'ouvrage qu'ils ont fait : trouver ce que chacun d'eux a fait de mètres, et combien il doit toucher, sachant que le troisième a fait 18ᵐ,75 pour sa part.

**4178.** On a fait creuser un puits cylindrique de 15 mètres de profondeur et de 2ᵐ,80 de diamètre. Or, on était convenu de 0ᶠ,50 par mètre cube de déblai jusqu'à un mètre de profondeur ; de un fr. depuis un mèt. jusqu'à 2 ; de 1ᶠ,50 depuis 2 mèt. jusqu'à 3, et ainsi de suite, en augmentant toujours de 50 centimes pour chaque nouveau mètre de profondeur : combien doit-on aux ouvriers ?

**4179.** Un particulier a fait un fonds de 8640 fr. pour élever une fabrique, et il arrive qu'après un certain temps cette somme est épuisée. Trouver combien de temps l'entreprise a duré, sachant que chaque mois les frais étaient de 420 fr., les recettes de 570ᶠ, et qu'il dépensait 480 fr. pour l'entretien de sa maison.

**4180.** Quarante-cinq ouvriers qui gagnent chaque jour autant les uns que les autres, ont reçu une certaine somme pour 20 jours de travail. S'ils avaient reçu 675 fr. de plus, ils eussent gagné 5 fr. par jour : trouver le gain journalier.

4181. J'ai acheté deux pièces de drap de même longueur, pour la somme de 6300 fr. Sachant que deux mètres, l'un de la première pièce, l'autre de la seconde, me reviennent à 45 fr., et que 5 mèt. de la première n'en valent que 4 de la seconde, trouver le prix du mètre de chaque qualité, et combien j'ai en tout de mètres de drap.

4182. Quatre associés également intéressés dans une entreprise, ont réalisé un bénéfice de 68 400 fr. Le premier a laissé son argent un an dans la société, le second 16 mois, le troisième 20 mois, et le quatrième 2 ans et 4 mois. Trouver ce qu'il revient à chacun.

* 4183. On a un vase cylindrique de $1^m,40$ de profondeur. A moitié plein d'eau distillée, il pèse 234 kilog., et vide, il ne pèse que 29 kilogram. et demi. Trouver, à un millimètre près, le diamètre de ce vase.

4184. Un capitaliste a fait une spéculation dans laquelle il a mis 40 000 fr. ; trois mois après, il s'est associé un particulier qui a versé à la masse une autre somme ; deux mois plus tard, un troisième associé vient augmenter le fonds d'une certaine somme. Or, il se trouve qu'au bout de deux ans les trois associés se séparent avec une portion égale du bénéfice. Combien chacun des deux derniers a-t-il versé ?

4185. Un particulier ayant emprunté d'un de ses amis une somme de 4567 fr., la garda pendant 15 mois; en la rendant au prêteur, celui-ci lui emprunte à son tour une somme de 5000 fr. Combien doit-il la garder de temps pour compenser les intérêts de celle qu'il avait prêtée ?

4186. Combien faut-il d'eau distillée pour faire équilibre à un cône de plomb, qui a 28 centimèt. de diamètre et 49 de hauteur, sachant que la densité du plomb est de 11,352 ?

4187. Trois particuliers ont gagné 2500 fr. qu'ils se sont partagés, de manière que la portion du premier est les trois quarts de celle du second, et les quatre cinquièmes de celle du troisième. Le premier avait mis 2000 fr. pour un an ; le second et le troisième ont mis chacun une somme inconnue, mais on sait que la mise du second a été 10 mois dans la société, et celle du troisième 15 mois. Trouver la mise du second, celle du troisième, et le bénéfice de chacun des associés.

4188. Vingt personnes, hommes et femmes, ont dîné ensemble. Chaque homme a payé 2 fr., et chaque femme 1f,50, et l'hôte a reçu 34f,50. Combien y avait-il d'hommes ?

4189. Un orfèvre a deux lingots contenant de l'or et de l'argent. Le premier, sur 100 grammes en contient 80 d'or et 20 d'argent; le second, sur 100 grammes en contient 95 d'or et 5 d'argent. Il désire en faire un troisième qui pèse 200 grammes, et qui contienne 16 grammes d'argent. Combien doit-il prendre de grammes de chacun des deux premiers lingots ?

4190. Un marchand a deux espèces de thé. La première lui

revient à 15 fr. et la seconde à 20 fr. le kilogramme. Or, il en fournit 100 kilog. à un de ses correspondants, et reçoit pour payement 2106 francs. Sachant qu'il gagne ainsi 20 p. %, combien a-t-il mis de kilog. de chaque qualité ?

**4191.** Quelqu'un s'est fait une rente de 1410 francs, en plaçant 30000 francs, partie à 4, partie à 5 p. %. Trouver combien il a placé à chaque taux.

**4192.** On a expédié de A un courrier pour porter des ordres à B ; il fait 13 kilom. par heure. Vingt heures après son départ, des circonstances imprévues exigent d'autres ordres, et l'on expédie un second courrier qui doit rattraper le premier, pour lui donner de nouvelles instructions. Si ce second courrier fait 5 myriamèt. en deux heures, à quelle distance de A la jonction se fera-t-elle ?

**4193.** Trois libraires ont entrepris l'édition d'un Ouvrage qu'ils ont tiré à 4800 exemplaires, et dont la dépense s'est élevée à 15600 fr. Le premier est intéressé pour 5850 fr., le second pour 5200 fr., et le troisième pour 4550 fr. Combien chacun d'eux aura-t-il d'exemplaires ?

**4194.** Cinq villages ont été imposés par un général à une taxe extraordinaire de 45600 francs, et ils doivent payer en raison du nombre de leurs habitants. Or, dans le premier, il y en a 862, dans le second 917, dans le troisième 1047, dans le quatrième 1234, et dans le cinquième 1326. Quelle somme payera chaque village ?

**4195.** De trois associés, le premier a mis 12000 fr., le second 15000 fr. ; on ne dit pas ce qu'a mis le troisième, mais seulement que sur le bénéfice montant à 8676 fr., il a eu pour sa part 2819$^f$,70. Trouver le gain des deux premiers et la mise du troisième.

**4196.** Deux associés ayant mis chacun une certaine somme, se retirent après un certain temps, chacun avec un bénéfice égal au tiers de la somme qu'il avait versée. Or, le premier qui avait mis 8500 fr. de plus que le second, a un bénéfice de 3620 fr. Trouver la mise de chacun et le gain du second.

**4197.** Deux marchands ont mis en société 17800 fr., qui leur ont rapporté 3560 fr. de bénéfice. Or, le premier a retiré 10800 fr., mise et bénéfice compris. Trouver la mise et le bénéfice de chacun.

**4198.** Un particulier a fait un testament par lequel il ordonne que de trois héritiers qu'il a, le premier ait la moitié de son bien, le second le tiers, et le troisième le quart. Mais il arrive que les deux premiers ayant pris leurs parts, suivant la lettre du testament, il manque au troisième 7896 fr. pour compléter la sienne. Après bien des contestations, les héritiers conviennent de supporter cette différence suivant la proportion établie par le défunt. Trouver à combien monte l'héritage, ainsi que la part de chaque héritier.

**4199.** La dépense nécessaire à l'approvisionnement d'un fort, pour une garnison de 800 hommes, monterait à 98760 fr. : à combien faudrait-il porter cette dépense, si la garnison était augmentée de 684 hommes ?

**4200.** Les forces de deux ouvriers sont entre elles comme 2 est à 3, et les difficultés de leurs ouvrages comme 3 est à 4. Combien le second doit-il faire de mètres en 20 jours, lorsque le premier en fait 184 en 32 jours?

**4201.** Les droits pour le passage d'un bac sont établis comme il suit : Pour une voiture, on doit payer 25 centimes, pour un cheval 10ᶜ, et pour un homme 5ᶜ. Or, la recette d'un mois (30 jours) s'est élevée à 574ᶠ,50. Trouver combien il a passé d'hommes, de chevaux et de voitures dans ce mois, sachant que le nombre des voitures est au nombre des chevaux comme 2 est à 9, et le nombre des chevaux à celui des hommes comme 5 est à 27.

**4202.** Un particulier a emprunté une somme de 128 000 francs, à 5 p. % par an ; mais des circonstances imprévues font qu'il est cinq ans sans en payer les intérêts. Après ce temps, il en fait le remboursement, et paye les intérêts des intérêts : combien devra-t-il rembourser?

**4203.** Quelle somme doit-on placer à 4 p. %, intérêts composés, pour avoir à la fin de la troisième année 44 994ᶠ,56, capital et intérêts?

**4204.** La tenture d'une salle de 8 m. de long, 7ᵐ,50 de large, et 3ᵐ,40 de haut, a coûté 800 fr. : combien devra-t-on payer pour une autre salle qui a 12 m. de long, 10 m. de large et 4 m. de hauteur?

**4205.** Un plancher rectangulaire a une surface de 80ᵐᵐ,64 ; elle serait de 9216 décim. carrés, s'il était aussi large que long : trouver la longueur et la largeur de ce plancher.

**4206.** On a payé 224ᶠ,10 pour 8 nappes de 3ᵐ,25 de long, sur 1ᵐ,50 de large, et 24 serviettes de 75 centimèt. sur 60ᶜ. La toile étant de même qualité, on demande combien il faut revendre 3 nappes et 15 serviettes, pour faire un bénéfice de 15 p. %.

**4207.** Un terrain rectangulaire ayant 80 m. de long sur 72 de large, a été payé 2304 fr. : combien doit-on payer pour un autre terrain qui forme une ellipse dont les axes sont de 126 m. et 92 m., sachant que 5 ares du premier terrain n'en valent que 4 du second?

**4208.** Quel est le nombre qui, divisé par 6, donne pour quotient le triple de sa racine carrée?

**4209.** En divisant un certain nombre par 12, on obtient le quart de sa racine carrée : quel est ce nombre?

**4210.** Quel est le nombre qui, multiplié par 9, donne pour produit le cinquième de son carré?

**4211.** Quel est le nombre dont le carré contient 25 fois ce même nombre?

**4212.** Un terrain forme un triangle dont les côtés ont 70 mèt., 112ᵐ,50, et 132ᵐ,50, : combien les côtés d'un autre terrain 9 fois plus grand et parfaitement carré, ont-ils de mètres et centimèt.?

**4213.** Un bassin cylindrique a 297 m. de circonférence, et 4 m. de profondeur : combien contient-il d'hectolitres d'eau, lorsqu'elle s'élève à 2ᵐ,50 de hauteur?

**4214.** Quelqu'un qui devait 2370 fr., s'est libéré en donnant 78 pièces d'or, les unes de 20 fr., les autres de 50 fr. : combien de pièces de chaque valeur a-t-il données?

**4215.** Comment solder une dette de 169 fr., au moyen de 85 pièces de 5 fr., de 2 fr. et d'un franc, si l'on en donne deux fois plus de 2 fr. que de 5 fr. ?

**4216.** Quelqu'un veut faire enclore de murs un terrain rectangulaire dont la surface est de 8 hectares 75 ares. La longueur de ce terrain étant à sa largeur comme 7 est à 5, on demande combien il lui en coûtera, si les murs ont 4 m. de hauteur sur 75 cent. d'épaisseur, et que le mètre cube lui revienne à 6f,50.

**4217.** Un gabarier charge sur sa barque cinq charretées de bois. La première coûte 25 fr., la seconde 27f,50, la troisième 20 fr., la quatrième 19f,30, et la cinquième 23f,20. Or, la première contient 3st,20, la seconde 3st,70, la troisième 3st, la quatrième 2st,90, et la cinquième 3st,40. Trouver 1° combien il doit revendre le tout pour gagner 30 p. %; 2° combien l'acheteur doit à son tour revendre le stère en détail pour que son bénéfice s'élève à 20 p. %.

**4218.** Combien y a-t-il de mètres et millimètres dans soixante kilom., dix décam., six mètres, cinq centimèt., huit millimètres + deux cent vingt-cinq hectom., trois cent neuf centimèt. + trois myriamèt., quatre-vingt-deux décamèt., trente-trois décimètres, dix-huit millimètres ?

**4219.** Un individu a trois petits morceaux de terre. Le premier contient vingt-neuf ares quatre centiares; le second trente-deux ares soixante-cinq centiares, et le troisième huit cent dix-sept mètres carrés. A cause de leur position avantageuse, il les vend 6f,40 le mètre carré : combien aura-t-il à recevoir ?

**4220.** Douze menuisiers ont fait d'une part 128 mètres carrés 824 centim. carrés, d'une autre 217 mèt. c. 40 décim. carrés, et d'une troisième 9678 décim. carrés 76 centim. carrés : combien leur revient-il, à 3 centimes le décim. carré ?

**4221.** Un voiturier a transporté 804kg,50 de fer, 57kg,60 d'acier, et 12 quintaux et demi de cuivre. Si son voyage dure trois jours, et qu'il dépense 12f,80 par jour, quel sera son bénéfice, sachant que sa commission est de 12f,50 pour 100 kilogrammes ?

**4222.** Si l'on mettait à la suite l'une de l'autre, bord à bord, et sur une même droite, 8 pièces de 100 fr., 9 de 50 fr., 10 de 20 fr., et 12 de 10 fr., quelle longueur obtiendrait-on ?

**4223.** Pour acquitter une dette, j'ai donné 5 pièces de 100 fr., 7 de 50 fr., 6 de 20 fr., 25 de 10 fr., 37 de 5 fr., et un billet de 520 fr. payable dans 57 jours : quelle était cette dette, l'escompte étant à 5 p. % par an ?

**4224.** Un propriétaire a fait une coupe de 1345 stères de hêtre, 319 de charme, et 123 de chêne ; il en garde un vingtième pour lui, et vend le reste à 7f,60 le stère : combien se fait-il de rente, en plaçant le produit à 5 p. % ?

**4225.** La superficie du Bas-Rhin est de 4553 kilomèt. carrés 45 centièmes; et celle du Haut-Rhin de 4107kc,71. L'hectare dans le premier valant en moyenne 1450 fr., quelle doit être sa valeur dans le second, pour que les deux départements soient de même valeur ?

**4226.** Pour acquitter une dette de 694f,37, je suis obligé d'emprunter 271f,92 : combien ai-je ?

**4227.** Un particulier est mort le 8 Septembre 1862, ayant 85 ans 5 mois et 15 jours : trouver le jour de sa naissance.

**4228.** Combien faut-il payer pour 246 planches, ayant chacune 3m,50 de long, et 11 centimèt. de large, à 34f,56 le mètre carré ?

**4229.** A 70 centimes le décistère, combien faut-il payer pour trois charretées de bois contenant, la première 5 stères, la seconde 4st,60, et la troisième 48 décistères ? — Et combien faut-il revendre le stère en détail pour gagner 25 p. °/₀ ?

**4230.** Un fût de cidre contenant 6 hectolit. et demi, a coûté 69f,50 : combien revendre le double litre en détail pour gagner 25 p. °/₀ ?

**4231.** A 2 centimes le centimètre, combien le mètre ?

**4232.** A 300 fr. le décamètre, combien le millimètre ?

**4233.** A 25 centimes le mètre carré, combien l'are ?

**4234.** A 2590 fr. l'hectare, combien l'are ?

**4235.** A 7 centimes le centistère, combien le stère ?

**4236.** A 8f,40 le stère, combien le décistère ?

**4237.** Combien l'hectolitre, à 75 centimes le litre ?

**4238.** Combien le demi-litre, à 40 francs l'hectolitre ?

**4239.** Combien le kilog., à 15 centimes le gramme ?

**4240.** Combien le gramme, à 310 francs l'hectogramme ?

**4241.** Pour un centime on a un gramme de tabac : combien en aura-t-on pour un décime ? — pour un franc ?

**4242.** Quelqu'un gagne un centime par minute : quel est son gain dans une heure ? — dans 8h25m ?

**4243.** Le 22 Décembre 1862, un individu achète un objet pour le payement duquel il donne trois billets, le premier de 800 fr. payable le 13 Février 1863, le second de 1200 fr. payable le 20 Mars, et le troisième de 1800 fr. payable le 18 Avril. L'escompte étant à 4 p. °/₀ par an, trouver le prix de cet objet.

**4244.** A 12 fr. le mètre, combien aura-t-on de mètres et cent. pour un billet de 1000 fr. payable dans 63 jours, l'escompte étant à 5 p. °/₀ par an ?

**4245.** Combien aura-t-on d'hectares, ares et centiares pour un sac de 12345 fr., à 29f,50 l'are ?

**4246.** Pour ensemencer 5 ares de terre, il a fallu 13 litres de graine : combien en faudra-t-il pour 2 hect. 35 ares ?

**4247.** Une petite pièce de drap a été payée 483 fr. ; en la revendant 584 fr., on a gagné 5f,05 par mètre : trouver la longueur de cette pièce.

**4248.** Quatre propriétaires ont acheté 45 hectares de terre, qu'ils ont ensuite revendus 125235 fr., et de cette manière, ils ont gagné 15 p. °/₀ : combien l'hectare leur coûtait-il ?

**4249** Un pharmacien doit partager 5 décagrammes de quinquina en huit paquets égaux : combien y aura-t-il de grammes et centig. dans chaque paquet ?

**4250.** Une somme de 4000 fr. étant à partager entre 50 individus, 20 d'entre eux prennent chacun 87f,50 : quelle sera la part de chacun des autres ?

**4251.** Vingt-trois hectolitres de blé ont coûté 385 fr. : combien faut-il les revendre pour gagner 25 p. °/₀ ?

**4252.** Un édifice a 216 croisées de chacune 8 carreaux ; si chaque carreau revient à 1f,75, que doit-on au vitrier ?

**4253.** Une plantation se compose de 97 rangées contenant chacune 120 arbres : combien vaut-elle, si les arbres sont placés à 4ᵐ,50 l'un de l'autre et des bords, les rangées à 5 m. l'une de l'autre et des bords, le terrain valant 850 fr. l'hectare, et les arbres chacun 2ᶠ,30 ?

**4254.** La boussole fut inventée en 1200 : en quelle année y aura-t-il 693 ans depuis cette découverte ?

**4255.** Un fermier a récolté 80 hectolit. de froment, 764 décal. d'orge, 6240 litres de blé noir, 44 hectolit. d'avoine, et 129 décal. de seigle. Il garde pour sa consommation les deux cinquièmes de sa récolte, et vend le reste, savoir : le froment à 21ᶠ,50 l'hectolitre, l'orge à 12ᶠ,30, l'avoine à 13ᶠ,40, le blé noir à 10ᶠ,60, et le seigle à 11ᶠ,80. Que lui restera-t-il, après avoir payé sa ferme qui est de 920 francs ?

**4256.** Trouver le poids d'un objet qui fait équilibre à 51 pièces de 5 fr. (argent) $+$ 35 de 2 fr. $+$ 24 d'un franc $+$ 36 de 50 cent. $+$ 19 de 20 centimes $+$ 13 de 10 centimes $+$ 17 de 5 centimes $+$ 47 de 2 centimes $+$ 23 d'un centime.

**4257.** Un marchand vient de vendre 3 pièces de velours : la première 129ᶠ,40, la seconde 153ᶠ,90, et la troisième 164ᶠ,50. Trouver combien chacune d'elles lui coûtait, sachant que son bénéfice a été de 25 p. º/₀.

**4258.** Un bateau à vapeur transporte tous les huit jours 3600 myriag. de marchandises, l'espace de 30 myriamètres. Si l'on dépense à chaque voyage 280 fr. de charbon, et que l'équipage coûte 30 fr. par jour, quel bénéfice aura-t-on après 25 voyages, sachant que le port d'un myriag. est de 52 centimes ?

**4259.** Pour peser un objet, on l'a placé dans l'un des bassins d'une balance, et l'on a mis dans l'autre un poids de 2 myriag., un de 5 kilog., deux de 2 kilog., un d'un kilog., et un de 5 hectogrammes. L'objet étant moins lourd que tous ces poids réunis, on a mis dans le même bassin que l'objet un poids de 2 hectog., et un de 5 décag., et l'équilibre s'est établi. Trouver le poids et la valeur de cet objet, à 1ᶠ,40 le kilogramme.

**4260.** Un navire chargé de 360 barils de harengs, vient d'arriver au port. Chaque baril contient en moyenne 4500 harengs, et coûte 218 fr. Les frais de transports montent à 1900 fr., les droits à 400 fr., et la paye des ouvriers employés à la décharge du navire à 300 fr. Si l'on vend ces harengs 7 centimes pièce, quel sera le bénéfice net ?

**4261.** On a employé 1168000 kilogram. de farine pour nourrir 6000 hommes, formant la garnison d'une place forte, dont le siége dura une année entière. Trouver quelle était la ration journalière, sachant que deux kilog. de farine en font trois de pain.

**4262.** Un fondeur acheta deux vieilles cloches, la première de 1240 kilog. à 2 fr. le kilog., et la seconde de 947 kilog. à 2ᶠ,05 le kilog. Il les refondit et les vendit l'une et l'autre à 3ᶠ,40 le kilog. Quel fut son bénéfice, si le déchet a été de 3 p. º/₀ ?

**4263.** La densité de l'eau de mer est de 1,026 : trouver le poids du litre, du décal., de l'hectol. et du mètre cube d'eau de mer.

**4264.** Quel est le poids d'une poutre de chêne ayant 8ᵐ,40 de

long, 50 centimètres sur 40 à l'une des extrémités, et 45 sur
38 centim. à l'autre, si la densité de ce bois est de 1,08 ?

**4265.** Je reçois une pièce de vin de Bordeaux, laquelle pèse
485 kilog. tout compris. Sachant que le fût vide pèse 40 kilog.,
et que la densité de ce vin est de 0,994, trouver la contenance
de cette pièce.

**4266.** Une compagnie de 50 personnes a construit un pont qui
a coûté 800 000 francs, et dont l'entretien exige annuellement
une nouvelle dépense de 2500 francs. Or, pendant 12 années, la
compagnie a pu exiger 5 centimes pour chaque personne passant
sur le pont, 20 centimes pour les chevaux, les bœufs,... et 1f,50
pour les voitures. Sachant qu'il a passé par jour, en moyenne,
3800 personnes, 230 chevaux, bœufs et autres pièces de gros
bétail, et 65 voitures, trouver quel a été le bénéfice de chacun
des associés.

**4267.** Un négociant avait acheté 789 pièces de drap contenant
chacune 48m, à 18f,50 le mètre. Il les a ensuite revendues à 21f,60.
Trouver 1° combien il a dû gagner sur la totalité ; 2° combien il
a gagné p. º/₀

**4268.** Deux individus partis le 24 Janvier, l'un de A pour B,
et l'autre de B pour A, se sont rencontrés le 10 Février suivant,
à 2h20m du soir, le premier ayant marché ce jour-là pendant
6h30m, et le second pendant 5h45m. Sachant que le premier
marchait 10h par jour faisant 5 kilom. à l'heure, et le second 8h
par jour faisant 52 hectom., trouver la distance de A à B.

**4269.** Un fermier qui devait 4500 fr. à son propriétaire, donne
en payement 54 hectolit. de froment à 23f,50, 48 hectol. de seigle
à 14f,80 ; il ajoute (c'est le 28 Nov. 1862) deux billets, l'un de
500f payable le 18 Janvier 1863, l'autre de 800f payable le 22 Mars :
combien doit-il encore, l'escompte étant à 4 p. º/₀ par an ?

**4270.** Douze ballots de 15 pièces contenant chacune 36 mouchoirs ont coûté 4860 fr. On a payé 150f de port, 45f de droits,
et 5f d'emballage. Si l'on revend ces mouchoirs 1f,20 la pièce,
combien gagnera-t-on sur la totalité, et quel sera le bénéfice
pour º/₀ ?

**4271.** On a une prairie dont chaque hectare produit 160 bottes
de 4 kilogram. et demi : combien doit-elle contenir d'hectares,
à moins d'un centième, pour que la récolte annuelle nourrisse
12 chevaux, en donnant à chacun 35 hectog. de foin par jour ?

**4272.** Un marchand qui a vendu pour 16 200 fr. de marchandises à 6 mois de crédit, reçoit 9720 francs comptant : à qu'elle
époque le débiteur payera-t-il le reste, pour qu'il y ait compensation d'intérêt ?

**4273.** Trois personnes qui ont mis en société chacune une
même somme, ont gagné 1200 fr. Trouver le bénéfice de chacune
d'elle, sachant que l'argent de la première est resté 8 mois dans
la société, celui de la seconde un an, et celui de la troisième
16 mois.

**4274.** Dans une partie de plaisir, 27 personnes, hommes e
femmes, ont dépensé 217f,50. Les femmes ont payé chacune 8f,50
de moins que les hommes ; et si elle avaient dépensé autant

que les hommes, la dépense totale se serait élevée à 270 francs,
Trouver le nombre d'hommes, le nombre de femmes, et la dépense de chaque individu.

**4275.** Un marchand vient d'acheter deux pièces d'eau-de-vie
contenant chacune 240 litres, pour la somme de 768 francs. La
première lui coûte 96$^f$ de plus que la seconde. Or, il trouve à en
revendre immédiatement 250 litres à 2$^f$,05 : combien doit-il en
prendre de chaque qualité, pour que son gain soit de 25 p. %?

**4276.** Quatre associés ont gagné 2867$^f$. Les deux premiers
avaient mis 4798$^f$, le second et le troisième 5698$^f$, le troisième et
le quatrième 6670$^f$, enfin, le premier et le dernier 5770$^f$. Trouver
ce qu'il revient à chacun, sachant que la 4$^e$ mise surpasse la 1$^{re}$
de 520 francs.

**4277.** Je devais 900$^f$ payables dans 6 mois, 1200$^f$ dans 9 mois,
150$^f$ dans un an, et 300$^f$ dans 15 mois. J'ai payé 1500$^f$ au bout de
6 mois, 1050 fr. au bout d'un an : combien a-t-on dû me rendre,
l'escompte étant à $\frac{1}{2}$ p. % par mois?

**4278.** Un marchand a de l'huile à 60 centimes, à 72$^c$, à 96$^c$ et
à 1$^f$,08, le litre. Il veut en emplir un baril contenant 130 litres,
de manière qu'il y en ait autant à 60$^c$ qu'à 1$^f$,08, et autant à 96
qu'à 72$^c$. Combien doit-il prendre de litres de chaque qualité,
pour que le litre revienne à 78$^c$?

**4279.** La surface d'un triangle contient 120 ares. Trouver les
côtés de ce triangle, sachant qu'ils sont entre eux comme les
nombres 5, 12, 13.

**4280.** Trouver la surface d'un trapèze dont la première base
est de 80 mètres; la seconde est égale aux trois quarts de la
première, et la hauteur est égale aux deux tiers de la seconde
base.

**4281.** La surface d'un trapèze est de 198 mètres carrés; sa hauteur est égale aux sept neuvième de la grande base, et la petite
base aux quatre septième de la hauteur : trouver les bases et la
hauteur de ce trapèze.

**4282.** Les côtés de deux carrés sont entre eux comme les
nombres 5 et 9, et la surface du plus petit est de 4 hectares :
trouver celle du plus grand.

**4283.** Quelqu'un a placé un capital de 5000$^f$, qui lui a rapporté
785$^f$,50 en trois ans et demi. S'il place 8640$^f$ au même taux, combien de mois devra-t-il attendre, pour avoir un intérêt de 250 fr. ?

**4284.** Un marchand est convenu de fournir à un régiment
3000 mèt. d'un drap de 1$^m$,20 de largeur. Or, au moment où il le
livre, on voit que son drap n'a que 11 décimètres de largeur :
combien devra-t-il en donner en sus pour compenser par la longueur ce qui manque en largeur?

**4285.** Deux pièces de drap ont coûté 10 000 fr. La première a
130$^m$ de long sur un mètre de large; la seconde a 164$^m$ de long
sur 12 décimètres de large. Trouver le prix de l'une et de l'autre,
sachant que 5$^{mm}$ de la première en valent 7 de la seconde.

**4286.** Un mur a 20$^m$ de long, 3 de haut, et 75 cent. d'épaisseur;
un autre a 18$^m$ de long, 4 de haut, et 60 centim. d'épaisseur. Les
deux ensemble ont coûté 1800 fr. : trouver le prix de chacun.

4287. Un marchand ayant acheté 50 mille plumes, moitié à 14ᶠ le mille, moitié à 1ᶠ,30 le cent, en a donné 500 aux pauvres, et a revendu le reste à 2 cent. la pièce : quel bénéfice a-t-il fait?

4288. Une compagnie d'ouvriers a fait 1500 mètres d'ouvrage en 20 jours, travaillant 9 heures par jour; une autre en a fait 2280ᵐ en 36 jours, travaillant 6 heures par jour. Combien y avait-il d'ouvriers dans chaque compagnie, sachant que leur nombre total est de 374?

4289. Quatre ouvriers ont exécuté un ouvrage qui leur a été payé 1045ᶠ,44. Le premier y a travaillé 44 jours, le second 39 et et demi, le troisième 42, et le quatrième 45. Trouver ce qu'il revient à chacun, sachant que le premier, ayant la direction du travail, gagne par jour un quart de plus que les autres.

4290. Un détachement de 1600 hommes doivent former un carré à centre vide, de manière que le carré formé par le vide contienne 30 hommes de front : combien y aura-t-il d'hommes sur chaque face extérieure? — Sur combien de profondeur seront-ils?

4291. Trois ouvriers travaillant ensemble ont gagné, le premier 160ᶠ, le second 75ᶠ de plus que le premier, et le troisième autant que la moitié du premier et les trois cinquièmes du second. Trouver le gain de chacun, et le total de leur recette.

4292. J'ai reçu une somme d'argent dont le poids net est de 3ᵏᵍ,425. Trouver la valeur de cette somme, et quel serait son poids si elle était en or.

4293. Quelle somme en argent, quelle somme en or, pourrait porter un homme de force ordinaire, sachant qu'il porte 65 kilog.?

4294. Un enfant achète pour 10 centimes de sucre : combien en aura-t-il de grammes et décigr., à 1ᶠ,80 le kilog.?

4295. Un porte-faix chargé du transport de 890 hectolitres d'avoine, en porte 9 décalit. 5 litres à chaque voyage : combien fera-t-il de voyages?

4296. Pour suspendre un pont, il a été employé 4764 paquets de fil de fer : si chaque paquet en contient 108ᵐ,75, combien de mètres de fil ont été employés?

4297. Dans une manufacture comptant 546 ouvriers, on a travaillé pendant 348 jours; chaque ouvrier gagnait en moyenne 2ᶠ,25 par jour, et faisait 2ᵐ,50 de drap; et la matière première indispensable pour fabriquer 5 m. coûtait 48ᶠ. Trouver 1° combien on a fabriqué de mètres de drap; 2° à combien monte la dépense totale; 3° combien il faut vendre la pièce de 120 m. pour gagner 30 p. %; 4° combien chaque acheteur doit à son tour revendre le mètre en détail pour gagner 25 p. %.

4298. Un livre contient 432 pages et chaque page 32 lignes : si chaque ligne contient 45 lettres, combien y a-t-il de lettres dans ce livre?

4299. Une route contient une rangée d'arbres de chaque côté, dans une longueur de 48 kilomèt. Chaque arbre mis en place revenant à 1ᶠ,75, quelle a été la dépense totale, et quel sera le bénéfice si, après 40 ans, il a une valeur de 6ᶠ,50, sachant d'ailleurs que la distance d'un arbre au suivant est de 7ᵐ,50?

**4300**. Un commis reçoit 1524 fr. d'appointements par année ; mais il a perdu 4 mois : combien touchera-t-il ?

**4301**. On a fait une provision de 123 hectolitres de froment : combien faut-il de sacs pour la mettre, si chaque sac peut contenir 1 hectolitre 4 décalit. ?

**4302**. Un particulier emploie trois ouvriers. Le second reçoit par mois un cinquième de plus que le premier, et le troisième un huitième de moins que le second. Quelle somme doit-il débourser pour 4 mois de travail, sachant que le premier gagne 60 fr. par mois ?

**4303**. Une personne a un revenu de 4000 fr. elle paye 300 fr. de contributions, 275 fr. pour son loyer, et elle donne 350 fr. aux pauvres. Or, elle voudrait économiser 5000 fr. en 4 ans : combien peut-elle dépenser par jour ?

**4304**. On a logé deux fûts de cidre. Le premier, qui n'est que les trois quarts du second, contient 654 litres. Combien coûtent les deux, à 9$^f$,60 l'hectolitre ?

**4305**. Deux individus ont à se partager une somme de 1200 fr. Le premier doit en avoir la moitié des cinq sixièmes des deux tiers. Trouver la part de chacun.

**4306**. Les neuf seizièmes d'une marchandise ont coûté 123$^f$,30 : combien faut-il payer pour le reste ?

**4307**. Un marchand a vendu le tiers, le quart et le sixième d'une pièce de drap, dont il lui reste encore 6 mètres : quelle était la longueur de la pièce ?

**4308**. On dit que la différence du quart au septième du prix d'un objet est de 20 fr. : quel est le prix de cet objet ?

**4309**. Deux héritiers ont 12000 francs à se partager : combien chacun d'eux aura-t-il, sachant que le sixième de la part du premier est égal au quart de celle du second ?

**4310**. « Si je multipliais par 7, les quatre neuvièmes du nombre » de mes élèves, » dit un instituteur, « je trouverais 252. » Combien a-t-il d'élèves ?

**4311**. Les deux tiers de la fortune d'Antoine égalent les quatre cinquièmes de celle d'Alphonse, qui égale elle-même les sept neuvièmes de 4680 fr. : trouver la fortune d'Antoine.

**4312**. Une locomotive a fait 5475 kilomèt. 75 décamètres en 182$^h$20$^m$ : combien en a-t-elle fait par heure, en moyenne ?

**4313**. Un certain ouvrage pourrait être fait en trois heures et demie par un ouvrier, et en 4$^h$20$^m$ par un autre : les deux ouvriers travaillant ensemble, combien seront-ils d'heures et minutes pour le faire ?

**4314**. Quel temps faut-il pour exécuter un ouvrage dont on fait les quatre septièmes en trois jours et 5 heures ? — La journée est de 7 heures.

**4315**. Les deux tiers et le cinquième de mon âge, plus 7 ans, font juste l'âge que j'aurai dans 3 ans. Trouver mon âge actuel.

**4316**. Un train de wagons, qui fait 32 kilomèt. à l'heure, est parti 6 heures avant un autre qui en fait 40 : dans combien d'heures, et à quelle distance, le second train joindra-t-il le premier ?

**4317.** Un tailleur ayant acheté un coupon de drap d'un mètre un tiers de laize, en a pris 4 mètres pour faire un manteau : combien lui faut-il d'étoffe de deux tiers de mètre de laize pour doubler les trois quarts de ce manteau ?

**4318.** Un veuf qui n'a point d'héritiers, récompense ainsi ses domestiques au nombre de cinq : Il donne au premier le douzième d'une certaine métairie, au second un sixième, au troisième le quart, au quatrième le reste, et au cinquième une somme de 6000 francs, laquelle est triple du don fait au premier. Trouver la valeur de la métairie et la part de chacun des quatre premiers domestiques.

**4319.** Trois individus se sont partagé une somme de 16432$^f$,20. Le premier qui en a les deux tiers, a placé son argent et s'est fait un revenu de 547$^f$,74 : à quel taux a-t-il placé ?

**4320.** Deux ouvriers travaillant ensemble ont gagné 528 francs. Le premier qui a travaillé pendant 30 jours et 12 heures par jour, a reçu 198 fr. : combien le second a-t-il dû faire de journées de 15 heures ?

**4321.** Un réservoir dont toutes les faces sont rectangulaires, a 25$^m$,50 de long, 12$^m$ de large et 4$^m$,50 de profondeur. Pour le remplir, on y a laissé couler quatre robinets, le premier pendant 6$^h$25$^m$, le second pendant 5$^h$40$^m$, le troisième pendant 9$^h$10$^m$, et le quatrième pendant 3$^h$5$^m$. Les robinets fournissent tous la même quantité d'eau par heure : combien ont-ils donné chacun, d'hectolitres d'eau ?

**4322.** Deux compagnies d'ouvriers se présentent au propriétaire d'un champ. La première le moissonnerait en 4 jours et demi, et la seconde en 5 jours deux tiers. Ne pouvant employer les deux compagnies entières, le propriétaire prend la moitié de la première et le tiers de la seconde. En combien de jours son champ devra-t-il être moissonné ?

**4323.** Un voyageur ayant manqué la diligence, qui a déjà 9 kilom. d'avance sur lui, prend un cabriolet qui fait 12 kilom. à l'heure, tandis que la diligence n'en fait que 10 : dans combien de temps, et à qu'elle distance, joindra-t-il la diligence ?

**4324.** On a deux qualités de farine ; l'une ferait du pain à 27 centimes, l'autre à 23$^c$ le kilog. : combien faut-il en prendre de chaque qualité pour faire 100 kilog. de pain à 24$^c$, si 4 kilog. de farine en font 5 de pain ?

**4325.** Une vigne de forme rectangulaire a 197 mèt. de long sur 98 de large. Elle a produit 109 mesures de vin de 225 litres chacune ; ce vin a été vendu 17$^f$,65 l'hectol. ; le fermage est de 400 francs l'hectare, et les frais d'exploitation s'élèvent en tout à 783 francs. Trouver 1° le bénéfice net du vigneron ; 2° le produit en vin par are ; 3° le revenu net de la propriété p. % de la valeur, si le propriétaire l'avait fait valoir lui-même, sachant que la vigne est estimée 15000 francs.

**4326.** Trouver deux fractions dont la somme soit ½, et dont la plus petite soit les deux tiers de la plus grande.

**4327.** Partager la fraction ⅔ en trois parties telles que la seconde soit les trois quarts de la première, et la troisième les quatre cinquièmes de la seconde.

**4328.** Une somme se compose de 4 parties. Les trois premières sont 25 $\frac{1}{5}$, 17 $\frac{1}{4}$, 20 $\frac{1}{8}$; la quatrième est telle que ses cinq huitièmes valent la somme des trois autres. Trouver cette quatrième partie en opérant 1° sur des fractions à deux termes; 2° sur des fractions décimales.

**4329.** Un courrier qui fait 10 kilomètres à l'heure, court après un voyageur qui ne fait par heure que 4 kilom., mais qui a 120 kilom. d'avance : dans combien de temps le courrier ne sera-t-il plus qu'à 12 kilom. du voyageur ?

**4330.** Si au lieu de placer 8000 fr. à 6 p. °/₀ par an, on plaçait cette somme à $^1/_2$ p. °/₀ par mois (int. comp. dans les deux cas), quel profit aurait-on au bout de 4 ans ?

**4331.** Une vigne de la contenance de 27 hectar. 3 ares contient 2 ceps par 3 mètres carrés; chaque cep a rapporté en moyenne 7 décilitres de vin. Si chaque barrique de 230 litres a été vendue 55 fr., quelle est la valeur du produit de cette vigne ?

***4332.** Une circonférence de cercle a 35ᵐ,40 de rayon : combien un arc de 35ᵐ,40 contient-il de degrés, minutes et secondes ? —Combien un arc de 123°45′56″ contient-il de mètr. et millim. ?

**4333.** Un individu a dans une entreprise une certaine somme qu'il veut retirer avec ses intérêts. En le remboursant, on lui retient 278 fr., pour frais imprévus qui frappent tout le capital de l'entreprise à raison de 2 p. °/₀ ; combien recevra-t-il ?

**4334.** J'ai acheté un terrain qui m'a coûté 30000 fr., et j'ai payé en outre 5 du 100 pour les frais d'achat. Pour l'améliorer, j'ai employé pendant 17 jours 25 ouvriers à 2ᶠ,50 par jour ; ils ont transporté 4750 mètres cubes de terre qui m'a coûté 1ᶠ,15 le mètre cube ; trois jardiniers y ont travaillé pendant 27 jours, à 4ᶠ par jour pour chacun ; ils ont fourni 2750 pieds d'arbre à 36ᶠ,50 le cent, et pour 60ᶠ,80 de différentes graines. La réparation des murs de clôture, d'une étendue de 1278 mèt., m'est revenu à 1ᶠ,75 le mètre, et j'ai payé au menuisier 1650 fr. pour différentes constructions. Combien faut-il que je revende cette propriété, pour faire un bénéfice net de 15 p. °/₀ ?

**4335.** Un pré rectangulaire de 180ᵐ de long sur 109ᵐ de large a produit 4000 bottes de foin ; combien a-t-il produit de bottes par are ?

**4336.** Une famille consomme en moyenne 3 kilog. et demi de pain par jour. Sachant que le sac de farine pesant 162ᵏᵍ,50 coûte 36 fr.; que 100 kilog. de farine en produisent 125 de pain, et que la cuisson de l'année exige 200 fagots à 10 centimes et demi la pièce, on demande 1° la dépense totale de l'année ; 2° le poids de la farine nécessaire pour faire un pain de 5 kilogr. et le prix de ce pain.

**4337.** Quelqu'un achète pour 1950ᶠ un pré qu'il loue 60ᶠ, et pour lequel il paye 3ᶠ,95 de contributions. Trouver le produit net p. °/₀ du capital.

**4338.** Un ouvrier reçoit 72 fr. pour un ouvrage dont il fait les trois cinquièmes en 7ʲ $\frac{2}{3}$. En combien de jours fait-il l'ouvrage tout entier, et combien gagne-t-il par jour ?

**4339.** Un particulier ayant mis sa fortune dans une entreprise, l'a augmentée de ses cinq onzièmes, et maintenant il possède 272000 francs. On demande 1° quelle était sa fortune primitive ; 2° à quel taux son argent s'est trouvé placé, supposé qu'il soit resté 3 ans dans l'entreprise.

**4340.** Un ouvrier paresseux a travaillé les deux premiers jours de la semaine ; mais ensuite il a perdu le Mercredi $\frac{1}{2}$ jour, le Jeudi $\frac{3}{4}$ de jour, le Vendredi $\frac{1}{5}$ de jour, et le Samedi il n'a fait que les $\frac{3}{8}$ de sa journée. Combien lui doit-on pour sa semaine, à 1$^f$,25 par jour ?

**4341.** Louis et Pierre ayant reçu 28000 fr., Louis a dépensé les deux tiers de sa part, et Pierre les trois quarts de la sienne. Sachant qu'il leur reste autant à l'un qu'à l'autre, trouver combien ils ont reçu en particulier, et quelles seraient leurs rentes respectives, s'ils avaient placé leur argent à 5 $\frac{1}{2}$ p. %.

**4342.** Un particulier ayant fait une entreprise, a gagné une certaine somme la première année ; la seconde année, il a gagné les 4 septièmes de la même somme ; mais la troisième, il a perdu le tiers du gain de la seconde. Trouver le gain de la première, année sachant que son gain total est de 6380 francs.

**4343.** Un navire a parcouru 123 myriamèt. en 4$^j$8$^h$ : combien a-t-il parcouru de kilom. en 3$^j$15$^h$ ?

**4344.** Combien faut-il de pavés formant des carrés de 25 centimètres de côté, pour carreler une cour rectangulaire ayant 50 m. de long sur 40 m. de large, mais dont le milieu est un parterre de forme elliptique de 20 m. de long sur 14 m. de large ?

**4345.** Trois commerçants ont chargé un bâtiment de 280 barils d'une huile qui, arrivée à sa destination, s'est vendue 210 fr. le baril. Le premier a contribué à ce chargement pour 12000 fr., le second pour 15000 fr., et le troisième pour 20000 fr. Les frais à déduire s'élèvent à 2800 fr. On demande ce qu'il revient à chacun.

**4346.** Partager 324 fr. entre trois personnes, de manière que la part de la première soit les 4 cinquièmes de celle de la seconde, et que celle-ci soit les 7 neuvièmes de celle de la troisième.

**4347.** On suppose que la graine de pavot-œillette vaut 25 fr. l'hectolit. Quelle est la dépense à faire pour ensemencer un hectare, si 2 litres suffisent pour un demi-hectare ? — Quel terrain pourrait-on ensemencer pour 5 fr., pour 20 fr. de graine ?

**4348.** On veut partager 3 fr. entre quatre pauvres. Si le premier en a un cinquième, le second un quart, le troisième un sixième, quelle sera la part de chacun ?

**4349.** Ayant acheté 3600 fr. de rente 3 p. % au cours de 78$^f$,40, on les revend au cours de 76$^f$,80 : combien perd-on ?

**4350.** Une marchande d'oranges a vendu les 3 septièmes de ce qu'elle en avait, moins 24 ; il lui en reste les 4 neuvièmes, plus 48 : combien en avait-elle d'abord ?

**4351.** Une personne remplit son verre de vin pur, et en boit le quart ; elle achève de remplir avec de l'eau, et en boit le tiers ; elle le remplit de nouveau, puis en boit la moitié. Dire combien chaque fois elle a bu de vin et d'eau.

**4352.** Un père de famille place 2000 fr. à 5 p. %, pour faire une dot à sa fille âgée de 8 ans. Quelle sera la dot de sa fille à l'âge de 18 ans, en comptant les intérêts composés?

**4353.** Un fermier doit 140 décalitres de froment, à 19ᶠ,75 les 100 kilogr. Si l'hectolitre pèse 75 kilogr., on demande 1° le prix des 140 décal.; 2° le poids de l'argent qui solde sa dette.

**4354.** Une place forte de 11300 m. de circuit doit être entourée d'un mur de 6ᵐ,25 de hauteur et 3ᵐ,75 d'épaisseur. Quel temps mettra-t-on à le faire, si le mètre cube revient en moyenne à 35ᶠ, et que l'on consacre annuellement 741562ᶠ,50 à cet ouvrage?

**4355.** On a fait fumer une terre de 3 hectares 22 ares 76 centiares, de manière que pour un hectare on a employé 3655 kil. de fumier. L'are a produit 29 litres de froment, et l'on a vendu l'hectolit. 23ᶠ,54. Trouver le bénéfice qu'on a fait sur cette terre, si le mètre cube de fumier pèse 99 kilog. et demi et coûte 8ᶠ,45.

**4356.** Un terrain de 3 hectares 15 centiares, situé à Paris, a été payé 275000 fr. : combien doit-on revendre le mètre carré pour gagner 17 fr. par are?

**4357.** Une commune payait 22346 fr. d'impôts. Elle est obligée de s'imposer extraordinairement de 2 centimes et demi. On demande 1° le montant de l'imposition actuelle; 2° combien doit débourser un contribuable qui payait déjà 36ᶠ,80 par an.

**4358.** Un marchand a trois espèces de café, savoir : 27 kilog. à 1ᶠ,25 le kilog.; 36ᵏᵍ,25 à 2 fr., et 42ᵏᵍ,75 à 1ᶠ,75. Il les mélange, et veut gagner 26ᶠ,50 sur le tout : combien doit-il vendre le kilog.?

**4359.** Quel est le quotient de $\frac{2}{7}$ par $\frac{5}{7}$? — Raisonner l'opération.

**4360.** Un flacon vide pèse 30 grammes. Pour en déterminer la capacité, on le remplit d'eau distillée, et on le pèse de nouveau. N'ayant pas de poids sous la main, on emploie pour lui faire équilibre trois pièces de 5 fr. (argent), deux de 2 fr., une d'un franc et une de 20 centimes. Quelle est la capacité du flacon?

**4361.** Deux héritiers se partageant un champ de 18 hectares 72 ares, le premier donne 3094 fr. au second, à condition qu'il ait 3ʰ40ᵃ de plus que lui. Conclure de là 1° la part de chacun, et la valeur totale du champ; 2° quelle somme il faudrait débourser pour un autre champ de 2ʰ38ᵃ, si l'hectare de ce second champ valait 540 fr. de plus que l'hectare du premier.

**4362.** Une prairie contient 2 hectares 75 ares, et rapporte en moyenne 5000 kilog. de foin par hectare. Les 1000 kilog. se vendent 36 fr., et les frais pour engrais et récolte s'élèvent à 38 fr. par hectare. Trouver le prix de cette prairie, le produit net étant le 4 p. %. du capital.

**4363.** Un lingot d'or pèse 340ᵍʳ,2 : combien faut-il y allier de cuivre pour en faire de la monnaie, et alors quelle sera la valeur du lingot, s'il y a un déchet de 1 p. %.?

**4364.** Une personne ayant acheté 342ᵐ,45 de marchandises, à 18ᶠ,25 le mètre, en a revendu les sept neuvièmes à 19ᶠ,40 le mètre : combien doit-elle recevoir pour chaque mètre de son reste, pour réaliser sur le tout un bénéfice de 500 francs?

**4365.** Combien y a-t-il de centimètres cubes, à moins d'un millième, dans un lingot d'or pesant 234 fr. en argent, sachant que la densité de l'or est de 19,257 ? — Si l'on en fait de la monnaie, quelle en sera la valeur ?

**4366.** Si une vache laitière produit annuellement 79 kilog. de beurre, combien produiront 36 vaches, et quelle sera la valeur totale du beurre, à 95 centimes le demi-kilog. ?

**4367.** Quelqu'un veut mettre en bouteilles 2 hectolit. 48 litres de cidre. Si chaque bouteille contient 80 centilitres, combien lui en faudra-t-il ?

**4368.** Supposé que l'hectare d'avoine en rapporte 32 hectolit., à 6ᶠ,75. quel sera, en argent, le produit net de 17ʰ,13ᵃ d'avoine, si les frais de culture et autres sont de 35 fr. par hectare ?

**4369.** Un bon batteur peut battre environ 45 gerbes par jour, et ces gerbes donnent à peu près 14 décalitres de grain. Combien faut-il de jours pour battre 765 gerbes ? — Quelle quantité de grain aura-t-on, et quelle en sera la valeur, à 17ᶠ,65 l'hectol. ?

**4370.** Le sel est une substance qui préserve les animaux de certaines maladies, et rend leur nourriture plus saine et plus profitable. On peut donner par jour à un bœuf de travail 60 gram. de sel, à une vache laitière 60 grammes, à un cheval 30 gram., à un mouton 9 gr. et demi. Cela posé, on demande la quantité de sel nécessaire à 5 bœufs, 13 vaches, 7 chevaux et 150 moutons, pendant un jour, — pendant un mois, — pendant une année ; et quelle sera la dépense journalière, mensuelle et annuelle, en prenant 30 centimes pour prix d'un kilog. de sel.

**4371.** Un cultivateur désire savoir combien il a gagné sur un porc acheté 57 fr. à l'âge de 6 mois, et revendu 105 fr. à l'âge de 9 mois, les frais de nourriture et d'entretien s'élevant en moyenne à 0ᶠ,40 par jour?

**4372.** Quel sera le prix de 128 fagots, lorsque la douzaine coûte 3ᶠ,60, et qu'on a le treizième en sus?

**4373.** Un ouvrier a mis 10 jours deux tiers à faire un certain ouvrage, en employant par jour 9 heures cinq sixièmes : combien devra-t-il employer d'heures par jour, pour refaire le même ouvrage en 8 jours trois quarts?

**4374.** Un libraire voulant faire relier 1200 volumes, s'adresse à trois ateliers. Le premier ferait ce travail en 16 jours, le second en 24, et le troisième en 30. S'il les emploie simultanément, combien durera le travail? — Et combien devra-t-il donner de volumes à chaque atelier?

**4375.** Sept ouvriers ont battu le grain d'une ferme. Si chacun d'eux a battu par jour 70 gerbes donnant chacune en moyenne 2ˡⁱᵗ,75 de grain, et que la totalité ait produit 13 475 litres, on demande pour chaque ouvrier 1° combien il a travaillé de jours ; 2° combien il a battu de gerbes ; 3° combien il doit recevoir, à 2ᶠ,45 par jour.

**4376.** Quel est le nombre de pièces de 20 centimes que l'on peut faire avec 342 grammes d'argent pur, et quelle est la quantité de cuivre qu'on doit y ajouter ?

**4377.** Pour faire un manteau, un tailleur emploie 5ᵐ,75 d'un drap de 75 centimètres de largeur, à 16ᶠ,50 le mètre, et pour le doubler en entier, il prend de la soie de 50 centimèt. de largeur, à 6f,25 le mètre. Ayant dépensé par ailleurs 7f,50, il demande combien il doit vendre ce manteau, pour que son gain soit de 30 p. %.

**4378.** On achète de deux qualités de sucre pour 39f,75. La première qualité coûte 1f,95 le kilog., et la seconde 1f,70. Or, on a 983 décagr. de la première qualité : combien de la seconde, à moins d'un centigramme?

**4379.** Un voiturier a transporté plusieurs ballots de marchandises, à 3f,95 les 100 kilog.; mais il en a perdu un du poids de 167kg,4 qu'il est obligé de payer à raison de 0f,75 le kilogr., et à cause de cette perte, il ne reçoit que 8f,25 pour son voyage. Trouver le poids des ballots qu'il a rendus à leur destination.

**4380.** On veut partager 15 000 francs entre deux personnes de manière que la première ait les 4 cinquièmes des 5 sixièmes des 9 dixièmes de cette somme. Combien la première aura-t-elle de plus que la seconde?

**4381.** Une lingère a confectionné en 12 jours 15 bonnets garnis pour lesquels elle a employé 3m,50 de jaconas à 4f,70 le mètre, 1m,925 de mousseline à 7f,05 le mètre, 875 grammes de ganse à 4f,10 le kilogram. D'autres menues fournitures se sont élevées à 11f,38. Si elle vend les 15 bonnets à 5f,95 la pièce, quelle sera sa recette totale, et combien aura-t-elle gagné par jour?

**4382.** Le mètre cube de chêne coûte 75 fr., et le transport à un kilomètre 2f,75. On demande 1° à combien reviennent 2 mèt. cubes 79 décim. cubes transportés à 1678 mètres; 2° combien on ferait transporter de mètres et décim. cubes à cette même distance pour 2465 francs.

**4383.** Un convoi a parcouru 703 kilom. en 23h45m. On demande ce qu'il a parcouru par heure, en moyenne, puis le temps qu'il lui faut pour parcourir 987 kilomètres, en conservant toujours la même vitesse.

**4384.** Un vase vide pèse 1 kilog. 2 décag.; plein d'eau de mer, il pèse 7 kilog. 38 décag. Dire la capacité de ce vase 1° en litres et centilitres, 2° en décim. et cent. cubes, sachant que la densité de l'eau de mer est de 1,026.

**4385.** Un père partage son bien entre ses deux filles. Il donne à la première le tiers de sa fortune, à la seconde 2000 fr. de plus qu'à la première, et il garde 2000 fr. pour lui. Trouver la fortune du père et ce qu'il a donné à chacune de ses filles.

**4386.** Une femme tricote des bas de laine qu'elle vend à 2f,80 la paire. La laine lui coûte 3f,20 le kilogram., et 8 paires de bas pèsent juste un kilog. et demi. On demande ce qu'elle gagne par paire de bas, puis par jour et par année, sachant qu'elle fait 6 bas par semaine.

**4387.** Deux personnes ont acheté en commun une pièce de toile de 69 m., pour une somme de 175f,05. Sachant que la première a déboursé 107f,10, trouver le nombre de mètres que chacune d'elles doit avoir.

**4388.** L'eau de mer contient environ 2,5 p. % de son poids de sel. Or, le litre d'eau de mer pèse un kilog. 26 gram. : combien faut-il de litres d'eau de mer, pour avoir 36 kilog. de sel?

**4389.** Un marchand achète un certain nombre de couteaux, qu'il revend à 12$^f$,50 la douzaine, et de cette manière il gagne 147$^f$,75. Or, il en a payé le premier tiers à raison de 8 pour 6$^f$,50, le second tiers à raison de 4 pour 2$^f$,80, et le troisième à raison de 6 pour 4$^f$,75. Trouver le nombre des couteaux.

**4390.** Un cheval qui travaille, consomme par an environ 2730 kilog. de foin, et 820 kilog. d'avoine. Trouver le prix de la nourriture de 12 chevaux, sachant que 100 kilog. de foin coûtent environ 6$^f$,75, et que 75 kilog. d'avoine coûtent 13$^f$,50.

**4391.** Un kilog. de mercure coûte 6$^f$,75 : combien 6 hectog.?

**4392.** Quels sont les prix de deux fusils dont le premier coûterait 420 fr. moins la moitié du prix du second, et le second coûterait 400 fr. moins le tiers du prix du premier?

**4393.** On vide dans un tonneau contenant déjà 52$^{lit}$,25 de vin le contenu d'un tonneau de 129 litres épuisé aux 5 sixièmes : combien y aura-t-il de litres dans le premier tonneau?

**4394.** On veut faire le plancher d'une chambre rectangulaire ayant 5$^m$,24 de long et 4$^m$,75 de large. Combien faudra-t-il employer de planches de 1$^m$,70 de long et 11 centimèt. de large, si chaque planche perd un centimèt. dans sa largeur, par suite de la préparation, et combien coûtera le plancher, à 5$^f$,85 le mètre carré?

**4395.** Un sac de blé de 148 litres pèse 117 kilog.; quand on le réduit en farine, il perd les 0,17 de son poids ; d'autre part, avec 3 kilog. de farine, on peut faire 4 kilog. de pain. Combien pourra-t-on faire de kilog. de pain avec ce sac de blé, et quelle en sera la valeur, à 47 centimes et demi le kilog de pain?

**4396.** Un homme bien portant consomme en 24 heures 108 hectolit. d'air, et respire à peu près 15 fois par minute : combien, à moins d'un millième de litre, consomme-t-il d'air à chaque fois qu'il respire?

**4397.** Le parapet d'un pont est formé de pièces de fonte pesant en moyenne chacune 250 kilog., et ayant 1$^m$,40 de longueur. Le prix de la fonte étant de 21$^f$,40 les 100 kilog., et la longueur du pont de 292$^m$,60, on demande le prix du double parapet établi sur ce pont.

**4398.** Deux villes placées sur le même méridien sont à 5839 hectom. l'une de l'autre : combien y a-t-il de degrés, minutes et secondes dans la portion du méridien comprise entre ces deux villes ?

**4399.** Un baril plein d'huile d'olive pèse 49$^{kg}$,50 ; vide, il ne pèse que 8$^{kg}$,40 : quelle est la capacité de ce baril, la densité de l'huile d'olive étant de 0,915 ?

**4400.** Une laiterie possède 20 vaches qui ont coûté en moyenne 250 fr. chacune ; leur nourriture et les frais de toute espèce nécessaires à leur entretien coûtent annuellement 6200 fr. ; et l'on suppose que les pertes occasionnées par maladies ou accidents s'élèvent à 10 p. % du prix des vaches. D'autre part, le propriétaire retire environ 200 charretées d'engrais à 1$^f$,75 ; 20 veaux à 10 fr., et 372 hectolit. de lait à 30 centim. le litre. Trouver le bénéfice annuel du propriétaire.

**4401.** Une machine à fouler le raisin peut en fouler par heure 3800 kilog., et 25 kilog. de raisin donnent 14 kilog. de vin clair : combien cette machine donnera-t-elle d'hectolit. de vin en 12$^h$, si le litre pèse 99 décagrammes ?

**4402.** Par le rouissage, le lin perd les 3 huitièmes de son poids, et le lin roui fourni environ les 3 vingtièmes de son poids de lin de premier brin : combien faut-il de lin brut pour obtenir 100 kilog., de lin de premier brin ?

**4403.** C'est un principe de Physique, que *les durées des oscillations de deux pendules sont entre elles comme les racines carrées des longueurs de ces pendules*, et l'on sait qu'à Paris le pendule qui bat la seconde a une longueur de 994 millim., à très-peu près. Cela posé, quelle sera la durée des oscillations d'un pendule dont la longueur est de 15, 30, 45, 60, 75, ou 90 centimètres ?

**4404.** Combien d'oscillations par heure fait un pendule dont la longueur est de 2, 3, 4, 5, 10, 20, 30, 40, 50, ou 100 mètres ?

**4405.** Trouver la longueur d'un pendule qui fait 20, 30, 40, 50, 60, 80, 100, 120, ou 180 oscillations dans une minute.

**4406.** Quelle est la longueur d'un pendule qui exécute 288 oscillations dans 5 minutes ?

**4407.** La roue d'échappement d'une horloge a 32 dents, et il faut qu'elle fasse un tour entier en une minute : quelle doit être la longueur du pendule, sachant d'ailleurs que deux oscillations sont nécessaires pour que la roue avance d'une dent ?

**4408.** Supposé qu'un arpenteur, mesurant une ligne fasse une erreur moindre que la millième partie de la longueur qu'il mesuré, trouver quelle sera la limite de l'erreur qu'il pourra commettre sur l'évaluation des surfaces.

**4409.** On fond ensemble 32$^{gr}$,50 d'or pur et 3$^{gr}$,64 de cuivre : quel est le titre de l'alliage obtenu ?

**4410.** La circonférence de la grande roue d'une locomotive a 4$^m$,40 de long, et elle fait un tour entier pour chaque double coup de piston de la machine : combien ce piston devra-t-il donner de coups par seconde, pour que la locomotive franchisse une distance de 180 kilomètres en 4$^h$40$^m$ ?

**4411.** Dans une usine à zinc, on traite annuellement 200 000 quintaux de minerai rendant 31 p. % de zinc. Pour produire 1000 kilog. de zinc, il faut consommer 748 kilog. de houille, à 5$^f$,32 les 100 kilog. : combien coûte la houille employée chaque année pour le traitement du zinc dans cette usine ?

**4412.** Cent kilog. de sucre peuvent donner environ 51 kilogr. et demi d'alcool absolu, c'est-à-dire ne contenant point d'eau. D'autre part, 100 kilogram. de moût de raisin donnent environ 21 kilogramm. d'alcool contenant 4 cinquièmes d'eau : combien 1234 kilog. de moût contiennent-ils de kilog. de sucre ?

**4413.** En passant à l'état de glace, l'eau augmente du 15$^e$ de son volume : trouver, à moins d'un millième, la densité de la glace, celle de l'eau étant égale à l'unité.

**4414.** On place bord à bord, les centres sur une même droite, 60 pièces d'or, les unes de 50 fr., les autres de 100 fr., et l'on obtient une longueur totale de 1$^m$,855 : combien y a-t-il de pièces de chaque valeur ?

**4415.** Le puits de Grenelle, à Paris, donne 23 hectolitres par minute. Si une personne a besoin de 16 litres d'eau par jour, en moyenne, combien de personnes le puits de Grenelle pourra-t-il fournir d'eau ?

**4416.** Une armée est composée de trois corps : le premier a 4 régiments, le deuxième 5, et le troisième 6 ; chaque régiment compte 3 bataillons, chaque bataillon 6 compagnies, et chaque compagnie 120 hommes. Trouver 1° le nombre d'hommes par bataillon et par régiment ; 2° le nombre d'hommes de chaque corps d'armée, et de l'armée tout entière ; 3° la part de chaque individu dans une gratification de 1 250 000 francs distribués également entre tous ?

**4417.** Un particulier achète 750 fr. de rente 3 p. °/₀ à 67$^f$,90 : combien doit-il payer à l'agent de change chargé de l'acquisition ?

**4418.** En 1853, les recettes brutes des chemins de fer se sont élevées à 165 928 586 fr., et en 1854, elles ont été de 196 534 803$^f$. D'autre part, la longueur des chemins de fer exploités en 1854 était de 4676 kilom., et en 1853, elle était moindre de 601 kilom. Trouver quelle a été la recette par kilom. en 1853 et 1854, et de combien elle s'est accrue d'une année à l'autre.

**4419.** Dans une terre contenant 57 ares, un cultivateur a récolté environ 5000 kilogr. de racines destinées à nourrir le bétail pendant l'hiver. Or, un bœuf consomme en un jour environ 25 kilogr. de racines. On demande combien il faudrait cultiver d'hectares de terrain de la même manière, pour pouvoir nourrir trois couples de bœufs pendant 150 jours.

**4420.** Un marchand achète pour 1480 fr. de marchandises payables dans 3 mois, et les revend immédiatement 1640 francs payables dans 10 mois : quel est son bénéfice, l'escompte étant à 6 p. °/₀ par an ?

**4421.** Un homme en 8 jours a fait 324 kilomèt., en marchant 9 heures par jour : s'il marche toujours avec la même vitesse, mais seulement 7 heures et demi par jour, quelle distance franchira-t-il en 20 jours ?

**4422.** Combien rapporteront 2579 fr., placés à 5 p. °/₀, pendant 2ª7ᵐ20ʲ ?

**4423.** Combien faut-il placer à 5 p. °/₀ par an, pour avoir un intérêt de 431 francs, après 1ª5ᵐ15ʲ ?

**4424.** A quel taux faut-il placer 5000 fr., pour avoir en 9 mois, un intérêt de 187$^f$,50 ?

**4425.** Un convoi de messageries part à 6ʰ du matin de Tours pour Paris, avec une vitesse de 4 kilomèt. en 5 minutes ; une heure et demie plus tard, un convoi-omnibus part de Paris pour Tours, avec une vitesse de 8 kilom. en un quart d'heure. Trouver à quelle heure ces convois se rencontreront, à quelle distance de Paris et de Tours aura lieu la rencontre, et enfin à quelle heure chacun d'eux arrive à sa destination, si la distance de Tours à Paris est de 24 myriamètres.

**4426.** Un marchand avait acheté 180ᵐ de drap. Il en a revendu les 7 douzièmes à 13$^f$,40 le mètre, les 0,4 du reste à 14$^f$,10, et le reste à 15f,60. Trouver combien lui avait coûté le mètre de drap, sachant que de cette manière il a gagné 10 et demi p. %.

**4427.** Cent kilog. de houille donnent, par la distillation, environ 23 mètres cubes de gaz pour l'éclairage. Supposé que dans une usine à gaz, il y ait 15 cornues contenant chacune en moyenne 260 kilogram., et qu'on les remplisse deux fois par jour, trouver combien on produira de mètres cubes de gaz dans cette usine, et quelle en sera la valeur, à 32 centimes le mètre cube.

**4428.** La canne à sucre renferme environ 0,9 de jus contenant 0,17 de sucre. Si on ne retire que la moitié du sucre que contient la canne, combien retirera-t-on de sucre de 4320 kilogram. de cannes?

**4429.** Quand on calcine une certaine houille, on obtient environ 71 kilogr. de coke pour 100 kilogr. de houille. Combien obtiendra-t-on de kilog. de coke en calcinant 4320 kilog. de cette houille, et quelle en sera la valeur, à 1f,75 les 100 kilog. ?

**4430.** L'or vaut 15 fois et demie plus que l'argent, à poids égal. Or, la densité de l'argent est de 10,474 et celle de l'or 19,257 : combien de fois l'or vaut-il plus que l'argent, à volume égal ?

**4431.** La surface totale de la France étant de 53 027 891 hect., et le revenu total de l'agriculture de 5 837 330 000 francs environ, trouver le revenu moyen d'un hectare en France.

**4432.** Une compagnie de chemin de fer fait des convois d'heure en heure de cinq heures du matin à midi, et de demi-heure en demi-heure de midi et demi à huit heures du soir. Si chaque convoi contient en moyenne 20 wagons, chaque wagon 30 voyageurs payant chacun 2f,50, quelle est la recette brute annuelle de cette compagnie?

*** 4433.** Un boulet, au moment où il sort du canon, a une vitesse qui lui ferait parcourir 12 kilom. en une minute. Supposé qu'il conserve toujours la même vitesse, quel temps mettrait-il pour aller de la Terre à la Lune, lorsque celle-ci est à sa distance moyenne, savoir 60 rayons de la Terre un quart ?

**4434.** Un négociant qui a fait faillite, laisse 86 000 fr. Son passif se compose de cinq dettes : la première de 24 600 fr., la seconde de 33 000 fr., la troisième de 29 800 fr., la quatrième de 37 200 fr., et la cinquième de 43 000 fr. Que reviendra-t-il à chaque créancier, si les frais de liquidation montent à 6 p. % de ce que laisse le failli?

**4435.** La plus grande vitesse d'un paquebot à vapeur est de 8 nœuds et demi. Sachant que le nœud est de la 120e partie d'un mille et qu'il est parcouru en une demi-minute de temps, et que le mille est égal à une minute de degré du méridien terrestre, comparer cette vitesse à celle des chemins de fer, 50 kilomètres à l'heure (grande vitesse).

*** 4436.** Nos monnaies de bronze sont composées de 95 parties (en poids) de cuivre pur, 4 d'étain et une de zinc. La densité du cuivre étant de 8,85, celle de l'étain de 7,29, et celle du zinc de 7,19, trouver combien il faudrait de décimes pour fournir le métal nécessaire à la fabrication d'une sphère de ce bronze, le diamètre de celle-ci étant de 226 millimètres.

**4437.** Un pâtre garde un troupeau de moutons : s'il les compte

2 à 2, il lui en reste 1 ; s'il les compte 3 à 3, il lui en reste 2 ; il lui en reste 3, s'il les compte 4 à 4, et 4 s'il les compte 5 à 5. Combien a-t-il de moutons, au moins?

4438. Un capitaliste qui a mis ses fonds dans une entreprise, reçoit 110 000 fr., au bout de 3ª3ᵐ et 10 jours. Sachant que cette somme contient le capital placé et son bénéfice, qui est égal aux 3 huitièmes du capital, trouver à quel taux ce capitaliste a placé son argent.

4439. *Tout corps plongé dans un liquide perd de son poids une quantité égale au poids du liquide déplacé.* D'après ce principe, calculer le volume d'un corps irrégulier qui pèse dans l'air 43ᵏᵍ,45, et dans l'eau 37ᵏᵍ,29.

4440. Un fragment de métal pèse dans l'air 29ᵍʳ,36; dans l'eau pure, il pèse 25ᵍʳ,83, et son poids dans un second liquide est de 18ᵍʳ,77. Trouver 1° la densité du métal (c'est-à-dire le poids d'un centim. cube de ce métal) ; 2° la densité du second liquide.

4441. Pour un accroissement de température d'un degré, le fer se dilate (s'allonge) d'un 795ᵉ de sa longueur : trouver la dilatation correspondante en surface.

4442. Un orfèvre vend un chandelier d'or au titre de 0,750. On lui paye, outre la valeur, 6 p. % pour frais de fabrication, de vérification, et autres. À combien reviendra ce chandelier qui pèse 324ᵍʳ,60 ?

4443. Dans un atelier considérable, on emploie des hommes, des femmes et des enfants. Les hommes ont chacun par semaine 21 fr.; les femmes 15 fr., et les enfants 7ᶠ,50. Or, la dépense pour quatre semaines s'est élevée à 18462 fr., sur lesquels les enfants ont reçu 2250 fr., et les femmes 5880 fr. Trouver combien cet atelier occupe d'hommes, de femmes, d'enfants, et combien chacun d'eux gagne par jour. — Ils travaillent six jours par semaine.

4444. Un négociant a revendu une marchandise pour 2329 fr.; s'il l'avait revendue 821 fr. de plus, il aurait fait un bénéfice égal aux trois quarts de ce qu'elle lui avait coûté : combien avait-il payé cette marchandise ?

4445. Dans notre calendrier (le calendrier grégorien), les années communes sont de 365 jours, et les bissextiles (qui arrivent de 4 en 4 ans) sont de 366 jours; de plus les années qui terminent les siècles, n'étant bissextiles que dans le cas où le nombre des siècles est lui-même un multiple de 4, il s'ensuit que dans une période de 400 ans, on supprime trois bissextiles. Trouver, d'après ces données, 1° la valeur moyenne de l'année du calendrier grégorien ; 2° combien il faudra d'années pour que l'erreur s'élève à un jour entier, si la valeur exacte de l'année est de 365ʲ,24225.

4446. Pour fabriquer certaines allumettes, avec 4 grammes de phosphore, on prend 10 grammes de salpêtre, 6 de gomme, 3 de minium, et 2 de bleu de Prusse. Trouver ce qu'il faudra de chacune de ces matières pour obtenir 29ᵏᵍ,50 de pâte à fabriquer des allumettes.

4447. *Les carrés des temps des révolutions des planètes autour du Soleil sont entre eux comme les cubes de leurs distances mo-*

*yennes à cet astre.* Or, la distance moyenne de la Terre au Soleil étant 1, celle de Mercure est environ 0,3871, et celle de Vénus 0,7233. Trouver en jours, à moins d'un 100e, la durée de la révolution de Mercure et de Vénus autour du Soleil, sachant que celle de la Terre est de 365j,25 638.

**4448.** La planète Jupiter met environ 4334j,64 à faire sa révolution autour du Soleil : trouver sa moyenne distance à cet astre, celle de la Terre étant d'environ de 15354 000 myriam.—Trouver le résultat à 1000 myriamètres près.

**4449.** Dans la dernière moitié de Décembre 1862, le premier satellite de Jupiter a subi 9 éclipses, savoir : le 16, à 15$^h$39$^m$28$^s$ (a) ; le 18, à 10$^h$7$^m$53$^s$ ; le 20, à 4$^h$36$^m$13$^s$ ; le 21, à 23$^h$4$^m$39$^s$ ; le 23, à 17$^h$32$^m$57$^s$ ; le 25, à 12$^h$1$^m$21$^s$ ; le 27, à 6$^h$29$^m$40$^s$ ; le 29, à 0$^h$58$^m$5$^s$, et le 30, à 19$^h$26$^m$22$^s$. Trouver l'intervalle entre chaque éclipse et la suivante, puis l'intervalle moyen entre deux éclipses consécutives, ce qui est à peu près la durée de la révolution du satellite, autour de Jupiter, car il est éclipsé à chaque révolution.

**4450.** Du 12 Mars au 28 Août 1862, le second satellite de Jupiter a été éclipsé 48 fois : la première, le 13 Mars, à 19$^h$40$^m$20$^s$, et la dernière, le 27 Août, à 20$^h$52$^m$14$^s$. — Dans la même année, le troisième satellite a subi 33 éclipses, et le quatrième 14, du 1$^{er}$ Janvier au 25 Août, savoir : troisième satellite, première éclipse, le 6 Janvier, à 7$^h$4$^m$0$^s$, et dernière, le 23 Août, à 14$^h$23$^m$21$^s$, quatrième satellite, première éclipse, le 7 Janvier, à 8$^h$32$^m$7$^s$, et dernière, le 13 Août, à 3$^h$23$^m$35$^s$. — Sachant que ces trois satellites ont subi une éclipse à chacune de leurs révolutions, on demande quelle est à peu près la durée de la révolution de chacun d'eux autour de Jupiter.

**4451.** Douze Lunes ont commencé dans l'année 1862, savoir : le 30 Janvier, à 2$^h$59$^m$ du matin ; le 28 Février, à 4$^h$59$^m$ du soir, le 30 Mars, à 7$^h$55$^m$ du matin ; le 28 Avril, à 11$^h$36$^m$ du soir ; le 28 Mai, à 3$^h$35$^m$ du soir ; le 27 Juin, à 7$^h$3$^m$ du matin ; le 26 Juillet, à 9$^h$14$^m$ du soir ; le 25 Août, à 9$^h$49$^m$ du matin ; le 23 Septembre, à 9$^h$6$^m$ du soir ; le 23 Octobre, à 7$^h$45$^m$ du matin ; le 21 Novembre, à 6$^h$23$^m$ du soir, et enfin le 21 Décembre, à 5$^h$13$^m$ du matin. Trouver la durée de chacune des lunaisons de 1862, puis leur durée moyenne, qu'on appelle *révolution synodique* de la Lune.

**4452.** Du 1$^{er}$ Janvier 1860, au 31 Décembre 1862, il y a eu cinq éclipses de Lune, savoir : *deux* en 1860, le 7 Février, à 2$^h$38$^m$ du matin (le milieu), et le 1$^{er}$ Août, à 5$^h$34$^m$ du soir ; *une* en 1861, le 17 Décembre, à 8$^h$27$^m$ du matin ; et *deux* en 1862, le 12 Juin, à 6$^h$30$^m$ du matin, et le 6 Décembre, à 7$^h$49$^m$ et demi du matin. Trouver le nombre de jours, heures et minutes de chaque éclipse à la suivante.

**4453.** En Décembre 1862, la Lune a passé au méridien de Paris,

Le 1$^{er}$, à 8$^h$26$^m$ ;  Le 4, à 10$^h$46$^m$ ;  Le 7, à 13$^h$13$^m$ ;
Le 2, à 9.11 ;  Le 5, à 11.35 ;  Le 8, à 14. 0 ;
Le 3, à 9.58 ;  Le 6, à 12.24 ;  Le 9, à 14.46 ;

---

(a) En Astronomie, il est d'usage en beaucoup de circonstances de commencer le jour à midi, et de compter les 24 h. de suite, sans distinction de *soir* ni de *matin*.

Le 10, à 15ʰ 31ᵐ; Le 17, à 21ʰ 6ᵐ; Le 25, à 4ʰ 4ᵐ;
Le 11, à 16.15 ; Le 18, à 22. 7. ; Le 26, à 4.52 ;
Le 12, à 16.59 ; Le 19, à 23.12 ; Le 27, à 5.38 ;
Le 13, à 17.43 ; Le 21, à 0.16 ; Le 28, à 6.24 ;
Le 14, à 18.29 ; Le 22, à 1.19 ; Le 29, à 7.10 ;
Le 15, à 19.17 ; Le 23, à 2.18 ; Le 30, à 7.56 ;
Le 16, à 20. 9 ; Le 24, à 3.13 ; Le 31, à 8.43 .

(Il n'y a point eu de passage entre le midi du 20 et celui du 21). Trouver 1° combien d'heures et minutes se sont écoulées entre chaque passage et le suivant; 2° combien d'heures et minutes, en moyenne, entre deux passages consécutifs.

4454. Un convoi parti à 6ʰ du matin d'une extrémité d'un chemin de fer, met 16ʰ20ᵐ pour atteindre l'autre extrémité distante de la première de 529ᵏᵐ20. Or, on veut qu'un second convoi, partant à 7ʰ et demie, rejoigne le premier à 150 kilomèt. du point d'arrivée de celui-ci. Quelle doit être la vitesse moyenne du second convoi?

4455. On a payé 8846ᶠ,40 pour du minerai de cuivre acheté à 19ᶠ,40 le quintal. Si l'extraction du cuivre coûte 6ᶠ,20 par quintal de minerai, que celui-ci contienne 17 p. % de son poids de cuivre, mais qu'il s'en perde 2 p. % dans l'opération, à combien reviendra le kilogr. de cuivre, et combien faudra-t-il revendre les 50 kilog., pour gagner 13 p. %?

4456. Si un bec de gaz consomme 7 décalitres et demi de gaz en une heure, et que le mètre cube de gaz coûte 45 centimes, qu'elle sera la dépense annuelle de deux becs allumés, en moyenne, 3 heures et demie chaque jour?

4457. La densité de l'or est de 19,257 : combien y a-t-il de centimètres cubes et millimètres cubes dans un lingot d'or pur valant 2000 francs?

4458. Le ducat de Prusse, en or, pèse 3ᵍʳ,490, et est au titre de 0,986 : combien 200 de ces ducats pourront-ils faire de pièces françaises de 10 fr., et quelle sera la quantité de cuivre qu'il faudra y joindre?

4459. On a inventé en Amérique une machine à coudre, pouvant faire 800 points à la minute, quelle que soit la distance de ces points. Or, une bonne ouvrière ne fait environ que 60 points à la minute; mais elle ne perd guère que 10 minutes par heure, tandis que la machine perd environ 25 minutes dans le même temps. Trouver combien il faudrait d'ouvrières pour faire le même ouvrage que la machine à coudre.

4460. Si le prix de la machine à coudre est de 600ᶠ (et il paraît qu'on peut s'en procurer pour 150ᶠ), et que la journée d'une ouvrière soit de 1ᶠ,25, combien faudra-t-il de jours pour gagner le prix de sa machine, à quelqu'un qui en fait la dépense? (*Voir le* N° 4459).

4461. Le capital engagé dans une usine est de 800 000ᶠ, dont une moitié représente le capital fixe (machines et bâtiments), et l'autre moitié le fonds de roulement. Si cette usine produit annuellement 8976 tonnes de fonte, que l'on vend à 130 francs la tonne; que le prix de revient de 100 kilog. de fonte soit de 9ᶠ,50

7*

qu'il faille payer 9 p. % d'intérêt pour le capital fixe, et 8 p. % pour le fonds de roulement, quel sera le bénéfice annuel ?

**4462.** Sur les chemins de fer du royaume de Wurtemberg, les rails pèsent 34 kilog. le mèt. courant; leur longueur est de 7 mèt., et chacun d'eux est supporté par 7 traverses. Combien faut-il de rails et de traverses pour une double voie sur un parcours de 124 kilom. 6 hectom., et quel sera le poids total des rails et leur prix, à 38$^f$,40 les 100 kilogrammes ?

**4463.** A l'Exposition universelle de 1855, à Paris, se trouvait une feuille de laiton de 3$^m$ de long, 66 cent. de large, et 32 centièmes de millimètres d'épaisseur, et elle pesait 583 décagram. Trouver, d'après ces données, le poids d'un cent. cube de laiton.

**4464.** A la même Exposition, on voyait un tuyau en étain, ayant 700$^m$ de long, pesant 206$^{kg}$,76 et valant 375 francs les 100 kilog. Trouver le prix du mètre courant et celui du tuyau tout entier.

**4465.** Avec les débris de poissons, on fabrique un engrais nommé ENGRAIS-POISSON. Cet engrais sec, à l'état pulvérulent, correspond à 22 pour 100 du poids des débris de poissons à l'état naturel. Or, on pêche annuellement à Terre-Neuve 1 400 000 tonnes de poisson, dont la moitié environ est abandonnée par les pêcheurs, comme impropre à la consommation. Calculer la quantité d'engrais qu'on pourrait fabriquer avec ces débris, et combien d'hectares on pourrait fumer avec cet engrais, à raison de 2 tonnes pour 5 hectares.

**4466.** L'engrais-poisson, pris dans un des ports de débarquement, coûte 20$^f$ les 100 kilog.; si le transport en augmente le prix de 25 p. %, quel sera le prix de la fumure d'une terre contenant 12 hectares 50 ares ?

**4467.** Dans le Grand-Duché de Bade, 19 000 hectares sont consacrés à la culture de la vigne, et ils produisent 430 000 hectolit. de vin. Si ce vin est vendu 21$^f$,30 l'hectolit., quelle est la valeur du produit d'un hectare ? — Quelle est celle d'une vigne contenant 8 hectares 30 ares ?

**4468.** La France et la Belgique ont fourni à l'Angleterre, dans une année, 96 000 000 d'œufs, dont les 9 dixièmes par la France. Si le prix des œufs, en France, est en moyenne de 45 centimes la douzaine ; que le port en Angleterre coûte 11$^f$,20 la tonne, et que le poids de l'emballage soit les 2 cinquièmes de celui des œufs; qu'enfin, les droits d'entrée en Angleterre soient d'un penny par douzaine : combien devra-t-on revendre la douzaine d'œufs en Angleterre, pour gagner 20 p. % du prix coûtant, et quelle somme représentent dans la Grande-Bretagne tous les œufs fournis par la France, sachant que le penny vaut 10 centimes, et qu'un œuf pèse en moyenne 6 décagrammes ?

**4469.** Les Indes anglaises occupent une superficie de 600 000 milles carrés, et comptent 120 millions d'habitants ; la Normandie, sur une superficie de 2 953 733 hectares, contenait 2 677 841 habitants, en 1856. Trouver si les Indes anglaises sont proportionnellement plus, ou moins, peuplées que la Normandie, et de combien par myriamètre carré, sachant que le mille carré vaut 2 kilom. carrés 59 centièmes.

**4470.** Une ville, dans un temps de disette, veut distribuer par semaine 1500 kilog. de pain aux indigents. Or, l'hectolitre de froment coûte 45f, et pèse 75 kilog. environ ; l'hectolit. de seigle, pesant 63 kilog., coûte 25f ; le meunier prélève 6 p. o/o pour la mouture, et le boulanger 20 p. o/o pour le déchet au blutage et frais de fabrication, et rend pour le reste 10 kilog. de pain pour 9 de farine. Trouver dans quelle proportion il faut mélanger le froment et le seigle, pour que le kilog. de pain revienne à 63 cent., et combien il faudra de kilog. de l'un et de l'autre pour la consommation de 6 mois.

**4471.** L'avoine se vend hors de Paris 32f,50 les 3 hectol. Si les droits d'entrée montent à 66 centimes par hectol., et que l'hectol. pèse 48kg,50, à combien revient dans Paris le quintal d'avoine ?

**4472.** On estime qu'en 1853, toutes les mines de houille connues en ont produit 75 000 000 de tonnes : trouver en mèt. cubes le volume de toute cette masse, si l'hectolitre de houille pèse 80 kilogrammes.

**4473.** Supposé que 14 hectolitres de houille puissent remplacer pour le chauffage, 19 quintaux de bois, trouver quel devrait être le prix du quintal de bois, pour qu'il fût indifférent de brûler du bois ou de la houille, lorsque ce dernier combustible se vend 3f,28 les 100 kilog., sachant d'ailleurs que l'hectolitre de houille pèse 80 kilogrammes.

**4474.** Le drainage d'un champ contenant 3 hectares 50 ares a coûté 820f ; mais le fermage, qui n'était que de 35f,40 par hectare avant le drainage, est estimé maintenant 120 fr. Trouver 1° combien il faut d'années pour que le prix du drainage soit payé : 2° de combien p. o/o le propriétaire a augmenté le revenu de son champ ; 3° combien coûterait le drainage d'une propriété contenant 8 hectares 65 ares.

**4475.** Etant donnés deux nombres entiers quelconques, dont la somme des valeurs absolues des chiffres soit la même : démontrer que leur différence est divisible par 9.

**4476.** Dans une distillerie de betteraves, on dépense 3f,77 pour obtenir 4lit,10 d'alcool non rectifié et 88 kilogr. de pulpe à 12f la tonne. Or, la rectification de l'alcool, y compris le déchet, coûte 30 fr. par hectolit d'alcool rectifié. Trouver à combien revient l'hectolitre d'alcool rectifié.

**4477.** Il existe à la Monnaie de Paris 16 presses frappant chacune en moyenne 50 pièces par minute. Si ces pièces valent chacune 5 fr., l'une dans l'autre, que les presses fonctionnent 12h par jour, et 300 jours par an, calculer la valeur totale de toutes les pièces fabriquées en une année entière.

**4478.** L'obélisque de Luxor forme un tronc de pyramide régulière, surmonté d'une petite pyramide ayant pour base la base supérieure du tronc. Les bases du tronc sont des carrés de 2m,42 et 1m,54 ; sa hauteur est de 21m,60, et celle de la petite pyramide de 1m,20. Calculer le volume de l'obélisque, et son poids, supposé que le granit dont il se compose ait pour densité 2,75.

**4479.** La plus grande des pyramides d'Egypte, de 146m de hauteur, a pour base un carré de 232m,75 de côté : Calculer

1° son volume ; 2° la longueur d'un mur construit avec les matériaux de cette pyramide supposée massive, si ce mur a une hauteur totale de $3^m$ et une épaisseur moyenne de 50 centim.

**4480.** L'alcool à 90 degrés centésimaux coûte dans le commerce 108 fr. l'hectolit. ; on l'expédie par pipes de $6^h,25$ litres ; le droit d'octroi est de 75 fr. de principal par hectol., plus 2 décimes par franc ; enfin, l'expéditeur donne ordinairement à l'acheteur un délai de 30 jours pour le payement. Calculer le prix d'une pipe d'alcool, non compris le port, et en supposant que l'acheteur paye comptant, l'escompte étant fixé à 6 p. °/₀ par an.

**4481.** Une source donne 30 litres d'eau dans $4^m5^s$ : quel temps lui faut-il pour remplir un réservoir rectangulaire de $11^m,68$ de long, de $8^m,24$ de large, et 44 centimèt. de profondeur?

**4482.** On se propose d'établir une machine à vapeur capable d'élever par jour (de $12^h$) 540 mètres cubes d'eau à $30^m$ de hauteur. Trouver de combien de chevaux doit être la machine, sachant qu'elle imprimera le mouvement à des pompes qui rendent en effet utile les 3 cinquièmes, au moins, de la force motrice, et que le cheval-vapeur est une force capable d'élever, par seconde, 75 kilog. à $1^m$ de hauteur.

**4483.** La profondeur du puits de Grenelle (à Paris) est de $505^m$, et la température au fond du puits est 27°,33 ; la température des caves de l'Observatoire, situées à $28^m$ au-dessous du sol, étant de 11°,7, calculer la température d'une couche située à $1217^m$ de profondeur, supposé que l'accroissement de la température soit proportionnelle à la quantité dont on s'enfonce.

**4484.** Deux terrains sont estimés d'après ce qu'ils rapportent, le premier à 4000 fr. l'hectare, le second à 3120 fr. Or, le premier qui contient $6^h,60$ ares, rapporte $798^f,40$ : trouver ce que rapporte l'hectare du second terrain, et sa contenance totale, sachant qu'il rapporte en tout $1234^f,50$.

**4485.** Une machine à vapeur consomme, en moyenne, un kilogramme de houille par cheval et par heure ; d'autre part, un moulin à vapeur exige une force d'environ 25 chevaux-vapeur pour 13 paires de meules. Calculer quelle sera la dépense en combustible, pour 40 jours, dans un moulin à vapeur de deux paires de meules, si la houille coûte $2^f,10$ l'hectol., et que l'hectolitre pèse 80 kilogrammes.

**4486.** Un vase qui pèse vide 520 grammes, contient $4^{lit},50$ d'un liquide dont la densité est de 0,991. Trouver la valeur d'une somme en or pesant autant que le vase et le liquide qu'il contient.

**4487.** Le Gouvernement paye, en moyenne, $19^f$ pour 200 kilog. de feuilles de tabac. En 1855, on a planté en tabac 3748 hectares 57 ares en Algérie ; chaque hectare contient en moyenne 31 158 plants, et chaque plant donne ordinairement 33 décagrammes de feuilles sèches. Trouver la valeur totale annuelle des tabacs en Algérie.

**4488.** Six pièces de $100^f$ et 6 de $50^f$, placées bord à bord, les centres sur une même droite, donnent une longueur de 378 millimètres : trouver le diamètre de ces pièces, sachant que celles de 100 fr. ont 7 millimètres de plus que celles de 50 fr.

**4489.** Placées bord à bord, les centres sur une même droite, 17 pièces de 20ᶠ et 12 de 5ᶠ (en or) donnent une longueur de 561 millimètres : Trouver le diamètre des unes et des autres, sachant que les pièces de 5 fr. ont 4 millimètres de moins que celles de 20 francs.

**4490.** La pièce de 5ᶠ (argent) a 14 millimètres de diamètre de plus que celle d'un franc. Or, 10 pièces de 5 fr. et 19 d'un franc, placées bord à bord, les centres sur une même droite, donnent une longueur de 807 millimètres : trouver le diamètre des unes et des autres.

**4491.** Deux sources qui donnent, la première 45ˡⁱᵗ en 8 minutes, et la seconde 123 litres en 7 minutes, coulent dans un bassin de forme carrée ayant 7ᵐ,50 de côté à la face supérieure, et 6 mèt. au fond : en combien d'heures, minutes et secondes se remplira ce bassin, sachant qu'il a 2ᵐ,40 de profondeur ?

**4492.** Un cultivateur veut marner une terre de 6ʰ,80 arcs. La charretée, qui lui revient à 5ᶠ, contient 900 décimètres cubes, et il veut recouvrir le sol d'une couche de marne ayant un milli-mètre et demi d'épaisseur. Combien lui faudra-t-il de charretées par hectare, et combien lui coûtera le marnage de toute la propriété ?

**4493.** On estime que pour la fumure d'une terre, un hectolitre de noir animal, valant 5 fr. l'hectol., peut remplacer 3600 kilog. de fumier valant en moyenne 6 fr. les 1000 kilog. Mais tandis que les frais de transport du fumier sont à peu près nuls, ceux du noir animal reviennent à 23 fr. la tonne. Trouver quel est le plus économique de ces deux engrais, si l'hectolitre de noir animal pèse 105 kilogrammes ?

**4494.** Avec 25 kilog. de blé on a fait 27 kilog. de pain : com-bien faut-il d'hectolitres de blé pour faire 333 kilog. de pain, si l'hectolitre de blé pèse 75 kilogrammes ?

**4495.** On sème 12 kilog. de seigle sur une surface d'environ 7 ares : combien faudra-t-il d'hectolitres de seigle pour ense-mencer un champ de 4 hectares 70 ares, et combien coûteront-ils, si l'hectol. pèse 70 kilog. et coûte 21ᶠ,60 ?

**4496.** Deux villes A et B sont distantes de 240 kilom. Le quintal d'une certaine marchandise coûte 3ᶠ,75 en A et 4ᶠ,20 en B, et les frais de transport par tonne sont de 9 cent. par kilom. Trouver le point de la ligne AB où la marchandise en question coûte le même prix, qu'elle vienne de A, ou qu'elle vienne de B, et dé-montrer que ce point est celui de la ligne AB où cette marchan-dise coûte le plus cher.

**4497.** Dans un taillis de 60 hectares, on a jusqu'à une certaine époque, aménagé les coupes de manière à couper le taillis tous les 20 ans, c'est-à-dire que chaque année on a coupé 3 hectares du taillis. On a ensuite changé l'aménagement, et l'on ne coupe plus chaque année que 2 hectares. Calculer le bénéfice réalisé au bout de 30 ans, en admettant qu'un hectare de taillis âgé de 20 ans vaut 900ᶠ, et qu'à l'âge de 30 ans il vaut 1900ᶠ, et de plus que l'augmentation de valeur du taillis de 20 à 30 ans est pro-portionnelle au temps écoulé. — Le tout sans tenir compte des intérêts.

**4498.** Mais quel sera le bénéfice réalisé au bout des 30 années en tenant compte des intérêts composés sur le pied de 4 p. % par an ? (*Prob.* 4497).

**4499.** Quelqu'un veut acheter un taillis qui contient 3 hectares, et qui vient d'être coupé : combien doit-il le payer, pour que son argent se trouve placé à 4 p. % par an, en admettant que dans 20 années la coupe vaudra 800 fr. l'hectare ?

**4500.** Combien faut-il placer à 5 p. % par an, intérêt simple, pour avoir 12790$^f$,79, capital et intérêt, au bout de 8 mois et 20$^j$ ?

**4501.** La culture d'un hectare de terrain ensemencé en carottes coûte 200$^f$ ; la récolte et le transport coûtent 60$^f$, le loyer 70$^f$, l'engrais 117$^f$ ; d'autres menus frais s'élèvent à 40$^f$. D'autre part, on récolte 388 quintaux de carottes, à 2$^f$,50 le quintal. Trouver le bénéfice du fermier.

**4502.** Sur un hectare de terrain, on récolte 388 quintaux de carottes, et 92 quintaux de feuilles vertes. En admettant que 10 kilog. de feuilles vertes valent, pour nourrir le bétail, un kilogram. de foin, et que 8 kilog. de racines en valent 3 de foin, quelle est la quantité de foin équivalente à la récolte de carottes ?

**4503.** Dans une ferme contenant 12 hectares de prairies et terres labourables, il faut annuellement 10 mèt cubes de fumier par hectare. Or, le poids du fumier que produit un animal, est au moins triple du poids de nourriture et litière qu'il consomme ; et un cheval consomme annuellement environ 5000 kilogram. de paille et de foin, pour sa nourriture et sa litière. Trouver, d'après cela, combien on devra entretenir de chevaux dans cette ferme, pour avoir tout le fumier nécessaire, sachant d'ailleurs que le mètre cube de fumier pèse environ 750 kilog.

**4504.** Un particulier s'engage à rembourser, en 4 payements égaux effectués à la fin de chaque année, une somme de 8000 fr. qu'il emprunte à 4 p. %, intérêts composés : quel sera le montant de chaque terme ?

**4505.** Quelqu'un doit une somme de 1500$^f$, dont il veut s'acquitter sur le champ au moyen de trois billets égaux, ayant leur échéance, le premier dans 2 mois, le second dans 6 mois, et le troisième dans 10 mois. Trouver le montant de chaque billet, l'escompte étant à 4 p. % par an.

**4506.** Une garnison se compose de 2000 hommes, cavalerie et infanterie ; chaque cavalier reçoit 15 fr. par mois, et chaque fantassin 10 fr. Or, la solde mensuelle de la garnison entière coûte 21100$^f$ : combien y a-t-il de cavaliers ? — Combien de fantassins ?

**4507.** L'année des mahométans se compose de 12 lunaisons, chacune de 29$^j$12$^h$44$^m$3$^s$. L'année tropique est de 365$^j$5$^h$48$^m$50$^s$. Combien 1377 années des mahométans valent-elles d'années tropiques ? — Combien 1727 années tropiques valent-elles d'années des mahométans ?

**4508.** Il faut chaque année, en moyenne, 20 journées d'hommes par hectare de terre labourable, et 10 journées par hectare de prairie. Or, une métairie contient 8$^h$,50 de terre labourable, et 7$^h$,50 de prairie. Sachant que dans le pays, les travaux agricoles doivent être tous exécutés du 10 Mai au 20 Septembre, et que les ouvriers ne travaillent pas le Dimanche, combien le fermier doit-il occuper d'ouvriers pendant ce temps, supposé d'ailleurs que le quart des jours ouvriers soit perdu à cause du mauvais temps?

**4509.** Un bassin rectangulaire a 15 m. sur 10 m. à l'ouverture, et $11^m,80$ sur 8 m. au fond, et chacune des arêtes qui joignent les sommets correspondants des deux bases, a $3^m,50$. Ce bassin est alimenté par trois sources donnant, la première $35^{lit}$ en 3 minutes, la seconde $27^{lit}$ en 2 m., et la troisième $41^{lit}$ en 6 m. Trouver combien il faut de jours, heures et minutes aux trois sources pour remplir la capacité du bassin.

**4510.** Un vase plein contient 4 fois plus d'huile d'olive que d'eau, et il pèse $61^{kg},386$; vide, il ne pèse que $3^{kg},136$ : combien contient-il d'huile, et quelle est sa capacité, sachant que la densité de l'huile est de 0,915?

**4511.** Un vase rempli d'eau et de mercure pèse 121 kilog.; sa capacité est de 33136 centimèt. cubes. La quantité de mercure que contient le vase, pèse trois fois plus que la quantité d'eau. Sachant que la densité du mercure est de 13,568, trouver la quantité d'eau, celle de mercure, et le poids du vase.

**4512.** Un cultivateur a une prairie contenant 3 hect. 6 ares, dont 13 ares lui rapportaient environ 250 kilogram. de foin. Or, s'étant imaginé de jeter dans le réservoir destiné à l'irrigation de cette prairie deux charretées de fumier pesant en tout environ 2300 kilog., à $7^f,40$ le mètre cube, il en est résulté que le produit de la prairie s'est augmenté d'un tiers. Trouver le bénéfice réalisé par le cultivateur, sachant que le mètre cube de fumier pèse 750 kilog., et que le millier de foin ($1000^{kg}$) vaut $45^f$.

**4513.** La luzerne, en séchant, perd au moins les trois quarts de son poids, et ce fourrage sec est estimé $51^f,50$ le millier. Or, un hectare de terrain donne en moyenne environ 35500 kilog. de luzerne fraîche à chaque coupe, et l'on en peut faire trois par année. Trouver le poids et la valeur de la récolte sèche de $2^h,50$ de luzerne.

**4514.** Pour tapisser un appartement, on a employé, une première fois, 18 rouleaux de papier de $6^m,40$ de long, sur $0^m,45$ de large. La tapisserie doit être renouvelée aujourd'hui, et l'on emploie des rouleaux ayant $5^m,60$ de long, sur $0^m,50$ de large : combien en faudra-t-il?

**4515.** Une marchandise d'un poids brut de 1236 kilog. a coûté 2738 fr., et la tare est de 3 p. $^0/_0$. Trouver le poids net de cette marchandise, et combien il faut revendre le kilog. pour faire un bénéfice de 20 p. $^0/_0$.

**4516.** Un ouvrier a fait un certain ouvrage en 4 jours, travaillant $4^h$ par jour; un second a fait le même ouvrage en $8^j$, travaillant $3^h$ par jour; un troisième en $9^j$, travaillant $2^h$ par jour; un quatrième en $8^j$, travaillant $6^h$ par jour, et un cinquième en $18^j$, travaillant $8^h$ par jour. Si les cinq ouvriers travaillent ensemble, quel temps leur faudra-t-il pour exécuter le même travail?

**4517.** Une mine a 60 m. de profondeur, et elle donne 125 mèt. cubes d'eau par heure. De combien de chevaux doit être la machine à vapeur destinée à l'épuiser, sachant qu'elle doit communiquer le mouvement à des pompes qui ne rendent en effet utile que les 60 centièmes de la force motrice, et que, d'autre part, le cheval-vapeur est une force capable d'élever 75 kilog. à un mètre de hauteur en une seconde ?

**4518.** Une montre a trois aiguilles donnant les heures, les minutes et les secondes : quelle doit être la position de chacune (quelle division du cadran doit-elle indiquer), lorsqu'il est 8$^h$24$^m$18$^s$?

**4519.** Un marchand achète du vin en cuve, à 75 fr. la pièce de 230 litres, et il le fait transporter à Paris ; le transport lui coûte 10 centimes par kilomètre pour une tonne, et la distance est de 96 kilomèt. ; le droit d'entrée est de 50 fr. par pièce, et les frais de factage, les droits de mouvement et autres s'élèvent à 2$^f$,50 ; le fût vaut 19$^f$,20 ; enfin le poids d'une pièce de vin, tout compris, est de 260 kilog., en moyenne. Trouver à combien lui revient chaque pièce rendue à Paris, et combien il doit revendre l'hectolitre, pour que son bénéfice soit de 25 p. %.

**4520.** Deux frères se partagèrent, il y a 6 ans, un champ rectangulaire de 360 m. de long. Or, il est constaté aujourd'hui que depuis cette époque le premier a joui de 3$^{ares}$,78 appartenant à son frère. Trouver 1° la largeur du terrain à restituer ; 2° l'indemnité due par le premier au second, si l'hectare de cette terre donne un revenu net de 280 fr. — On tient compte des intérêts composés à 4 p. %.

**4521.** Une montre avance régulièrement de 2$^m$40$^s$ par jour. Or, elle a été réglée le 8 janvier, à 8$^h$ du matin : quelle heure sera-t-il le 12, lorsqu'elle indiquera 6$^h$20$^m$ du soir?

**4522.** On a une feuille de fer-blanc de 43 centimèt. de long, sur 29 de large, et on la roule en cylindre. La capacité du cylindre obtenu sera-t-elle la même, selon que la feuille sera roulée dans un sens, ou dans l'autre ? — Et s'il y a une différence, la calculer en litres, à moins d'un millième, sachant que pour souder les deux extrémités, la feuille perd par le recouvrement, un centimètre de largeur dans toute la longueur du cylindre.

**4523.** Un marchand a 18 barriques de vin, qu'il veut vendre à 140 fr. la barrique. Comme on se récrie que c'est trop cher, il offre de donner la première barrique pour un centime, à condition qu'on lui paye la seconde 2 centimes, la troisième 4 centimes, la quatrième 8 centimes, et ainsi de suite, en doublant toujours jusqu'à la dernière : alors, le marché se conclut sans difficulté. Trouver si l'acheteur a beaucoup gagné, comme il pense, et à combien lui revient la barrique, en moyenne.

**4524.** Avec des moellons dont le volume moyen est de 12 décimètres cubes et demi, on veut construire un mur de 60 m. de long, 4 m. de haut et 60 centimèt. d'épaisseur : combien en faudra-t-il, si le mortier est pour un cinquième dans la construction?

**4525.** Six couverts en argent, au titre de 0,950, valent 180 fr. : combien chacun d'eux pèse-t-il de grammes et centigrammes?

**4526.** Neuf couverts d'argent, au titre de 0,800, coûtent 424 fr., y compris le contrôle, qui est de 1 fr. et deux dixièmes en sus par hectog. d'argent. Trouver le poids de chaque couvert.

**4527.** Une chaudière à vapeur forme un cylindre terminé par deux hémisphères de même diamètre que le cylindre. Trouver la capacité de cette chaudière, sachant que la longueur totale est de 4$^m$,20, et le diamètre 1$^m$,20.

**4528.** La récolte d'une propriété, vendue à 26$^f$,80 le quintal (les 100 kilog.), a produit 2896$^f$,40. Sachant que l'hectare a produit en moyenne 985 kilog. on demande l'étendue de la propriété.

**4529.** Ayant acheté une charretée de pommes de terre, j'en ai cédé le tiers à un de mes amis, le quart à un autre, et le sixième à un troisième : j'ai gardé le reste pour mon usage. Combien la charretée contenait-elle d'hectolitres, sachant que ma portion est de onze doubles-décalitres?

**4530.** Un travail communal est mis en adjudication au rabais sur un devis montant à 4854$^f$,90. Un soumissionnaire offre de le faire pour 4680 fr., un autre offre un rabais de 2 1/2 p. $^o$/$_o$. Auquel des deux doit être adjugé le travail, et quel est le taux du premier rabais ?

**4531.** Une salle a 10 m. de long sur 8 m. de large : combien faut-il de briques hexagonales d'un décimètre de côté pour la carreler, et combien coûtera le travail, si les briques reviennent à 19$^f$,40 le cent, et que l'ouvrier prenne 1$^f$,60 par mètre carré pour la pose des briques?

**4532.** Pour une somme de 63$^f$,70, un chemin de fer a transporté 13 tonnes de marchandises à 49 kilomètres : combien payera-t-on pour le transport de 53 tonnes à 31 kilomèt. ?

**4533.** A quel taux faudrait-il placer 8000 fr., intérêt simple, pour avoir après 6 ans le même bénéfice qu'en plaçant cette somme à 4 p. $^o$/$_o$ par an intérêt composé?

**4534.** Trouver trois nombres qui satisfassent aux conditions suivantes : le premier multiplié par le carré du troisième donne 405 ; le second multiplié par le carré du premier donne 175 ; et le troisième multiplié par le carré du second donne 441.

**4535.** Un bijou contenant moitié or pur, moitié argent pur (en poids), a été payé 1200 fr. : combien contient-il de grammes et milligrammes de chaque métal?

**4536.** Un bijou de la valeur de 1235$^f$,83 contient des volumes égaux d'or et d'argent. Sachant que la densité de l'or est 19,257, et celle de l'argent 10,474, trouver 1$^o$ combien le bijou contient d'or, combien d'argent; 2$^o$ quelle est la valeur de chaque métal en particulier.

**4537.** Quelqu'un ayant acheté une terre de 68$^h$,33 ares, à 1520$^f$ l'hectare, a dû, pour payer son acquisition, emprunter pour un an, à 5 1/2 p. $^o$/$_o$, la somme qu'il devait; mais dans ce même temps, la terre lui a rapporté 2 1/4 p. $^o$/$_o$ de sa valeur. Trouver 1$^o$ à combien revient cette propriété ; 2$^o$ à quel taux l'acquéreur aura placé ses capitaux, s'il loue cette terre 3680 fr.

**4538.** Pour faire des confitures, un fabricant a employé 98 kil. et demi de sucre, à 1$^f$,95 le kilog. ; 107 kilog. 25 décag. de groseilles, à 0$^f$,80 le kilog. ; et il a obtenu 125 kilog. 75 décag. de confitures. Il les met dans des pots contenant chacun 250 grammes de confitures et coûtant 8 centimes et demi. Combien doit-il vendre le pot, pour que son gain soit de 30 p. %?

**4539.** Il y a en France environ 5586800 hectares de terrain cultivé en froment; la récolte annuelle est d'environ 70000000 d'hectol., et la semence confiée à la terre de 11442000 hectol. Trouver 1° combien en moyenne un hectare produit d'hectol. de froment; 2° combien il faut de froment pour ensemencer un hectare; 3° combien un hectolitre de semence en donne à la récolte; 4° quelles doivent être la semence et la récolte d'un champ de 5$^h$,67 ares.

**4540.** La population de la France était de 36039364 habitants (recensement de 1856); si l'hectol. de froment pèse 75 kilog., et que 100 kilog. de froment en donnent en moyenne 106 de pain, trouver ce qu'il revient de pain de froment à chaque Français par année, par mois (30 jours), par semaine, par jour. (*Voir* 4539).

**4541.** Pour drainer 3 hectares 75 ares de terrain, il a fallu 3245 mètres de fossés à 8 centimes le mètre courant, 8120 tubes de petit calibre à 20 fr. le mille, et 2340 tubes de gros calibre, à 25 fr. le mille; de plus on a dépensé 80 fr. pour la pose des tubes, les remblais et les transports. Trouver le prix du drainage par hectare.

**4542.** Pour fabriquer les tubes de drainage, un industriel a établi une machine du prix de 700 fr. Mue et servie par un homme et deux enfants, cette machine façonne en moyenne 6800 tubes par jour. Si l'on tient compte de l'intérêt du prix de la machine, porté à 30 p. % par an, à cause des réparations; que la journée d'un homme soit de 2$^f$,50, et celle d'un enfant d'un franc, et que la terre dont on fabrique les tubes, par son achat, son transport et sa préparation, revienne à 14 fr. par jour; trouver à combien revient la fabrication de 1000 tubes, et combien il faudra vendre le cent pour gagner 25 p. %, sachant d'ailleurs que la cuisson exige une nouvelle dépense de 3$^f$,40 par mille.

**4543.** Le vide intérieur d'un vase forme un tronc de cône de 65 centimèt. de profondeur, ayant 45$^c$ de diamètre à l'ouverture, et 35$^c$ au fond. Il est plein de poudre destinée à remplir des obus dont le diamètre intérieur est de 10 centimèt. Trouver combien d'obus pourront être remplis avec la poudre contenue dans le vase.

**4544.** Une terre ensemencée de 2$^h$,25$^{lit}$ de seigle a produit 1230 gerbes, qui ont donné en moyenne 38 décilitres de grain et 56 hectog. de paille. Trouver combien on a eu en tout d'hectol. de grain et de kilog. de paille, et quel a été le produit d'un hectol. de semence.

**4545.** Un agriculteur a mis en sainfoin 2$^h$50$^{ares}$ de terre, et pendant 5 ans il a eu une récolte moyenne de dix milliers de foin par an; ensuite, pendant 3 années consécutives, il a ensemencé cette terre en froment, sans y mettre d'engrais, et il a obtenu une récolte totale de 117 hectol. et demi de froment. Si le sainfoin vaut 5$^f$,50 les 100 kilog., et le froment 20$^f$,50 l'hectol., quel bénéfice le cultivateur a-t-il fait dans ces huit années, sachant qu'il a déensé 900 fr. pour mettre la terre en sainfoin, et 55 fr. chaque année pour le récolter; et qu'il a semé chaque année 5 hectolitres de froment, dont les frais de culture et de récolte ont monté annuellement à 175 fr.? — Trouver aussi le bénéfice par hectare.

**4546.** Pour faire une prairie, on veut semer des graines de sept espèces différentes, savoir : du ray-grass anglais, du ray-grass français, du dactyle pelotonné, de la fléole des prés, du trèfle commun, du trèfle blanc, et enfin de la lupuline. Si chaque graine est seule, il en faut par hectare 50 kilog. de la première espèce, 100 de la seconde, 40 de la troisième, 10 de la quatrième, 18 de la cinquième, 8 de la sixième, et 15 de la septième. Or, on veut que dans la prairie, dont l'étendue est de 7 hectares 40 ares, les quatre premiers fourrages soient en quantités égales, et les trois derniers aussi; mais de manière que ces trois derniers réunis soient en quantité égale à l'un des quatre premiers. Trouver combien on devra semer de kilog. de graines dans cette prairie, et combien de chaque espèce.

**4547.** Si deux quintaux de betteraves donnent 17 hectolitres de jus, et que 800 hectol. de jus produisent 4681 kilog. de sucre, combien 100 000 kilog. de betteraves donneront-ils de quintaux de sucre ?

**4548.** Un cultivateur, ayant semé 6$^h$,50$^{ares}$ de pavots, emploie pour les faire biner, arracher et secouer 20 ouvrières auxquelles il donne 86$^f$,50 par hectare. Trouver 1° le prix de la main-d'œuvre ; 2° combien chaque ouvrière a gagné par jour; sachant qu'elles ont travaillé 35 jours chacune; 3° le bénéfice du cultivateur, sachant qu'il a recueilli 91 hectol. de graine, qu'il a vendue 34$^f$,60 l'hectolitre.

**4549.** A quel taux place son argent un particulier qui loue 1370 fr. une propriété qui lui coûte 54 800 francs?

**4550.** L'hectolitre de froment pèse 75 kilog. Or, 14 kilog. de froment en donnent 13 de farine, et 10 kilog. de farine en font 13 de pain. Si une famille consomme annuellement 864 kilog. de pain, quelle doit être sa provision annuelle de froment, en hectolitres et litres?

**4551.** Le métal des cloches s'obtient, en quelques lieux, en fondant ensemble 11 kilog. d'étain pour 89 kilog. de cuivre, et 5 hectog. de zinc pour 4 hectog. de plomb, Combien faut-il prendre de chacun de ces métaux, pour faire une cloche de 4500 kilog., si le déchet est de 2 p. %, et qu'avec 23 kilog. de plomb il en faille 540 d'étain ?

**4552.** Un cultivateur achète le fumier d'une écurie, à raison de 10 centimes, chaque jour, par cheval. Combien coûte le mètre cube de ce fumier, s'il pèse 750 kilog., et qu'un cheval en produise 25 kilog. par jour ?

**4553.** Quelqu'un acheta, il y a 6 ans, une petite propriété pour la somme de 16 800 fr. Depuis ce temps, des circonstances favorables en ont accru la valeur de 3 p. % chaque année : trouver sa valeur actuelle.

**4554.** Une machine à vapeur dépensait 1650 kilog. de charbon en 33 jours; mais une modification réduit la dépense à 843 kil.

en 48 jours. Trouver l'économie annuelle due à ce perfectionne-ment, si la machine fonctionne 300 jours chaque année, et que le charbon coûte 3$^f$,75 le quintal.

**4555.** Cinq kilog. de racines de garance en produisent 4 de poudre, et un kilog. de poudre suffit pour teindre 3 kilog. de laine. D'après ces données, calculer le prix de la racine de garance né-cessaire pour teindre 5600 kilog. de laine, si cette racine vaut 21 fr. les 25 kilog.

**4556.** Une personne n'a pour vivre que la rente d'un capital de 25000 fr., placé à 6 p. °/₀ : combien peut-elle dépenser par jour, sachant qu'elle veut donner 5 p. °/₀ de sa rente en aumône ?

**4557.** Les propriétaires de deux champs contigus furent long-temps en lutte. Le premier anticipait de quelques raies de char-rue sur le champ du second, et s'emparait ainsi d'un terrain de 120 mètres carrés, estimée 4000 fr. l'hectare. Enfin, le second in-tente au premier un procès qu'il gagne. Mais ce procès, porté successivement devant la justice de paix et le tribunal civil, lui coûte 109$^f$,50. Trouver 1° le prix du terrain contesté ; 2° ce qu'il en coûte au véritable propriétaire pour gagner son procès; et 3° ce qu'il en coûte à l'usurpateur pour avoir pris ce qui ne lui ap-partenait pas, si outre les frais du procès montant à 1154$^f$,50 il doit rembourser, avec les intérêts composés à 5 p. °/₀, la rente de 5 années consécutives du terrain usurpé, qui est loué 140 fr. l'hectare.

**4558.** Trois propriétaires n'ont qu'un berger, auquel ils donnent 378 fr. par an. Le premier lui confie 50 moutons, le second 60, et le troisième 70. Combien chaque propriétaire doit-il payer ?

**4559.** Un chemin de fer dont les actions sont de 1000 fr., donne 125 fr. chaque année de bénéfice par action : à quel taux place-t-on son argent en prenant ces actions ?

**4560.** De Paris à Bordeaux, on compte par le chemin de fer 583 kilomètres ; le train direct franchit cette distance en 12$^h$40$^m$, et le train-omnibus en 21$^h$10$^m$ ; le prix des places est de 60$^f$,20 dans les voitures de 1$^{re}$ classe, et de 45$^f$,30 dans celles de 2$^e$ classe. Trouver le temps et le prix du parcours, pour chaque con-voi et chaque classe de voitures, de Paris à Orléans, Tours, Poi-tiers et Angoulême, sachant que les distances de la capitale à chacune de ces villes, sont respectivement de 121, 236, 329, et 450 kilomètres.

**4561.** Un cultivateur exploite une ferme de 8 hectares de terres labourables, et 5 hectares de prairies. Il paye annuellement 65 fr. de fermage par hectare de terre labourable et 90 fr. par hectare de prairie. Il paie de plus les impôts s'élevant à 79 fr., les réparations locatives estimées 50 fr. par an, et il doit quatre journées de char-rois évaluées à 6 fr. la journée. La dépense moyenne annuelle est par hectare, de 170 fr. pour les terres labourées, et de 38 fr. pour les prairies. S'il récolte 87 hectol. de froment, 75 de seigle, 220 de pommes de terre, et 25 milliers de foin, quel sera son bénéfice annuel, supposé que le froment vaille 24$^f$,58 l'hectolitre, le seigle 16 fr., les pommes de terre 2$^f$,50, et le foin 36$^f$,40 le millier ?

**4562.** Une machine à vapeur, qui conduit une scie, donne 5 coups de piston en 3 seconde, et pour deux coups de piston la scie s'enfonce de 7 millimètres dans le bois qui lui est présenté. Quel temps sera-t-elle à scier une poutre de 7$^m$,91 de long ?

**4563.** La mer recouvre environ les $\frac{11}{14}$ de la surface du globe. Or, la surface de l'Europe est à peu près égale aux $\frac{27}{124}$ de celle de l'Asie, aux $\frac{7}{22}$ de celle de l'Afrique, aux $\frac{29}{111}$ de celle de l'Amérique, et aux $\frac{27}{31}$ de celle de l'Océanie. Calculer la surface de chacune des parties du monde, à moins d'une centaine de myriamètres carrés, et en déduire la surface totale du globe, sachant que la surface de l'Océanie est d'environ 92000 myriamètres carrés.

**4564.** La farine de froment fournit 88 p. % de son poids de farine blutée ; celle-ci absorbe 57 p. % de son poids en eau, et il s'en évapore 22 p. % dans la cuisson. Supposé ces données exactes, combien de kilog. de pain fera-t-on avec 2345 kilog. de farine de froment ?

**4565.** Une ferme se compose de 8$^h$,40$^{ares}$ de terre de première classe, 6$^h$,20$^a$ de seconde classe, 7$^h$,30 de troisième, et 5$^h$,60 de quatrième. Or, l'hectare de première classe rapporte annuellement 48$^f$, celui de seconde 36$^f$, celui de troisième 28$^f$,50, et celui de quatrième 19$^f$. Supposé que chaque classe de terrain rapporte 4 p. % de sa valeur, on demande le prix de vente de cette ferme.

**4566.** Quelqu'un a une barrique de vin qui lui coûte 220$^f$; or, à chaque litre qu'il tire de sa barrique, il ajoute 2 litres et demi d'eau : trouver à combien lui revient le litre de sa boisson. (La barrique est de 230 litres.

**4567.** Les listes de tirage pour le recrutement de l'armée, en 1851, comprenaient 306161 inscrits, qui devaient fournir un contingent de 80000 hommes. La répartition s'en est faite pour chaque département proportionnellement au nombre des inscrits. Combien a dû fournir d'hommes le département de la Seine, dont les listes de tirage contenaient 7768 individus ? — Combien en aurait-il fourni, si, comme avant 1830, la répartition s'était faite proportionnellement à la population, sachant qu'en 1851 la France comptait 35783059 habitants, et la Seine 1422065 ?

**4568.** Trois négociants ont mis en société, le premier 12000$^f$, le second 18000$^f$, et le troisième 22000$^f$. Ils ont pris un commis chargé de faire valoir les fonds, et qui doit toucher 6 p. % des bénéfices. Quel sera le bénéfice de chaque négociant, si la part du commis est de 1245$^f$ ?

**4569.** Un ouvrier qui a contracté l'habitude de fumer et de prendre *le petit verre*, dépense tous les 10 jours un franc de tabac et un franc d'eau-de-vie. Trouver pendant combien de jours cet ouvrier pourrait se procurer le pain quotidien avec la somme employée annuellement à satisfaire ses deux mauvaises habitudes, sachant que 4 kilog. de pain à 32 centimes le kilog., lui suffisent pour 5 jours.

**4570.** Un navire dont la cargaison est estimée 1200000$^f$, a eu 24000$^f$ d'avaries dans son voyage. Or, un négociant avait sur ce navire 60000$^f$ de marchandises, qu'il avait fait assurer à 9 pour

1000, en s'engageant à rembourser aux assureurs 8 p. % du montant des avaries : combien doit-il payer ?

**4571.** Après avoir vendu les 2 septièmes, puis les 4 neuvièmes d'une pièce d'étoffe, il en reste le tiers moins 8ᵐ : quelle était la longueur de la pièce ?

**4572.** On veut faire un mélange de 600 mesures d'une certaine marchandise, avec cinq sortes de marchandises que l'on vend séparément 5, 6, 8, 13 et 15ᶠ la mesure ; mais on veut qu'il entre dans le mélange 150 mesures à 5ᶠ : combien faut-il en prendre de chacun des autres prix, pour que la mesure revienne à 11ᶠ ?

**4573.** On veut escompter à 1/2 p. % par mois un billet de 3780ᶠ, dont l'échéance arrive dans 23 jours : combien devra-t-on retenir ?

**4574.** Trois individus ont acheté une propriété qui, à cause des réparations considérables qu'ils y ont faites, leur revient à 147 500ᶠ. Le premier est intéressé dans le prix total pour les 4 cinquièmes du prix d'achat, le second pour les 2 tiers, et le troisième pour la moitié. Combien a coûté cette propriété, et pour combien y a-t-on fait de réparations ? .

**4575.** Une lampe brûle dans 20 heures 13 hectog. d'huile à 1ᶠ,15 le kilog. ; une autre ne brûle qu'un hectog. en 2 heures, mais elle demande une huile à 1ᶠ,45 le kilog. Trouver laquelle de ces deux lampes exige moins de dépense, et quelle sera l'économie annuelle, si la lampe brûle en moyenne 4ʰ 30ᵐ par jour.

**4576.** Un débiteur laisse à quatre créanciers 1096ᶠ, pour 1870ᶠ qu'il leur doit. Or, il est redevable au premier de 254ᶠ, au second de 350ᶠ, et au troisième de 419 francs. Quelle sera la part de chaque créancier ?

**4577.** Un particulier offre d'une propriété 20 000ᶠ comptant ; le propriétaire en veut 22 000ᶠ, dont 12 000ᶠ comptant, et le reste en quatre payements égaux (chacun de 2500ᶠ) d'année en année. Lequel des deux marchés est le plus avantageux au propriétaire, et de combien, au terme des quatre années, en comptant les intérêts composés à 5 p. % ?

**4578.** Une place forte a trois écluses pour remplir d'eau ses fossés. La première les remplirait seule en 20 heures, la seconde en 16 heures, et la troisième en 10 heures. Si les trois écluses sont ouvertes en même temps, combien faudra-t-il d'heures et minutes pour que ces fossés soient remplis ?

**4579.** Un cultivateur a vendu pour 483ᶠ,60 sa récolte de paille d'avoine, à raison de 26ᶠ,80 le millier (1000 kilog.). Sachant que la paille est dans la proportion de 93 kilog. pour 2 hectolitres de grain, on demande combien ce cultivateur a récolté d'hectolitres d'avoine. .

**4580.** En faisant bouillir pendant une demi-heure, dans 45 litres d'eau, les substances suivantes : 2 litres et demi d'orge, coûtant environ 45 centimes ; 80 grammes de houblon, valant 40 centimes ; 750 grammes de mélasse, valant 60 centimes, et 30 grammes de coriandre valant 10 centimes, on obtient 40 litres d'une bière très-saine et très-rafraîchissante. Trouver à combien revient le litre de cette bière, si l'on a brûlé, pour faire bouillir le liquide le quart d'un décistère de bois, à 10ᶠ le stère.

**4581.** L'économe d'une grande maison veut faire sa provision de charbon. Il a 32 appartements à chauffer. Si chaque foyer consume en moyenne 7 kilog. et demi de charbon par jour, et que le charbon coûte 3f,35 les 100 kilog., combien doit-il en acheter d'hectolitres, sachant que 9 litres de charbon pèsent 8 kilog., et combien coûtera sa provision annuelle ?

**4582.** Un candidat, devant résoudre un problème en un temps déterminé, en emploie le 9e à trouver la marche à suivre, le 10e à trouver les simplifications du calcul, les deux 5es à effectuer les calculs, le tiers à rédiger, et enfin le 20e à relire sa rédaction. Or, il termine le tout 15 secondes avant l'heure fixée. Quel était le temps accordé pour ce problème ?

**4583.** Une usine est chargée d'alimenter annuellement 2569 becs de gaz. Si chaque bec consomme 13 litres de gaz en 6 minutes, et qu'il soit allumé en moyenne pendant 3h et demi chaque jour ; et si 2 hectolitres de houille donnent par la distillation 37 mètres cubes de gaz, combien cette usine doit-elle consommer d'hectolitres de houille chaque année ?

**4584.** En 1854, sur le chemin de fer d'Orléans, le nombre total des voyageurs a été de 3 332 950. Or, avec 3 voyageurs de première classe il y en a eu 4 de seconde, et avec 2 de seconde il y en a eu 9 de troisième. Trouver combien il y a eu de voyageurs de chaque classe.

**4585.** Un négociant de Marseille achète à Bari (royaume de Naples) 37 cantaros d'huile fine, à 56 ducats pour 3 cantaros. Les frais de douane et d'embarquement sont de 297 ducats pour 100 cantaros ; et à Marseille, les frais de douane et de débarquement sont de 746f pour 25 milleroles. Sachant que le ducat dont il s'agit vaut 4f,25, que le cantaro pèse 89 kilog., et la millerole 59 kilog., trouver combien il faut vendr ele quintal pour gagner 20 p. °/o ; trouver aussi combien chaque débitant doit revendre le litre en détail, pour que son gain soit de 25 p. °/o, supposé que la densité de cette huile soit de 0,915.

**4586.** Un commerçant envoie de Rennes à Lorient 30 ballots de marchandises pesant les 12 premiers chacun 123 kilog, les 12 suivants chacun 120 kilog., et les 6 derniers chacun 125 kilog. Outre le prix du transport, il faut payer le timbre qui est de 0f,35, et par ballot 15 centimes pour frais de manutention. Si les frais de transport sont de 10 centimes par tonne et par kilomètre, à combien reviendra le transport des 30 ballots, sachant qu'il y a 181 kilom. de Rennes à Lorient ?

**4587.** Quelqu'un a partagé 108f entre trois individus de manière que les 8 dixièmes de la part du second, ou les 8 quinzièmes de celle du troisième, font précisément 4 fois la part du premier. Trouver ce qu'il a donné à chacun.

**4588.** Lorsque le 3 p. °/o est au cours de 76f,20, et que la rente est payée par trimestre, quel est le taux réel (intérêt de 100f) et annuel, en tenant compte de l'intérêt des rentes, à 5 p. °/o par an ?

**4589.** Des marchandises ont coûté 2345f. Après les avoir gardées un an 9 mois et 10 jours en magasin, on les revend 2800f. Trouver à quelle taux annuel l'argent s'est trouvé placé.

**4590.** On a placé une somme qui, jointe à ses intérêts simples, vaut 5760ᶠ au bout de 5 ans, et 6528ᶠ au bout de 9 ans. Trouver la somme placée et le taux de l'intérêt.

**4591.** Un capital placé à intérêt composé vaudra, à un centime près, 10 210ᶠ,25 après 5 ans, et 11 819ᶠ,64 après 8 ans. Trouver le capital placé, ainsi que le taux de l'intérêt.

**4592.** Un nombre est composé de trois chiffres dont la somme est 18. Le chiffre des centaines est le tiers de celui des unités, et celui-ci surpasse de 3 celui des dizaines. Trouver ce nombre.

**4593.** Un commerçant a souscrit, le 20 Janvier 1863, un billet de 25 800ᶠ payable le 7 Octobre de la même année. Quel jour devra-t-il faire son payement, pour n'avoir à débourser que 25687ᶠ, sachant que l'escompte est à 6 p. % par an ?

**4594.** Un certain capital placé depuis trois ans à intérêt composé, à 4 p. %, est retiré avec ses intérêts, et le tout est placé à 5 p. %, intérêt simple ; et de cette manière on se fait un revenu annuel de 703ᶠ,04. Trouver le capital primitif.

**4595.** Un particulier ayant acheté deux charretées de grains, a payé la première 514ᶠ et la seconde 478ᶠ. Or, la première contenait 12 hectol. de froment et 17 de seigle ; la seconde contenait 8ʰ de froment et 21 de seigle. Le prix du grain étant le même dans l'une et dans l'autre, on demande à combien revient l'hectolitre de chaque espèce.

**4596.** Un marchand tailleur a payé 368ᶠ pour 14ᵐ,50 de drap de première qualité et 19ᵐ,40 de seconde ; une autre fois, les prix ayant diminué de 10 p. %, il a payé 538ᶠ,20 pour 23ᵐ,60, de drap de première qualité et de 31ᵐ,48 de seconde. Trouver le prix de 25ᵐ de première qualité et de 30ᵐ de seconde, supposé que les prix aient de nouveau diminué de 10 p. %.

**4597.** Un commis-voyageur, se rendant de Vannes à Paris, fait dans le premier quart de la route, 2 kilom. en 11 minutes ; dans le second, 3ᵏ en 14ᵐ ; dans le troisième, 4ᵏ en 15ᵐ, et dans le quatrième 5ᵏ en 16ᵐ. Or, en faisant uniformément un kilomèt en 4 minutes, on arriverait à Paris 2ʰ20ᵐ42ˢ plus tôt que ce commis-voyageur. Trouver, d'après cela la distance de Vannes à Paris.

**4598.** Avec de l'eau, une balance et des poids, comment peut-on trouver la capacité d'un vase quelconque, d'une bouteille, par exemple ?

**4599.** Combien fera-t-on de quintaux de charbon avec 234 stères de sapin, sachant que dans une opération semblable 33 stères ont donné 25 mèt. cubes de charbon, et que 200 décimèt. cubes de ce charbon pèsent 21 kilogrammes ?

**4600.** Un vase rempli d'eau contenait 36 hectog. de sel en dissolution. On en a vidé le quart, que l'on a remplacé par de l'eau douce ; ensuite on en a vidé le tiers, que l'on a remplacé aussi par de l'eau ; enfin, ayant vidé le vase à moitié, on l'a rempli encore avec de l'eau. Trouver ce que le vase contient maintenant de sel en dissolution.

**4601.** Une propriété, en raison de ce qu'elle rapporte, a été évaluée à 2640ᶠ l'hectare ; une autre a été évaluée de même à

2390 fr. l'hectare. Or, la première rapporte annuellement 6835 fr. : Trouver ce que rapporte la seconde, qui surpasse la première d'un quart pour la superficie.

**4602.** Un particulier prenant un domestique, lui promit 280 fr. par an, plus un habit dont ils fixèrent ensemble la valeur. Mais au bout de 9 mois, le maître, mécontent de son serviteur, le renvoya en lui donnant l'habit, et 197$^f$,50 en argent, ce qui était tout ce qu'il revenait au domestique pour ses 9 mois de services. Trouver la valeur de l'habit.

**4603.** Une machine à vapeur fait marcher un tissage qui, en 3 heures, fait 16 mètres d'étoffe, pendant que la machine dépense 22 décimètres cubes d'eau. Trouver 1° en combien de jours, heures et minutes on pourra, avec cette machine, fabriquer 12 pièces d'étoffe, ayant chacune 45$^m$ de longueur, si elle marche 9 heures par jour, et combien on dépensera d'hectolitres d'eau ; 2° combien on dépensera d'eau, et combien on fabriquera de mètres d'étoffe en 24$^j$5$^h$20$^m$, si la machine marche 12$^h$ par jour ; 3° combien il faut qu'elle marche d'heures et minutes par jour, pour faire chaque semaine (six jours) cinq pièces d'étoffe de 80$^m$ chacune.

**4604.** Un haut-fourneau produit en moyenne 8750 kilog. de fonte en 24 heures, et cette fonte revient à 15$^f$,20 les 100 kilog. : combien devra-t-on la vendre pour réaliser un bénéfice annuel de 25 000 fr., sachant que le travail est interrompu pendant 45 jours chaque année ?

**4605.** Un pré rectangulaire de 125$^m$ de long sur 108 de large, a produit une récolte de 7 milliers de foin (7000 kilog.) : combien de kilog. de foin a-t-on récolté par hectare ?

**4606.** Une salle rectangulaire a 10$^m$ de long, 7$^m$,50 de large et 4$^m$,80 de haut. Trouver le poids de l'air qu'elle renferme, sachant que le litre d'air commun pèse environ 13 décigrammes.

**4607.** Un billet payable le 22 Novembre 1863, ayant été soldé le 15 Mai de la même année, a subi un tel escompte que le débiteur n'a déboursé que 3924$^f$,30 : trouver la valeur nominale de ce billet, sachant que l'escompte a été calculé à 6 p. %  par an.

**4608.** On a mélangé ensemble 72 kilog. de farine à 45 fr. le quintal, 144 kilog. à 48 fr., et 168 kilog. à 52$^f$,50 : combien faudra-t-il vendre 83$^k$,58 du mélange, pour faire un bénéfice de 20 p. % ?

**4609.** Un commerçant, ayant vendu les 3 septièmes d'une pièce de toile, vend ensuite les 4 cinquièmes du reste : le nouveau reste étant de 24 mètres, quelle était la longueur primitive de la pièce ?

**4610.** Un épicier fait venir 12 pains de sucre, pesant chacun 7$^k$,35, à 1$^f$,75 le kilog. S'il paye 25 centimes de port pour chaque pain, et qu'il en garde 2 et les 2 tiers d'un troisième pour sa consommation, combien devra-t-il revendre le kilog. de ce qu'il lui reste, pour retirer son argent, et quel sera son bénéfice p. % ?

**4611.** Deux ouvriers font en 3 jours et demi un ouvrage qu'on leur paye 46 fr. Le premier travaille de manière qu'il aurait fait seul l'ouvrage en 5 jours 3 quarts. Trouver quelle portion de l'ouvrage a fait chaque ouvrier, et combien ils ont gagné par jour l'un et l'autre.

**4612.** Un élève rentre à sa pension avec un certain nombre d'oranges, et sans en couper une seule, il en donne au directeur le tiers, plus 3 oranges 2 tiers; à son maître d'étude le sixième, plus une orange 5 sixièmes; à un de ses camarades le septième, plus 3 septièmes d'orange : il lui en reste 3, qu'il garde pour lui. Combien avait-il d'oranges, et combien en a-t-il donné au directeur? — au maître d'étude? — à son camarade?

**4613.** Un marchaud de bois, en ayant 508$^{st}$,9, qu'il a payés comptant à raison de 2$^f$,75 les 508 décimètres cubes, en revend les 4 septièmes à 8$^f$,25 le stère, et le reste à 6$^f$,50. A-t-il gagné, ou s'il a perdu, dans cette opération, et combien, sachant qu'il n'a reçu son argent que 6 mois après la vente, et que l'escompte est à 6 p. %, par an?

**4614.** Une voiture a parcouru une route en 4 jours. Le premier jour elle en a parcouru les 2 onzièmes; le second elle a fait les 5 treizièmes du reste; le troisième, les 5 neuvièmes du second reste; enfin, le quatrième elle fait le reste du trajet, savoir 192 kilomètres. Trouver la longueur totale de la route, et la distance parcourue chacun des trois premiers jours.

**4615.** Deux ouvriers travaillent dans le même atelier. Or, pour 3 jours de travail du premier, et 4 du second, ils reçoivent 22$^f$,50; et pour 9 journées du premier, et 8 du second, ils ont 58$^f$,50. Trouver le gain journalier de chacun.

**4616.** Un marchand ayant acheté plusieurs pièces de drap à raison de 202 fr. pour 11 mètres, les a revendues à raison de 209$^f$,25 pour 9 mètres; et il a ainsi réalisé un bénéfice de 1552$^f$,50. Combien avait-il acheté de mètres de drap?

**4617.** Deux joueurs commencent la partie avec la même somme, et se retirent après avoir perdu, le premier les 7 dixièmes de son avoir, et le second les 3 huitièmes du sien. Combien avaient-ils chacun en se mettant au jeu, sachant qu'il reste au second 6$^f$,50 de plus qu'au premier?

**4618.** On partage une succession de 29 295 fr. entre quatre héritiers, de manière que le premier reçoit les 2 tiers de la part du second, le second les 3 quarts de celle du troisième, et celui-ci les 4 cinquièmes de celle du quatrième. Trouver la part de chacun.

**4619.** Deux locomotives partent en même temps des deux extrémités d'une ligne dont la longueur est de 824 kilomètres, et vont à la rencontre l'une de l'autre. Sachant que la première parcour 8 kilomèt. pendant que la seconde n'en parcourt que 5, trouver à quelle distance des points de départ aura lieu la rencontre; trouver, de plus, à quelle heure elle se fera, si les deux voitures partent à 6$^h$ du matin, et que la seconde parcourt 63 kilom. en deux heures.

**4620.** On a fondu ensemble 7$^{kg}$,40 de cuivre et 4$^{kg}$,50 de zinc, et l'on demande quel sera le poids d'un centimètre cube de l'alliage, si la densité du cuivre est de 8,85 et celle du zinc de 7,19; on désire aussi savoir combien l'alliage contiendra de centimètres cubes, supposé que le déchet soit de 2 1/2 p. %.

**4621.** Un épicier achète 25 hectol. d'huile à 84 fr. l'hectol.,

85 kilog. de sucre à 170 fr. le quintal, et 8<sup>kg</sup>,60 de poivre à 3<sup>f</sup>,60 le kilog. S'il revend le kilog. d'huile 1<sup>f</sup>,08, celui de sucre 1<sup>f</sup>,90, et celui de poivre 4<sup>f</sup>,20, quel sera son bénéfice total? Quel sera son bénéfice p. %? — On suppose que la densité de l'huile en question est de 0,915.

4622. Une bille d'ivoire tombe verticalement sur un plan horizontal. Si chaque fois qu'elle touche le plan, elle rebondit à une hauteur égale aux deux cinquièmes de celle dont elle est tombée, trouver à quelle hauteur elle s'élèvera après la troisième chute, supposé qu'elle tombe d'abord de 1<sup>m</sup>,25 de hauteur.

4623. La poudre de chasse renferme environ 77 parties de salpêtre pour 10 parties de soufre et 13 de charbon : combien y a-t-il de ces substances dans 34<sup>kg</sup>,60 de poudre de chasse?

4624. La poudre de guerre renferme 6 parties de salpêtre pour une partie de soufre et une de charbon : combien y a-t-il de chacune de ces substances dans 2978 kilog. de poudre de guerre? — Quelle quantité de poudre de guerre renferme autant de salpêtre que 1250 kilog. de poudre de chasse ? (*Voir* 4623).

4625. De 197 ouvriers qui travaillent dans le même atelier, les uns gagnent 4 fr., les autres 5 fr. par jour : trouver le nombre des uns et des autres, sachant que pour un mois de travail (25 jours), la paye a été de 21500 fr.

4626. Deux fûts de cidre coûtent le premier 175 fr., le second 142<sup>f</sup>,50 ; le premier contient 45 décalitres de plus que le second; mais 5 litres du second coûtent autant que 6 litres du premier. Trouver la contenance de l'un et de l'autre.

4627. Ayant acheté une maison pour 8600 fr., on y a fait pour 1200 fr. de réparations, et dépensé 720 fr. pour différents frais, puis on la loue 447<sup>f</sup>,10 : à quel taux place-t-on son argent?

4628. Une vache laitière, mise au piquet dans un gras pâturage, mange en 5 jours l'herbe de 4 ares, et produit en 23 jours 3 hectol. 45 litres de lait contenant 16 kilog. de beurre. Trouver la surface de pâturage nécessaire à la production 1° d'un doubledécalitre de lait ; 2° d'un demi-kilog. de beurre.

4629. Un bœuf à l'engrais et une vache laitière, nourris à l'étable avec la même ration de foin, produisent le premier un kilog. de viande, la seconde 15 litres de lait, dans le même temps. Or, un kilog. de viande contient environ 44 décag. de substances nutritives, et un litre de lait en contient 123 grammes; mais 6 kilog. des premières équivalent à peu près à 11 kilog. des secondes. Trouver, d'après ces données, s'il vaut mieux au point de vue de l'alimentation de l'homme, produire du lait que de la viande.

4630. M. Robin a imaginé un appareil pour désinfecter les grains où se trouvent des alucites. Au moyen de cet appareil, une femme peut désinfecter 3 hectolitres de blé en deux heures; la dépense en combustible est évaluée à 11 fr. pour 10 jours, et les frais de transport et de location de l'appareil sont de 1<sup>f</sup>,80 par jour. Si le prix de la journée de 12 heures est de 1<sup>f</sup>,20, on demande 1° combien il en coûtera pour désinfecter un hectol. de blé ; 2° combien il faudra de journées de 12 heures pour désinfecter 200 hectol. de blé, et quelle sera la dépense totale.

**4631.** La paroi intérieure d'un vase est totalement composée de faces planes disposées de manière qu'une sphère de 42 centimètres de rayon pourrait les toucher toutes à la fois, ainsi que le couvercle. Trouver la capacité de ce vase, sachant que la surface totale de la paroi intérieure, y compris le couvercle, est de 2 mètres carrés 40 décimètres carrés.

**4632.** On fond ensemble 32 centimètres cubes de platine, 24 d'argent et 12 de cuivre : si le déchet est de 1 $\frac{1}{2}$ p. $^o/_o$, quel sera le poids de l'alliage obtenu, sachant que la densité du platine est de 21,53, celle de l'argent de 10,47, et celle du cuivre 8,85 ?

**4633.** Ayant fondu ensemble 35 centimètres cubes de platine, 28 d'argent et 14 de cuivre, on a obtenu un alliage dont le poids total est de 1147$^{gr}$,20 : trouver le déchet p. $^o/_o$. — *Voir* **4632,** *pour la densité.*

**4634.** Ayant fondu ensemble du platine, de l'argent et du cuivre, on a obtenu un alliage dont le poids total est de 2 kilog. Sachant que le déchet a été de 2 $\frac{1}{2}$ p. $^o/_o$, trouver en centimèt. cubes, à moins d'un millième, les volumes de platine, d'argent et de cuivre, qu'on a fondus, ces quantités étant entre elles respectivement comme les nombres 10, 6, 3. — *Pour la densité, v.* **4632.**

**4635.** Vingt-quatre kilog. de houille donnent autant de chaleur que 47 kilog. de bois. Si le stère de bois pèse 460 kilog., l'hectol. de houille 82 kilog., et que 15 hectol. de houille coûtent 52 fr., quel doit être le prix du bois, pour que le chauffage au bois coûte autant que le chauffage à la houille ?

**4636.** Dans une usine, la soufflerie est mue par la vapeur. Le cylindre dans lequel se meut le piston a une longueur intérieure de 1$^m$,82, un diamètre de 60 centimètres, et à chaque coup de piston il s'emplit d'air aux 4 cinquièmes. Si la vitesse est de 5 coups de piston en 6 secondes, trouver 1° le nombre de mèt. cubes d'air lancé par la machine en 7$^h$47$^m$30$^s$; 2° le poids de l'air lancé par la même machine en 24$^h$, sachant que la densité de l'air est 0,001293.

**4637.** La graine de colza contient 50 p. $^o/_o$ de son poids d'une huile dont la densité est d'environ 0,9 ; mais on ne retire guère que 70 p. $^o/_o$ de cette huile. D'après ces données, trouver 1° combien on retirera d'hectolit. et litres d'huile de 32 quintaux de graine de colza; 2° combien il faut de graine pour avoir 6 hectol. 54 litres d'huile.

**4638.** Les olives rendent en moyenne 10 p. $^o/_o$ de leur poids d'une huile dont la densité est de 0,915. Trouver 1° combien on retirera d'huile de 120 hectol. d'olives, sachant que l'hectol pèse 48 kilogramm.; 2° combien il faut d'hectolit. d'olives pour avoir 25 quintaux d'huile.

**4639.** On estime que, pour nourrir le bétail, 25 kilog. de foin sec équivalent à 62 kilog. de topinambours. Si la ration journalière d'une vache est de 14 kilog. de foin sec, combien faudra-t-il lui donner de foin avec 20 kilog. de topinambours? — Combien de topinambours avec 6 kilog. de foin sec?

**4640.** Un corps qui tombe librement, parcourt l'espace d'un mouvement uniformément accéléré, en sorte que, franchissant

4<sup>m</sup>,904 dans la première seconde de sa chute, il en parcourt 3 fois plus dans la deuxième seconde, 5 fois plus dans la troisième, 7 fois plus dans la quatrième, 9 fois plus dans la cinquième, et ainsi de suite. Trouver 1° quel espace parcourt en 20 secondes un corps qui tombe librement ; 2° quel temps il faut à un corps tombant sans obstacle pour parcourir un espace de 1226 décamèt.

4641. On a de l'eau salée qui contient 5 p. % de sel, et d'autre qui en contient 7 p. % : dans quelle proportion faut-il les mélanger, pour que 100 kilog. du mélange renferment 575 décag. de sel ?

4642. On désire savoir quelle quantité d'eau on doit faire évaporer de 640 kilog. d'eau salée contenant 6 pour % de sel, pour obtenir une dissolution renfermant 16 kilog. de sel dans 100 kilogrammes de liquide.

4643. On a 270 kilog. d'eau salée qui contient 8 p. % de sel : combien faut-il y mêler d'eau douce, pour que le mélange ne contienne plus que 5 p. % de sel ?

4644. Un milligramme d'or suffit pour dorer un fil d'argent de 200 mètres de long : combien faudrait-il de grammes d'or pour recouvrir un fil assez long pour faire le tour de la Terre, et quelle serait la valeur de cette quantité d'or ?

4645. Supposé qu'une pièce de 5 fr., en argent, perde annuellement par l'usure 4 milligrammes de son poids, quelle est la valeur intrinsèque d'une pièce de 5 fr. frappée il y a 70 ans ?

4646. On emploie dans un atelier 64 hommes, et 40 enfants dont le gain journalier n'est que les 7 seizièmes de celui d'un homme. Or, la paye d'un mois de travail (25 jours) est de 8150 fr. : trouver ce qu'il revient à chaque homme, à chaque enfant, et ce qu'ils gagnent chacun par jour.

4647. Pour mesurer la vitesse du mouvement à bord des navires, on se sert du *loch* (sorte de triangle en bois), auquel est attachée une longue ficelle nommée *ligne de loch*, laquelle est divisée en parties égales appelées *nœuds*. On jette le loch à la mer, et l'on examine attentivement combien le navire parcourt de nœuds pendant 30 secondes ou une demi-minute ; et si le navire parcourt 6, 7, 8, 9,.... nœuds dans les 30 secondes, on dit que *le navire file* 6, 7, 8, 9,... *nœuds*. Or, le nœud est une longueur égale à la 120<sup>e</sup> partie d'un mille ; le mille est le tiers de la lieue marine ; celle-ci est le 20<sup>e</sup> du degré de latitude ; enfin, 360° de latitude font la circonférence de la Terre. Cela posé, trouver 1° la longueur du nœud, en mètres et centimèt. ; 2° la distance parcourue dans une heure par un navire qui file constamment 5, 6, 7, 8, 9, 10, 11, 12 nœuds.

4648. Combien y a-t-il de mètres dans une lieue marine ? — Combien de myriam. et hectom. dans 428 lieues ? (*Voir* 4647).

4649. Combien le mille marin vaut-il de mètres ? — Combien 54 milles valent-ils de kilom. et décam. ? (*Voir* 4647).

4650. Combien y a-t-il de lieues marines dans 3° ? — dans 4°30' ? — dans 12°43'45'' ? (*Voir* 4647).

4651. Combien y a-t-il de milles marins dans 1°37' ? — dans 2°51'40'' ? — dans 17°8'12'' ? (*Voir* 4647).

**4652.** Lorsqu'un navire file 8 nœuds, quelle distance parcourt-il dans 3ʰ? — dans 5ʰ20ᵐ? — dans 3ʰ52ᵐ30ˢ? (*Voir* **4647**).

**4653.** Lorsqu'un navire file 7 nœuds et demi, quel temps lui faut-il pour franchir une distance de 25 kilom.? (*Voir* **4647**).

**4654.** La vitesse moyenne d'un navire est de 8 nœuds un tiers : en combien de jours, heures et minutes pourra-t-il effectuer une traversée de 4500 kilomètres? (*Voir* **4647**).

**4655.** Un paquebot a fait en 14 jours et demi une traversée de 8400 kilom. : combien en moyenne, filait-il de nœuds? (*V*. **4647**).

**4656.** La culture de la garance dure trois ans, et la dépense totale pendant ce temps s'élève à 2140 fr. environ par hectare ; mais on recueille dans les deux premières années environ 116 quintaux de fourrage à 2 fr. le quintal, et dans la troisième 77 quintaux de racines à 30 fr. les 100 kilog. Trouver, d'après ces données, le bénéfice moyen annuel que l'on peut faire sur un terrain de 4 hectares 60 ares cultivés en garance.

**4657.** Un paquet de soie filée, du poids de 60 centig., a une longueur de 480 mètres; le fil est composé de 4 brins tirés de 4 cocons différents. Si le fil était composé d'un seul brin, quel poids devrait-il avoir pour faire le tour du globe? — Et quelle longueur aurait-il, s'il pesait 100 kilogrammes?

**4658.** Lorsqu'on veut soulever un poids quelconque au moyen d'un levier tel qu'une barre de fer, on pose un certain point de celui-ci sur un objet résistant et solide, nommé *point d'appui;* alors, l'une des extrémités du levier étant sous l'objet, qui porte le nom de *résistance,* on applique à l'autre extrémité une force nommée *puissance,* destinée à vaincre la résistance. Sachant que l'équilibre existe lorsque les distances du point d'appui aux points où sont appliqués la puissance et la résistance, sont inversement proportionnelles aux forces appliquées, trouver la position du point d'appui d'une barre de fer longue de 1ᵐ,35, destinée à soulever une masse du poids de 400 kilog., la puissance étant la force d'un homme, laquelle est évaluée à 50 kilogrammes.

**4659.** Trouver où doit être placé le point d'appui, selon que la résistance est de 200, 300, 400, 500, ou 1000 kilog., la puissance étant de 100 kilog., et la longueur totale du levier de 1ᵐ,32.

**4660.** La résistance à vaincre étant de 600 kilog., et la longueur totale du levier de 1ᵐ,20, où doit-on placer le point d'appui, selon que la puissance est de 30, 40, 50, 100, 200, 300, ou 600 kilog.?

**4661.** La résistance étant de 432 kilog., et sa distance au point d'appui de 12 centimètres, quelle doit être la longueur totale du levier, selon que la puissance est de 24, 36, 60, ou 72 kilog.?

**4662.** La puissance étant de 45 kilog., et sa distance au point d'appui de 1ᵐ,20, quelle doit être la longueur totale du levier, selon que la résistance est de 100, 200, 400, ou 800 kilog.?

**4663.** Le point d'appui étant à 20 centimètres de la résistance, et à 1ᵐ,30 de la puissance, à quelle résistance une force de 30, 40, 50, 60, ou 100 kilog. peut-elle faire équilibre?

**4664.** La puissance étant appliquée à 2ᵐ,40 du point d'appui, et la résistance à 20 centimètres, quelle puissance faut-il pour faire équilibre à une résistance de 100, 200, 300, 500, ou 1000 kilog.?

4665. Un particulier qui veut tirer parti d'un capital de 30 000ᶠ, hésite entre les trois opérations suivantes : 1° acheter une maison qui lui rapportera 4 1/2 p. % de sa valeur, mais à laquelle il faudra faire annuellement des réparations évaluées à 10 p. % du revenu; 2° acheter une terre qui rapportera 4 p. % net de tous frais; 3° acheter de la rente 3 p. % au cours de 69ᶠ,80. Laquelle des trois opérations est pour lui la plus avantageuse, et de combien pour 100 ?

4666. Faire le compte d'un marchand qui vient de prendre 12ᵐ,50 de drap à 14ᶠ,50 le mètre ; 24ᵐ,30 de velours à 16ᶠ,40 ; 32ᵐ,60 de taffetas à 6ᶠ,20 ; 37ᵐ,50 de mérinos à 4 fr. ; une demi-douzaine de paires de bas à 32 fr. la douzaine, et 8 paires de gants à 18ᶠ,60 la douzaine. Il donne un billet de 1200 fr. comptant : combien doit-il ajouter, ou combien doit-on lui rendre, sachant qu'on lui fait une remise de 3 p. % ?

4667. Un commerçant achète pour 3400 fr. de marchandises payables au bout de 10 mois avec intérêts à 5 p. % par an. S'il paye 1000 fr. après 2 mois, 1000 fr. après 4 mois, et qu'il veuille payer le reste au bout de 6 mois, de combien sera le dernier payement ?

4668. L'exploitation et les impositions d'une terre de 2 hecta-res 53 ares coûtent annuellement 812 fr. ; mais elle produit chaque année 46ʰ,60 litres de blé valant 20 fr. l'hectol. et une certaine quantité de paille que l'on vend 95 fr. Sachant que le revenu net de cette terre est égal à 3 p. % de sa valeur, on demande la valeur de cette terre, et le prix de l'hectare.

4669. Un sac contient 1005 fr. en monnaies d'or, d'argent et de bronze. Le poids de la monnaie de bronze est triple de celui de la monnaie d'argent, et celle-ci pèse 4 fois plus que la monnaie d'or. Combien le sac renferme-t-il en or, en argent, en bronze ?

* 4670. Une sphère est renfermée dans un cube, et elle est tangente à chacune de ses faces : calculer ce qu'est la surface de la sphère à l'égard de celle du cube (surface totale), puis combien, à un millième près, le volume du cube contient de fois celui de la sphère.

* 4671. Une sphère et un cube ont des surfaces totales équi-valentes : calculer, à un dix-millième près, combien le volume de la sphère contient de fois celui du cube.

* 4672. Un cube et une sphère ont des volumes équivalents : calculer, à un cent-millième près, combien la surface totale du cube contient de fois celle de la sphère.

4673. Les mines d'argent du globe en produisent annuellement environ 122 000 kilog. Supposé cet argent pur, trouver 1° sa va-leur en francs; 2° combien son volume contient de décimètres cubes, à moins d'un 100ᵉ; 3° combien avec cette quantité d'ar-gent on pourrait fabriquer de pièces de 5 fr., de 2 fr. et d'un fr., en faisant quatre fois plus de pièces d'un franc, et 3 fois plus de pièces de 2 fr., que de 5 fr. — La densité de l'argent est de 10,474.

4674. Deux fils de fer de même grosseur pèsent le premier

2500 grammes, et le second 1825 gr. : trouver la longueur du premier, sachant que le second a 125$^m$,40 de long.

**4675.** Deux fils de cuivre de même poids ont de longueur le premier 540$^m$, et le second 619$^m$ : trouver le diamètre du second, sachant que celui du premier est de 2 millimètres et demi.

**4676.** Les prix des places d'Orléans à Paris sont : première classe 13$^f$,55, seconde 10$^f$,15, troisième 7$^f$,45. Or, un certain jour, on a délivré au bureau 68 billets de première classe, 187 de seconde, 469 de troisième : calculer la recette de ce jour pour chaque classe, et la recette totale. — Calculer, de plus, le nombre des voyageurs de chaque classe, et leur nombre total, un jour où les premières classes produisirent 636$^f$,85, les secondes 1096$^f$,20, et les troisièmes 3725 fr.

**4677.** Un agriculteur a ensemencé en colza une pièce de terre de 12 hectares 8 ares 40 centiares. Les frais de culture se sont élevés à 189$^f$,50 par hectare. La terre est louée 11$^f$,25 les 21 ares; la récolte a été de 18$^h$,75 lit. par hectare, et on l'a vendue 19$^f$,50 l'hectolitre. Calculer le bénéfice net de cette culture sur la pièce totale.

**4678.** Calculer à un centimètre cube près le volume du cube dont la diagonale est de 2$^m$,34.

*** 4679.** Un cube est inscrit à une sphère, c'est-à-dire que la surface de la sphère passe par tous les sommets du cube : trouver 1° la surface totale de l'un et de l'autre, puis calculer combien de fois la plus grande contient la plus petite, sachant que la sphère a 1$^m$,13 de rayon; 2° le volume de l'un et de l'autre, puis calculer combien de fois le plus petit est contenu dans le plus grand.

**4680.** Une personne a le choix entre deux étoffes, pour se faire une robe. La première a 0$^m$,80 de largeur, et coûte 2$^f$,45 le mètre; la seconde a 11 décimètres de largeur, et coûte 3$^f$,25 le mètre. S'il faut 12$^m$,50 de la première pour une robe, combien en faudrait-il de la seconde, et quelle serait la différence de prix des deux robes ?

**4681.** Un rentier dépense un cinquième de son revenu pour sa nourriture, un quart du reste pour son logement, un septième du nouveau reste pour son habillement, et les deux onzièmes du troisième reste en aumônes. Il lui reste 486$^f$,25 à la fin de l'année : quel est son revenu ?

**4682.** Une fabrique qui consomme annuellement 380 tonnes de houille, payait 50 fr. de la tonne avant l'ouverture d'un canal, dont elle profite si bien que le quintal ne lui revient maintenant qu'à 3$^f$,50. Trouver, en comptant l'intérêt à 4 1/2 p. %, le capital correspondant au bénéfice que l'ouverture du canal a procuré à l'établissement dont il s'agit.

**4683.** Quelqu'un ayant placé un capital à 5 p. % par an, a reçu au bout de 3 ans 4 mois une somme de 8540 fr. pour capital et intérêts simples : trouver le capital et le montant des intérêts simples.

*** 4684.** Les batteurs d'or en font des feuilles tellement minces que 14 000 d'entre elles placées les unes sur les autres ne donnent qu'un millimètre d'épaisseur totale. Trouver 1° quelle surface on pourra recouvrir avec toutes les feuilles qu'on peut faire avec un décimètre cube d'or ; 2° quelle quantité d'or il faut pour couvrir entièrement une coupole hémisphérique de 56<sup>m</sup>,50 de diamètre, en admettant que la densité de l'or battu soit de 19,528.

4685. Si l'on fond ensemble 820 grammes d'or, 450 d'argent et 280 de cuivre, et qu'il y ait un déchet de 1/2 p. %, combien y aura-t-il d'or, d'argent et de cuivre dans 678 grammes de l'alliage ?

4686. Dunkerque et Carcassone sont à fort peu près sur le même méridien. Or, la latitude de Dunkerque est de 51°2'12'', et celle de Carcassone de 43°12'55''. Sachant que la latitude d'un lieu est le nombre des degrés de l'arc du méridien de ce lieu , compris entre ce lieu et l'équateur, et que les deux villes susdites, sont l'une et l'autre au nord de l'équateur, trouver à un demi-kilomètre près la distance de Dunkerque à Carcassonne. — (La circonférence de la terre contient 360° de latitude).

4687. Jérusalem (Asie), et le cap Coriente (Afrique) sont aussi à peu de chose près sur le même méridien ; mais la latitude de Jérusalem est de 31°47'47'' Nord, c'est-à-dire au nord de l'équateur, tandis que celle du cap Coriente est de 24°7'30'' Sud, c'est-à-dire au sud de l'équateur. Trouver à un kilomètre près la distance de Jérusalem au cap Coriente.

4688. Clermont-Ferrand se trouve par 45°46'46'' de latitude Nord ; et à 337 kilom. $\frac{2}{8}$ plus au nord, et sur le même méridien, se trouve Coulommiers : trouver la latitude de cette dernière ville.

4689. La ville d'Otrante (Italie) se trouve par 40°8'46'' de latitude N. : sachant que la ville du Cap de Bonne-Espérance se trouve à peu près sur le méridien d'Otrante, mais à 8231 kilom. au sud de cette dernière, trouver la latitude de la ville du Cap.

4690. Pour bien labourer un hectare de certaine terre , il faut 2 journées d'hommes et 4 de chevaux ; le hersage est évalué au quart du prix du labour. Si la journée d'un cheval revient à 4<sup>f</sup>,30, et celle d'un homme à 2<sup>f</sup>,20, combien en coûtera-t-il pour labourer et herser une terre de 4<sup>h</sup>,64 ares ?

4691. Un particulier ayant placé 40 000<sup>f</sup>, se contente de prélever annuellement une somme de 1200<sup>f</sup>, laissant le reste entre les mains de l'emprunteur : combien celui-ci devra-t-il à la fin de la dixième année, en ayant égard aux intérêts composés, à 5 p. % par an ?

4692. Un rentier place 50 000<sup>f</sup> à 4 p. %, intérêts composés, à condition que de 2 ans en 2 ans il touchera 8000<sup>f</sup> : combien lui devra-t-on à la fin de la onzième année ?

4693. Le poids de la paille de froment est d'environ 170 kilog. par hectol. de froment récolté ; l'hectol. de froment pèse environ 75 kilog., et l'on en récolte en moyenne 19 et demi par hectare. Or, dans une terre on a récolté 6980 kilog., paille et froment compris. Trouver 1° combien cette terre a produit d'hectol. de froment, et combien de kilog. de paille ; 2° combien cette terre contient d'hectares, à moins d'un centième.

**4694.** Un meunier dispose d'une chute d'eau qui en fournit 9 hectol. par seconde. Cette eau tombe d'une hauteur de 3<sup>m</sup>, et il l'emploie à mouvoir une roue hydraulique qui ne rend que les deux tiers de l'effet de la chute. S'il faut pour chaque paire de meules un travail égal à celui que produiraient 2 hectol. d'eau tombant en une seconde d'une hauteur d'un mètre, combien ce meunier pourra-t-il établir de paires de meules ? — [Un litre d'eau tombant d'un mètre de hauteur, dans une seconde, produit une certaine quantité de travail, qu'on appelle *kilogrammètre* : c'est l'unité de travail.]

**4695.** Un particulier, pour avoir une lettre de change sur Paris, donne 4560$^f$ à un banquier de sa ville : de combien doit-être cette lettre si le change est à 2 1/2 p. $^o/_o$ ?

**4696.** Un négociant voudrait toucher 8000$^f$ en arrivant à Lyon, et pour cela il prend une lettre de change chez son banquier : combien remettra-t-il à son banquier, si celui-ci demande 1$^f$,75 p. $^o/_o$ de change sur la somme qui lui est versée ?

**4697.** Un marchand remit à un banquier de Marseille un billet à 3 mois de date, et payable au Havre : il reçut 7740$^f$ comptant. Or, ce banquier perçoit un change de 1$^f$,75 p. $^o/_o$, et un escompte de 6 p. $^o/_o$ par an : quelle est, d'après cela, la valeur nominale du billet ?

**4698.** Une cour rectangulaire a 75$^m$ de long sur 48$^m$ de large ; mais on veut la rendre carrée, sans en diminuer ni augmenter la superficie : de combien faudra-t-il diminuer la longueur ? — de combien faudra-t-il augmenter la largeur ?

**4699.** Combien coûteront 14 caisses de café, pesant les 6 premières 154 kilog. chacune, et les 8 dernières chacune 175 kilog., à 2$^f$,15 le kilog., sachant que la tare est fixée à 7 p. $^o/_o$, et que l'on obtient 3 p. $^o/_o$ d'escompte ?

**4700.** Un propriétaire veut vendre 2345 bottes de foin pesant chacune en moyenne 4 kilog., et demi. Un individu lui en offre 75$^f$ du millier ; un autre lui en offre 80$^f$, s'il consent à faire une remise de 4 p. $^o/_o$ sur le prix ; un troisième en offre 78$^f$, à condition d'en avoir 105 bottes pour cent. Lequel des trois individus aura la préférence ?

**4701.** Une propriété a été adjugée pour 13 860$^f$ : combien coûtera l'enregistrement, s'il est dû un droit fixe de 6 p. $^o/_o$, plus le double-décime pour franc de ce droit fixe ?

**4702.** Une propriété ayant été vendue, il en a coûté 3081$^f$,60 pour l'enregistrement : combien a-t-elle été vendue, si les frais d'enregistrement se composent d'un droit fixe de 6 p. $^o/_o$ de la valeur, plus le double-décime pour franc de ce droit fixe ?

**4703.** La mise à prix d'une adjudication de travaux est fixée à 49 600$^f$. Un entrepreneur offre un rabais de 2 centimes et demi par franc ; un second un rabais de 3 p. $^o/_o$, et un troisième offre d'exécuter les travaux pour une somme de 49 000$^f$. Combien coûteront ces travaux, et quel sera l'adjudicataire ?

**4704.** Les côtés de l'angle droit d'un triangle rectangle sont de 34$^m$,44 et 55$^m$,35. Trouver 1° la surface de ce triangle ; 2° la longueur de l'hypothénuse ; 3° la longueur de la perpendiculaire abaissée du sommet de l'angle droit sur l'hypoténuse ; 4° la distance du pied de cette perpendiculaire à chaque extrémité de l'hypothénuse.

**4705.** Un négociant a fait assurer sur un navire 290 boucauts de café, pesant en moyenne chacun 350 kilog., à 1$^f$,50. Le taux de l'assurance est de 5 p. % par an, et le voyage dure 3 mois et demi : combien le négociant doit-il payer à la Compagnie d'assurance ?

**4706.** Un navire, portant pour 475000$^f$, de marchandises, est assuré à 4$^f$,75 p. % par an. Arrivé, après un voyage de 4 mois, le propriétaire fait constater une avarie de 6 p. % sur la valeur des marchandises : quel dédommagement doit-il recevoir de la Compagnie d'assurance ?

**4707.** Un navire, partant pour Londres, avait un chargement estimé 640000$^f$, assuré, pour son voyage, à 1 1/2 p. %, avec 1/2 p. % d'augmentation pour chaque 10 jours de retard. Or, ce navire qui devait arriver à sa destination pour le 2 Août, n'a paru dans le port que le 25 du même mois, après avoir éprouvé 5 1/2 p. % d'avaries. Il s'agit maintenant de régler le compte entre la Compagnie d'assurance et le propriétaire du navire.

**4708.** Ayant mesuré un pré formant un trapèze de 86$^m$,50 de hauteur et 124$^m$,60 sur 145$^m$,40 de bases, on a reconnu ensuite que la chaîne dont on s'était servi, au lieu de 10$^m$, avait 10$^m$,025 de long : trouver la vraie surface de ce pré, et sa valeur, à 2300 francs l'hectare.

**4709.** L'ouverture d'une trémie est intérieurement un carré de 1$^m$,20 de côté, et le fond un carré de 24 centimètres de côté ; la profondeur est de 1$^m$,40. L'épaisseur des planches qui la composent, mesurée parallèlement aux bases est de 3 centimètres et demi. Trouver 1° combien cette trémie contient d'hectolit. de grain, quand elle est pleine ; 2° combien on doit à l'ouvrier qui l'a construite, s'il lui a été accordé 4$^f$,50 par mètre carré de la surface extérieure.

**4710.** Le Printemps commence au moment où le centre du Soleil passe sur l'équateur, en revenant de l'hémisphère Sud dans l'hémisphère Nord ; l'intervalle qui s'écoule entre le commencement de deux printemps consécutifs, s'appelle *année tropique*. Or, en 1833, le Printemps commença le 20 Mars à 8$^h$17$^m$ du soir ; et en 1863, il a commencé le 21 Mars, à 2$^h$41$^m$ du matin. Trouver quelle est d'après cela la durée moyenne de l'année tropique.

**4711.** Dans les années 1850, 1851,.... 1863, les saisons ont commencé aux moments indiqués ci-après.

| | Print. (Mars) | Eté (Juin) | Automne (7$^{bre}$) | Hiver (X$^{bre}$) |
|---|---|---|---|---|
| 1850 : | 20 à 11$^h$12$^m$ s; | 21 à 8$^h$,9$^m$ s; | 23 à 10$^h$10$^m$m; | 22 à 3$^h$48$^m$m. |
| 1851 | 21 à 5. 4 m; | 22 à 1.53 m; | 23 à 4. 0 s; | 22 à 9.39 m. |
| 1852 | 20 à 10.51 m; | 21 à 7.39 m; | 22 à 9.51 s; | 21 à 3.23 s. |
| 1853 | 20 à 4.34 s; | 21 à 1.33 s; | 23 à 3.46 m; | 21 à 9.21 s. |
| 1854 | 20 à 10.30 s; | 21 à 7.18 s; | 23 à 9.22 m; | 22 à 3. 9 m. |
| 1855 | 21 à 4.16 m; | 22 à 0.58 m; | 23 à 3. 9 s; | 22 à 8.58 m. |

| | | | |
|---|---|---|---|
| 1856 | 20 à 9$^h$59$^{mm}$; | 21 à 6$^h$46$^{mm}$; | 22 à 9$^h$ 4$^m$ s; | 21 à 2$^h$49$^m$ s. |
| 1857 | 20 à 3.55 s; | 21 à 0.35 s; | 23 à 2.43 m; | 21 à 8.26 s. |
| 1858 | 20 à 9.42 s; | 21 à 6.23 s; | 23 à 8.34 m; | 22 à 2.21 m. |
| 1859 | 21 à 3.19 m; | 22 à 0. 6 m; | 23 à 2.19 s; | 22 à 8.11 m. |
| 1860 | 20 à 9.14 m; | 21 à 5.53 m; | 22 à 8. 3 s; | 21 à 1.55 s. |
| 1861 | 20 à 2.57 s; | 21 à 11.44 m; | 23 à 1.57 m; | 21 à 7.44 s. |
| 1862 | 20 à 8.53 s; | 21 à 5.30 s; | 23 à 7.36 m; | 22 à 1.29 m. |
| 1863 | 21 à 2.41 m; | 21 à 11.13 s; | 23 à 1.27 s; | 22 à 7.17 m. |

Trouver quel est dans cet intervalle (1850 — 1863) la durée moyenne de chacune des quatre saisons de l'année.

**4712.** Avec les données du N° **4711**, calculer 1° la quantité dont la plus longue des quatre saisons surpasse la plus courte, et 2° combien de jours, heures et minutes le Soleil est dans l'hémisphère Nord de plus que dans l'hémisphère Sud. — Le Soleil est dans l'hémisphère Sud pendant l'Automne et l'Hiver, et dans l'hémisphère Nord pendant le Printemps et l'Eté.

**4713.** Une pièce de drap de 129$^m$,60 a été payée au moyen d'un sac d'argent pesant 8 kilog. 224 gr. 50 centig. Sachant que le sac vide pèse 124$^{gr}$,50, trouver combien il faut revendre le mètre en détail pour gagner 155$^f$,52 sur le tout.

**4714.** Il y a dans un sac huit pièces de 100$^f$, trois de 50$^f$, quatre de 20$^f$, six de 10 fr, et neuf de 5$^f$ : combien faut-il y ajouter de pièces de 2$^f$ pour qu'il contienne 1269 francs.

**4715.** Combien y a-t-il de cuivre, d'or pur et d'argent pur dans une somme de 7644$^f$,60, dont une moitié en monnaie d'or, et l'autre moitié en monnaie d'argent ?

**4716.** Le périmètre d'un triangle est de 360$^m$ : si les côtés sont entre eux comme les nombres 2, 3, 4, quelle en est la surface ?

**4717.** Quelle est la surface de ce triangle (de 360$^m$ de contour), s'il est équilatéral ?

**4718.** Quelle est la surface du même triangle, si l'un des côtés est de 100$^m$, et que les deux autres soient égaux entre eux ?

**4719.** Si ce triangle (de 360$^m$ de périmètre) est rectangle, et que l'un des côtés soit de 120$^m$, quelle est la longueur de chacun des autres côtés ? — Quelle en est la surface ?

**4720.** Quelle est la surface du même triangle, s'il est à la fois rectangle et isoscèle ? — Quelle est la longueur de chacun des côtés ?

**4721.** Une machine à vapeur de la force de 40 chevaux fait mouvoir 3200 broches, et file 2000 kilog. de lin dans 3 jours et demi : si la force n'était que de 32 chevaux, et qu'elle ne fît mouvoir que 2500 broches, combien serait-elle de jours à filer 3000 kilogrammes ?

**4722.** Deux chevaux, dont la valeur a été appréciée en raison directe de leurs forces et en raison inverse de leurs âges, ont, le premier 4 ans 6 mois, et le second 6 ans 8 mois ; la force du premier est à celle du second comme 3 est à 4 : le premier étant vendu 500 francs, quel est le prix du second ?

**4723.** La récolte en froment d'un cultivateur contient 4980 gerbes. Il en a battu 1250, qui ont produit 1040 bottes de paille de 6 kilog., et 55 hect. de grain pesant chacun 75 kilog. : trouver ce que le reste de la récolte produira de grain et de paille.

**4724.** Un marchand de lin doit en livrer 1800 bottes dans 28 jours; et pour cela, il prend 15 ouvriers qui écanguent chacun 5 bottes par jour. Mais, après 7 jours dont un de repos, il reçoit l'ordre de livrer sa marchandise 4 jours plus tôt : combien doit-il prendre alors d'ouvriers en sus, supposé que ces derniers n'écanguent que 4 bottes par jour, et que dans les 17 jours qui restent il y ait 3 jours de repos?

**4725.** Une machine à vapeur est employée à confectionner une certaine étoffe. Or, lorsque le volant fait 120 tours en une minute et demie, la machine donne 123$^m$,45 d'étoffe en 3$^j$7$^h$, en travaillant 10$^h$ par jour : combien donnera-t-elle de mètres en 7$^j$8$^h$, si elle travaille 12$^h$ par jour, et que le volant fasse 132 tours en une minute vingt secondes?

**4726.** Si la densité de l'or employé dans nos monnaies est de 19,257, celle de l'argent de 10,474, et celle du cuivre de 8,396, quelle est la densité de notre monnaie d'or? — Quelle est celle de notre monnaie d'argent?

**4727.** Quelle est la densité de nos monnaies d'or et d'argent, si le balancier qui frappe les pièces en diminue le volume d'un quarantième?

**4728.** On a fait fondre dans un creuset 2 kilog. 24 décag. d'or pur, en y ajoutant la quantité de cuivre nécessaire pour en faire de la monnaie : si la densité de l'or est de 19,257, celle du cuivre de 8,396, et que le déchet soit de 1,5 p. %, quel est le poids du lingot obtenu?

**4729.** On a fondu 2 kilog. 31 décag. 84 centig. d'or pur, en y alliant du cuivre de manière que le poids de ce dernier métal est le treizième du poids total, et l'on a obtenu un lingot de 14 cent. de long, 5 de large, et 2 d'épaisseur : trouver le déchet.

**4730.** On a un lingot d'or à 0,840, pesant 1360 grammes : combien, à moins d'un millième, contient-il de centimèt. cubes d'or pur? — Combien de cuivre?

**4731.** Le déchet étant supposé de 2 p. %, combien, à moins d'un millième, faut-il fondre ensemble de centimèt. cubes d'or pur, et de cuivre, pour obtenir un lingot d'or à 0,920, pesant 2345 grammes?

**4732.** La densité de l'or étant de 19,257, et celle de l'argent 10,474, trouver la densité d'un lingot contenant 123 grammes d'or et 73 d'argent.

**4733.** Combien faut-il allier de centimètres cubes de cuivre à 2450 gram. d'argent pur, pour obtenir un lingot au titre de 0,800, et combien pèsera ce lingot, si le déchet est de 2 $^1/_2$ p. %?

**4734.** Combien faut-il allier de centimètres cubes de cuivre à 3456 grammes d'or à 0,920, pour avoir de l'or à 0,750; et, si le déchet est de 1,75 p. %, combien pèsera le lingot que l'on obtiendra?

**4735.** On estime que 4 kilog. de houille donnent autant de chaleur que 5 kilog. de coke, et qu'il faut 7 kilog. de coke pour obtenir 4 kilogr. de fonte : à combien devra se monter la provision mensuelle de houille pour un haut-fourneau qui donne en moyenne 4500 kilog. de fonte par jour?

4736. Trouver le prix de 24 décag. de musc, lorsque 3 gram. de ce parfum coûtent autant que 2 décag. et demi de castoréum, qu'un décag. de castoréum coûte autant qu'un hectog. de cantharides, et que le kilog. de cantharides vaut 15 francs.

4737. Lorsque 8 kilog. de café valent 17 kilog. de sucre, que 7 hectog. de sucre valent 4 hectogr. de chocolat, combien devra-t-on payer pour 245 décag. de café, à 275 fr. le quintal (les 100 kilogram.) de chocolat?

4738. Un marchand a vendu 4900 hectolit. de froment à 23$^f$,60 l'hect.; 3580 hect. de seigle, à 15$^f$,80; 2850 hect. d'avoine, à 9$^f$,40, et 2360 hect. d'orge, à 8$^f$,30. S'il place le tout à 4 $^1/_2$ p. %, qu'il donne aux pauvres 5 p. % de la rente annuelle, que ses domestiques lui coûtent annuellement 7 $^1/_2$ p. % de la même rente, et l'entretien de sa maison 27 $^1/_2$ p. %, trouver combien il lui restera chaque mois d'argent disponible.

4739. Un fermier fait tondre un troupeau de 215 moutons. Si 3 moutons lui donnent en moyenne 7 kilog. de laine; s'il vend le tiers de la laine à 2 fr. le kilog., le quart à 2$^f$,20, le cinquième à 2$^f$,40, et le reste à 2$^f$,50, combien lui sera-t-il dû après 5 mois et 12 jours, en ayant égard à l'intérêt fixé à 6 p. % par an?

4740. Un négociant content de sa fortune, se retire du commerce. Il peut dépenser 17 fr. en deux jours, 12 fr. chaque Dimanche, et de plus donner 15 fr. par semaine aux pauvres. Trouver sa rente, ainsi que le capital qu'il a dû placer à 5 p. % pour l'obtenir.

4741. Un meunier, ayant acheté 3 paires de meules, à 475 fr. la paire, n'a pu payer qu'après 2$^{ans}$7$^m$15$^j$, et alors il a déboursé 1630$^f$,74 : trouver le taux de l'intérêt.

4742. Un chef d'atelier, ayant entrepris la menuiserie d'une nouvelle construction, n'a été payé que 5$^m$10$^j$ après le terme convenu, et alors il a touché 18 523$^f$,56 pour capital et intérêts à 4 p. % par an : à quelle somme s'élevait l'entreprise?

4743. Un cultivateur fait assurer sa maison et ses dépendances dont les bâtiments sont estimés 18 000 fr. Ils contiennent, année ordinaire, 150 hectol. de froment, à 23$^f$,60 l'hectol.; 80 hectolit. d'avoine, à 9$^f$,50; 70 hectol. de seigle, à 15 fr.; 60 hectol. d'orge, à 8$^f$,40; 250 quintaux de paille, à 2$^f$,90 le quintal; 30 milliers de foin, à 35 fr. le millier, et un matériel d'exploitation de la valeur de 4000 fr. S'il est convenu de 1,25 pour 1000, que doit-il annuellement à la Compagnie d'Assurance?

4744. Un propriétaire qui avait fait assurer sa maison et ses dépendances, le tout estimé 80 000 fr., a été victime d'un incendie dont les ravages ont causé une perte de 65 p. % de la valeur totale. L'assurance était de 1,50 pour 1000, et à l'époque de l'incendie, le propriétaire qui a fidèlement payé sa dette annuelle, n'était redevable que de 7$^m$20$^j$ : quelle somme doit-il recevoir de la Compagnie d'Assurance?

4745. Un navire assuré pour 480 000 fr. est parti de Marseille pour Edimbourg, où il devait arriver le 24 Août. Contrarié par des vents contraires, il n'a pu arriver à sa destination que le 5 Septembre. Combien le propriétaire du navire doit-il à la Compagnie, si l'assurance est de 2 p. % pour le voyage, avec une augmentation de ¼ p. % pour chaque dizaine de jours de retard ?

4746. Un navire, assuré à 3 p. % pour son voyage, avec augmentation de ½ p. % pour chaque 15 jours de retard, arrive à sa destination le 8 Juin, après avoir éprouvé des avaries évaluées 25 000 fr. Sachant que les valeurs assurées montaient à 375 000 fr., et que le navire devait prendre terre le 20 Mai, on demande de régler les comptes entre l'assuré et les assureurs.

4747. Un kilog. de vapeur d'eau peut, en se liquéfiant, élever d'un degré la température de 540 kilog. d'eau. Or, on fait liquéfier 345 décag. de vapeur dans un réservoir contenant 3 hect. d'eau à 8 degrés : quelle sera ensuite la température de l'eau ?

4748. On a fait liquéfier de la vapeur d'eau dans un réservoir contenant 4ʰ50ˡⁱᵗ d'eau à 7 degrés et demi, et la température de cette eau s'est élevée à 16 degrés : trouver le poids de la vapeur liquéfiée. (*Voir* Nᵒ 4747).

4749. Quelle quantité d'eau à 9 degrés doit contenir un réservoir, pour qu'en y liquéfiant 2345 grammes de vapeur, la température de l'eau s'élève à 20 degrés?

4750. Une paysanne portant au marché un panier d'œufs qu'elle se propose de vendre 4 centimes pièce, rencontre un obstacle imprévu, chancelle et case 5 de ses œufs. Alors, pour ne rien perdre, elle se décide à ne donner le reste de ses œufs qu'à 5 cent. Or, si elle réussit, elle gagnera 40 cent. sur ce qu'elle s'était proposé d'abord. Combien cette paysanne avait-elle d'œufs?

4751. Une mère donne à 6 de ses enfants une somme de 1200ᶠ, qu'ils se doivent partager de manière que chacun ait 24 fr. de plus que celui qui le suit immédiatement par ordre d'âge. Trouver la part de chacun des 6 enfants.

4752. On loua un ouvrier paresseux auquel on promit 2ᶠ,50 par jour, lorsqu'il travaillerait; lui de son côté, promit de payer 1ᶠ,75 par jour, lorsqu'il ne travaillerait pas. Or, après 40 jours, on lui donne seulement 27ᶠ,75. Combien, dans cet intervalle, a-t-il dû travailler de jours?

4753. Supposé qu'un hectare de colza donne en moyenne 40 hectol. de graine pesant 70 kilog., et qu'on ne retire de cette graine que le tiers de son poids d'huile à brûler, combien faudra-t-il ensemencer de terrain en colza, pour obtenir une récolte qui produise 234 doubles-décalitres d'huile, sachant que la densité de cette huile est de 0,913 ?

4754. On dit que de 1532 à 1848, les mines du Pérou et du Mexique ont produit 122 millions de kilog. d'argent, et 3 millions de kilog. d'or. Trouver 1ᵒ combien, avec ces quantités de métaux on pourrait fabriquer de pièces de 5 fr. en argent, et de pièces de 5 fr. en or, actuellement en circulation ; 2ᵒ quelle somme représente la quantité d'or et d'argent que ces mines ont produit par année, en moyenne ; 3ᵒ quelle somme représente le produit de ces mines depuis 1848 à 1860, supposé que dans cet intervalle le produit se soit accru chaque année d'un centième à l'égard de l'année précédente, en admettant d'ailleurs qu'en 1848 le produit ait été égal à la moyenne de 1532 à 1848.

**4755.** Un fermier, venant au marché, prend une certaine somme dont il consacre les deux tiers à payer du blé à 24 fr. l'hectol. Mais il vend au marché un porc 80 fr., une vache 125 fr., et un cheval 400 fr.; ayant ensuite fait une dépense de 5 fr., il arrive que la somme qu'il a prise chez lui en partant, se trouve augmenté de ses $\frac{4}{9}$. Trouver, 1° quelle somme il a portée au marché; 2° combien il a payé l'hectol. de blé.

**4756.** La pièce de 10 centimes (comme toutes nos pièces de bronze) est composée d'un alliage qui, sur 100 grammes, en renferme 95 de cuivre, 4 d'étain et 1 de zinc. Si la densité du cuivre est de 8,85, celle de l'étain de 7,30, et celle du zinc de 7,20, quel est, à moins d'un demi-millimètre cube, le volume d'une pièce de 10 cent.?—Quel est celui d'une pièce de 1, de 2, de 5 cent.?

**4757.** Quel serait le volume de chacune de nos pièces de bronze, si le balancier qui les frappe, les diminuait d'un 50° dans leurs volumes respectifs? (*Voir* N° 4756).

**4758.** Un propriétaire, voulant faire valoir par lui-même une de ses métairies, achète des chevaux, des bœufs, des vaches et des moutons, en tout 54 têtes de bétail. Il a deux fois plus de chevaux que de bœufs, deux fois plus de vaches que de chevaux, et cinq fois plus de moutons que de vaches; de plus, il a payé pour une vache autant que pour dix moutons, pour deux bœufs autant que pour 5 vaches, et pour 5 chevaux autant que pour 6 bœufs. Trouver 1° combien il a de chevaux, de bœufs, de vaches, de moutons; 2° combien il a payé un cheval, un bœuf, une vache, un mouton, sachant que le tout lui revient à 3480 fr.

**4759.** Un vase dont la capacité est de 71$^{\text{lit}}$,16 est rempli de mercure et d'alcool, de telle manière que la quantité de mercure et celle d'alcool ont le même poids. Sachant que la densité du mercure est de 13,568, et celle de l'alcool de 0,792; et de plus que le vase plein pèse 120 kilogram., trouver 1° combien le vase contient de litres et centilit. de mercure; 2° combien il contient de litres et centilitres d'alcool; 3° combien pèse le vase vide, en kilogrammes et grammes.

**4760.** Un individu ayant un hectol. de vin, en tire chaque jour un décalitre qu'il remplace immédiatement par de l'eau. Trouver ce qu'il y aura de vin, et ce qu'il y aura d'eau dans l'hectolitre, après l'opération du dixième jour.

**4761.** Un train-omnibus quitte Paris à 6$^\text{h}$45$^\text{m}$ du matin, et arrive à Strasbourg à 10$^\text{h}$45$^\text{m}$ du soir; le train-express part de Strasbourg à 10$^\text{h}$15$^\text{m}$ du matin, et arrive à Paris le soir à 8$^\text{h}$50$^\text{m}$. Sachant que de Paris à Strasbourg il y a 502 kilomèt. par la voie ferrée, trouver 1° à quelle heure les deux trains se rencontrent chaque jour; 2° à quelle distance de Paris, à quelle distance de Strasbourg a lieu la rencontre journalière.

**4762.** Un propriétaire, ayant acheté 12 hectares de terrain à 1600 fr. l'hectare, a semé en froment 4$^\text{h}$20$^\text{ares}$, en seigle 1$^\text{h}$80$^\text{a}$, en colza 3$^\text{h}$50$^\text{a}$, et le reste a été laissé en prairies. Or, on sait qu'en moyenne on peut compter par hectare sur 137 décal. de froment et 1800 kilogr. de paille, 116 décalit. de seigle et 1700 kilogr. de paille, 142 décalitres de colza, et 3 milliers et demi de foin. Le froment étant à 21 fr. l'hectol., le seigle à 11$^f$,20, le colza à 22 fr.; la paille de froment étant à 2$^f$,75 le quintal, celle de seigle à 2$^f$,50, et le millier de foin à 40 fr., trouver 1° sur quel revenu brut le propriétaire peut compter; 2° à quel taux se trouvera placé son argent si les frais de culture et de récolte s'élèvent à 1700 fr.

**4763.** Un chronomètre marquait 2$^h$19$^m$30$^s$, à l'instant où il était 2$^h$25$^m$20$^s$ du soir, le 4 Mars; et le 2 Avril suivant, à 7$^h$46$^m$ du matin, il marquait 7$^h$56$^m$48$^s$. Supposé qu'il ait marché d'un pas parfaitement uniforme dans tout l'intervalle, trouver 1° de combien il a retardé ou avancé en un jour; 2° quelle heure il marquait le 25 Mars, à 4$^h$20$^m$ du soir; 3° le jour, l'heure, la minute et la seconde où il donnait l'heure précise.

**4764.** La houille grasse pèse 1280 kilogr. le mètre cube. Prise sur la mine, elle coûte 0$^f$,90 le quintal. Trouver 1° le prix de l'hectol. de houille prise sur la mine ; 2° le prix de 456 hectolit., à 240 kilom. de la mine, si les frais de transport sont de 10 centimes par tonne et par kilom., et que le vendeur fasse en outre un bénéfice de 12 p. °/o.

**4765.** Un corridor a 45$^m$,60 de long, sur 3$^m$,40 de large, et on veut le paver avec des carreaux de 16 centim. de côté, lesquels coûtent 50 francs le mille. Trouver 1° combien il faudra de carreaux, si le mortier est pour un 25$^e$ dans la surface ; 2° quelle sera la dépense totale, si l'ouvrier demande 1$^f$,20 par mèt. carré pour la pose des carreaux.

**4766.** La graine de colza pèse 63 kilog. l'hectol., et l'hect. de graine donne environ 32 litres d'huile. Trouver 1° combien une récolte de 36 hectol de graine pourra donner de décal. d'huile; 2° combien de terrain il faut ensemencer en colza, pour faire 12 barils d'huile de chacun 200 litres, si le produit d'un hectare est de 71 doubles-décalitres de graine; 3° combien il faut de kilogram. de graine pour faire l'huile nécessaire annuellement à une maison qui en consomme en moyenne 15 décilit. par jour.

**4767.** Un bec de gaz consomme 27 hectol. de gaz en 8$^h$36$^m$, et cause une dépense de 0$^f$,81 en 5$^h$44$^m$. Trouver 1° combien ce bec brûle de gaz en une soirée de 4 heures et demie; 2° ce que coûte l'éclairage par heure ; 3° quel est le prix de 5 mèt. cubes 4 dixièmes de gaz.

**4768.** Un individu possédant un certain capital, en a placé les 2 cinquièmes à 4 p. °/o, le quart à 4 1/2 p. °/o, et le reste à 5 p. °/o, et il s'est fait une rente de 939$^f$,75 : trouver le capital placé.

**4769.** Un marchand ayant acheté une certaine quantité de marchandises, en a payé les 2/5 à 2$^f$,20 le kilog., les 3/8 à 2$^f$,30, et le reste 189 kilog. à 2$^f$,40. Trouver 1° combien il a dépensé, et combien pèse sa marchandise; 2° combien il doit revendre l'hectogr., pour faire un bénéfice total de 420 francs.

**4770.** Le quintal de betteraves donne environ 7 kilog. de sucre ; et 2 ares de terrain produisent en moyenne 603 kilogr. de betteraves au prix de 1$^f$,65 les 100 kilogram. Trouver 1° combien il faut de terrain pour fournir de betteraves à une fabrique qui produit annuellement 365 quintaux de sucre ; 2° quelle sera la valeur de la quantité de betteraves.

**4771.** Une balle élastique rebondit à une hauteur égale aux trois dixièmes de celle d'où elle tombe : de quelle hauteur doit-elle tomber, pour qu'au cinquième bond elle s'élève encore à 243 millimètres?

**4772.** Un propriétaire laisse en mourant une maison estimée 12 000 fr., un mobilier de la valeur de 15 000 fr., et 23ʰ,40 ares de terrain valant en moyenne 1800 fr. l'hectare. Il charge son légataire d'acheter pour les pauvres une rente annuelle 3 p. % de 200 fr., et de partager le reste entre ses héritiers au nombre de quatre. Si la rente 3 p. % est achetée au cours de 72ᶠ,60, trouver 1° combien il restera pour les héritiers ; 2° quelle sera la part de chaque héritier, si, d'après le testament, le premier prenant 4 fr., le second doit en prendre 5 ; le second prenant 7 fr., le troisième doit en prendre 6 ; enfin, le troisième prenant 9 fr., le quatrième doit en prendre 10.

**4773.** Un négociant, ayant mis des fonds dans une entreprise, a reçu 154 400 fr., au bout de 6ᵃ9ᵐ18ʲ : trouver le capital, l'intérêt, et le taux, sachant que le bénéfice s'est élevé aux 68 cent vingt-cinquièmes du capital.

**4774.** Un ouvrier qui dépense 2ᶠ,40 par jour, paye un loyer de 45 fr. par an, et travaille en moyenne 26 jours par mois, fait une économie annuelle de 460 fr., après avoir donné 23 fr. aux pauvres : combien gagne-t-il par jour ?

**4775.** Supposé qu'une lampe qui brûle 55 grammes d'huile en 4 heures, donne autant de lumière que deux bougies ; qu'une bougie dure 8 heures, et coûte 38 centimes, trouver lequel des deux éclairages est le plus économique, sachant d'ailleurs que l'huile, dont la densité est de 0,913, coûte 1ᶠ,05 le litre.

**4776.** Deux terrains de surfaces inégales ont été achetés à 2000 fr. l'hectare, et ils ont produit chacun 336 francs de revenu annuel : trouver la contenance de l'un et de l'autre, sachant que le premier a rapporté 8 p. %, et le second 7 p. % du prix d'achat.

**4777.** On a trois blocs de glace d'épaisseur égale, 25 centimèt. Le premier présente une surface rectangulaire de 2ᵐ,40 de long, sur 2ᵐ,20 de large ; le second présente un losange dont le périmètre est de 6ᵐ,40 et l'une des diagonales de 2ᵐ ; le troisième présente un carré dont la diagonale est de 1ᵐ,60. Sachant que l'eau en passant à l'état de glace augmente d'un quatorzième de son volume, trouver 1° la densité de la glace ; 2° la quantité d'eau, en litres et centilit., que donnera la fusion des trois blocs ci-dessus mentionnés, s'il s'en perd 1/2 p. % par l'évaporation.

**4778.** On fait creuser un fossé de 250ᵐ de long, 2ᵐ de profondeur, 2ᵐ,40 de largeur à l'ouverture et 1ᵐ,80 au fond. Quatre ouvriers y ont déjà travaillé pendant 20 jours, et l'on calcule que s'ils continuaient avec la même diligence, 67 jours et demi leur suffiraient pour terminer l'ouvrage. Mais on leur adjoint alors cinq autres ouvriers, qui font chacun 6ᵐ pendant que les premiers n'en font chacun que 5. Trouver 1° combien l'ouvrage aura

duré de jours, à partir du commencement; 2° combien il reviendra à chaque ouvrier, sachant qu'ils ont 2f,50 pour 3 mètres
cubes.

4779. Un convoi de chemin de fer contient 213 voyageurs de
première, seconde et troisième classe. Les premiers ont payé
16 fr. chacun, les seconds 12 fr., et les troisièmes 9 fr. : combien
y a-t-il de voyageurs de chaque classe, sachant qu'il y en a deux
fois plus de la troisième classe que de la seconde, et que la recette totale monte à 2274 francs ?

4780. Une prairie se compose d'un triangle de 262m de base
sur 125 de hauteur, et d'un trapèze ayant pour bases 262m et 150m,
sur 120 de hauteur. Deux ouvriers se présentent pour la faucher :
le premier demande 8 fr. par hectare, et le second 2f,40 par
millier de foin. Auquel des deux accordera-t-on la préférence,
sachant que cette prairie donne en moyenne 3400 kilog. de foin
par hectare ?

4781. On veut planter en pommes de terre un champ contenant un rectangle de 188m sur 125m, et un trapèze ayant pour
bases 188m et 142m, et pour hauteur 75m. Si un ouvrier en plante
56 ares pour 9 fr.; que l'hectol. de semence coûte 3f,50, et qu'il
en faille 20 hectol. par hectare ; que le terrain produise 17 hectol.
à 3f,30, sur une surface de 10 ares ; qu'enfin, les frais de culture,
de fumure et de récolte s'élèvent à 390 fr. par hectare, quel sera
le bénéfice net? — A quel taux le propriétaire aura-t-il placé son
argent, le champ lui ayant coûté 4255 francs ?

4782. Trouver le diamètre d'une sphère d'argent pur valant
120 fr., sachant que la densité de l'argent est de 10,474.

4783. On a deux sphères d'or : la première au titre de 0,920
vaut 300 fr., la seconde au titre de 0,750 pèse 120 grammes. Sachant que la densité de l'or est de 19,257 et celle du cuivre de
8,396, trouver le poids de la première sphère, la valeur de la
seconde, et le diamètre de l'une et de l'autre.

4784. Dans une maison considérable, la dépense du commencement de l'année au 14 Juillet inclusivement s'est élevée à
142858 fr. : de combien faut-il diminuer la dépense journalière,
pour que la dépense de l'année entière n'excède pas 208000 fr. ?

4785. Un marin a placé chez un banquier une certaine somme,
qui étant jointe à ses intérêts à 6 p. °/°, vaut 12000 fr. au moment
où des circonstances imprévues l'obligent à un voyage de 3 ans.
Il laisse le tout entre les mains du banquier, à la condition que
celui-ci lui payera l'intérêt des intérêts au même taux que pour
le capital : combien ce marin aura-t-il à toucher à son retour,
pour les intérêts et le capital réunis ?

4786. Le trèfle perd les deux tiers de son poids par la fenaison, et dans les greniers ou dans les meules il subit après la fenaison une nouvelle perte d'environ un huitième de son poids.
Supposé qu'un hectare produise 6000 kilog. de trèfle vert, trouver 1° ce que produira de trèfle sec une prairie formant un trapèze dont un côté est de 230m, un autre 120m, et un troisième de
180m, sachant que le premier côté est parallèle au troisième et
que le second lui est perpendiculaire; 2° quelle serait la largeur

d'une prairie rectangulaire de 300<sup>m</sup> de long, laquelle pourrait donner 6800 kilog. de trèfle sec.

**4787.** Un négociant emprunte une somme de 50000 fr., et il s'engage à la rembourser en cinq ans par portions égales payées à la fin de chaque année : les intérêts composés et réciproques étant de 5 p. $^0/_0$ par an, quelle somme doit-il débourser à la fin de chaque année ?

**4788.** Un alliage d'or et d'argent pèse 278<sup>gr</sup>,98 ; plongé dans l'eau, il ne pèse que 260<sup>gr</sup>,73. Trouver ce qu'il contient d'or, et ce qu'il contient d'argent, sachant que la densité de l'or est de 19,257, et celle de l'argent de 10,474.

**4789.** Une petite sphère contient de l'or et du cuivre. La densité de l'or étant de 19,257 et celle du cuivre de 8,396, trouver le titre de cette masse de métal, sachant que dans l'air elle pèse 267<sup>gr</sup>,45 et dans l'eau 251<sup>gr</sup>,28.

**4790.** On veut construire sur pilotis une maison dont le poids est estimé 3000000 de kilog. Combien faudra-t-il de pieux, sachant qu'ils sont ronds, ayant en moyenne 35 centimètres de diamètre, et que pour la stabilité on ne doit pas les charger de plus de 30 kilog. par centimètre carré ?

**4791.** Ayant en main une montre à secondes, on a remarqué que le volant d'une machine a fait 529 tours en 6<sup>m</sup>20<sup>s</sup> : trouver combien ce volant fait de tours par minute, sachant que la montre dont on s'est servi avance de 4<sup>m</sup>30<sup>s</sup> par jour.

**4792.** Le lac de Harlem, en Hollande, avait 190 kilom. carrés de superficie, en 1840, et la profondeur de l'eau était en moyenne de 3<sup>m</sup>,70. On estime que la couche d'eau provenant des pluies et autres causes, surpassait de 2 centimètres en 5 jours la hauteur de la couche d'eau évaporée. — Pour épuiser ce lac, on installa une machine à vapeur de la force de 900 chevaux, et elle faisait mouvoir des pompes. Trouver en combien de temps cette machine, marchant sans interruption, aurait pu dessécher ce lac, sachant que dans une expérience préliminaire, une machine de 10 chevaux éleva à la hauteur convenable pour l'écoulement 508 mètres cubes d'eau en 34<sup>m</sup>19<sup>s</sup> ?

**4793.** Un champ forme un trapèze dont les côtés ont respectivement 82<sup>m</sup>, 100<sup>m</sup>, 150<sup>m</sup> et 228<sup>m</sup> ; les deux derniers sont parallèles entre eux. Il est loué à 80 fr. l'hectare : combien rapporte-t-il annuellement au propriétaire ?

* **4794.** Les grandes roues d'une diligence ont 1<sup>m</sup>,695 de diamètre, et les petites 0,904 : trouver quelle distance il faut parcourir, pour que les petites roues fassent 40000 tours de plus que les grandes.

**4795.** Un sac contient 1200 fr. en pièces d'or, d'argent et de bronze, et pèse 1275 décagrammes. Trouver combien il contient de pièces d'or de 20 fr., de pièces d'argent de 5 fr., et de pièces de bronze de 10 centimes, sachant que le sac vide pèse 150 gr., et que la monnaie d'argent renfermée dans le sac pèse 12 fois plus que la monnaie d'or.

**4796.** De 1795 à 1859, inclusivement, on a frappé à la Monnaie de Paris 270315518 pièces de 20 fr. et de 10 fr., représentant une valeur totale de 4 800 615 670ᶠ : combien a-t-on frappé de pièces de chaque valeur ?

**4797.** On veut paver une cour rectangulaire de 32ᵐ de long, sur 25ᵐ de large ; et l'on emploie des pavés dont le mille coûte 60ᶠ d'achat, 10ᶠ de taille, et fait 20 mètres carrés de pavage. Sachant que pour 4 mèt. carrés de pavage, il faut un mètre cube de sable, lequel coûte 2ᶠ,50 ; que par mètre carré, la pose et le battage des pavés reviennent à 0ᶠ,40, et que le bénéfice de l'entrepreneur et les faux frais montent à 0ᶠ,30, trouver 1º le prix du mètre carré de pavage ; 2º le prix total du pavage de la cour.

**4798.** On veut plafonner une salle de 16ᵐ,50 de long, sur 8ᵐ de large. Sachant que par mètre carré du plafond, on paye 10 centimes de pointes, 20ᶜ de terre grasse et chaux, 50ᶜ de plâtre, 60ᶜ de main-d'œuvre, et 10ᶜ pour équipage et faux frais ; que le millier de lattes coûte 25ᶠ, et qu'il entre 50 lattes dans 3 mètres carrés ; enfin qu'une corniche qui régnera sur tout le pourtour de la salle, coûtera 4ᶠ,50 le mètre courant, trouver 1º combien il en coûtera, en tout pour plafonner cette salle ; 2º combien il en coûtera dans les mêmes conditions, pour plafonner une autre salle de 9ᵐ,60 de long, sur 7ᵐ,50 de large.

**4799.** La toiture d'une maison se compose de deux rectangles ayant chacun 28ᵐ,60 de long, sur 5ᵐ,40 de large ; et pour la faire, on emploie des tuiles de 25 centimètres de long sur 16 cent. de large, et qui coûtent 50ᶠ le mille. L'ouvrier couvreur pose les lattes et les tuiles, à raison de 0ᶠ,75 par mètre carré. Trouver 1º combien il faudra de milliers de tuiles pour cette toiture, sachant que chaque tuile perd les 3/5 de sa surface par le recouvrement ; 2º à combien reviendra la toiture, si les lattes coûtent 25ᶠ le millier, et qu'il en faille 25 par mètre carré.

**4800.** Trois pièces de terre de même qualité, ont aussi même périmètre, savoir 560 mètres. La première forme un carré, la seconde un rectangle, et la troisième un losange. Or, lorsque l'hectare est estimé 2350ᶠ, la première vaut 94ᶠ de plus que la seconde et celle-ci 90ᶠ,24 de plus que la troisième. Trouver 1º la valeur de chaque pièce ; 2º son étendue ; 3º ses dimensions, c'est-à-dire le côté du carré, la longueur et la largeur du rectangle, la base et la hauteur du losange ; 4º les diagonales de chacune des trois figures.

**4801.** Un propriétaire a une pièce de terre formant un rectangle de 320 mètres de long, sur 280 de large, et il veut la convertir en vignoble. Combien doit-il acheter de ceps de vigne, s'ils sont placés à un mètre l'un de l'autre dans les rangs, et à un demi-mètre des extrémités de la pièce ; et que les rangs soient aussi à un mètre l'un de l'autre et à un demi-mètre des bords du terrain ?

**4802.** Le fer forgé peut résister à un effort de traction de 1 000 kilog. par centimètre carré de section perpendiculaire à la longueur. Trouver le poids que peut supporter, sans être altérée, une tringle de fer cylindrique de 25 millimètres de diamètre.

*** 4803.** Une promenade publique présente une couronne circulaire de verdure, ayant pour diamètre extérieur 565ᵐ, et pour diamètre intérieur 452<sup>m</sup>. Supposé que l'on en pût couper l'herbe, que le produit en fût de 3500 kilog. par hectare, et que cette herbe perdît par la fenaison 80 p. º/₀ de son poids, combien de bottes d'herbe sèche pourrait-on récolter, si chaque botte pèse 75 hectogrammes ?

**4804.** On veut former un stère de bois avec des bûches qui ont 1<sup>m</sup>,14 de longueur, et on les empile entre deux montants placés à 0<sup>m</sup>,85 l'un de l'autre : quelle sera la hauteur du stère ?

**4805.** Un père ayant trois enfants, veut avant sa mort indiquer à chacun la portion de son bien dont il pourra jouir. Il partage donc son avoir en trois parts. La première contient 120 pièces de vin de deux grandeurs différentes : les 50 premières ont 1<sup>m</sup>,80 de long, sur 90 et 72 centimètres de diamètres : toutes les autres ont 2<sup>m</sup> de long, sur 92 et 74 centimètres de diamètres : le vin est estimé 48<sup>f</sup> l'hectolitre. La seconde part consiste en 5 vignes valant en moyenne 6200<sup>f</sup> chacune. La troisième part se compose d'une métairie qui donne un revenu annuel de 2000<sup>f</sup>, ce qui est le 4 p. º/₀ de sa valeur. Les parts ayant été tirées au sort, l'aîné a eu les vignes, le cadet le vin, et le plus jeune la métairie. Trouver maintenant quels sont ceux qui devront rembourser, et combien, car le père veut que chacun de ses enfants ait le même capital.

**4806.** Un propriétaire veut vendre une prairie pour la somme de 6000<sup>f</sup>. Elle rapporte en moyenne 76 kilog. de foin par 4 ares de surface, et le regain est estimé au quart de la récolte du foin. Les frais par hectare étant de 38<sup>f</sup>, et le millier de foin valant 37<sup>f</sup>, trouver quelle doit être l'étendue de la prairie, pour qu'elle donne 3 ¹/₃ p. º/₀ de sa valeur.

**4807.** Trouver la valeur d'une futaie de chênes âgée de 72 ans, sachant que le sol, de 3 hectares 60 ares, est estimé 420<sup>f</sup> l'hectare, qu'elle contient en moyenne 8 pieds d'arbres par are, et que chaque pied est considéré comme un capital de 50 centimes placé à 4 p. º/₀, intérêt composé depuis 72 ans.

**4808.** Un fermier a employé 6 journaliers, à 1<sup>f</sup>,50 par jour, pendant 150 jours, la journée de travail étant de 10 heures, en moyenne, non compris le temps du repos. Trois de ces ouvriers n'ont travaillé par jour que 8<sup>h</sup> 30<sup>m</sup>, deux autres ont travaillé seulement 9<sup>h</sup> 20<sup>m</sup> ; mais le dernier a loyalement accompli sa tâche. Trouver à combien s'élève le tort fait au fermier par la perte du temps.

**4809.** Un propriétaire a fait marché avec 5 ouvriers, pour l'exploitation d'une coupe de taillis de 2 hectares 40 ares, à raison de 0<sup>f</sup>,75 par stère de bois, et de 2<sup>f</sup>,50 par 100 de fagots. Or, le taillis a produit par hectare 208 stères et 2400 fagots, et l'exploitation a duré 39 jours. Trouver 1º combien la coupe a donné de stères, et combien de fagots ; 2º à combien revient l'exploitation ; 3º combien chaque ouvrier a gagné par jour ; 4º combien le propriétaire doit vendre le 100 de fagots, pour que leur valeur totale couvre les frais de l'exploitation.

**4810.** Un cultivateur a fait marché avec des ouvriers pour moissonner ses champs et ses prairies. Il donne le quinzième pour les grains, et le septième pour les foins. Or, la récolte a produit 127 hectol. de froment à 18ᶠ l'hectol. ; 36ʰ de seigle, à 13ᶠ,50 ; 49ʰ de blé noir, à 8ᶠ,50 ; 54ʰ d'avoine, à 8ᶠ, et 38 millers de foin, à 32ᶠ le millier ; et ces produits sont le résultat de la culture de 14ʰ, 60 ares de terres labourables et de 9 hectares de prairies. — Trouver, s'il aurait eu plus d'avantage à faire exécuter ces travaux à la journée, en payant 1ᶠ,35 par jour, sachant qu'on aurait employé en moyenne, par hectare, 15 journées pour les terres labourables, et 11 journées pour les prairies.

**4811.** On appelle *cycle d'or, cycle lunaire*, ou *cycle de Méton* (du nom de l'inventeur), une période de 19 ans au bout de laquelle on suppose que les mêmes phases de la lune reviennent au même jour du mois et à la même heure. — [Effectivement, 19 années de 365ʲ5ʰ48ᵐ50ˢ valent 235 lunaisons de 29ʲ12ʰ44ᵐ3ˢ, à 2ʰ près environ.] — Et l'on appelle *nombre d'or* le numéro de l'année dans le cycle d'or courant. On prend pour origine de la période une année au commencement de laquelle la Lune est nouvelle : telle était l'année qui précéda la naissance de NOTRE-SEIGNEUR, et c'est cette année qu'on prend pour origine du cycle d'or. *Pour calculer le nombre d'or d'une année quelconque, il suffit donc de diviser le millésime par 19 : en augmentant le reste d'une unité on aura le nombre d'or.* Cela posé, trouver le nombre d'or des années 1820, 1830, 1840, 1861, 1881, 1894.

**4812.** Quel sera le nombre d'or des années 1864, 1870, 1889, 1919, 1945 ?

**4813.** Quelles sont, dans le 19ᵉ siècle, les années qui ont eu ou qui auront pour nombre d'or 1, 5, 9, 13, 17, ou 19 ?

**4814.** L'âge de la Lune est le nombre de jours écoulés depuis la nouvelle Lune : cet âge, au commencement d'une année, s'appelle *épacte* de cette année. Comme 12 lunaisons font environ 11 jours de moins qu'une année entière, il s'ensuit que l'épacte d'une année surpasse de 11 jours celle de l'année précédente. Or (Nᵒ 4811), lorsque le nombre d'or est 1, la Lune ayant été nouvelle au commencement de l'année, l'épacte est *zéro* ; le nombre d'or étant 2, l'épacte est donc 11 ; le nombre d'or étant 3, l'épacte est 22 ; le nombre d'or étant 4, l'épacte est 33, ou simplement 3, car il y a une lunaison entière d'écoulée, plus 3 jours. Les années suivantes, qui ont pour nombre d'or 5, 6, 7, 8,... ont pour épactes 14, 25, 6, 17,... Dresser, d'après cela, une Table qui fasse connaître immédiatement l'épacte de chacune des 19 années du cycle d'or.

**4815.** *Pour calculer l'épacte d'une année*, dans le 19ᵉ siècle, on peut aussi *diviser le millésime par 19, multiplier le reste de la division par 11, et diviser le produit par 30 : le reste de la nouvelle division est l'épacte cherchée.* Trouver, de cette manière, l'épacte de chacune des années 1830, 1841, 1850, 1857, 1862, 1866.

**4816.** Calculer l'épacte de chacune des années 1863, 1877, 1884, 1889, 1896, 1899.

**4817.** Dans les trois siècles prochains (1900 à 2200), à commencer même par l'année 1900, après avoir calculé l'épacte comme nous venons de le dire (Nᵒ 4815), on la diminuera d'une unité, et l'on aura l'épacte de l'année. — L'épacte 0, répondant à la fin d'une Lune aussi bien qu'au commencement de la suivante, doit être remplacée par 30, quand on en veut ôter l'unité. — Calculer l'épacte des années 1900, 1908, 1940, 1964, 1969, 1987.

**4818.** Calculer l'épacte des années 1994, 2000, 2030, 2054, 2074, 2088.

**4819.** Calculer l'épacte des années 2099, 2109, 2124, 2162, 2178, 2190.

**4820.** On appelle *cycle solaire* une période de 28 ans au bout de laquelle les mêmes jours de la semaine reviennent aux mêmes quantièmes du mois. L'année de la naissance de Notre Seigneur était la 10e du cycle solaire. — Pour trouver le numéro de l'année du cycle solaire à une époque donnée, ou comme on le dit ordinairement, *pour trouver le cycle solaire d'une année, on peut donc diviser le millésime par* 28 : *le reste augmenté de 9 est le cycle solaire, s'il n'est pas plus fort que* 28; *si la somme surpasse* 28, *c'est le surplus qui est le résultat cherché.* — Trouver, d'après ces règles, le cycle solaire des années 1824, 1832, 1845, 1859, 1868, 1879, 1887.

**4821.** Trouver le cycle solaire des années 1863, 1892, 1899, 1909, 1938, 1952, 1974.

**4822.** Trouver le cycle solaire des années 1864, 1930, 1950, 1965, 1985, 1999, 2041, 2132, 2239.

**4823.** Sachant par quel jour de la semaine une année a commencé, comment trouver commodément à quel jour de la semaine répond un quantième quelconque ? — Par exemple, 1863 a commencé le Jeudi : à quel jour de la semaine sera-t-on le 25 Mars ? — le 15 Avril ? — le 16 Mai ? — le 17 Juin ? — le 18 Juillet ? — le 19 Août ? — le 20 Septembre ? — le 21 Octobre ? — le 22 Novembre ? — le 25 Décembre ?

**4824.** L'année 1876 commencera le Samedi : à quel jour de la semaine sera-t-on le 30 Mars ? — le 5 Mai ? — le 10 Juin ? — le 3 Juillet ? — le 15 Août ? — le 14 Septembre ? — Le 1er Novembre? — le 12 Décembre ?

**4825.** Le Dimanche commencera l'année 1882 : à quel jour de la semaine sera-t-on le 12 Avril de cette année ? — A quel jour le 20 Mai? — le 13 Juillet? — le 28 Septembre? — le 2 Novembre? le 15 Décembre ?

**4826.** Le premier jour de 1886 sera le Vendredi : quel sera le quantième le premier Dimanche de Mars?— le second lundi d'Avril ? — le troisième mardi de Mai ? — le quatrième jeudi de Juin ? — le quatrième Dimanche d'Août ? — Le troisième mercredi de Septembre ? le second vendredi d'Octobre ? — le premier samedi de Novembre ? — le dernier Dimanche de Décembre ?

**4827.** Dans le calendrier, les sept premiers jours de l'année sont désignés par les sept lettres A, B, C, D, E, F, G ; les sept suivants le sont aussi par les mêmes lettres, et ainsi de suite jusqu'à la fin de l'année ; en sorte que A, désigne invariablement le 1er, le 8, le 15, le 22, le 29 Janvier, le 5 Février, etc. ; B désigne le 2, le 9, le 16, le 23, le 30 Janvier, le 6 Février, etc., etc.

Celle de ces lettres qui tombe le Dimanche est *la lettre domini-*
*cale* de l'année. — Quelle est donc la lettre dominicale d'une
année, selon que son premier jour est le Dimanche, le lundi, le
mardi, le mercredi, le jeudi, le vendredi, ou le samedi?

**4828.** Quel est le premier jour d'une année dont la lettre dominicale est A, B, C, D, E, F, ou G? — En 1863, la lettre dominicale est D : quel jour a commencé cette année ?

**4829.** En 1865, la lettre dominicale est A : à quel jour de la
semaine sera-t-on le 16 Avril? — le 24 Juin? — le 15 Août? —
le 1er Novembre?

**4830.** En 1889, la lettre dominicale sera F : quel sera le
quantième du mois le 1er Dimanche de Février? — le troisième
lundi de Mai? — le second jeudi de Juillet? — le quatrième samedi de Novembre ?

**4831.** Comme 365 = 7.52+1, il s'ensuit que l'année commune
contient 52 semaines et 1 jour : donc une année commune qui
commence un Dimanche, finit un Dimanche ; celle qui commence un lundi, finit un lundi ;... Donc, une année commune
ayant commencé par un Dimanche, la suivante commence par
un lundi; la troisième par un mardi ; la quatrième par un mercredi;... et si une année bissextile commence le jeudi (par
exemple), l'année suivante commencera le samedi. De là il suit
que la lettre dominicale change chaque année à l'égard de l'année précédente, et elle change d'un ou de deux rangs, selon que
l'année est commune ou qu'elle est bissextile. — Trouver la
lettre dominicale des années 1860 à 1870, sachant qu'elle était
B en 1859, et que les années bissextiles en ont deux, l'une pour
les deux premiers mois, l'autre pour les dix derniers.

**4832.** Calculer la lettre dominicale correspondante à chaque
année du cycle solaire (N° 4820), sachant que D est la dominicale
de 1863. — [Ce tableau fera connaître immédiatement par quel
jour de la semaine l'année a commencé (N° 4827), d'où l'on con-
clura aisément à quel jour de la semaine répond un quantième
quelconque (N° 4823), ce qu'il est nécessaire de connaître pour
calculer le jour de Pâques.]

**4833.** L'année 1900 ne sera pas bissextile (*Arith.* 147) ; ainsi,
dans cette année, comme dans toutes les années communes, la
lettre dominicale ne reculera que d'un rang : donc, dans le 20e
siècle, les diverses années du cycle solaire n'auront pas les
mêmes lettres dominicales que dans le 19e. — Calculer la lettre
dominicale pour chacune des années du cycle solaire dans le 20e
et le 21e siècle.

**4834.** Trouver la lettre dominicale de chacune des années
1900, 1910, 12, 18, 20, 22, 24, 27, 32, 37, 49, puis dire par quel
jour de la semaine commenceront ces années.

**4835.** Trouver, au moyen des lettres dominicales, par quel jour
de la semaine commenceront les années 1869, 76, 88, 99 ; 1908,
21, 52, 68, 87 ; 2000, 15, 24, 66, 77, 99.

**4836.** D'après le Concile de Nicée, tenu en 325, *la fête de Pâ-*
*ques se célèbre le premier Dimanche qui suit la Pleine Lune d'après*
*le 20 Mars.* — Cette P. L. se calcule par l'épacte (N°s 4814 et suiv.),

et elle peut différer d'un ou de deux jours de la P. L. astronomique. — Pour trouver le jour de Pâques, il faut donc 1° calculer la P. L. qui arrive après le 20 Mars, et pour cela, *il suffit, après avoir augmenté l'épacte d'une unité, de la retrancher de 45, ou de 75, de manière que le reste soit au moins de 21 : ce reste est le jour de la P. L. en Mars, s'il n'excède pas 31; s'il surpasse 31, le surplus donne la P. L. en Avril.* Il faut 2° trouver le quantième du Dimanche qui suit la P. L. calculée, et pour l'obtenir, on verra quel est le nombre de jours écoulés depuis le commencement de l'année jusqu'à la P. L. trouvée (*Arith.* 282) ; divisant ce nombre par 7, on aura le nombre de semaines écoulées, et le reste donnera le nombre de jours à compter à la suite en commençant sur celui qui porte le nom du premier jour de l'année (celui-ci est connu par la lettre dominicale N°s 4828 *et suiv.*) ; le quantième du Dimanche suivant est le jour de Pâques. (*a*). — EXEMPLES.

I. *Trouver le jour de Pâques de l'année* 1869.

Lettre dom. C (N°s 4831 *et suiv.*) : donc, 1er Janvier... *Vendredi.*
Épacte 17 (N°s 4815 *et suiv.*) : donc, P. L... 45 — 18 = 27 Mars.
Le 27 Mars (*Arith.* 282)..... 86$^j$ = 12$^{sem}$2$^j$.
L'année ayant commencé le vendredi, comptons les 2$^j$ en disant : *vendredi, samedi.* La P. L. étant un samedi, le lendemain, 28, qui est un Dimanche, est le jour de Pâques.

II. *Quand arrivera Pâques en l'année* 1870?

Lettre dominicale, B : donc, 1er Janvier..... *Samedi.*
Épacte 28 : donc, P. L..... 75 — 29 = 46 Mars, ou 15 Avril.
Le 15 Avril, on compte..... 105$^j$ = 15 semaines, exactement.
L'année ayant commencé le samedi, le 15 Avril est un vendredi : le Dimanche suivant, 17 Avril, est le jour de Pâques.

III. *Quel jour arrivera la fête de Pâques en* 1871?

Lettre dominicale, A : donc, 1er Janvier..... *Dimanche.*
Épacte 9 : donc P. L...... 45 — 10 = 35 M., ou 4 Avril.
Le 4 Avril, on compte..... 94$^j$ = 13$^{sem}$3$^j$.
Le 1er Janvier étant un Dimanche, je compte les 3$^j$ en disant : *Dimanche, lundi, mardi.* La P. L. du 4 Avril arrive donc le mardi. Pour trouver le quantième du Dimanche suivant, je compte sur mes doigts : *mercredi, jeudi, vendredi, samedi, Dimanche.* Ainsi, ajoutons 5 au 4 Avril, et nous aurons le 9 Avril, pour le jour de Pâques.

IV. *Trouver le jour de Pâques en l'année bissextile* 1872.

Lettre dominicale GF : donc, 1er Janvier..... *Lundi.*
Épacte 20 : donc, P. L..... 45 — 21 = 24 Mars.

---

(*a*) Il y a deux exceptions : 1° si le résultat donne le 26 Avril, on prend le 19 ; 2°, si on trouve le 25 Avril, l'épacte étant 25, et le nombre d'or plus grand que 11, on prend le 18.

Le 24 Mars, année biss..... 84ʲ = 12 semaines, exactement.
La P. L. tombe le Dimanche 24 : donc, Pâques le Dimanche 31.

V. *Quel jour arrivera Pâques en l'année 1873 ?*

Lettre dominicale, E : donc, 1ᵉʳ Janvier..... *Mercredi.*
Epacte 1 : donc, P. L .... 45 — 2 = 43 M., ou 12 Avril.
Le 12 Avril, on compte..... 102ʲ = 14ˢᵉᵐ4ʲ.
Le 1ᵉʳ Janvier étant un mercredi, comptons les 4ʲ en disant : *mercredi, jeudi, vendredi, samedi.* La P. L. arrive donc le samedi 12 : ainsi, Pâques, le lendemain 13 Avril.

*Voici plusieurs autres Exemples.*

| Année | Nombre d'or | Epacte | Lettre dom. | Pâques. |
|---|---|---|---|---|
| 1878 | 17 | 26 | F | 21 Avril. |
| 1883 | 3 | 22 | G | 25 Mars. |
| 1886 | 6 | 25 | C | 25 Avril. |
| 1892 | 12 | 1 | CB | 17 Avril. |
| 1900 | 1 | 29 | G | 15 Avril. |
| 1913 | 14 | 22 | E | 23 Mars. |
| 1930 | 12 | 0 | E | 20 Avril. |
| 1943 | 6 | 24 | C | 25 Avril. |
| 2000 | 6 | 24 | BA | 23 Avril. |
| 2076 | 6 | 24 | ED | 19 Avril. |
| 2106 | 17 | 25 | C | 18 Avril. |
| 2190 | 6 | 24 | C | 25 Avril. |

*Calculer le jour de Pâques pour les années données suivantes.*

| | | |
|---|---|---|
| 1837. 1838. | 1864, 1865, 1866. | 1867, 1868, 1874. |
| 1839. 1840. | 1875, 1876, 1877. | 1879, 1880, 1882. |
| 1841. 1842. | 1884, 1885, 1887. | 1888, 1889, 1890. |
| 1843. 1844. | 1891, 1893, 1894. | 1895, 1896, 1897. |
| 1845. 1846. | 1899, 1901, 1902. | 1910, 1920, 1940. |
| 1847. 1848. | 1950, 1960, 1970. | 1982, 1991, 1999. |
| 1849. 1850. | 2015, 2029, 2054. | 2067, 2081, 2099. |
| 1851. 1852. | 2123, 2133, 2149. | 2158, 2164, 2198. |
| 1853. 1854. | 1927, 1979, 1988. | 2044, 2069, 2077. |
| 1855. 1856. | 2033, 1854, 1919. | 1859, 1957, 2022. |
| 1857. 1858. | 1862, 1983, 2077. | 1975, 2073, 2189. |

FIN.

# TABLE DES MATIÈRES.

rgement, en kilomètres.   .   .   .   .   .

ption.   .   .   .   .   .   .

ve suivant les besoins du service. Elles ne doivent, en
connaître à l'Administration et aux Entrepreneurs,